친환경 저탄소 에너지 시스템

기술사 신정수 저

일진사

머리말

오늘날 우리는 바야흐로 '에너지 그리고 탄소와의 전쟁' 시대에 살고 있습니다. 현재 우리 인류가 쓰고 있는 에너지를 넓은 의미에서 분석해 보면 크게 두 가지 문제가 있다고 할 수 있습니다.

첫째, 석유, 석탄, 가스 등 주요 에너지 자원 매장량의 유한성입니다. 따라서 각 국가별 에너지 수급의 문제는 장차 자국의 생존 문제로 인식되고 있기 때문에 절대 양보가 없고, 이를 확보하기 위한 치열한 각축전이 있을 따름입니다. 더구나 국제 에너지 가격의 변동 폭은 세계의 정치적·경제적 상황에 따라 등락 폭이 매우 크지만, 장기적인 추세로 볼 때에는 계속 올라가기만 하는 것이 바로 에너지 가격이기 때문에 자국의 미래 에너지안보에 대해 큰 불안감을 가지고 있는 것 또한 사실입니다. 특히 우리나라의 경우에는 연간 에너지 사용량의 97% 정도를 해외 수입에 의존하고 있기 때문에 이러한 문제는 더욱 심각하다고 볼 수 있겠습니다.

둘째, 온실가스 저감의 필요성입니다. 지구를 둘러싼 대기의 온도는 산업화 이후 이산화탄소, 메탄 등의 온실가스 사용량이 증가하면서 급격히 상승되고 있고, 이 문제는 인간을 포함한 지구상 모든 생명체의 생존 문제가 되고 있습니다. 유엔 기후변화협약(UNFCCC)의 당사국총회(COP)가 매년 열리고 있기는 하지만, 모두 자국의 산업에 대한 보호 등에 관심이 큰 터라 '온실가스 저감'을 위한 납득할 만한 약속이나 양보는 찾아보기 어렵습니다. 결국 온실가스 문제는 향후 인간의 생명을 위협할 정도로 심각해질 가능성이 크지만, 해결책을 위한 노력은 턱없이 부족한 형편입니다.

그렇다면 이러한 두 가지 에너지 문제를 해결하기 위한 방법은 무엇일까요? 다음과 같이 두 가지 솔루션을 제시해볼 수 있겠습니다.

첫째 솔루션은 신·재생에너지 등에 투자를 늘리는 방법입니다. 이는 에너지 문제를 해결하기 위한 가장 직접적이고 중요한 방법이기는 하지만, 현실적인 문제 또한 만만치 않습니다. 이와 관련하여 대부분의 나라가 직면한 가장 큰 문제는 신·재생에너지 그 자체는 무척 좋지만, 여기에는 핵심 기술과 많은 자금이 투자되어야 한다는 것입니다. 즉 자국이 투자할 기술과 경제적 여력의 부족 문제에 직면한다는 것입니다. 그러나 특별한 다른 대안도 없으므로 꾸준히 투자를 늘려나가야 하고, 결국은 선순환 고리를 만들어 나가야 할 것으로 사료됩니다.

둘째 솔루션은 에너지를 아껴 쓰고 절약하며 자칫 버려질 수 있는 에너지를 재활용하는 방법입니다. 즉, 저탄소 에너지 사용구조를 만들어 나가야 한다는 것입니다. 이를 위해서는 먼저 보다 고효율의 기계, 장비, 설비 등을 보급하여야 하며, 또한 에너지를 절약하고 적게 쓰며, 가급적 자연에너지를 활용하고 한 번 쓴 폐열은 재생하여 사용하는 기술 등이 필요합니다.

이 책은 에너지의 절대 사용량을 줄일 수 있는 다양한 친환경 및 저탄소 기술에 대해 소개하고 있습니다. 물론 기초 에너지 및 탄소 이론에 충실하여 에너지를 다룰 수 있는 능력이 함양될 수 있도록 하였고, 다양한 분야의 적용사례를 소개하여 독자 여러분들의 이해를 돕고 응용력을 길러줄 수 있도록 노력하였습니다. 또한 미래 에너지사업에 응용 가능한 새로운 기술에 대한 내용을 최대한 많이 담아 독자 여러분들이 스스로 생각하고 아이디어를 창안해낼 수 있도록 하는 밑거름이 되고자 하였습니다.

앞으로, 독자 여러분들이 고견을 보내주신다면 이를 참고하여 보다 증보된 내용으로 출간할 수 있도록 노력하겠습니다. 독자 여러분들께서도 이 책의 내용을 바탕으로 관련 분야에 지속적으로 도전하고 성취하여 사회적 기여를 해주시기를 기대합니다. 나아가 이 분야의 전문가가 되어 국가와 인류의 에너지문제와 탄소문제를 해결하는 데 부단히 활동하여 큰 역할해 주시기를 진심으로 바랍니다.

또한, 이 책은 기술사나 에너지 관련 자격시험을 준비하는 수험자들에게도 많은 도움이 될 수 있도록 구성하였으며, 대학이나 학계, 연구소 등의 참고 서적으로도 활용할 수 있도록 심혈을 기울였습니다.

끝으로 이 책의 완성을 위해 지도와 도움을 아끼지 않으신 한우용 교수님, 박효식 교수님, 김지홍 교수님, 박종우 대표님, 강태중 대표님, 남상호 상무님께 깊은 감사를 올립니다. 그리고 원고가 끝날 때까지 항상 옆에서 많은 도움을 준 아내 서현, 딸 이나 그리고 아들 주홍에게도 다시 한 번 진심으로 고마움을 전합니다.

저자 신정수

이 책의 특징

1. 에너지와 탄소 관련 지식의 총망라

'에너지와 탄소' 분야는 기계적 열에너지 분야, 전기에너지 분야, 조명에너지 분야, 그리고 넓게는 자연에너지, 건축물에너지, 산업공정 에너지 등 그 분야가 매우 넓습니다. 따라서 관련 학교, 산업계, 기술 연구개발 분야 등에서 현재 일반적으로 통용되고 있는 보편적이면서도 중요한 기술 내용부터 학계 및 기업체의 연구 분야 등에서 가장 중요하게 다루고있는 전문적인 기술, 첨단 미래 기술까지 관련 기술 내용을 총 망라하였습니다.

2. 논리적이고 체계적인 용어 해설

깊이가 있는 전문 기술 내용들은 논리적이고 체계적인 서술이 아니라면, 독자가 내용을 이해하는 데 혼란이 가중될 수 있으므로, 논리적이고 체계적이면서도 상세한 구성이 될 수있게 최선을 다하였습니다.

3. 이해력 증진

관련 유사 기술용어들은 가능한 함께 묶어 서로 연관지어 이해할 수 있도록 하였고, 많은그림, 그래프, 수식 등을 추가하여 해설함으로써 가장 이해하기 쉬운 에너지 기술 관련 기본참고서가 될 수 있도록 노력하였습니다.

4. 칼럼 형태로 부연설명

추가적으로 부연설명이 필요한 항목에 대해서는 칼럼 표기를 덧붙여 설명이 충분히 될수 있도록 하였습니다. 특히 필요한 부분에 대해서는 적용사례 등을 같이 덧붙여 설명하였습니다.

5. 방대한 자료와 깊이 있는 내용

관련된 모든 기술 내용 및 용어들은 이 한 권의 책에 집대성하기 위해 최근 10년 이상의관계 협회지 및 학회지, 논문, 관련 서적 등을 참조하였으며, 이론적 깊이를 중요시하여 각용어별 핵심적 기술 원리를 가능한 한 덧붙여 설명하였습니다.

6. 오류 수정 관련

오류 발견 시 저자의 블로그나, e-mail로 연락 주시면 검토·수정 후 결과를 알려드리겠습니다. 또한, 이 책에 대한 의견이나 평가가 있다면 겸허히 수용하도록 하겠습니다.

7. 색인의 활용

책의 후미에 '색인'을 별도로 덧붙여 이를 기준으로, 모르는 용어 및 내용은 바로 접근이 가능하도록 꾸몄습니다.

8. 유용한 자료 제공

아래 블로그를 통하여 독자들의 질문을 받도록 하고 있습니다. 꼭 책의 내용이 아니더라도 현장 경험상 혹은 실무에서 부딪히는 문제들을 자유롭게 올려주시면 잘 검토하여 답변을 올려드리도록 하겠습니다.

  ※ 블로그 : http://blog.naver.com/syn2989

    e-mail : syn2989@naver.com

차 례

 제1편 저탄소친환경 에너지기술

 제2편 신재생에너지기술과 경제성

제3편 건물환경과 친환경 설비시스템

제4편 친환경 열에너지 & 냉동에너지

제5편 전기에너지와 제어기법

제1편

저탄소 친환경 에너지 기술

제 1 장 | 온실가스와 에너지문제

1-1 에너지의 생성과 이동

(1) 배경

① 에너지의 생성(근원) 중 가장 중요하고 절대적인 것은 태양에너지이다.

② 태양 중심의 온도는 약 1,500만 K(Kelvin ; 절대온도)이다. 핵융합이 일어나는 태양 중심의 핵으로부터 수십만 km가 떨어져 있는 광구의 온도 역시 약 6,000 K나 된다.

③ 태양에서 나오는 이 막대한 에너지는 복사의 형태로 지구와 우주로 전파된다.

④ 우주로 전파되는 태양에너지의 약 10억 분의 1 정도가 지구 표면에 도달한다. 이때의 태양상수(복사플럭스)는 약 $1,367\,W/m^2\,(1.96\,cal/cm^2 \cdot min)$이다.

⑤ 이렇게 지구에 도달한 에너지 중 약 70 %는 지구 표면이나 바다 혹은 대기가 흡수하게 되는데, 이는 인간이 필요로 하는 에너지의 약 700배 이상이다.

⑥ 이 태양에너지는 지구의 에너지원 중에서 가장 많은 양을 차지하며 식물의 광합성 작용, 대기와 물의 순환, 지권의 풍화 작용, 기타 인간의 사용 등으로 에너지의 흐름이 이어진다.

(2) 태양의 구성층(Layers of the Sun)

① **핵 혹은 내핵(Inner Core)** : 수소 핵융합반응이 일어나는 태양의 중심부이다. 수소가 헬륨으로 바뀌는 반응에서 많은 에너지가 방출된다.

② **복사층(Radiation Zone)** : 핵에서 나온 에너지를 복사의 형태로 대류층까지 전달하는 구간이다.

③ **대류층(Convection Zone)** : 태양 내부에서 가장 외부에 있는 층이다. 대류층은 태양 표면에서 밑쪽으로 약 200,000 km 깊이에서부터 시작되고 온도는 약 2,000,000 K이다. 이 층에서는 복사를 통해 에너지를 전파할 수 있을 만큼 밀도나 온도가 높지 않기 때문에 복사가 아닌 열대류가 일어난다.

④ **광구(Photosphere)** : 태양의 표면으로, 약 100 km 두께의 가스로 이루어져 있다. 중앙부가 가장 밝고 가장자리로 갈수록 복사방향에 대한 시선방향의 각이 커지므로 어두워지는데, 이런 현상을 '주연감광(Limb Darkening)'이라고 한다. 흑점, 백반,

쌀알무늬 등을 관측할 수 있다. 약 27일을 주기로 자전하는 태양은 가스로 이루어진 공과 같기 때문에 고체의 행성처럼 회전하지는 않는다. 태양의 적도지역은 극지방보다 더 빠르게 회전한다. 또한 태양의 반지름은 그 중심에서 광구까지의 길이를 말한다.

⑤ **채층**(Chromosphere) : 광구 위 약 2,000 km까지 뻗어 있고, 온도가 약 6,000 K에서 10,000 K로 불규칙한 층이다. 이 정도의 높은 온도에서 수소는 불그스레한 색의 빛을 방출하는데, 이것은 개기일식 동안에 태양의 가장자리 위로 올라오는 홍염을 통해 확인할 수 있다.

⑥ **코로나**(Corona) : 이온화된 기체가 높고, 넓게 퍼져 있는 상층 대기권이다. 형태와 크기는 일정하지 않지만 일반적으로 흑점과 관계가 깊다. 흑점의 크기가 최소일 때는 작고, 최대일 때는 크고 밝으며 매우 복잡한 구조를 갖는다.

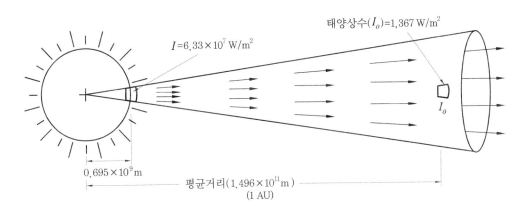

태양상수 (복사플럭스 ; Solar Constant) [1 AU : 천문단위(Astronomical Unit]

(3) 지구의 구성층 (Layers of the Earth)

① 지구 중심 근처의 온도는 약 4,500 K를 넘는다 (태양의 표면 온도는 약 6,000~6,500 K).

② 지각은 주로 암석으로 이루어져 있고 가장 풍부한 원소는 산소와 규소이다. 금속 중 가장 풍부한 것은 알루미늄인데, 원소를 전체적으로 보았을 때에는 산소와 규소 다음으로 많다.

③ 맨틀의 화학 성분도 지각과 비슷한 면이 있지만 마그네슘과 철의 함량이 많다.

④ 외핵에서는 철과 황이 풍부하고 내핵에서는 철과 니켈이 풍부하다.

⑤ 지구의 내부에너지는 주로 방사성 동위 원소 붕괴열로 발생하는데, 이는 지각 판의 운동과 지진 및 화산 활동 등 지각 변동의 주된 에너지원이 된다.

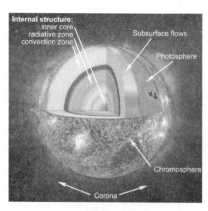

태양의 구성층

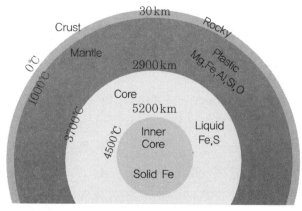

지구의 구성층

(4) 신·재생에너지의 이용

① 신·재생에너지는 신에너지와 재생에너지를 통틀어 말하며, 화석 연료나 핵분열을 이용한 원자력에너지가 아닌 대체 에너지의 일부이다.

② 재생에너지(Renewable Energy)는 자연 상태에서 만들어진 에너지를 일컫는 말로, 가장 흔한 것이 태양에너지이고 그 밖에도 풍력, 수력, 생물자원(바이오매스), 지열, 조력, 파도에너지 등이 있다. 재생에너지의 종류는 이처럼 매우 다양한데 그 대부분이(약 95% 이상) 근본적으로는 태양에서 온 것들이다. 예를 들어 바람은 공기가 태양에너지를 받아서 움직이기 때문에 생기고, 수력에너지(물의 흐름)는 햇빛을 받아 증발한 수증기가 비로 변해 내려오기 때문에 생긴다. 파도나 해류도 바닷물이 햇빛을 받아 온도차가 일어나기 때문에 생긴다. 또한 나무는 광합성을 통해 만들어지며 태양에너지가 변형된 것이라고 할 수 있다.

③ 재생에너지 중에서 태양에너지와 크게 상관없는 것은 조력과 지열 등이다. 조력은 조수를 이용하는 것인데, 조수는 달이 지구를 잡아당기는 힘에 의해서 생긴다. 지열은 지구 내부의 열(심부지열)로 인해서 생긴다.

④ 신에너지는 새로운 물리력, 새로운 물질을 기반으로 하는 핵융합, 자기유체발전, 연료전지, 수소에너지 등을 의미한다.

⑤ 신·재생에너지는 그동안 화석연료의 막대한 사용으로 인한 지구온난화 문제, 핵분열을 이용한 원자력에너지의 사고 문제, 지구상의 에너지 고갈 문제 등 인류가 직면한 엄청난 문제를 해결해줄 수 있는 열쇠로 평가되고 있다.

⑥ 특히 지구온난화 문제는 해수면의 상승, 질병의 증가, 지구의 사막화, 기후의 급변 등 여러 가지 문제를 야기하고 있어 여기에 대한 글로벌 대응책이 절실하다.

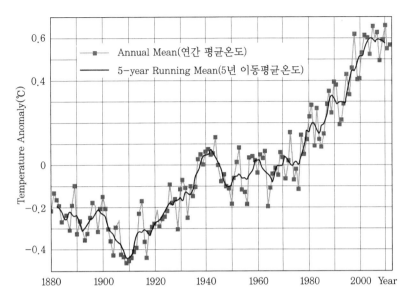

지구 표면의 온도변화 추이 : 1951년부터 1980년까지의 기온 평균과 비교한 1880년부터 2011년까지의 육지-해양의 온도 변화 그래프 (출처 : ko.wikipedia.org)

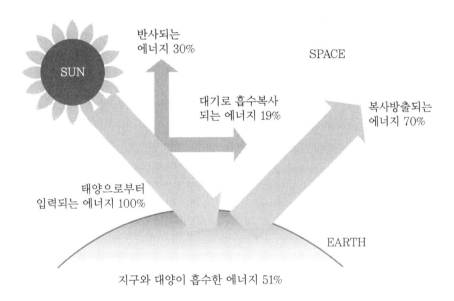

지구의 복사수지 밸런스 : 대기권을 통과하면서 약 절반 정도는 구름, 대기 중의 입자 등에 의해 손실 및 반사되고, 약 51 %만 지표에 도달한다 (이 중에서 가시광선 45 %, 적외선 45 %, 자외선 10 % 수준). 이렇게 지구에 흡수된 에너지는 다시 지구 복사의 형태로 우주 공간으로 방출된다. 그러나 대기 중 지구온난화 물질이 과다해지면 복사방출되는 에너지를 차단하여 지구표면 및 대기의 온도를 상승시킨다.

1-2 기후변화협약(UNFCCC)과 당사국 총회(COP)

(1) 기후변화협약의 배경

① 기후변화협약의 정식 명칭은 '기후변화에 관한 유엔기본협약(UNFCCC ; United Nations Framework Convention on Climate Change)'이다.

② 지구온난화 문제는 1979년 G. 우델과 G. 맥도날드 등의 과학자들이 지구온난화를 경고한 뒤 지속적으로 논의되고 있다.

③ 국제기구에서 사전 몇 차례 협의 후 1992년 6월 브라질 리우에서 정식으로 '기후 변화협약'을 체결했다.

④ 지구온난화에 대한 범지구적 대책 마련과 각국의 능력, 사회, 경제 여건에 따른 온 실가스 배출 감축 의무를 부여하였으며 우리나라의 온실가스 배출량은 세계 약 11 위 수준이다.

⑤ 우리나라는 1993년 12월에 47번째로 가입하였다.

(2) 협약의 내용

① 이산화탄소를 비롯한 온실가스의 방출을 제한하여 지구온난화를 방지한다.

② 기후변화협약 체결국은 염화불화탄소(CFC)를 제외한 모든 온실가스의 배출량과 제거량을 조사하여 이를 협상위원회에 보고해야 하며 기후변화 방지를 위한 국가계 획도 작성해야 한다.

(3) 대표적 기후변화협약 당사국 총회(COP)

① COP3 (Conference of the Parties 3 ; 1997년 12월 제3차 당사국 총회)

㈎ 브라질 리우 유엔환경회의에서 채택된 기후변화협약을 이행하기 위한 국가 간 이행 협약으로, 1997년 12월에 일본 교토에서 개최되었으며 지금까지 열린 많은 당사국 총회 중에서 가장 중요한 총회로 평가되고 있다 (총회 결과 '교토의정서' 채택).

㈏ 제3차 당사국 총회로서 이산화탄소(CO_2), 메탄(CH_4), 아산화질소(N_2O), 수소불화 탄소(HFCs), 육불화황(SF_6), 과불화탄소(PFCs) 등 6종을 온실가스로 지정하였 으며 감축계획과 국가별 목표 수치가 제시되었다 (38개 선진국 간의 감축 의무에 대한 합의).

㈐ 온실가스 저감 목표 : 1990년 대비 평균 5.2 %의 감축을 약속하였다.

㈑ 단, 한국과 멕시코 등은 개도국으로 분류되어 감축의무가 면제되었다.

② COP18 (Conference of the Parties 18 ; 2012년 11월 제18차 당사국 총회)

㉮ 카타르 도하 내 카타르 국립 컨벤션센터(QNCC)에서 개최되었다.

㉯ COP18과 공동으로 도하 전시센터에서 'Sustainability Expo'를 개최하여 각종 환경친화적 상품을 소개하고, 대중에게 친근한 방식으로 환경교육을 실시하였다.

㉰ 주요 진행 및 합의 내용

  ㉮ 2차 교토의정서(2013~2020) 개정안 채택 : 1차 교토의정서(2008~2012) 종료 후 2차 교토의정서가 채택되었다. 따라서 온실가스 감축의무가 있는 사업장 혹은 선진국 간에 잉여 감축량을 사고팔거나[배출권 거래제(ET : Emission Trading)], 선진국끼리 온실가스 저감기술을 교환하여 감축량을 부분 인정하고[공동이행(JI : Joint Implementation)], 선진국이 개도국에서 온실가스를 줄인 만큼 감축분으로 인정받는 방식[청정개발체제(CDM : Clean Development Mechanism)] 등의 거래가 계속 가능해졌다.

  ㉯ 교토의정서보다 광범위한 체제 필요 : 1990년 대비 25~40%의 온실가스 감축 약속, 단 각국 의회의 승인이 없어 강제력은 없었다.

  ㉰ 미국, 중국은 의무감축국가에서 제외되었고 캐나다, 일본, 러시아는 감축의무를 거부했다.

  ㉱ 주요 온실가스 배출 국가들이 제외된 2차 교토의정서는 전 세계 온실가스 배출량의 15% 정도만 통제하게 됨에 따라 새로운 기후체제가 필수적이다.

  ㉲ 유럽연합(EU), 호주, 일본, 스위스, 모나코, 리히텐슈타인은 2차 공약기간에 잉여배출권을 구매하지 않겠다는 의사를 표명함으로써 실질적인 온실가스 감축 의지를 보였다.

  ㉳ 대한민국 인천에 녹색기후기금(Green Climate Fund) 사무국 유치가 확정되었다.

  ㉴ 장기재원 조성 워크프로그램을 1년 연장 : 선진국들은 2020년까지 장기재원 1,000억 달러 조성을 위한 구체적인 계획과 실천사항을 제19차 당사국총회에 제출하기로 하였다.

③ COP21 (프랑스 파리)

㉮ 2015년 11월 30일부터 12월 12일까지 프랑스 파리에서 열린 기후변화 국제회의 (the Paris Agreement)이다.

㉯ 파리 협정서는 무엇보다 선진국에만 의무가 있던 교토 의정서와 달리 195개 선진국과 개도국 모두가 참여하여 체결했다는 것이 큰 특징이다.

㉰ 합의문 내용

㉮ 온도상승폭 2℃보다 '훨씬 작게', 1.5℃로 제한하는 노력 : 이번 세기말(2100년)까지 지구 평균온도의 산업화 이전 대비 상승폭을 섭씨 2℃보다 '훨씬 작게' 제한한다는 내용이 담겼다. 이와 함께 섭씨 1.5℃로 상승폭을 제한하기 위해 노력한다는 사항도 포함됐다.

㉯ 인간 온실가스 배출량–지구 흡수능력 균형합의 : 온실가스 배출은 2030년에 최고치에 도달하도록 하며, 이후 2050년까지 산림녹화와 탄소포집저장 기술과 같은 에너지기술로 온실가스 감축에 돌입해야 한다는 내용을 담았다.

㉰ 5년마다 탄소감축 약속 검토(법적 구속력) : 각국은 2018년부터 5년마다 탄소 감축 약속을 잘 지키고 있는지 검토를 받아야 한다. 첫 검토는 2023년도에 이뤄 진다. 이는 기존 대비 획기적으로 진전된 합의로 평가된다.

㉱ 선진국, 개도국에 기후대처기금 지원 : 선진국들은 2020년까지 매년 최소 1000억 달러(약 118조원)를 개도국의 기후변화 대처를 돕기 위해 쓰기로 합의했다. 개도 국의 기후변화 대처 기금 액수 등은 2025년에 다시 조정될 예정이다.

칼럼 **위기의 섬 '투발루'**

일명 21세기 아틀란티스라고 불리는, 대부분 평생에 한 번 이름도 못 들어볼 이 나라가 유명해지게 된 계기는 다름 아닌 지구온난화에 따른 국가 침수 사태로 인해 '헬게이트' 가 열렸기 때문이다. 이 나라에서 가장 높은 지점이 해수면에서 고작 5 m에 불과해 지 구온난화 문제로 해수면이 상승하여 국토가 점점 사라지는 중이며, 앞으로 수년 안에 전 국토가 점차 사라질 수 있는 상황에 놓여 있다 (2001년에 투발루 정부가 국토 포기 선언을 한 것으로 알려졌으나 이는 와전된 내용이다).

투발루 (Tuvalu)

(4) 온실가스 현황

구 분	CO_2	CH_4	N_2O	HFCs, PFCs, SF_6
주요 배출원	에너지사용/ 산업공정	폐기물/농업/ 축산	산업공정/ 비료사용	냉매/세척용
지구온난화지수 ($CO_2=1$)	1	21	310	1,300~23,900
온난화기여도 (%)	55	15	6	24
국내총배출량 (%)	88.6	4.8	2.8	3.8

1-3 지구온난화 문제와 대책

(1) 지구온난화의 원인

① 수소불화탄소 (HFC), 메탄 (CH_4), 이산화탄소 (CO_2), 아산화질소 (N_2O), 과불화탄소 (PFC), 육불화유황 (SF_6) 등의 온실가스군은 우주공간으로 방출되는 적외선을 흡수하여 저층의 대기 중에 다시 방출한다. 즉 우주로 방출되어야 하는 열(熱 : 적외선)을 대기 중에 가둔다.

② 이와 같은 사유로 지구의 연간 평균온도가 지속적으로 상승하는 온실효과가 발생하고 있는 것이다.

칼럼 **PFC와 SF_6의 비교**

1. PFC (Perfluoro Carbon ; 과불화탄소)

① Perfluoro Carbon에서 'Per'는 '모두(all)'라는 의미로 Perfluoro Carbon은 탄소의 모든 결합이 'F'와 이루어져 있음을 의미하며 지구온난화지수는 7,000 정도(이산화탄소의 7,000배)이다.

② C와 F로 이루어진 매우 강력한 화합물로 성층권보다 높은 곳에서 분해되는 안정된 물질이며 주로 반도체 산업이나 LCD 공장 등에서 '세정공정'에 많이 사용된다.

2. SF_6 (육불화황)

① 지구온난화지수가 이산화탄소보다 평균 22,000배 높은 물질로, 전기를 통과시키지 않는 특성 때문에 반도체 생산 공정 등에 다량 사용된다.

② 전기·전자산업이 발달한 우리나라 특성상 다른 국가에 비해 육불화황 배출이 많다.

③ 육불화황은 소호 특성이 아주 뛰어난 매질이기 때문에 전기 분야에서는 GCB (Gas Circuit Breaker ; 가스차단기) 등에 많이 사용한다.

(2) 지구온난화의 영향

① **인체** : 질병 발생률이 증가한다.

② **수자원** : 지표수 유량이 감소하고, 농업용수 및 생활용수난이 증가한다.

③ **해수면 상승** : 빙하와 만년설이 녹아 해수면 상승으로 저지대 침수의 우려가 있다.

④ **생태계** : 상태계의 빠른 멸종(지구상 항온 동물의 생존이 보장되지 않음), 도태, 재분포 발생, 생물군의 다양성이 감소된다.

⑤ **기후** : CO_2의 농도 증가로 인하여 기온 상승 등 기후변화를 초래한다.

⑥ **사막화** : 산림의 황폐화와 지구의 점차적인 사막화가 진행된다.

⑦ **식량부족** : 강으로 바닷물이 침투하여 토양, 농작물 등이 황폐화된다.

⑧ **기타** : 많은 어종(魚種)이 사라지거나 도태된다.

칼럼 **기후와 기상의 차이**

1. 기후

① 기후란 지구상 어느 장소에서의 대기의 종합상태이다.

② 기후는 지구상의 장소에 따라 달라지며 같은 장소에서는 보통 일정하다고 말할 수 있는 대기 상태를 말한다.

③ 그러나 기후는 영속적으로 일정한 것이 아니고 수십 년 이상의 시간적 흐름 속에서 항상 변화한다.

④ 기후 변동 요인

   ㈎ 태양에너지 자체의 변동

   ㈏ 태양거리 혹은 행성거리 변화에 의한 만유인력의 변화

   ㈐ 기타 위성의 영향 등

   ㈑ 인위적 변동 요인 : 대기오염, 지구온난화, 해양오염, 항공운항에 따른 운량의 변화 등

2. 기상

① 실시간으로 변화하는 비, 구름, 바람, 태풍, 눈, 무지개, 번개, 오로라 등 지구의 대기권(주로는 대류권)에서 일어나는 여러 가지 대기현상을 말한다.

② 기후보다 훨씬 단시간에 일어나는 현상이며 실시간 변화하는 대기의 상태 혹은 현상을 말한다.

---

(3) 지구온난화 대책

① 온실가스 저감을 위한 국제적 공조 및 다각적 노력이 필요하다.

② 신재생에너지 및 자연에너지를 보급 확대한다.

③ 지구온난화는 국제사회의 공동 노력으로 해결해나가야 할 문제이다.

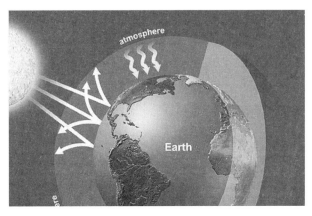

지구온난화 (지구에 도달한 태양에너지 중 일부 적외선 복사에너지는 온
실가스에 의해 흡수 및 재방사되어 지표 및 대기층의 온도를 상승시킴)

1-4 오존층 파괴현상과 자외선

(1) 오존층 파괴현상

자외선에 의해 프레온계 냉매 등으로부터 염소가 분해된 후 오존과 결합 및 분해를
반복하는 Recycling에 의해 오존층 파괴가 연속적으로 이루어지는 현상을 말하며 그
대표적인 영향으로는 피부암, 안질환, 돌연변이, 식량감소 등이 있다.

(2) 오존층을 파괴하는 물질

냉장고와 에어컨 등에 사용되는 냉매, 스프레이에 쓰이는 프레온가스, 소화기에 쓰이
는 할론가스 같은 합성화학물질과 일산화탄소, 이산화질소 같은 화학물질 등이 있다.

(3) CFC의 오존층 파괴 메커니즘

① CFC 12의 경우

㉮ 자외선에 의해 염소 분해 : $CCL_2F_2 \rightarrow CCLF_2 + CL$ (불안정)

㉯ 오존과 결합 : $CL + O_3 \rightarrow CLO + O_2$ (오존층 파괴)

㉰ 염소의 재분리 : $CLO + O_3 \rightarrow CL + 2O_2$ (CLO가 불안정하기 때문)

㉱ CL의 Recycling : 다시 O_3와 결합 (오존층 파괴)

② CFC 11의 경우

㉮ 자외선에 의해 염소 분해 : $CCL_3F \rightarrow CCL_2F + CL$ (불안정)

㈕ 오존과 결합 : $CL + O_3 \rightarrow CLO + O_2$ (오존층 파괴)

㈖ 염소의 재분리 : $CLO + O_3 \rightarrow CL + {}_2O_2$ (CLO가 불안정하기 때문)

㈗ CL의 Recycling : 다시 O_3와 결합 (오존층 파괴)

(4) 오존층 파괴의 영향

① **인체** : 피부암, 안질환, 돌연변이 등을 야기한다.

② **해양생물** : 식물성 플랑크톤, 해조류 등 광합성이 불가능하다.

③ **육상생물** : 식량 감소, 개화 감소, 식물의 잎과 길이의 축소 등이 발생한다.

④ **산업** : 플라스틱제품의 부식을 촉진한다.

⑤ **환경** : 대기 냉각, 기후 변동 등이 예상된다.

(5) 대책

① 오존층 파괴 물질에 대한 국제적 환경규제를 강화한다.

② 대체 신냉매 사이클 개발(흡수식, 흡착식, 증발식 등), 자연냉매의 적극적 활용, 대체 스프레이제 등의 친환경 대체물질을 개발한다.

(6) 자외선

① **UV-A** : 오존층과 관계없이 지표면에 도달하나 생물에는 영향이 적다.

② **UV-C** : 생물에 유해하나 대기 중에 흡수되어 지표면까지 거의 도달하지 못한다.

③ **UV-B**

㈎ 성층권의 오존층에 흡수된다.

㈕ 프레온가스(Cl, Br을 포함한 가스) 등에 의해 오존층이 파괴되면 지표면에 도달하여 생물에 위해를 가한다.

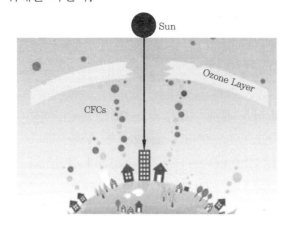

오존층의 파괴현상

1-5 온실가스 배출권 거래제

(1) 배경

① 온실가스 배출권 거래제(특정기간 동안 일정량의 온실가스를 배출할 수 있는 권한)는 정부가 기업에 온실가스를 배출할 수 있는 총량을 설정하고, 기업은 자체적인 온실가스 감축뿐 아니라 배출권의 거래를 통하여 온실가스 감축목표를 달성할 수 있는 제도이다.

② 온실가스를 줄이는 데 비용이 많이 드는 기업은 자체적인 감축 대신 시장에서 배출권을 구입하고, 감축비용이 적게 드는 기업은 남은 배출권을 시장에 팔아 수익을 얻을 수 있다.

(2) 특징

① 배출권 거래제는 비용 측면에서 효과적이다. 즉 배출권 거래제를 통하여 적은 비용으로 온실가스를 효과적으로 줄일 수 있다.

② 배출권 거래제는 시장원리에 기반을 둔 비용 효과적 방식으로, 우리나라 산업계의 온실가스 감축부담을 완화하여 최적의 사회적 비용으로 온실가스를 감축할 수 있다.

③ 국가의 온실가스 감축목표를 쉽게 달성할 수 있다. 배출권 거래제는 국가 온실가스 배출량의 60 % 이상을 차지하는 기업들에 배출상한치를 정하여 국가 온실가스 감축목표를 차질 없이 달성할 수 있도록 한다.

④ 배출권 거래제는 유연하며 기업의 자율적 선택권을 보장한다. 즉 배출권 거래제는 기업이 최소 비용으로 온실가스를 줄이기 위한 방법을 전략적으로 선택할 수 있는 제도이며, 기업은 온실가스를 줄이기 위해 직접감축, 배출권 거래, 외부저감실적 사용 및 배출권 차입 등 여러 가지 방법 중 가장 유리한 방법을 선택할 수 있다.

⑤ 기업이 온실가스를 목표 이상으로 초과 감축하였을 경우 인센티브를 제공한다. 즉 남은 배출권을 다른 기업에 팔거나 이월(남은 배출권을 다음 해에 사용할 수 있도록 함)을 허용함으로써 기업의 감축노력에 대한 정당한 보상이 주어진다.

(3) 의의

① 배출권 거래제는 기업의 녹색 전환(Green Conversion)을 촉진하여 저탄소 산업구조로의 변화를 주도한다.

② 배출권 거래제는 기업의 온실가스 감축을 위한 녹색 기술 개발, 신재생에너지 사용 등을 유도하여 저탄소 녹색경제시대에 맞는 신성장 동력을 창출한다.

(4) 현황

① 유럽은 배출권 거래제를 도입한 후 기업의 연료 효율개선, 신재생에너지 녹색기술 개발 등이 활성화되어 세계 저탄소 녹색시장의 약 33%를 점유하고 있다.

② 배출권 거래제를 시행하고 있는 EU는 2008년에 경제가 0.7% 성장했음에도 불구하고 온실가스 배출량은 전년 대비 2.0% 감소함으로써 경제가 성장하면 온실가스 배출도 증가한다는 기존의 상식을 뒤집고 경제가 성장함에도 온실가스의 배출은 감소하는 저탄소 산업구조로 변화하고 있다.

③ 국내 배출권 거래제의 운영수익은 해당기업과 녹색산업에 재투자되어 녹색산업을 육성한다.

④ 국내 배출권 거래제 운영을 통해 마련된 재원(배출권 유상할당 수입 수수료, 과징금 등)은 온실가스 감축설비지원, 녹색 기술개발 등 녹색산업 발전에 사용된다.

(5) 시행국

① EU, 뉴질랜드, 스위스 등 : 전국 단위로 시행 중이다.

② 미국 : 캘리포니아 및 동부 9개 주에서 배출권 거래제를 시행 중이다.

③ 일본 : 동경 등 3개 지역에서 배출권 거래제를 시행 중이다.

④ 중국 : 베이징 등 7개 지역에서 배출권 거래제를 시행 중이다.

(6) 국가 목표

① 2016년 단계별·부문별 온실가스 감축률 목표 수립의 결과 수송이 약 34.3%로 가장 높으며 건물 26.9%, 산업 전체 18.2%(산업에너지 7.1%p), 전환은 26.7% 수준이다.

② 2030년까지 BAU 대비 37% 감축이 국가적 목표이다.

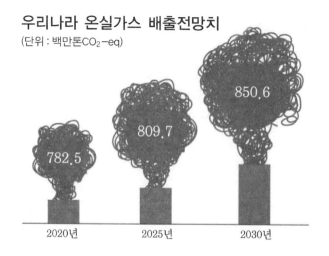

우리나라 온실가스 배출전망치
(단위 : 백만톤CO_2-eq)

782.5   809.7   850.6

2020년   2025년   2030년

2030년 온실가스 감축목표 (단위 : 백만)

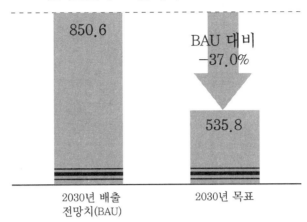

850.6

BAU 대비
−37.0%

535.8

2030년 배출
전망치(BAU)

2030년 목표

석유환산톤 (TOE)과 이산화탄소톤 (TCO₂)

1-6

(1) 석유환산톤 (TOE)

① TOE의 정의 (IEA단위 ; Ton of Oil Equivalent)

㈎ TOE는 10^7 kcal로 정의하는데 이는 원유 1톤의 순 발열량과 매우 가까운 열량으로 편리하게 이용할 수 있는 단위이다.

> TOE = 연료발열량 (kcal)/(10^7 kcal)

㈏ TOE 환산 시에는 "에너지 열량환산기준"의 총 발열량을 이용하여 환산한다.

② TOE 계산사례

㈎ 경유 200 L를 사용했을 경우의 TOE 계산순서

㉮ 연료 사용량을 열량으로 환산 (kcal) : 경유는 1 L당 9,010 kcal의 발열량

㉯ 비례식 작성

1 TOE : 10^7 kcal = X (구하고자 하는 TOE) : 1,802,000 kcal (경유 200 L의 발열량)

㉰ TOE 계산

$$X = \frac{1,802,000}{10^7} = 0.1802 \text{ TOE}$$

모든 연료에 대해 이 방법을 적용하여 TOE를 계산할 수 있다.

(2) 에너지원별 TOE(에너지법 시행규칙)

구분	에너지원	단위	총 발열량			순 발열량		
			MJ	kcal	석유환산톤 $(10^{-3}$ toe)	MJ	kcal	석유환산톤 $(10^{-3}$ toe)
석유 (17종)	원유	kg	44.9	10,730	1.073	42.2	10,080	1.008
	휘발유	L	32.6	7,780	0.778	30.3	7,230	0.723
	등유	L	36.8	8,790	0.879	34.3	8,200	0.820
	경유	L	37.7	9,010	0.901	35.3	8,420	0.842
	B-A유	L	38.9	9,290	0.929	36.4	8,700	0.870
	B-B유	L	40.5	9,670	0.967	38.0	9,080	0.908
	B-C유	L	41.6	9,950	0.995	39.2	9,360	0.936
	프로판	kg	50.4	12,050	1.205	46.3	11,050	1.105
	부탄	kg	49.6	11,850	1.185	45.6	10,900	1.090
	나프타	L	32.3	7,710	0.771	30.0	7,160	0.716
	용제	L	33.3	7,950	0.795	31.0	7,410	0.741
	항공유	L	36.5	8,730	0.873	34.1	8,140	0.814
	아스팔트	kg	41.5	9,910	0.991	39.2	9,360	0.936
	윤활유	L	39.8	9,500	0.950	37.0	8,830	0.883
	석유코크스	kg	33.5	8,000	0.800	31.6	7,550	0.755
	부생연료유 1호	L	36.9	8,800	0.880	34.3	8,200	0.820
	부생연료유 2호	L	40.0	9,550	0.955	37.9	9,050	0.905
가스 (3종)	천연가스 (LNG)	kg	54.6	13,040	1.304	49.3	11,780	1.178
	도시가스 (LNG)	Nm³	43.6	10,430	1.043	39.4	9,420	0.942
	도시가스 (LPG)	Nm³	62.8	15,000	1.500	57.7	13,780	1.378

석탄 (7종)	국내 무연탄	kg	18.9	4,500	0.450	18.6	4,450	0.445
	연료용 수입 무연탄	kg	21.0	5,020	0.502	20.6	4,920	0.492
	원료용 수입 무연탄	kg	24.7	5,900	0.590	24.4	5,820	0.582
	연료용 유연탄 (역청탄)	kg	25.8	6,160	0.616	24.7	5,890	0.589
	원료용 유연탄 (역청탄)	kg	29.3	7,000	0.700	28.2	6,740	0.674
	아역청탄	kg	22.7	5,420	0.542	21.4	5,100	0.510
	코크스	kg	29.1	6,960	0.696	28.9	6,900	0.690
전기 등 (3종)	전기 (발전기준)	kWh	8.8	2,110	0.211	8.8	2,110	0.211
	전기 (소비기준)	kWh	9.6	2,300	0.230	9.6	2,300	0.230
	신탄	kg	18.8	4,500	0.450	–	–	–

주 1. "총 발열량"이란 연료의 연소과정에서 발생하는 수증기의 잠열을 포함한 발열량을 말한다.
  2. "순 발열량"이란 연료의 연소과정에서 발생하는 수증기의 잠열을 제외한 발열량을 말한다.
  3. "석유환산톤(TOE : Ton of Oil Equivalent)"이란 원유 1톤이 갖는 열량으로 10^7 kcal를 말한다.
  4. 석탄의 발열량은 인수식을 기준으로 한다.
  5. 최종에너지 사용자가 사용하는 전기에너지를 열에너지로 환산할 경우에는 1 kWh = 860 kcal를 적용한다.
  6. 1 cal = 4.1868 J, Nm^{3}은 0℃ 1기압 상태의 단위체적(입방미터)을 말한다.
  7. 에너지원별 발열량(MJ)은 소수점 아래 둘째 자리에서 반올림한 값이며, 발열량(kcal)은 발열량(MJ)으로부터 환산한 후 1의 자리에서 반올림한 값이다. 두 단위 간 상충될 경우 발열량(MJ)이 우선한다.

칼럼 TCE (석탄환산톤)
  1. TOE와 유사 용어로 'Ton of Coal Equivalent'라고 하여 석탄 1 ton이 내는 열량을 환산한 단위이다.
  2. 1 TCE = 0.697 TOE

(3) 이산화탄소톤 (TCO₂) – IPCC (Intergovernmental Panel on Climate Change)의 탄소배출계수

연료 구분			탄소배출계수	
			kg C/GJ	Ton C/TOE
액체 화석연료	1차 연료	원유	20.00	0.829
		액화석유가스 (LPG)	17.20	0.630
	2차 연료	휘발유	18.90	0.783
		항공가솔린	18.90	0.783
		등유	19.60	0.812
		항공유	19.50	0.808
		경유	20.20	0.837
		중유	21.10	0.875
		LPG	17.20	0.713
		납사	20.00	0.829
		아스팔트(Bitumen)	22.00	0.912
		윤활유	20.00	0.829
		Petroleum Coke	27.50	1.140
		Refinery Feedstock	20.00	0.829
고체 화석연료	1차 연료	무연탄	26.80	1.100
		유연탄 원료탄	25.80	1.059
		유연탄 연료탄	25.80	1.059
		갈탄	27.60	1.132
		Peat	28.90	1.186
	2차 연료	BKB & Patent Fuel	25.80	1.059
		Coke	29.50	1.210
기체 화석연료		LNG	15.30	0.637
바이오매스		고체바이오매스	29.90	1.252
		액체바이오매스	20.00	0.837
		기체바이오매스	30.60	1.281

㈜ 1. 전력의 이산화탄소배출계수 0.4517 tCO₂/MWh (0.4525 tCO₂eq/MWh) 사용 (발전단 기준)

   2. 전력의 이산화탄소배출계수 0.4705 tCO₂/MWh (0.4714 tCO₂eq/MWh) 사용 (사용단 기준)

   3. tCO₂eq : CO₂뿐만 아니라 CH₄, N₂O 배출량을 포함한 양

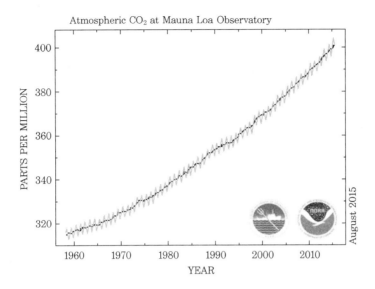

대기 중 이산화탄소 농도의 변화추이(출처 : www.esrl.noaa.gov)

1-7 에너지절약 및 폐열회수 기술

(1) 의의

① 우리나라는 1차에너지 소비량 기준 약 97 %를 수입에 의존하며 이는 전 세계 8위로 세계 에너지소비의 약 2 %에 해당한다 (석유 수입량은 세계 5위권이다).

② 세계 두바이유 가격은 매년 급격한 상승과 변동을 반복하며 에너지 주권을 위협받고 있는 실정이다.

③ 이러한 에너지의 수입의존도를 낮추기 위해서는 국내외 새로운 에너지원의 개발 및 에너지절약과 버려지는 폐열을 회수하는 기술이 절대적으로 필요하다.

(2) 에너지절약방법

① Passive Method(에너지 요구량을 줄일 수 있는 기술)

㈎ 단열 등을 철저히 시공하여 열손실을 최소화한다.

㈏ 단열창, 2중창, Air Curtain 설치 등을 고려한다.

㈐ 환기법으로는 자연환기 혹은 국소환기를 적극 고려하고, 환기량 계산 시 너무 과잉 설계하지 않는다.

㈔ 건물의 각 용도별 Zoning을 잘 실시하면 에너지 낭비를 막아줄 수 있다.

㈕ 극간풍 차단을 철저히 한다.

㈖ 건축 구조적 측면에서 자연친화적 및 에너지절약적 설계를 고려한다.

㈗ 자연채광 등 자연에너지의 활용을 강화한다.

② Active Method(에너지 소요량을 줄일 수 있는 기술)

㈎ 고효율 기기를 사용한다.

㈏ 장비 선정 시 'TAC 초과 위험확률'을 잘 고려하여 설계한다.

㈐ 각 '폐열회수 장치'를 적극 고려한다.

㈑ 전동설비에 대한 인버터제어 등의 용량 가변제어를 실시한다.

㈒ 고효율조명, 디밍제어 등을 적극 고려한다.

㈓ IT 기술, ICT 기술을 접목한 최적제어를 실시하여 에너지를 절감한다.

㈔ 지열히트펌프, 태양열 난방/급탕 설비, 풍력장치 등의 신재생에너지 활용을 적극 고려한다.

(3) 폐열회수 기술

① 직접 이용방법

㈎ 혼합공기 이용법 : 천장 내 유인 유닛(천장 FCU, 천장 IDU) – 조명열을 2차공기로 유인하여 난방 혹은 재열에 사용하는 방법이다.

㈏ 배기열 냉각탑 이용방법 : 냉각탑에 냉방 시의 실내 배열을 이용(여름철의 냉방 배열을 냉각탑 흡입공기 측으로 유도 활용)한다.

② 간접 이용방법

㈎ Run Around 열교환기 방식 : 배기 측 및 외기 측에 코일을 설치하여 부동액을 순환시켜 배기의 열을 회수하는 방식. 즉 배기의 열을 회수하여 도입 외기 측으로 전달한다.

㈏ 열교환 이용법

㉮ 전열교환기, 현열교환기 : 외기와 배기의 열교환(공기:공기 열교환)이다.

㉯ 히트파이프(Heat Pipe) : 히트파이프의 열전달 효율을 이용한 배열 회수이다.

㉰ 수냉 조명기구 : 조명열을 회수하여 히트펌프의 열원, 외기의 예열 등에 사용한다(Chilled Beam System이라고도 함).

㉱ 증발냉각 : Air Washer를 이용하여 열교환된 냉수를 FCU 등에 공급한다.

③ 승온 이용방법

 ㈎ 2중 응축기(응축부 Double Bundle) : 병렬로 설치된 응축기 및 축열조를 이용하여 재열 혹은 난방을 실시한다.

 ㈏ 응축기 재열 : 항온항습기의 응축기 열을 재열 등에 사용한다.

 ㈐ 소형 열펌프 : 소형 열펌프를 여러 개 병렬로 설치하여 냉방 흡수열을 난방에 활용 가능하다.

 ㈑ Cascade 방식 : 열펌프 2대를 직렬로 조합하여 저온 측 히트펌프의 응축기를 고온 측 히트펌프의 증발기로 열전달시켜 저온 열원 상황에서도 난방 혹은 급탕용 온수(50~60℃)를 취득 가능하다.

④ TES (Total Energy System) : 종합 효율을 도모 (이용)하는 방식

 ㈎ 증기보일러(또는 지역난방 이용)+흡수식 냉동기(냉방)

 ㈏ 응축수 회수탱크에서 재증발 증기 이용 등

 ㈐ 열병합 발전 : 가스터빈+배열 보일러 등

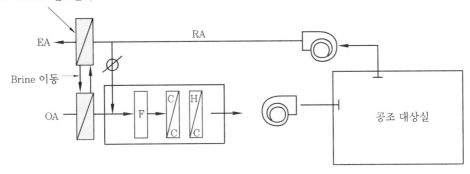

Run Around 열교환기 방식

1-8   온도차 에너지와 지하수의 활용

(1) 온도차 에너지의 개념

① 온도차 에너지는 일종의 미활용에너지(Unused Energy)라고 할 수 있다.

② 우리 생활 중 사용하지 않고 버려지는 아까운 에너지로 공장용수, 해수, 하천수 등을 말한다.

(2) 온도차 에너지 이용법

① **직접 이용** : 냉각탑의 냉각수 등으로 직접 활용하는 경우

② **간접 이용** : 냉각탑의 냉각수 등과 열교환하여 냉각수의 온도를 낮추어줌

③ **냉매열 교환방식(매설방식)** : 열원에 응축관 매설방식

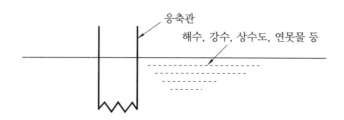

(3) 결론

① 미활용에너지 중 고온에 해당되는 소각열, 공장배열 등은 주로 난방, 급탕 등에 응용 가능하며 경우에 따라서는 흡수식 냉동기의 열원으로 사용할 수 있다.

   → 60℃ 미만의 급탕, 난방을 위해 고온의 화석연료를 직접 사용하는 것은 불합리하다.

② 그러나 온도차 에너지는 미활용에너지 중 주로 저온에 해당되므로 난방보다는 냉방에 활용될 가능성이 더 많다(냉각수, 냉수 등으로 활용).

③ 미활용에너지의 문제점 : 이물질 혼입, 열밀도가 낮고 불안정, 계절별 온도의 변동 많음, 수질 및 부식의 문제, 열원배관의 광역적 네트워크 구축의 어려움 등이 있다.

④ UN 기후변화협약 및 교토의정서의 지구온난화물질 규제관련 CO_2 감량을 위해 온도차 에너지 및 고온의 미활용에너지를 적극 회수할 필요가 있다.

(4) 지하수의 활용방안

① **'중수'로 활용** : 청소용수, 소화용수 등으로 활용할 수 있다.

② **냉각탑의 보급수로 활용 혹은 냉각수와 열교환용으로 사용 가능** : 지하의 수온은 연중 거의 일정하고, 무궁무진하므로 아주 효과적이다(순환수량의 약 30 %까지 절감할 수 있다).

③ **직접 냉방에 활용** : 직접 열교환기에 순환시켜 냉매로 활용할 수 있다.

④ **산업용수로 활용** : 각종 산업 및 건설현장의 용수로 활용할 수 있다.

⑤ **농업용수**

   ㉮ 농업용수 확보를 위해 지표수 개발과 지하수 개발이 있을 수 있으나, 지표수 개발은 지나치게 많은 시간과 재원이 필요할 수 있다.

   ㉯ 단시간에 막대한 양의 농업용수를 확보할 수 있는 방법이다.

⑥ 식수

㉮ 현재 상수도 보급이 되지 않는 일부 농·어촌에서 사용한다.

㉯ 본격적으로 식수로 활용하기 위해서는 오염처리방법, 안전성 등에 대한 연구가 좀 더 필요하다.

1-9 초에너지절약형 건물

(1) 개요

① 건축물의 에너지절약은 건축 부문의 에너지절약과 기계 및 전기 부문의 에너지절약을 동시에 고려해야 한다.

② 건축 부문의 에너지절약은 대부분이 외부부하억제(단열, 차양, 다중창 등) 방법이며 내부부하억제 및 Zoning의 합리화 등의 방법도 있다.

③ 설비 부문의 에너지절약방법은 태양열/지열 등의 자연에너지 이용, 최적 제어기법, 폐열회수 등이 주축을 이룬다.

(2) 건축 분야의 에너지절약 기술

① **Double Skin** : 빌딩 외벽을 2중벽으로 만들어 자연환기를 쉽게 하고, 일사를 차단하거나 (여름철) 적극 도입하여(겨울철) 에너지를 절감할 수 있는 건물이다.

② **건물 외벽 단열 강화** : 건물 외벽의 단열을 강화한다 (외단열, 중단열 등을 이용함).

③ **지중 공간 활용** : 지중공간은 연간 온도가 비교적 일정하므로 에너지 소모가 적다.

④ **층고 감소, 저층화 및 기밀** : 실(室)의 내체적을 감소시켜 에너지 소모를 줄이고 저층화 및 기밀구조로 각종 동력을 절감한다.

⑤ **방풍실 출입구** : 출입구에 방풍실을 만들고 가압하여 연돌효과를 방지한다.

⑥ **색채 혹은 식목** : 건물 외벽이나 지붕 등에 색채 혹은 식목으로 에너지를 절감한다.

⑦ **내부부하억제** : 조명열 제거, 중부하존 별도 설정 등이 있다.

⑧ **합리적인 Zoning** : 실내 온·습도 조건, 실(室)의 방위, 실사용 시간대, 실부하 구성, 실(室)로의 열운송 경로 등에 따른 Zoning을 설정한다.

⑨ **기타** : 선진 창문틀(기밀성 유지), 창 면적 감소, 건물 방위 최적화, 옥상면 일사차폐, 특수 복층유리, Louver에 의한 일사 차폐 등이 있다.

(3) 기계설비 분야의 에너지절약 기술

① **태양열, 지열, 풍력 등 자연에너지 이용** : 냉난방 및 급탕용, 자가발전 등

② **조명에너지절약방식** : 자연채광을 이용한 조명에너지 절감

③ **중간기** : 외기냉방 및 외기 냉수냉방 시스템

④ **외기량** : CO_2 센서를 이용한 최소 외기량 도입

⑤ **VAV 방식** : 부분부하 시의 송풍동력 감소

⑥ **배관계** : 배관경, 길이, 낙차 등을 조정하여 배관계 저항을 감소시킴

⑦ **온도차 에너지 이용** : 배열, 배수 등의 에너지회수

⑧ **절수** : 전자식 절수기구 사용, 중수도 등 활용

⑨ **환기** : 전열교환기, 하이브리드 환기시스템 등 적용

⑩ **자동제어** : 첨단 IT 기술, ICT 기술을 활용하여 공조 및 각종 설비에 대한 최적제어 실시

⑪ **기타** : 국소환기, 펌프 대수제어, 회전수제어, 축열방식(심야전력) 이용, 급수압 저감, Cool Tube System 등 적용

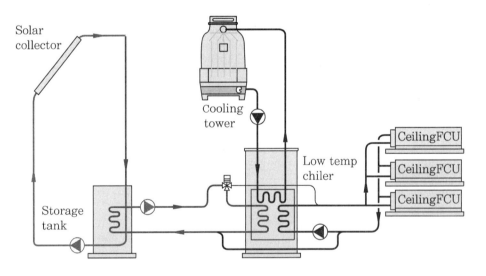

태양열 이용 저온 흡수식 냉동기

태양열을 사우나의 온수 가열에 이용하여 에너지를 절감하는 현장 사례

칼럼 **우회배관을 활용한 지열 폐열회수 시스템**

냉방 시에 지중으로 버려지는 온열을 회수하여 급탕, 수영장, 바닥 복사난방 등에 활용 가능하고 난방 시에 지중으로 버려지는 냉열을 회수하여 온실의 복사축열 제거, 데이터 센터, 전산실, 기타 건물내부존 등에 사용 가능하다. 이를 실현하기 위해 열원 측과 부하 측을 직접 연결하는 우회배관을 구성하여 열원으로 버려지던 냉열 혹은 온열을 반대 부하 수요처에 공급하게 해주어야 된다(예를 들어 아래 그림에서 A-Zone은 냉방으로, B-Zone은 급탕으로 동시에 운전하는 방식 등으로 적용 가능).

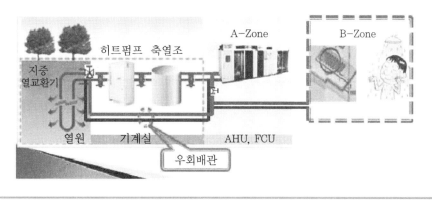

(4) 전기설비 분야의 에너지절약 기술

① **저손실형 변압기 채용 및 역률 개선** : 변압기는 상시 운전되는 특징을 가지고 있고 전기기기 중 손실이 가장 큰 기기에 속하므로 고효율형 변압기의 선택이 중요하다. 또 역률을 개선하기 위해 진상콘덴서를 설치해야 한다.

② **변압기 설계** : 변압기 용량의 적정 설계, 용도에 따른 대수제어, 중앙감시 제어 등이 필요하다.

③ **동력설비** : 고효율의 전동기 혹은 용량가변형 전동기 채택, 대수제어, 심야전력의 최대한 이용 등

④ **조명설비** : 고효율의 LED 채용, 고조도 반사갓(반사율 95 % 이상) 채용, 타이머장치와 조명 레벨제어(조도 조절장치 추가), 센서 제어, 마이크로 칩이 내장된 자동 조명장치의 채용 등이 필요하다.

고효율 조명 비교 사례

구 분	백열전구	안정기내장형 램프	LED램프
에너지효율	10~15 lm/W	50~80 lm/W	60~80 lm/W
제품수명	1,000시간	5,000~15,000시간	25,000시간
제품가격	약 1,000원	약 3,000~5,000원	약 10,000~20,000원
교체기준	30 W	10 W	4 W
	60 W	20 W	8 W
	100 W	30 W	12 W
제품사진			

⑤ **기타**

　㉮ 태양광 가로등 설비 : 태양전지를 이용한 가로등 점등

　㉯ 모니터 절전기 : 모니터 작동 중에 인체를 감지하여 사용하지 않을 경우 모니터 전원을 차단하는 장치

　㉰ 대기전력 차단 제어 : 각종 기기의 비사용 시 대기전력을 차단함

　㉱ 옥외등 자동 점멸장치 : 광센서에 의해 옥외등을 자동으로 점멸하는 장치

　㉲ 지하주차장 : 계통 분리, 그룹별 디밍제어 등

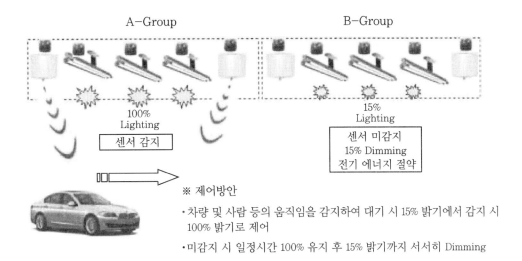

지하주차장의 그룹별 디밍제어 적용사례

(5) 초에너지절약형 건물

① **국내 최초로 1998년 준공한 한국 에너지 기술 연구원의 초에너지절약형 건물**

　㈎ 이 건물은 기존의 사무용 건물에 비해 에너지 소모가 20 % 정도로 획기적 에너지 절약형 건물이다.

　㈏ 이 실험용 건물의 1 m² 공간당 연간 에너지소비량은 약 74 MCal로서 당시 가장 우수하다고 평가되던 일본의 대림조(大林組 ; 오바야시구미)기술연구소 본관빌딩의 94 MCal보다 훨씬 우수하게 평가된 바 있다.

　㈐ 요즘 국내의 보통 사무용 빌딩이 1 m²당 약 200~350 MCal를 쓰고 있는 것과 비교해 볼 때 20 %를 조금 넘는 수준이며 청정한 자연에너지를 활용함으로써 건물 부문에서의 이산화탄소(CO_2) 배출 억제에도 기여하는 등 국내 빌딩건축의 역사에 큰 자리매김을 하게 되었다.

　㈑ 이 건물의 내부구조는 전시 및 회의실, 연구실로 이루어져 있으며 용도는 적용된 기술들에 대한 연구실험결과의 도출 및 실용화로서 건축 관련 전문가들의 기술에 대한 적용사례 등을 관찰할 수 있는 홍보용으로도 활용하고 있다.

② **서울 강서구 마곡지구 내 공공청사 등의 초에너지절약형 건물**

　㈎ 세계 최고 수준의 수소 연료전지 발전시설을 건설

　㈏ 화석연료(온실가스) 자제로 친환경 미래형 도시 지향

　㈐ 신재생에너지(태양광, 지열) 사용으로 자체에너지 공급능력 늘림(신재생에너지를 60% 이상 공급 계획)

㈑ 하수처리 등의 열회수

㈒ 가로등, 신호등 : LED 조명 사용 등

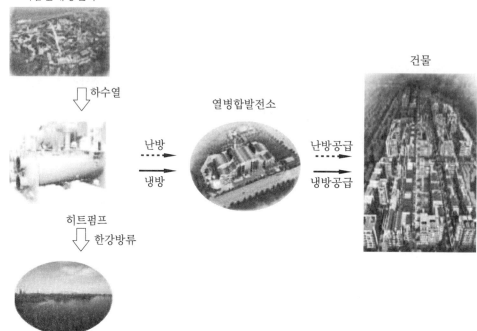

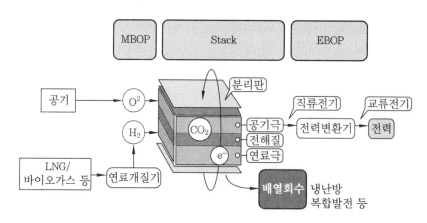

마곡지구 하수열 히트펌프 및 열병합발전 원리도

1-10 낭비운전 및 과잉운전 대처방법

여러 에너지를 사용하는 건물이나 산업 분야에서는 설비의 낭비운전과 과잉운전에 대한 효과적인 대응방법으로 아래와 같은 사항들이 강구되고 있다.

(1) 전력관리 측면

① 효과적인 전력 관리를 위해서는 우선 부하 (기기)의 종류와 그들 기기가 어떻게 사용되고 있는가를 함께 검토하여야 한다.

② 전기기기의 효율 향상, 역률의 개선 등이 필요하다.

③ 변압기의 효율 저하를 개선하고 무부하 시의 손실을 줄이며, 전동기의 공회전에 의한 전력 소모를 방지하고, 불필요한 시간대에 부서의 조명을 소등하는 노력 등이 필요하다.

④ 또한 전력관리를 위해서는 부하 상태에 대한 감시 및 파악이 필요하다 (즉 부하설비의 종류와 용량, 정격, 부하설비의 가동상황은 어떠한가 등에 대한 감시가 필요하다).

(2) 첨두부하 제어 방법

① **첨두부하 억제** : 어떤 시간대에 집중된 부하가동을 다른 시간대로 이동하기 곤란한 경우, 사용전력이 목표전력을 초과하지 않게 일부 부하를 차단함으로써 실질적으로 생산량을 감소할 수 있다.

② **첨두부하 이동** : 어떤 시간대에 첨두부하가 집중되는 것을 막기 위하여 그 시간대의 부하가동의 공정을 고쳐 일부 부하기기의 운전을 다른 시간대로 이동시키더라도 생산라인에 영향을 미치지 않는지 확인하여 부하 이동을 시행한다 (대규모 전력부하 이동을 실시한 예로, 빌딩 등의 공조용 냉동기의 축열운전이 있다).

③ **자가용 발전설비의 가동** : 전력회사에서 제공되는 전력으로 생산을 하기에는 부족하거나, 최대전력부하의 억제나 최대전력부하의 이동이 어렵고, 또한 목표전력의 증가는 경비나 설비 면에서 고부담으로 실시하기 곤란한 경우에 자가용 발전설비가 설치되고 있다.

④ **기타 대처방법**

㉮ 환기량 제어 : 환기량에 대한 기준 완화, CO_2 센서 이용의 제어 등

㉯ Task/Ambient, 개별공조, 바닥취출공조 : 비거주역에 대한 낭비를 줄임

㉰ 외기냉방 (엔탈피 제어) : 중간기 엔탈피제어 등으로 낭비를 줄임

㈜ 각종 폐열회수 : 배열회수, 조명열회수, 폐수열(배수열) 회수 등

㈜ 승온 이용 : 응축기 재열, 이중응축기 등을 이용한다.

㈜ 단열 : 공기순환형 창, Double Skin, 기밀유지, 연돌효과 방지, 배관 및 덕트보온 등이 필요하다.

㈜ 기타 : 부식방지 조치, 스케일방지기 설치, 공기비 개선 등이 있다.

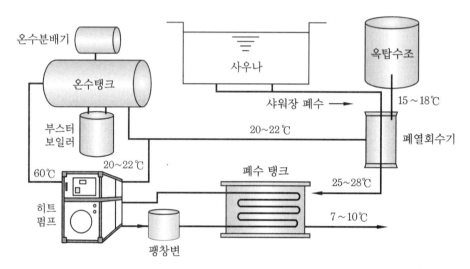

폐수열 회수 히트펌프의 설치사례 : 사우나, 목욕탕 등에서 버려지는 폐수를 폐열회수기에서 한 차례 열회수하여 온수탱크의 급수 가열에 사용하고, 이후 폐수 탱크에서 한 차례 더 열교환시켜 히트펌프의 증발기 가열원으로 사용한다.

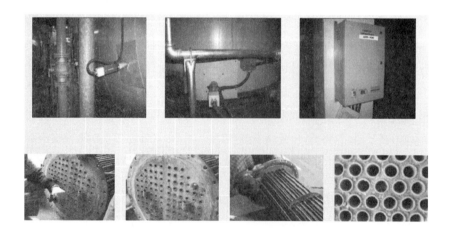

초음파스케일방지기를 이용한 에너지절약 사례 : 가청주파수 영역(20∼20 kHz) 위의 초음파를 액체 중에 발사하면 물의 수축과 팽창의 반복으로 파동이 액체에 전달되어 스케일이 제거되고 열교환 효율이 상승하는 원리이다.

(a) 감압배관(밸브-감압변) 미보온

(b) 감압배관(밸브-감압변) 미보온 열화상

(c) 기수분리기

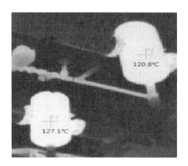

(d) 기수분리기 미보온 열화상

소형밸브류 및 배관의 보온이 미비하여 고온의 표면온도 110~130℃로 방열하여 열손실이 발생되고 있는 장면

1-11 증기 재이용 공정시스템

산업현장에서 공정상 발생하는 저압증기를 재가압하여 재이용할 수 있는 시스템으로, 대표적인 장치 시스템에는 아래와 같이 MVR, TVR, 팽창기 등이 있다.

(1) MVR(Mechanical Vapor Recompression)

① 전기 등 기계적 구동 압축기를 이용하여 저압 증기를 압축하는 방식으로, 필요한 온도와 압력의 증기로 재생산하는 시스템이다.
② 시스템 구성이 매우 간단하여 상대적으로 장비운전에 소량의 전기에너지를 필요로 한다.
③ 간단하여 신뢰성이 있으며 유지보수가 쉽다.

(2) TVR(Thermal Vapor Recompression)

① 스팀 이젝터(Steam Ejector)를 이용하여 저압 증기를 필요한 온도와 압력의 증기로 생산 가능하게 하는 시스템이다.

② 매우 고속의 스팀 속도를 이용하여 압축하는 방식으로, 구동부(Moving Parts)가 없다.

③ 구조가 작고 단순하며 비용이 적게 든다.

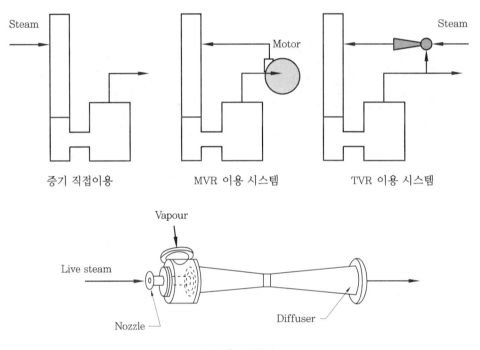

| | 증기 직접이용 | MVR 이용 시스템 | TVR 이용 시스템 |

TVR용 이젝터

(3) 팽창기(폐압회수터빈 ; Energy Recovery Turbine, Expansion Device)

① 기존 공정의 감압밸브 대신 팽창기(폐압회수터빈)로 대체하여 증기 사용처에 증기를 공급하고 더불어 전기를 생산한다.

② 열역학적으로 볼 때 기존 팽창밸브의 등엔탈피 과정은 비가역 과정으로 비가역성에 의한 손실이 많이 발생하지만, 팽창기(폐압회수터빈)를 적용하면 등엔트로피의 가역과정이 구현되어 손실이 가장 적다.

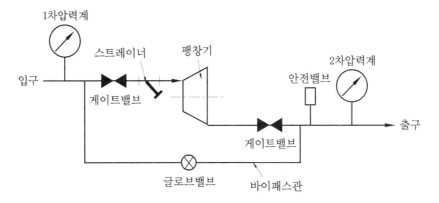

증기라인에 팽창기(폐압회수터빈) 적용 계통도

1-12 저탄소 관련 용어해설

(1) LCCO₂

① $LCCO_2$는 'Life Cycle CO_2'의 약어이다.

② $LCCO_2$는 원래 ISO 14040의 LCA(Life Cycle Assessment)에서 기원된 말이다.

③ 제품의 전 과정, 즉 제품을 만들기 위한 원료를 채취하는 단계부터, 원료를 가공하여 제품을 만들고, 사용하고 폐기하는 전체 과정에서 발생한 CO_2의 총량을 의미한다.

④ 건축, 건설, 제조 등의 분야에서 그 환경성을 평가하기 위해 전 과정(생애주기) 동안 배출된 CO_2양을 지수로 활용하고 있다.

(2) ODP(Ozone Depletion Potential ; 오존층파괴지수)

① 어떤 물질이 오존 파괴에 미치는 영향을 R-11(CFC11)과 비교(중량 기준)하여 어느 정도인지를 나타내는 척도이다.

② GWP와는 별도의 개념이므로, ODP가 낮다고 해서 GWP도 반드시 낮은 것은 아니다.

③ 공식

$$ODP = \frac{어떤\ 물질\ 1kg이\ 파괴하는\ 오존양}{CFC-11\ 1kg이\ 파괴하는\ 오존양}$$

(3) GWP(Global Warming Potential ; 지구온난화지수)

① 어떤 물질이 지구온난화에 미치는 영향을 CO_2와 비교(중량 기준)하여 어느 정도

인지를 나타내는 척도이다.

② R134A, R410A, R407C 등의 HFC 계열의 대체냉매는 ODP가 Zero이지만, 지구
온난화지수가 매우 높아서 교토의정서의 6대 금지물질 중 하나이다.

③ 공식

$$GWP = \frac{\text{어떤 물질 } 1kg\text{이 기여하는 지구온난화 정도}}{CO_2 \, 1kg\text{이 기여하는 지구온난화 정도}}$$

(4) VOC(Volatile Organic Compounds ; 휘발성 유기화합물질)

① 대기 중에서 질소산화물과 공존하면 햇빛의 작용으로 광화학반응을 일으켜 오존 및
팬(PAN ; 퍼옥시아세틸 나이트레이트) 등 광화학 산화성 물질을 생성하여 광화학
스모그를 유발하는 물질을 통틀어 일컫는 말이다.

② 대기오염물질이며 발암성이 있는 독성 화학물질이다.

③ 광화학산화물의 전구물질이기도 하며 지구온난화와 성층권 오존층 파괴의 원인물
질이다.

칼럼 주요 물질의 ODP / GWP / VOC

구 분	ODP	GWP	VOC
CFC 11	1	4,000	NO
CFC 12	1	8,500	NO
HCFC 141b	0.1	630	NO
HCFC 22	0.05	1,700	NO
HCFC 124	0.02	480	NO
HCFC 142b	0.06	2,000	NO
HFC 134a	0	1,300	NO
HFC 245fa	0	790~1,040	NO
Cyclopentane	0	11	YES
Ecomate	0	0	NO

용어 1. CFC, HCFC, HFC : 각종 에어컨, 냉동장치, 탈취제, 헤어스프레이, 화장품, 세정
　　　제, 소화제 등에 사용되는 냉매

　　　2. Cyclopentane (사이클로펜테인) : 석유에서 채취되는 무색의 비수용성 액체로 주로
　　　용매로 사용됨

　　　3. Ecomate (에코메이트) : 각종 세척제, 클리너 등에 사용하는 물질

(5) HGWP(Halo-carbon Global Warming Potential)

① GWP와 개념은 동일하며, 비교 기준 물질을 CO_2에서 CFC-11로 바꾸어 놓은 지표이다.

② 공식

$$HGWP = \frac{어떤\ 물질\ 1kg이\ 기여하는\ 지구온난화\ 정도}{CFC-11\ 1\,kg이\ 기여하는\ 지구온난화\ 정도}$$

(6) TEWI(Total Equivalent Warming Impact)

① TEWI는 우리말로 '총 등가 온난화 영향도' 혹은 '전 등가 온난화 지수(계수)'라고 하며, GWP와 더불어 지구온난화 영향도를 평가하는 지표 중 하나이다.

② 냉동기, 보일러, 공조장치 등의 설비가 직접적으로 배출한 CO_2양에 간접적 CO_2 배출량(냉동기, 보일의 등의 연료 생산과정에서 배출한 CO_2양 등)을 합하여 계산한 총체적 CO_2 배출량을 의미한다. 보통 간접적 CO_2 배출량이 직접적 CO_2 배출량에 비해 훨씬 많은 것으로 알려져 있다.

③ TEWI는 지구온난화계수인 GWP와 COP의 역수의 합으로 표시되기도 하는데, 냉매를 선정할 때에는 지구온난화를 방지하기 위해 작은 GWP와 큰 COP가 유리하다.

$$TEWI \propto \left(GWP + \frac{1}{COP}\right)$$

(7) 엘니뇨 현상

① 정의

㈎ 무역풍이 약해지는 경우 차가운 페루 해류 속에 갑자기 이상 난류가 침입하여 해수온도가 이상 급변하는 현상이다.

㈏ 스페인어로 '아기 예수' 또는 '남자아이'라는 뜻을 가진 말이다.

㈐ 동태평양 적도해역의 월평균 해수온도가 평년보다 약 6개월 이상이 0.5℃ 이상 높아지는 현상이다.

② 영향

㈎ 오징어의 떼죽음

㈏ 정어리 등의 어종이 사라지고 해조(海鳥)들이 굶어죽을 수 있다(높아진 수온으로 인한 영양염류와 용존산소의 감소에 기인함).

㈐ 심지어는 육상에 큰 홍수를 야기하기도 한다.

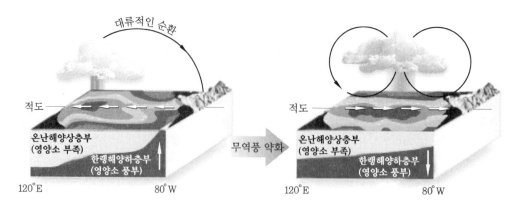

정상 시(왼쪽)와 엘니뇨(오른쪽) 발생 시(출처 : www.climate.go.kr)

(8) 라니냐 현상

① 정의

㈎ 스페인어로 '여자아이'를 뜻하는 말로, 엘니뇨와 반대되는 현상이다.

㈏ 무역풍이 강해지는 경우 해수온도가 서늘하게 식는 현상이며 '반엘니뇨'라고 하기도 한다.

㈐ 무역풍이 평소보다 강해져 동태평양 부근의 차가운 바닷물이 솟구쳐 발생한다.

㈑ 동태평양 적도해역의 월평균 해수면 온도가 5개월 이상 지속적으로 평년보다 0.5℃ 이상 낮아지는 현상이다.

② 영향

㈎ 원래 동태평양의 찬 바닷물이 더 차가워져 서진하게 된다.

㈏ 인도네시아, 필리핀 등의 동남아시아에는 심한 장마가, 페루 등의 남아메리카에서는 가뭄이, 북아메리카에는 강추위가 찾아올 수 있다.

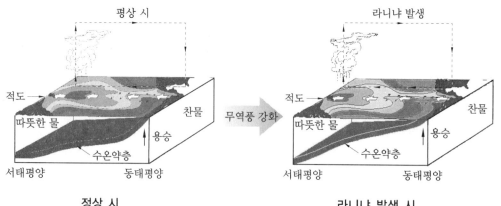

정상 시   라니냐 발생 시

(9) 푄 현상

① **정의** : 높새바람이라고도 하며 산을 넘어 불어 내리는 돌풍적 건조한 바람이다.

② **영향**

㉮ 산의 바람받이에서는 기압상승으로 인해 수증기가 응결되어 비가 내린다.

㉯ 산의 바람의지(반대쪽)에서는 기압이 하강하고 온도가 상승하며 건조해진다.

(10) 싸라기눈과 우박의 차이점

① 구름 속에서 만들어진 얼음의 결정이 내리는 것을 눈이라 하고, 구름 속에서 눈의 결정끼리 충돌하여 수 밀리미터 크기로 성장한 것을 싸라기눈이라고 한다.

② 특히 5 mm 이상 성장한 것을 우박이라고 하며 우박 중에는 야구공 정도의 크기로 성장하는 것도 있다.

칼럼 슈퍼엘리뇨

1. 2015년 말~2016년 초 지구상에 '슈퍼엘리뇨'가 발생하여 당시 가장 직접적으로 많은 피해를 입은 곳은 동남아 지역이다.

2. 인도네시아의 경우 5년만에 최악의 가뭄으로 산불이 지속되어 연기가 인도네시아는 물론 말레이시아와 태국 남부까지 영향을 주기도 하였다.

3. 반면 남미 페루에서는 기록적인 폭설과 홍수로 수많은 이재민이 발생하였다.

4. 적도 부근 동태평양의 수온이 평균보다 0.5도 이상 오르면 엘니뇨라 하는데 2도 이상 높아 '슈퍼 엘니뇨'라고 이름 붙여졌다. 이렇게 태평양 동쪽의 수온이 평소보다 올라가고, 반대로 서쪽 지역에선 내려가면서 곳곳에서 기상이변이 속출하였다.

5. 2015년 12월 당시에는 적도 부근의 태평양 해수면 온도가 약 30도까지 올라갔다.

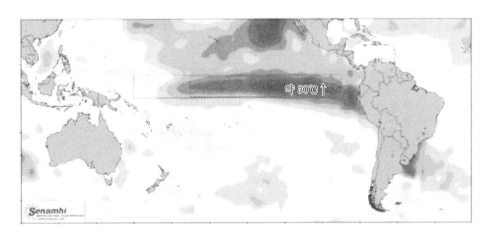

슈퍼엘리뇨 현상 (2015년 말~2016년 초)

제**2**장 | 친환경·생태 건축

2-1 건축환경 계획법

(1) 건축의 3대 필수요소

건축의 필수요소는 기능, 형태, 구조이다. 이 세 가지는 어느 하나가 더 중요하다기
보다 상호 보완적이며 모두 없어서는 안 될 중요한 요소이다.

(2) 건축과 인간의 관계

"인간은 건물을 만들고, 건물은 다시 인간을 만든다"는 말처럼 건축과 인간은 거의
모든 영역에서 서로 깊은 영향을 주고받는다고 할 수 있다.

(3) 건축물 및 에너지 환경에 영향을 미치는 요소

① **기후 및 풍토적 요소** : 온·습도, 강수량, 바람 및 지형, 지질 등의 자연적 요소를 말
하며 기후에 따라 크게 달라지는 것에는 지붕의 형태, 경사 그리고 창의 크기 등이
있다.

② **사회·문화적 요소** : 사람들의 이념, 제도, 인습적 행위 및 사회정신, 세계관, 국민성
등의 요소를 말하며 이것은 자연조건이 비슷한 나라들이 서로 다른 건축형태를 보
이는 이유를 잘 설명해 준다.

③ **정치 및 종교적 요소** : 봉건시대에는 왕과 귀족을 위한 건축, 신을 위한 건축이 주류를
이루었고 민주주의 시대에는 대중을 위한 학교, 병원 등의 건축이 많아졌다.

④ **재료 및 기술적 요소** : 건축물의 형태는 사용한 건축 재료와 이를 구성하는 기술적인
방법에 따라 크게 달라진다.

⑤ **기타** : 경제적 요소(건축을 위한 투자금액의 규모, 구매방법 등) 및 건축가의 개성
등이 영향을 미친다.

(4) 기능적 고려사항

① 거실공간, 아동공간(공부방 등)은 남쪽에 배치하여 겨울철 일광을 충분히 받게 한다.
② 침실의 경우는 적어도 하루에 한두 번 일사를 받을 수 있어야 한다.

③ 부엌이 남쪽에 위치하면 겨울철 작업에는 유리하나 여름철에는 식료품의 변질 등에 특별히 유의해야 한다.

④ 전체 건물의 방위로서 남쪽 이외에는 동쪽으로 18° 이내와 서쪽으로 16° 이내가 가장 합리적인 방향이다.

⑤ 거실은 일조를 고려하여 높은 천장과 역동적인 공간에, 경사지형을 고려하여 지하 층에 설치할 수도 있다.

(5) 동선계획의 원칙

① 동선은 일반생활의 움직임을 표시하는 선이며 동선의 요소는 빈도, 속도, 하중의 세 가지이다.

② 주택의 동선은 개인, 사회, 가사노동권의 3개 동선이 서로 분리되어 간섭이 없어야 한다. 동선에 혼란이 있으면 독립성이 상실된다.

③ 특히 복도가 없는 거실에는 이러한 결점이 생긴다. 가능한 한 복도를 두는 것이 방을 사생활 보호를 위한 공간으로 살리는 데 유리하다.

2-2　건축 대지의 선정

(1) 대지의 선정 조건

① **사회적 조건**

㈎ 교통이 편리하고 통근거리에 무리가 없을 것

㈏ 학교, 의료시설, 도서관, 공원 등이 근접해 있을 것

㈐ 판매시설이 주변에 있을 것

㈑ 소음, 공해 등이 없을 것

㈒ 상하수도, 가스, 전기, 통신시설 등이 갖추어져 있을 것

② **물리적 조건**

㈎ 저습지, 매립지, 부식토질 등이 아니고 북쪽으로 경사지지 않은 평탄한 부지일 것

㈏ 일조와 통풍이 좋은 자연환경일 것

(2) 배치 계획

① 일반적으로 남사면 배치는 겨울철 열취득에 유리하다 (위쪽으로 갈수록 여름철의 고온다습한 현상도 어느 정도 해결이 가능하다).

② 북사면 배치는 겨울이 비교적 온화하고 여름이 더운 기후의 지역에 유리하다.

③ 남쪽 주출입구와 북쪽 서비스 출입구의 분리, 경사지형에 따른 건물의 배치 및 조경 계획이 좋다.

④ 주택대지는 일조와 통풍이 잘 되고 전망이 좋으며 정원을 효과적으로 사용할 수 있는 것이 이상적이다.

⑤ 대지가 좁아서 정원을 마음대로 만들 수 없을 때는 거주부분을 건물 2층에 두고 1층을 필로티(Pilotis)로 하여 뜰의 일부로 사용하거나, 대지가 경사지일 때에는 그 것을 살려 2층에서 들어가 층 아래를 침실로 하는 등 여러 가지로 대지를 효율적으로 이용할 수 있다.

⑥ 일조관계는 법규로서 규정된 최저 조건보다도 태양이 가장 낮은 동지 때 태양광선을 충분히 받을 수 있어야 한다.

⑦ 대지의 모양은 정사각형 또는 남향으로 조금 긴 편이 정원을 두거나 계획하는 데에 편리하다. 일반적인 주택의 평면 상태는 대체로 동서로 조금 길게 직사각형을 이루는 경우가 많다(남북 방향으로 긴 건물은 넓은 서측면 때문에 냉방부하가 과대해질 수 있다).

⑧ 대지는 최소한 2 m 이상이 도로에 접해야 건축물을 건축할 수 있다. 도로에 접하지 못하여 법적으로 대지가 될 수 없는 토지를 맹지(盲地)라고 한다.

⑨ 대지의 식생은 일사량, 풍속조절, 습도조절 등에 유리하다(특히 여름에 무성한 활엽수 등이 건물의 에너지절약 측면에서 유리하다).

⑩ **강, 호수, 연못 등** : 미기후로 인한 기온변화의 편차를 줄여준다(물의 열용량 및 증발 효과 때문이다).

⑪ **기타 고려사항**

㉮ 건물을 배치할 때 겨울철 음영이 적도록 특히 주의한다(인동간격, 주변 장애물 등과의 배치에 주의).

㉯ 고층건물은 낮은 건물보다 북쪽에 둔다.

㉰ 여름철, 겨울철을 모두 고려하여 활엽수(약 5~10 m 높이)는 남측면에 배치한다.

㉱ 콘크리트보다 흙(토양)으로 된 마당이 부하경감 및 Time Lag에 유리하다.

(3) 평면 계획

① 주요 생활공간은 남향으로 하고 창고, 통로 등은 북향으로 하는 것이 유리하다.

② 더운 지역은 바람이 불어오는 방향에 개구부를 둔다.

③ SVR(Surface area to Volume Ratio) : 작은 건물에서의 외피를 통한 열손실을 줄여준다. 이 점에서는 정방형 건물과 돔형 건물이 가장 유리하다.

④ 거실의 조망과 방향을 최대한 고려하여 가족 중심의 여유 있는 공용공간과 최소 규모의 개별공간 구성, 한가운데를 중심으로 거실공간, 부부공간, 아이들 공간, 주방 및 손님공간 등 4가지 공간을 1개 층에 구성하는 것이 좋다.

⑤ 지하층을 활용할 수 있다면 주차장, 기계실 및 피트 계획 등이 유리하다.

2-3 공동주택과 녹지공간

(1) 공동주택

① 플랫형(Plat Type)

㉮ 주거단위가 동일층에 한하여 구성되는 방식이며 각층에 통로 또는 엘리베이터를 설치하게 된다.

㉯ 일반적으로 우리나라에서 쓰이는 아파트의 주거단위 형식이 이에 속한다.

㉰ 유럽에서 플랫이라는 용어는 아파트라는 뜻으로 쓰이기도 한다.

② 스킵형(Skip Floor Type) : 주거단위의 단면을 단층형과 복층형에서 동일층으로 하지 않고 반 층씩 엇나게 하는 형식을 말한다.

③ 메조넷형(Maisonette Type)

㉮ '작은 저택'이라는 뜻이 있는 메조넷은 하나의 주거단위가 복층형식을 취하는 경우로, 단위주거의 평면이 2개 층에 걸쳐져 있을 때는 듀플렉스형(Duplex Type), 3개 층에 있을 때는 트리플렉스형(Triplex Type)이라 한다.

㉯ 통로는 상층 또는 하층에 배치할 수 있으므로 유효면적이 증가하고 통로가 없는 층의 평면은 사생활 보호와 통풍 및 채광 등이 좋아진다.

(2) 녹지공간

① 녹지공간의 종류

㉮ 방음식재 : 도로나 주차장 등 주변의 소음 및 공명을 흡수하는 식재로 상당한 넓이가 필요하다. 특히 주거환경 보호를 위해 큰 규모가 필요하다.

㉯ 방풍식재 : 건축물 주변의 바람(강풍)을 막을 수 있는 식재로 역시 상당한 넓이가 필요하다.

㉰ 차폐식수 : 차량이나 사람의 보행교통에 주민의 사생활과 시환경(視環境)을 보호하는 것이 목적이다. 울타리 높이는 1.8 m 이상이어야 한다.

　　㈜ 녹음식재 : 놀이터, 벤치 등에 직사광선을 차폐하기 위해서는 낙엽수 등을 사용한다.
　　　주차장용에는 무방하다.

　　㈁ 수경식재 : 주거단지에는 조성지면의 회복을 위해 수목이나 잔디 등을 이용한다.

　　㈂ 위생식재 : 지표의 건조를 예방한다.

② 녹지의 기능

　　㈎ 차음성 : 식재의 차음성은 수림의 너비, 나무높이, 밀도가 높아지면 효과적이다.
　　　또 음원과 가까운 것이 좋다.

　　㈏ 냉각효과 : 녹지가 일광을 흡수하며 기온을 떨어뜨린다. 수증기 증발도 잠재열을
　　　없애고 환경을 냉각시킨다.

　　㈐ 방풍효과 : 수림의 방풍효과는 상부 측에서는 수고(樹高)의 6배, 하부 측에서는
　　　35배이다. 수림대의 밀도는 60 %가 좋다.

③ 녹지의 조성

　　㈎ 잔디 조성 : 잔디는 그 식수장소, 목적, 규모 등에 따라 종류를 선택해야 한다.
　　　감상을 목적으로 할 때는 비교적 인적이 드문 곳에 보통잔디, 한국잔디, 티프트잔
　　　디를 사용하는 것이 좋다. 잔디는 유지관리가 극히 중요하므로 잘 관리해야 한다.

　　㈏ 화단 조성 : 어떤 종류의 화초를 심더라도 주변과 조화가 이루어지게 한다. 전
　　　체적으로는 다년생 화단의 영구화단을 주체로 하며 1~2년생 식물을 변화요소로
　　　한다. 계절감을 느낄 수 있도록 개화시기가 집중되지 않게 한다.

도심 녹화의 전경

2-4 자연형 태양열주택 시스템

(1) 개요

① 무동력으로 태양열을 난방 등의 목적으로 이용하는 방법이다.

② 낮 동안 태양에 의해 데워진 공기 혹은 구조체(축열)가 대류 혹은 복사의 원리로 주간 및 야간에 사용처로 전달되어 난방으로 활용되는 방식이다.

(2) 종류 및 특징

① **직접획득형**(Direct Gain)

(가) 일부는 직접 사용한다.

(나) 일부는 벽체 및 바닥에 저장(축열)한 후 사용한다.

(다) 여름철을 대비하여 차양을 설치해야 한다.

(라) 장점

㉮ 일반화되고 추가비가 거의 없다.

㉯ 계획 및 시공이 용이하다.

㉰ 창의 재배치로 일반 건물에 쉽게 적용할 수 있다.

㉱ 집열창이 조망, 환기, 채광 등의 다양한 기능을 유지한다.

(마) 단점

㉮ 낮 동안 햇빛에 의한 눈부심과 자외선에 의한 열화현상이 발생하기 쉽다.

㉯ 실온의 변화폭이 크고 과열현상이 발생하기 쉽다.

㉰ 유리창이 크기 때문에 사생활이 침해 당하기 쉽다.

㉱ 축열부가 구조적 역할을 겸하지 못하면 투자비가 증가한다.

㉲ 효과적인 야간 단열을 하지 않으면 열손실이 커진다.

② **온실 부착형**(Attached Sun Space)

(가) 남쪽 창측에 온실을 부착하여, 온실에 일단 태양열을 축적한 후 필요한 인접 공간에 공급하는 형태(분리 획득형으로 분류하는 경우도 있음)이다.

(나) 온실의 역할을 겸하므로 주거공간의 온도 조절이 용이하다.

(다) 장점

㉮ 거주공간의 온도 변화폭이 적다.

㉯ 휴식이나 식물재배 등 다양한 기능의 여유공간을 확보할 수 있다.

㉰ 기존 건물에 쉽게 적용할 수 있다.

㉱ 디자인 요소로서 부착온실을 활용하면 자연을 도입한 다양한 설계가 가능하다.

(라) 단점

㉮ 온실의 부착으로 초기투자비가 비교적 높다.

㉯ 설계에 따라 열성능에 큰 차이가 나타난다.

㉰ 부착온실 부분이 공간 낭비가 될 수 있다.

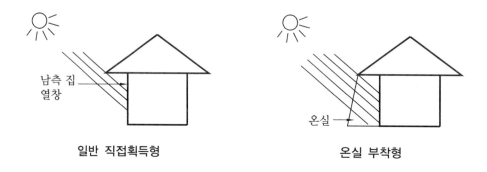

일반 직접획득형   온실 부착형

③ **간접획득형**(Indirect Gain, Trombe Wall, Drum Wall)

(가) 콘크리트, 벽돌, 석재 등으로 만든 축열벽형을 'Trombe Wall'이라 하고 수직형 스틸 Tube (물을 채움)로 만든 물벽형을 'Drum Wall'이라고 한다.

(나) 축열벽 등에 일단 저장한 후 '복사열'을 공급한다.

(다) 축열벽 전면에 개폐용 창문 및 차양을 설치한다.

(라) 축열벽 상·하부에 통기구를 설치하여 자연대류를 통한 난방도 가능하다.

(마) 물벽, 지붕연못 등도 여기에 해당한다.

(바) 축열벽의 집열창은 검은색, 방 (거주역)은 흰색으로 하는 것이 유리하다.

(사) 장점

㉮ 거주공간의 온도변화가 적다.

㉯ 축열된 에너지의 대부분이 일사가 없는 야간에 방출되므로 이용효율이 높다.

㉰ 햇빛에 의한 과도한 눈부심이나 자외선의 과다 도입 등의 문제가 없다.

㉱ 우리나라와 같은 추운 기후에 효과적이다.

㉲ 태양의존율 측면 : 보고에 따르면 간접획득형의 태양의존율은 약 27 %에 달하는 것으로 알려져 있어 설비형 태양열 설비(태양열 의존율이 50~60 % 정도)의 절반 수준이다. 단, 설비형은 투자비가 과다하게 들어가는 단점이 있다.

(아) 단점

㉮ 창을 통한 조망 및 채광이 부족해지기 쉽다.

㉯ 벽 두께가 두껍고 집열창과 이중으로 구성되어 유효공간을 잠식한다.

㉰ 집열창에 대한 야간 단열을 효과적으로 하기가 쉽지 않다.

㉣ 건축디자인 측면에서 조화 있는 해결이 쉽지 않다.

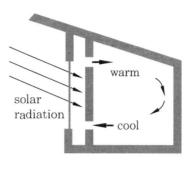

간접획득형

🔵 **칼럼** ⊙ **축열지붕형(Roof Pond) 태양열주택**

1. 지붕연못형이라고도 하며 축열체인 액체가 지붕에 설치되는 유형의 간접획득형 태양열
   주택이다.
2. 난방기간에는 주간에 단열패널을 열어 축열체가 태양열을 받게 하고 야간에는 저장된
   에너지가 건물의 실내로 복사되도록 한다.
3. 냉방기간에는 주간에 실내의 열이 지붕 축열체에 흡수되고 강한 여름 태양빛으로부터
   단열되도록 단열패널을 닫고, 야간에는 축열체가 공기 중으로 열을 복사 방출하도록
   단열패널을 열어 둔다.

④ **분리획득형(Isolated Gain)**

㉮ 축열부와 실내공간을 단열벽으로 분리시키고 대류현상을 이용하여 난방을 실시
한다.

㉯ 자연대류형(Thermosyphon)의 일종이며, 공기가 데워지고 차가워짐에 따라서
자연적으로 일어나는 공기 대류에 의한 유동현상을 이용한 것이다.

㉰ 태양이 집열판 표면을 가열함에 따라 공기가 데워져서 상승하고 동시에 축열체
밑으로부터 차가운 공기가 상승하여 자연대류가 일어난다.

㉱ 장점

　㉮ 집열창을 통한 열손실이 거의 없어 건물 자체의 열성능이 우수하다.

　㉯ 기존의 설계를 태양열시스템과 분리하여 자유롭게 할 수 있다.

　㉰ 온수 급탕에 적용할 수 있다.

㉲ 단점

　㉮ 집열부가 항상 건물 하부에 위치하므로 설계의 제약조건이 될 수 있다.

ⓑ 일사가 직접 축열되지 않고 대류공기로 축열되므로 효율이 떨어진다.

ⓒ 시공 및 관리가 비교적 어렵다.

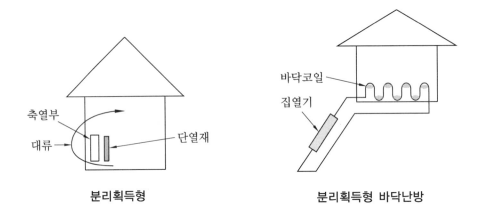

분리획득형 **분리획득형 바닥난방**

⑤ **이중외피구조형**(Double Envelope)

㉮ 이중외피구조형은 건물을 이중외피로 하여 그 사이로 공기가 순환되도록 하는 형식을 말한다.

㉯ 겨울철 주간에 부착온실(남측면에 보통 설치)에서 데워진 공기는 이중외피 사이를 순환하며 바닥 밑의 축열재를 가열하게 된다.

㉰ 겨울철 야간에는 남측에서 가열된 공기가 북측 벽과 지붕을 가열하여 열손실을 막는다.

㉱ 여름철에는 태양열에 의해 데워진 공기를 상부로 환기하여 건물의 냉방부하를 경감시킨다.

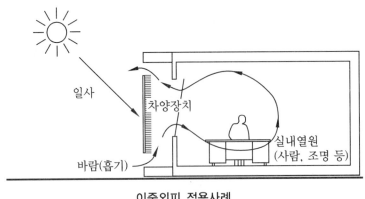

이중외피 적용사례

2-5   태양광 자연채광시스템

(1) 광덕트 (채광덕트) 방식

① 채광덕트는 덕트를 통해 외부의 주광을 실내로
유입하는 장치로, 태양광을 직접 도입하기보다는
천공산란광, 즉 낮기간 중 외부조도를 유리면과
같이 반사율이 매우 높은 덕트 내면으로 도입시켜
덕트 내의 반사를 반복시켜가면서 실내에 채광을
도입하는 방법이다.

② 채광덕트는 채광부, 전송부, 발광부로 구성되어
있고 설치방법에 따라 수평 채광덕트와 수직 채광
덕트로 구분한다.

③ 빛이 조사되는 출구는 보통 조명기구와 같이
패널 및 루버로 이루어져 있으며 낮 동안에 도
입된 빛이 여기에서 실내로 도입된다.

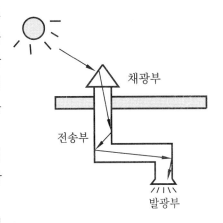

광덕트(채광덕트) 방식

④ 야간에는 반사경의 각도를 조정하여 인공조명을 점등함으로써 보통 조명기구의 역
할을 하게 한다.

(2) 천장 채광조명 방식

① 지하 통로 연결부분에 천장의 개구부를 활용한 천창구조식으로 설계하여 자연채광이
가능하게 함으로써 자연채광조명과 인공조명을 병용한다.

② 특히 정전이 발생했을 시에도 자연채광으로 피난에 필요한 최소한의 조명을 확보할
수 있게 한다.

(3) 태양광 추미 덕트 조광장치

① 태양광 추미식 반사장치와 같이 반사경을 작동하여 태양광을 일정한 장소에 향하게
하고, 렌즈로 집광시켜 평행광선으로 만든 후 좁은 덕트 내를 통하여 실내에 빛을
도입시키는 방법이다.

② 자연채광의 이용은 물론이고 조명 전력량을 많이 절감할 수 있는 시스템이다.

(4) 광파이버(광섬유) 집광장치

① 이 장치는 콜렉터라 불리는 렌즈로 태양광을 집광하여 묶어놓은 광파이버 한쪽에 빛을 통과시켜 다른 한쪽으로 빛을 보내어 조명하고자 하는 부분에 빛을 비추는 장치이다.

② 실용화할 시에는 여러 개의 콜렉터를 태양 방향으로 향하게 하여 태양을 따라가게 한다.

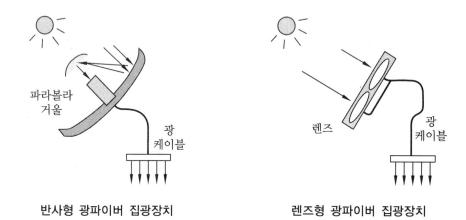

반사형 광파이버 집광장치   렌즈형 광파이버 집광장치

(5) 프리즘 윈도우

① 비교적 위도가 높은 지방에서 많이 사용되며 자연채광을 적극적으로 실(室) 안쪽 깊숙한 곳까지 도입시키기 위해 개발된 장치이다.

② 프리즘 패널을 창 외부에 설치하여 태양에서 나오는 직사광이 프리즘 안에서 굴절되어 실을 밝히게 한다.

(6) 광파이프 방식

① 파이프 안에 물이나 기름 대신 빛을 흐르게 한다는 개념이다.

② 기존에는 튜브 벽면에 거울을 설치하여 빛을 이동시키려는 것이었다 (하지만 이 시도는 평균적으로 95 %에 불과한 거울의 반사율 때문에 실용화되지 못했다).

③ OLF (Optical Lighting Film)의 반사율은 평균적으로 99 %에 달한다고 볼 수 있다 (OLF는 투명한 플라스틱으로 만들어진 얇고 유연한 필름으로, 미세 프리즘 공정에 의해 한 면에는 매우 정교한 프리즘을 형성하고 있고, 다른 면은 매끈한 형태로 되어 있다. 이러한 프리즘 구조가 독특한 광학특성을 만들어 낸다).

④ 장점

　㈎ 높은 효율로 인한 에너지 소모비를 절감할 수 있다.

　㈏ 깨질 염려가 없으므로 낙하, 비산에 따른 산재 예방이 가능하다.

　㈐ 자연광에 가까우며 UV 방출이 거의 없다.

　㈑ 환경을 개선(수은 및 기타 오염물질 전혀 없음)한다.

　㈒ 열이 발생하지 않는다.

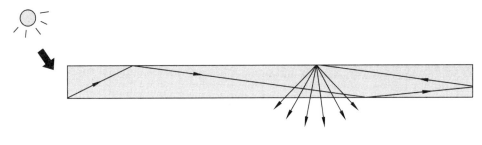

광파이프 방식

(7) 광선반 방식

① 실내 깊숙한 곳까지 직사광을 사입시킬 목적으로 개발되었으며, 천공광에 의한 채광창의 글레어(Glare)를 방지할 수 있는 시스템이다.

② 창의 방향, 실의 형태, 위도, 계절 등을 고려해야 하며 충분한 직사일광을 받을 수 있는 창에 적합하다.

③ 동향이나 서향의 창 및 담천공이 우세한 지역에는 적합하지 않다.

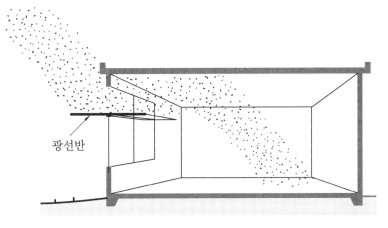

광선반

광선반 방식

(8) 반사거울 방식

① 빛의 직진성과 반사원리에 의해 별도의 전송부 없이 빛을 전달하므로 장거리 조사가 가능하다.

② 주광조명을 하고자 하는 대상물 이외의 장소에 빛이 전달되지 않도록 면밀한 주의가 필요하다.

반사거울 방식

2-6 연돌효과와(Stack Effect) 역연돌효과(Reverse Stack Effect)

(1) 개요

연돌효과(煙突效果)는 굴뚝효과라고도 하며, 건물 안팎의 온·습도로 인해 밀도차가 발생함에 따라서 건물 위아래로 공기의 큰 순환이 일어나는 현상을 말한다.

(2) 영향

① 최근 빌딩의 대형화 및 고층화로 연돌효과에 의한 작용압은 건물 압력변화에 영향을 미치고 냉·난방부하의 증가에 중요 요소가 되고 있다.

② 외부의 풍압과 공기부력도 연돌효과에 영향을 주는 인자이다.

③ 이 작용압에 의해 틈새나 개구부로부터 외기의 도입을 일으키게 된다.

④ 건물 위아래의 압력이 서로 반대가 되므로 중간 높이에서 이 작용압력이 0이 되는데 이 지점을 중성대라 한다. 이는 건물의 구조 틈새, 개구부, 외부 풍압 등에 따라 달라지지만 대개 건물 높이의 1/2 지점에 위치한다.

(3) 문제점

① 극간풍(외기 및 틈새바람)부하의 증가로 에너지소비량이 증가한다.

② 지하주차장, 하층부식당 등에서 오염공기가 실내로 유입된다.

③ 창문 개방 등 자연환기의 어려움이 있다.

④ 엘리베이터 운행 시에 불안정하다.

⑤ 휘파람소리 등의 소음이 발생한다.

⑥ 실내설정압력 유지가 곤란(급배기량 밸런스의 어려움)하다.

⑦ 화재 시 수직방향 연소확대 현상이 증대한다.

(4) 개선방안

① 고기밀 구조의 건물구조로 한다.

② 실내외 온도차를 작게 한다 (대류난방보다는 복사난방을 채용하는 등).

③ 외부와 연결된 출입문 (1층 현관문, 지하주차장 출입문 등)은 회전문, 이중문 및 방풍실, 에어커튼 등을 설치하고, 방풍실 가압을 실시한다.

④ 오염실은 별도 배기하여 상층부로 오염이 확산되는 것을 방지한다.

⑤ 적절한 기계환기방식을 적용 (환기유닛 등 개별환기장치도 검토)한다.

⑥ 공기조화장치 등 급배기팬에 의한 건물 내 압력제어를 실시한다.

⑦ 엘리베이터를 조닝(특히 지하층용과 지상층용은 별도로 이격분리)한다.

⑧ 구조층 등으로 건물을 수직구획 짓는다.

⑨ 계단으로 통한 출입문은 자동닫힘구조로 한다.

⑩ 층간구획, 출입문 기밀화, 이중문 사이에 강제대류 컨벡터 혹은 FCU 설치 등을 한다.

⑪ 실내 가압하여 외부압보다 높게 한다.

(5) 틈새바람의 영향

① 바람자체(풍압)의 영향 : Wind Effect $(\Delta P_w ; \mathrm{Pa})$

$$\Delta P_w = C \cdot \left(\frac{V^2}{2g}\right) \cdot r$$

② 공기밀도차 및 온도영향 : Stack Effect $(\Delta P_s ; \mathrm{Pa})$

$$\Delta P_s = h \cdot (r_i - r_o)$$

여기서, 풍압계수 (C)

　　　C_f (풍상) : 풍압계수 (실이 바람의 앞쪽인 경우, C_f = 약 0.8~1)

　　　C_b (풍하) : 풍압계수 (실이 바람의 뒤쪽인 경우, C_b = 약 -0.4)

　　r : 공기비중량 $(\mathrm{N/m^3})$

　　V : 외기속도 $(\mathrm{m/s},\ 겨울\ 7,\ 여름\ 3.5)$

　　h : 창문지상높이에서 중성대 지상높이를 뺀 거리(m)

　　$r_i,\ r_o$: 실내외공기 비중량 $(\mathrm{N/m^3})$

　　g : 중력 가속도 $(9.807\ \mathrm{m/s^2})$

③ 연돌효과와 역연돌효과

㈎ 겨울철 : 연돌효과 발생

   ⑦ 외부 지표에서 높은 압력 형성 → 침입공기 발생

   ④ 건물 상부 압력 상승 → 공기 누출

 (나) 여름철 : 역연돌효과 발생

   ⑦ 건물 상부 : 침입공기 발생

   ④ 건물 하부 : 누출공기 발생

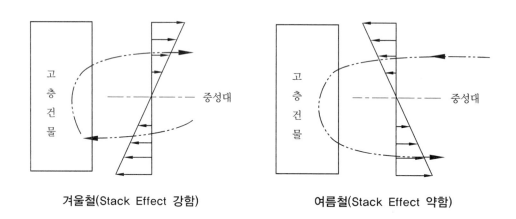

겨울철(Stack Effect 강함)   여름철(Stack Effect 약함)

④ 중성대의 변동

 (가) 건물로 강풍이 불어와 건물 외측의 풍압이 상승하면 중성대는 하강한다.

 (나) 실내를 가압하거나 어떤 실내압이 존재하는 경우에 중성대는 상승한다.

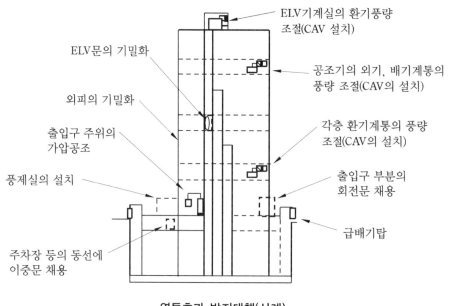

연돌효과 방지대책(사례)

2-7 **이중외피(Double Skin) 방식**

(1) 배경

① 초고층 주거건물에서의 자연환기 부족과 풍압 문제는 현재의 일반적인 창호시스템으로는 해결하기 어렵다 (초고층의 고풍속으로 창문 등의 개폐가 간단하지 않을 뿐아니라 유입풍속이 강해 환기의 쾌적성 또한 떨어지게 된다).

② 초고층건물에서도 자연환기가 가능한 창호시스템을 고안할 때 우선적으로 고려되는 방법이 '이중외피' 방식이다.

③ 이중외피 방식은 1970년대 후반 에너지파동과 맞물려 유럽을 중심으로 시작된 자연보호운동, 그리고 건물 재실자 (특히 사무실 근무자)들의 강제환기에 대한 거부감 증대 등을 배경으로 자연환기의 중요성이 부각되면서, 1990년대 중반부터 초고층 사무소건물에 설치되어 학술적인 검증이 이루어지고 있는 시스템이다.

(2) 원리

이중외피는 중공층 (공기층)을 사이에 두고 그 양쪽에 구조체(벽체, 유리 등)가 설치된 구조로, 고단열성과 고기밀성, 축열, 일사차폐 등으로 냉난방부하를 절감하여 에너지를 절약할 수 있는 구조체 방식이며 자연환기에도 상당히 유리한 방식이다.

(3) 장점

① 자연환기가 가능 (최소한 봄, 가을)하다.

② 재실자의 요구에 따라 창문 개폐가 가능 (심리적 안정감)하다.

③ 기계공조를 함께 할 경우에도 설비규모를 최소화할 수 있다.

④ 실외 차양장치의 설치효과로 냉방에너지가 절약된다.

⑤ 겨울의 온실효과로 난방에너지가 절약 (두 외피 사이 공간의 완충기능)된다.

⑥ 고속기류의 직접적인 영향 (맞바람)을 줄일 수 있다.

⑦ 소음 차단효과가 향상 (고층건물 외에 고속도로변이거나 공항 근처와 같이 소음이 심한 상황에 접해 있는 중 · 저층 건물도 포함)된다.

(4) 종류별 특징

이중외피 시스템의 종류로는 아래와 같이 상자형 유리창 시스템, 커튼월 이중외피 시스템, 층별 이중외피 시스템 등 여러 가지 형식이 개발되고 있다.

① 상자형 유리창 시스템

(개) 이 시스템의 특징은 창문 부분만 이중외피형식으로 되어 있고, 그 이외의 부분은 일반건물의 경우와 마찬가지인 외벽체, 그리고 창문 바깥쪽에 블라인드형식의 차양장치로 구성되어 있다.

(내) 건물의 층별 또는 실별로 설치할 수 있어 편리하다.

(대) 초고층 주거건물에서는 외부 창을 포함한 두 개의 창문을 모두 열 수는 없으므로 조금 더 응용된 형식으로 적용 가능성을 찾을 수 있다(즉 외벽 한 부분에 굴뚝 효과를 나타낼 수 있는 수직덕트를 만들고 창과 창 사이의 공간을 연결시킨다. 수직덕트 내에는 높이와 온도차에 따른 부양현상으로 바깥 창의 고정에 의해 배기되지 못하는 열기나 오염된 공기를 외부로 빨아올려 환기를 유도하게 된다).

② 커튼월 이중외피 시스템

(개) 커튼월 형식으로 창문이 있는 건물 전면에 유리로 된 두 번째 외피를 장착한 이중외피 시스템을 말하는 것으로, 두 외피 사이의 공기 흐름을 위하여 흡기구는 건물의 1층 아랫부분에, 배기구는 건물의 최상층부에 설치된다.

(내) 이 시스템의 경우 두 외피 사이의 공간 전체가 하나의 굴뚝덕트로 작용하여 환기를 위해 필요한 공기의 상승효과를 이끌어 낸다.

(대) 이 시스템의 단점은 상층부로 갈수록 하층부에서 상승한 오염공기의 정체현상으로 환기효과가 떨어지고, 층과 층 사이가 차단되어 있지 않아 각 층에서 일어나는 소음, 냄새 등이 다른 층으로 쉽게 전파될 뿐 아니라 화재가 발생했을 때에 위층으로 화재가 확산될 위험이 크다.

(라) 이 시스템은 환기를 위한 장점보다는 외부소음이 심한 곳에서 소음 차단에 더 효과적이다.

③ 층별 이중외피 시스템

(개) 각 층 사이를 차단시켜 '커튼월 이중외피 시스템'에서의 단점을 보완한 시스템이다.

(내) 이 시스템의 가장 큰 특징은 각 층의 상부와 하부에 수평 방향으로 흡기구와 배기구를 두고, 각 실(아파트 또는 사무실)별로 흡기와 배기가 가능하도록 한 점이다.

(대) 커튼월 이중외피 형태에서 좀 더 세분화해 환기를 조절할 수 있기 때문에 환기의 효과가 가장 우수한 시스템이다.

(라) 층과 층 사이에 흡기구와 배기구가 아래위로 아주 가까이 배치될 경우 아래층 배기구에서 배기된 오염공기가 다시 바로 위층의 흡기구로 흘러 들어가게 되어 해당 층 흡입공기의 신선도가 현저히 떨어질 수 있으므로 개구부의 배치계획에 세심한 주의가 필요하다.

(마) 개구부 크기는 외피 사이의 공간체적에 따라 결정되며, 형태는 필요에 따라 각 개구부를 한 장의 유리로, 또는 유리루버 방식으로 개폐가 가능하도록 설치한다.

(바) 근래 인텔리전트화한 건물에서는 실내의 온도, 습도, 취기 등의 정도에 따라 자동으로 조절되는 장치를 설치하기도 한다.

(사) 외피공간의 차양장치는 가장 효과적인 실외에 장착된 것과 같은 역할로, 여름철 실내온도의 상승을 억제하여 냉방에너지 절감에 도움이 된다.

(5) 계절에 따른 특성

① 냉방 시의 계절특성

(가) 중공층의 축열에 의한 냉방부하 증가를 방지하기 위해 중공층(공기층)을 환기한다 (상부와 하부의 개구부를 댐퍼 등으로 조절).

(나) 구조체의 일사축열과 실내 일사유입을 차단하기 위해 중공층 내에 블라인드를 설치하여 일사를 차폐한다 (전동블라인드를 권장함).

(다) Night Purge 및 외기냉방, 환기가 될 수 있는 공조방식과 환기방식을 선정한다.

(라) 야간에 냉방운전 필요시 구조체 축열이 제거되면 중공층을 밀폐하여 고기밀, 고단열구조로 이용한다.

② 난방 시의 계절특성

(가) 실내가 난방부하 상태일 때는 일사를 적극 도입하고 중공층을 밀폐한다 (상하부 개구부 폐쇄).

(나) 이중외피의 내부 공간 중 남측에서의 취득열량을 북측, 동측, 서측으로 전달시켜 건물 전체의 외피가 따스한 상태로 만들어준다 (난방부하 경감).

(다) 중공층의 공기를 열펌프의 열원으로 활용할 수 있다.

(라) 야간에는 고기밀 고단열구조로 하기 위해 중공층을 밀폐한다 (상하부 개구부 폐쇄).

(6) 이중외피의 구획방법

① Shaft Type : 배기효율이 높고, 상하 소음 전달이 용이하다.

② Box Type : 사생활이 보호되고, 소음이 차단되며, 재실자의 창문조절이 용이하다.

③ Shaft-Box Type : Shaft Type + Box Type

④ Corridor Type : 중공층 사용이 가능하고, 사생활보호에 불리하며, 소음 전달이 용이하다.

⑤ Whole Type : 외부소음에 효과적이고, 초기투자비가 감소하며, 소음 전달이 용이하다.

  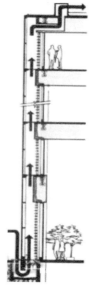

Corridor Type 이중외피(사례)　　　Whole Type 이중외피(사례)　　　Whole Type 단면도

2-8 중수도 설비

(1) 개요

① 경제 발전에 따른 인구의 도시 집중 및 생활수준의 향상으로 생활용수의 부족 현상과 일부 산업지역에서의 공업용수 부족 등 수자원 고갈 문제가 점점 나타나고 있다.

② 이는 우리나라의 강우 특성이 계절별로 편중되어 있고 지형적 특성상 유출량이 많은 데에 기인하는 것으로, 용수의 안정적 공급을 위한 치수 관리는 물론 수자원의 효율적 이용이 절실히 요구되고 있다.

③ 이와 같은 배경으로 수자원 개발의 일환인 배수의 재이용이 등장하게 되었고, 법적으로도 일정 기준 이상의 건물에서는 배수 재이용 (중수도)을 의무화하게 되었다.

④ 배수 이용의 목적은 급수뿐만 아니라 배수 측면에서도 절수하는 데 있다.

⑤ 배수 재이용 대상에는 공업용수를 사용하는 산업계와 수세 변소의 세척용수 등의 일반 잡용수로 사용하는 생활계가 있다.

(2) 용도 및 효과

① 수세식 변소용수, 살수용수, 조경용수 용도로 주로 사용한다.

② 비용, 자원회수, 하절기 용수의 부족문제를 해결하고, 환경보전법상 총량규제에 따른 오염부하 감소효과 등이 있다.

③ **중수 용도별 등급 :** 살수용수 (고급) > 조경용수 > 수세식 변소용수 (저질수)

④ **중수도 수질기준 :** 대장균수 (개/mL), 잔류염소 (mg/L), 외관, 탁도 (도), BOD (mg/L), 냄새, pH, 색도, COD 등의 9개 항목에 대하여 용도별 수질기준 이내로 억제

(3) 개방 순환 방식

처리수를 하천 등의 자연수계에 환원한 후 재차 수자원으로 이용하는 방식이다.

① **자연 하류방식 :** 하천 상류에 방류한 처리수가 하천수와 혼합되어 하류부에서 취수하는 방식이다.

② **유량 조정방식 :** 처리수의 반복 이용을 목적으로, 갈수 시에 처리수를 상류까지 양수 환원한 후 농업용수나 생활용수로 재이용하는 방식이다.

(4) 폐쇄 순환 방식

처리수를 자연계에 환원하지 않고 폐쇄계 중에 인위적으로 수자원화하여 직접 이용하는 방식으로, 생활 배수계의 재이용방식에 적용되고 있다 (이 방식은 개별 순환, 지구 순환, 광역 순환의 3방식으로 분류된다).

① **개별 순환 방식**

㈎ 개별 건물이나 공장 등에서 배수를 자체 처리하여 수세변소용수, 냉각용수, 세척용수 등의 잡용수계 용수로 순환 이용하는 것을 말한다.

㈏ 특징

㉮ 배수지점과 급수지점이 근접해 있어 배관 설비가 간단하다.

㉯ 배수량과 급수량이 거의 비례하므로 배수의 이용효율이 높아진다.

㉰ 오수나 주방배수를 포함하지 않은 배수는 재이용하여 수세변소 세척수 등에 이용하고 방류하므로 처리설비가 간단하다.

㉱ 한정된 범위에 시설되므로 관리가 쉽고 비교적 BOD, COD 등의 높은 재이용 수를 사용할 수 있다.

㉲ 규모가 작으므로 건설비, 보수 관리비 등이 높고 그에 따른 비용이 높아진다.

㉳ 처리 과정에서 통상 오니가 발생된다 (폐기물 처리문제 발생).

② **지구 순환 방식**

㈎ 대규모 집합 주택단지나 시가지 재개발 지구 등에서 관련공사, 사업자 및 건축

물의 소유자가 그 지구에 발생하는 배수를 처리하여 건축물이나 시설 등에 잡용수로 재이용하는 방식이다.

(나) 이 방식의 수원으로는 구역 내에서 발생한 하수처리수 이외에도 추가적으로 하천수, 빗물 조정지의 빗물 등을 고려할 수 있다.

(다) 특징

㉮ 지구 내의 발생 하수를 수원으로 하면 공공하수도(공공수역)에 대한 방류량을 감소시킬 수 있고 공급수의 대상이 정해진 지구 내에 한정되므로 급수설비의 건설비가 광역 순환 방식보다 저렴하다.

㉯ 유지관리가 용이하다.

㉰ 광역 순환 방식에 비교하여 처리장치의 규모는 작아지나 처리 비용이 높아진다.

㉱ 시가지 재개발 지구에서는 처리장치로부터 발생한 오니 등의 폐기물 처리가 문제된다.

③ **광역 순환 방식**

(가) 도시 단위의 넓은 지역에 재이용수를 대규모로 공급하는 방식이다.

(나) 이 방식의 수원으로는 하수 처리장의 처리수, 하천수, 빗물 조정지의 빗물, 공장 배수 등이 대상이 된다.

(다) 특징

㉮ 재이용수가 공급되므로 수요가는 인입관이 상수와 재이용수의 2계통이므로 유지관리가 용이하다.

㉯ 규모가 크므로 처리 비용이 저렴해진다.

㉰ 배수 재이용 처리장치로부터 각 수요가까지의 배수관 등 제반설비의 건설비가 상승한다.

㉱ 일반 가정 등에 공급할 경우 오접합에 의한 오음, 오사용의 위험성이 높다.

㉲ 상수 사용량은 절감되지만 하수량은 삭감되지 않는다.

㉳ 광역 순환이용으로는 하수도 종말처리장으로부터 처리수의 재이용 형태로 이루어지고 있다.

㉴ 이 방식의 수요는 공업용수 등에 한정되어 있으며 시가지의 일반 수요가를 대상으로 하는 것은 적다.

(5) 중수 처리공정

① **생물학적 처리법**

(가) 스크린파쇄기 → (장기폭기, 회전원판, 접촉산화식) → 소독 → 재이용

(나) 비교적 저렴한 가격에 속한다.

② 물리화학적 처리법

(가) 스크린 파쇄기 → (침전, 급속여과, 활성탄) → 소독 → 재이용

(나) 사용예가 비교적 적은 편이다.

③ (한외)여과막법

(가) 원수 → VIB 스크린 (진동형, 드럼형) → 유량 조정조 → 여과막 (UF법, RO법) →
활성탄여과기 → 소독 → 처리소독 → 재사용

(나) 건물 내 공간문제로 증가하는 추세이다.

(다) 양이 적고 막이 고가이다.

(라) 회수율은 70~80 %이고 반투막이며 미생물 및 콜로이드 제거가 가능하다.

(마) 침전조가 필요 없고 수명이 길다.

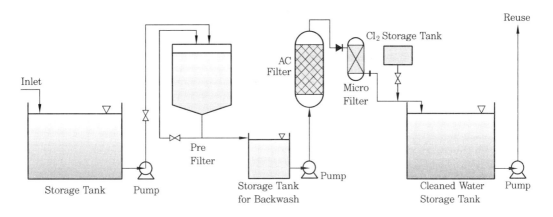

중수 처리공정

2-9 빗물 이용 시스템

(1) 개요

① 빗물을 지하의 저장층 등에 모아 두고 화장실 등의 상수도를 필요로 하지 않는 부
분에 사용하는 방법이다.

② 보통 간단한 시스템으로 초기투자비를 적게 계획하고 빗물 저수조의 크기는 가능한
크게 한다 (사용량은 1~2개월분이 적당하다).

(2) 빗물의 이용 및 사례

① **빗물 이용 장치** : 집우설비, 빗물 인입관 설비, 빗물 저수조 등으로 구성되어 있다.

② **빗물 탱크의 구조**

 ㈎ 사수 방지구조로 방향성 계획, 청소 용이한 빗물 탱크 계획, 염소 주입장치 등

 ㈏ 넘침관은 자연방류로 하수관 연결, 장마 및 태풍에 대비하여 통기관 및 배관은 크게 한다.

 ㈐ 빗물과 음료수 계통은 분리한다.

③ **빗물 이용의 문제 해결 대책**

 ㈎ 산성우에 대한 대책 수립(콘크리트중화, 초기 빗물 0.5 mm 배제 등)

 ㈏ 흙, 먼지, 낙엽, 새의 분뇨 등 혼입 방지에 대한 대책 수립

 ㈐ 집중호우 및 정전 시에 대한 대책 수립

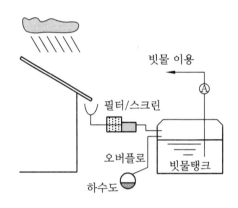

빗물 이용 시스템 개념도

④ **독일의 빗물 이용 사례**

 ㈎ 독일에서는 빗물을 음용하게 되면 큰 문제가 발생할 위험이 있어서 일반 음용수 공급 상태를 규정한 법규에, 일부 정원수를 제외하고는 모든 빗물 시설물과 음용수 시설물을 철저히 구분하고 있다. 1989년 제정된 독일표준규격(DIN)에 자세한 규정이 제시되어 있다.

 ㈏ 예를 들어 음용수의 공급라인, 빗물용 급수관망과 그 배출구에 각각 라벨을 붙여 구별하는 것 등이다.

 ㈐ 세부 규정으로는 '빗물 시스템과 음용수 시스템 상호간에는 절대로 연결해서는 안 된다'는 내용이 있으며 이것은 DIN에 따라 공공 음용수 공급장치와는 뚜렷한 간격을 두고 빗물 공급시스템을 설치해야 한다는 규정이다.

㈃ 관망의 표면에 구별을 확실히 하기 위하여 일정 구간마다 '음용수가 아님' 또는 '빗물'이라는 글귀를 적은 색상 테이프를 붙인다.

㈄ DIN 1989에서는 빗물 이용시설에 붙어 있는 배출구에 대하여 일 년에 한 번 이상 정기점검을 하도록 규정되어 있다.

㈅ 슈투트가르트 도시지역에서 수행된 조사 보고서에 의하면, 산성비의 우려가 높은 초기 강우의 분리는 불필요하다고 기록되어 있다. 또한 독일 환경부에서 발행되는 안내용 소책자에 의하면, 헤센 지역은 초기 강우가 가정 내에서 유지관리 용수로만 사용되기 때문에 일부러 배제할 필요가 없다고 기술되어 있다.

⑤ 빗물 처리공정 사례

집우설비 → 인입관설비 → 스크린 → 침사조 → 침전조

재이용 ← 저수조 ← 염소소독장치 ← 여과장치 ← 저장탱크

㊟ 위 공정 중 빗물 재사용의 목적에 따라 몇 가지 공정이 생략될 수 있다.

쓰레기 관로수송시스템

(1) 도입배경

① 쓰레기 관로수송시스템은 1960년 스웨덴에서 개발 및 적용된 이후 현재 전 세계적으로 많은 시스템이 개발되어 가동 중에 있다.

② 스웨덴, 스페인, 일본 등의 나라가 선두로 적용하기 시작하였으며, 미국 포르투갈, 네덜란드, 홍콩, 싱가포르 등도 많이 적용하고 있다.

③ 국내에서도 수도권을 중심으로 신도시 개발이 활발하게 진행되면서 고부가가치의 생활문화 창조를 위해 쓰레기 관로수송시스템(또는 쓰레기 자동집하시설)의 도입이 많이 이루어지고 있다.

④ 특히 2000년 용인수지 2지구에 도입된 후 약 5년간의 실운전을 통해 안정성이 입증되면서 송도신도시, 광명소하지구, 판교지구, 김포장기지구, 파주신도시, 서울 은평 뉴타운 등으로 전파되었다.

(2) 방법

① 관로에 의한 쓰레기의 수집과 수송은 동력원(Blower)에 의해 관로 내에 공기흐름을 만들어 이를 이용해 쓰레기를 한곳으로 모으는 시설로, 진공청소기의 원리와 유사하다.

② 이 시스템은 투입된 쓰레기를 일시 저장하는 투입설비, 관로설비 그리고 송풍기 및 관련 기기 등이 있는 수집센터(집하장)로 구성되어 있다.

(3) 장 · 단점

① 장점

㈎ 관로에 의한 계 전체가 부압이기 때문에 대상 쓰레기가 외계와 차단되어 있어 무공해형 수송수단인 동시에 투입 시에도 특별한 공급장치가 필요하지 않고 외계의 영향을 거의 받지 않으므로 전천후형 방식이다.

㈏ 관로를 수송경로로 할 경우에 운전의 자동화가 가능하고 효율적이다.

㈐ 다점의 배출점에서 1점으로의 집중수송에 적합하기 때문에 쓰레기 수집, 수송에 적합하다.

㈑ 배출원이 증가할 경우에도 송풍기 등 수집센터 측의 설비는 그대로 두고 수송 관로와 밸브의 증설만으로 가능하다(단, 송풍기의 동력상 한계를 초과할 수는 없다).

㈒ 이외에도 냄새에 대한 해방, 편리성, 도시미관을 해치지 않는 점 등을 들 수 있다.

② 단점

㈎ 관로부설을 위한 초기 설비투자가 크고, 특히 기존 시가지에 도입할 경우 약 30 % 이상의 비용 추가로 경제적 부담이 된다.

㈏ 일단 건설된 관로의 경로 변경과 연장에 어려움이 있어 종래의 차량수송방식에 비해 유연성이 좋지 않고, 수송량도 설계치에 적합한 양을 주지 않으면 효율이 저하된다.

㈐ 본질적으로 연속 수송장치이고 대용량 수송에 유리하나 진공식 관로수송에 이용되는 부압에는 한계가 있으므로 지나친 장거리 수송에는 부적합하다.

(4) 시스템 적용 시 주의사항

① 주민이 자발적으로 시설을 이용하기까지는 시간이 많이 소요될 수 있다.

② 관로상에 구멍이 잘 뚫릴 수 있다.

③ 수거용기 부근에서 악취가 심해질 수 있다.

④ 비산 방지를 위한 집진시설을 설치해야 한다.

⑤ 관로의 점검수리를 위한 시설을 설치해야 한다.

⑥ 충분한 용량의 저류 (貯留)시설을 설치해야 한다.

(5) 수거 공정

① 공기배출 송풍기 작동

② 처리대상 공기흡입밸브는 Open하고 약 7초 후에 Close (공기속도 약 15~22 m/s, 진공압 약 1,500~2,000 mmAq)

③ 집하장까지 운반

④ 쓰레기분리기에서 공기와 쓰레기 분리

⑤ 쓰레기 압축기

⑥ 컨테이너

⑦ 소각장으로 쓰레기 이송

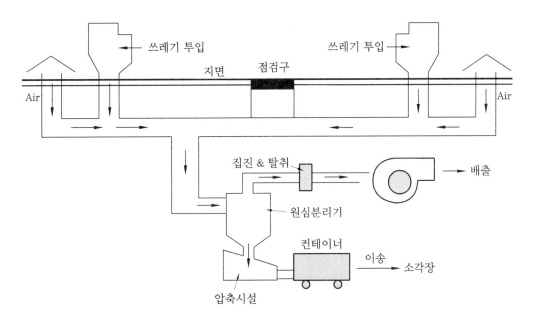

쓰레기 관로수송시스템

2-11 녹색건축 인증에 관한 규칙

(1) 개요

① 이 규칙은 녹색건축 인증대상, 건축물의 종류, 인증기준 및 인증절차, 인증유효기간, 수수료, 인증기관 및 운영기관의 지정 기준, 지정 절차 및 업무범위 등에 관한 사항과 그 시행에 필요한 사항의 규정을 목적으로 한다.

② 해당 부처의 장관은 녹색건축센터로 지정된 기관 중에서 운영기관을 지정하여 관보에 고시하여야 한다.

(2) 인증의 의무취득

공공기관에서 연면적 $3,000\,m^2$ 이상의 공공건축물을 신축하거나 별도의 건축물을 증축하는 경우에는 고시에서 정하는 등급 이상의 녹색건축 예비인증 및 인증을 취득하여야 한다.

(3) 인증의 전문분야 및 세부분야

전문분야	해당 세부분야
토지이용 및 교통	단지계획, 교통계획, 교통공학, 건축계획, 도시계획
에너지 및 환경오염	에너지, 전기공학, 건축환경, 건축설비, 대기환경, 폐기물처리, 기계공학
재료 및 자원	건축시공 및 재료, 재료공학, 자원공학, 건축구조
물순환관리	수질환경, 수환경, 수공학, 건축환경, 건축설비
유지관리	건축계획, 건설관리, 건축시공 및 재료, 건축설비
생태환경	건축계획, 생태건축, 조경, 생물학
실내환경	온열환경, 소음·진동, 빛환경, 실내공기환경, 건축계획, 건축설비, 건축환경

(4) 인증기준

① 인증등급은 신축 및 기존 건축물에 대하여 최우수(그린1등급), 우수(그린2등급), 우량(그린3등급) 또는 일반(그린4등급)으로 분류한다.

② 7개 전문분야의 인증기준 및 인증등급별 산출기준에 따라 취득한 종합점수 결과를 토대로 부여한다.

(5) 인증의 신청

① **예비인증 신청** : 다음 각 호의 어느 하나에 해당하는 자가 「건축법」에 따른 허가·신고 대상 건축물 또는 「주택법」에 따른 사업계획승인 대상 건축물에 대하여 허가·신고 또는 사업계획승인을 득한 후 설계에 반영된 내용을 대상으로 예비인증을 신청할 수 있다.

   ⑦ 건축주

   ⑭ 건축물 소유자

   ⑭ 사업주체 또는 시공자 (건축주나 건축물 소유자가 인증 신청을 동의하는 경우에 한정함)

② **(본)인증 신청** : 신축건축물에 대한 녹색건축의 인증은 신청자가 「건축법」에 따른 사용승인 또는 「주택법」에 따른 사용검사를 받은 후에 신청할 수 있다. 다만, 인증등급 결과에 따라 개별 법령으로 정하는 제도적·재정적 지원을 받고자 하는 경우와 사용 승인 또는 사용검사를 위한 신청서 등 관련서류를 허가권자 또는 사용검사권자에게 제출한 것이 확인된 경우에는 사용승인 또는 사용검사를 받기 전에 신청할 수 있다.

③ 공동주택의 경우 건축주 등이 예비인증을 받은 사실을 광고 등의 목적으로 사용하려면 인증 (본인증)을 받을 경우 그 내용이 달라질 수 있음을 알려야 한다.

④ 예비인증을 받아 제도적·재정적 지원을 받은 건축주 등은 예비인증 등급 이상의 본인증을 받아야 한다.

  ※ 법규 관련 사항은 국가정책상 항상 변경 가능성이 있으므로 필요 시 '국가법령정보센터 (http://www.law.go.kr)' 등에서 확인하도록 한다.

2-12   ## 그린리모델링(녹색건축화)

(1) 개요

① 리모델링은 한마디로 건축분야의 재활용 프로젝트를 뜻한다. 신축 건축물에 대비되는 개념으로 기존 건축물을 새롭게 디자인하는 개보수의 모든 작업을 일컫는다. '제2의 건축'이라고도 하는 리모델링은 주로 미국에서 통용되는 용어로, 일본에서는 리노베이션, 리폼이라는 용어가 일반적이다.

② 그린리모델링이란 기존 건축물을 환경친화적 건축물로 만들기 위해 에너지 성능향상 및 효율 개선을 목적으로 하는 행위이다 (녹색건축물 조성지원법적 정의). 에너지 낭비가 많은 노후건물을 에너지효율이 높은 녹색건물로 전환하는 행위라고 할 수 있다.

(2) 목적

① 건축법상 건축물의 노후화를 억제하거나 기능 향상 등을 위하여 대수선하거나 일부를 증축하기 위함이다.

② 리모델링에는 실내외 디자인, 구조 디자인 등 다양한 디자인 요소가 포함되며, 건축물의 기능 향상 및 수명을 연장시키는 것이 주목적이다.

③ 지은 지 오래되어 낡고 불편한 건축물에 얼마간의 재투자로 부동산 가치를 높이는 경제적 효과 외에 신축 건물 못지않은 안전하고 쾌적한 기능을 회복할 수 있다는 것이 큰 장점이다 (에너지절약적 측면).

(3) 방법

① 리모델링은 잘못 시도했다가는 큰 낭패를 볼 수도 있으므로 반드시 전문가(구조 전문, 디자이너 등)의 자세한 상담 및 조언을 받아 접근하는 것이 바람직하다.

② 오래된 건물을 리모델링할 경우에는 먼저 전문가의 도움을 받아 하중을 지지하는 기둥과 벽에 대한 조사가 필요하다.

③ 조사가 끝난 뒤에는 기둥과 내력벽, 그리고 바닥만 남기고 다른 부분을 털어낸 다음 다시 외장벽을 만들고, 인테리어 디자인을 하면 된다 (물론 일부만을 대상으로 리모델링할 수도 있다).

④ 오래된 건물을 새로 말끔히 단장하여 현대적 감각이 넘치도록 글라스 월, 에너지절감 소재 등 각종 신소재를 사용하여 꾸미는 경우가 많다.

(4) 절차

① **계획단계** : 무엇을 왜, 어떻게 바꿀 것인가?
   - 리모델링의 주요 목적과 바꾸고자 하는 용도 및 방향을 설정한다.

② **사전조사** : 어떤 절차로 변경할 것인가?
   ㈎ 도면을 비롯한 건물에 관한 모든 자료를 준비하고 건물의 노후 상태를 체크한다.
   ㈏ 법률에 저촉되는 부분 등에 대한 검토가 필요하다.

③ **리모델링 업체 선정 및 안전진단** : 어떤 곳에 맡길 것인가?
   ㈎ 사전조사에서 마련된 자료를 바탕으로 적합한 리모델링 업체를 찾는다.
   ㈏ 도면이 없는 경우 실측이 필요하며 건물의 노후 상태가 심각하거나 구조를 변경하는 경우에는 안전진단을 실시해야 한다.

④ **상담** : 어떻게 적용시킬 것인가?

- 마련된 자료를 바탕으로, 전문가와 상담하여 계획한 내용을 최대한 반영할 수 있는 방법을 모색한다.

⑤ **확정** : 어떤 안을 선택할 것인가?
- 각종 설계도, 공사일정표, 프레젠테이션 등의 결과물을 토대로 가장 적절한 안을 선택하여 계약을 체결한다.

⑥ **건축 신고 및 허가(관공서)** : 법률에 저촉되는 리모델링인 경우 관공서의 공사내용에 따른 건축 신고 및 허가 절차를 거쳐야 한다.

⑦ **시공(착공)** : 건축 신고 및 허가 관련 리모델링은 착공 서류를 관할 행정 관청이나 동사무소에 제출한다.

⑧ **완공(준공)** : 건축 신고 및 허가 관련 리모델링은 준공(사용승인) 서류를 관할 행정 관청이나 동사무소에 제출한다.

⑨ **사후 관리** : 어떻게 관리할 것인가?
- 공사 기간 중 숙지한 정보를 바탕으로 앞으로의 관리 계획을 세우고, 보증기간 내에 하자가 발생한 경우 시공 업체에 A/S를 의뢰한다.

⑩ **향후 리모델링 고려 시의 '사전 설계 고려사항'**
- ㈎ 바닥 위 배관 방식 : 공사 시 한 개의 층 단독 작업이 가능하다.
- ㈏ 천장 내 설비공간 : 장래의 부하 증가를 대비하여 가능한 크게 한다.
- ㈐ 설비용 샤프트 : 서비스 등을 원활히 하기 위해 여유공간 및 점검구를 마련한다.
- ㈑ 반출입구 : 여유 있는 크기로 설계한다.
- ㈒ 계통 분리 및 대수분할 : 일정한 단위별로 분리한다.
- ㈓ 주요배관 노출 : 개 · 보수를 용이하게 하기 위함이다.
- ㈔ LCC 분석 : 경제성을 검토한다.
- ㈕ 각종 측정기기류 부착 : 설비진단이 용이하다.
- ㈖ 준공도서 : 정확성을 기한다 (설비기기 등 정확히 표현하는 것이 필요).

(5) 국내 사례

① **청주 국립미술품수장 보존센터**
- ㈎ 청주 시립미술관, 광주 주월초등학교, 부산지방국토관리청사 등 지은 지 15년이 지난 노후 공공건축물 10곳이 그린리모델링 시범사업을 통해 에너지효율이 높은 건축물로 거듭났다.
- ㈏ '공공건축물 그린리모델링사업'을 '녹색건축물 조성 시범사업'으로 지정하였다.

(a) 그린리모델링 전   (b) 그린리모델링 후 (조감도)

청주 연초제조창에 그린리모델링을 적용한 국립미술품수장 보존센터

② 한국수자원공사 (대전) 그린리모델링 공사

　㉮ 건축물 외벽 단열 및 창호 개선

　㉯ 그린리모델링을 통한 에너지 절감 효과

리모델링 전 에너지 사용요금　　리모델링 후 에너지 사용요금

전력 　가스
4.64억 원/년

전력 　가스
3.90억 원/년

리모델링에 따른 에너지 절감 비용
연간 약 0.74억 예상

리모델링에 따른 회수기간 약 13.5년 예상
(공사비 약 10억 기준)

③ 의료 (라파엘센터)

　㉮ 라파엘센터는 가톨릭재단에서 운영하는 외국인노동자를 위한 무료 진료소이다.

　㉯ 1997년 IMF 사태 이후 거리로 내몰린 외국인노동자의 무료 진료가 시작되었는데 故 김수환 추기경이 선종하면서 자신의 전 재산을 이곳에 기부한 것을 계기로 10년 만에 공간을 마련하게 되었다.

　㉰ 적은 예산으로 구조, 단열을 보강하고 내부 공간을 최대한 확보할 뿐만 아니라 1층 캐노피와 돌출된 창호 (차양)로 대로변에 대응하는 태도를 보여주는 것이 특징이다.

(a) 리모델링공사 전   (b) 리모델링공사 후 (돌출 차양 설치)

④ 교육시설(배재대학교)

(개) 노후한 학교시설에 대한 그린리모델링을 통해 에너지비용을 절감하고 그린캠퍼스를 구현하였다.

(내) 단열·창호의 성능 향상, LED 조명 설치, 고효율 가스히트펌프를 적용하여 기계설비가 개선되었다.

(대) 기타 PL 창호 코킹공사 등을 진행하였다.

(래) 성능 개선 : 공사비 1,216,000,000원을 투입하여 냉난방 에너지가 30.1% 절감될 것으로 예상한다.

(a) 리모델링공사 전　　　　　(b) 리모델링공사 후

⑤ 서울세관

㈎ 공공부문 그린리모델링 시범사업을 통해 에너지효율을 개선하였다.

㈏ 건물의 외벽 디자인을 변경하고, 창호와 외벽의 단열 및 기밀 성능을 획기적으로
개선하였다.

㈐ 에너지효율등급 개선 : 3등급 → 1등급

㈑ 냉·난방에너지 : 31.85 % 저감

㈒ 투자비 회수연수 : 약 8.1년

(a) 리모델링공사 전

(b) 리모델링공사 후

⑥ 영주시 문수면사무소

㈎ 공사 세부내용

No.	우선순위별 적용요소	세부 항목	세부내용	비고
건축 부문	단열	벽체	• 기존 1층과 2층 : 압출법 보온판 70 mm • 증축 3층 : 압출법 보온판 135 mm	외단열
		지붕	• 압출법 보온판 135 mm 특호	내단열
		창호	• 고성능 창호 시스템(로이 복층유리) : 기밀성, 단열성능이 높은 창호	
		출입문	• 기밀성 있는 창호 설치	
설비 부문	냉 · 난방		• 시스템 냉 · 난방기기	
	전기	조명	• 고효율 조명기기 : LED 조명 설치	
신재생	태양광		• 태양에너지 전력생산 시스템	주차장 캐노피 상부 (20 kW 증설)

(a) 리모델링공사 전

(b) 리모델링공사 후

주차장(캐노피에 태양광 패널 설치)

⑦ 서울시 신청사

㈎ 서울시 신청사는 지방자치단체 청사 가운데 유일하게 1등급을 받은 친환경 건물이다.

㈏ 전체 에너지 소요량의 24.5 %를 친환경·신재생 에너지로 자체 충당한다 (국내 건축물로는 최대 규모).

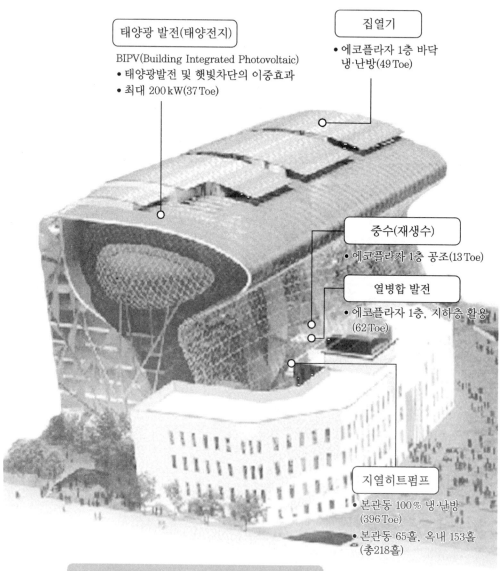

서울시 신청사 에너지 적용도

㈐ 천장 태양광 발전에서 최대 3억 7,000만 kcal를 비롯해 16억 1,000만 kcal에 해당하는 전기 에너지를 생산한다.

㈑ 조경 및 세정용수로 사용한 뒤 버려지는 빗물이나 허드렛물의 열원을 냉난방에 다시 이용하는 시스템도 있다.

㈒ 전면 남측 유리벽 내부에 또 하나의 벽을 설치하는 이중외피 시스템을 도입했다.

㈓ 메인 환기구조 : 하부 유입구를 통해 들어오는 공기가 더운 공기를 지붕으로 밀어 내도록 만들었다. 단, 겨울철엔 하부 유입구 및 상부 배출구를 닫아 자연적으로 발생된 따뜻한 공기를 난방에 사용하게 했다.

㈔ 1층 에코플라자 내부 유리벽 맞은편 1~7층 높이의 수직벽에는 열대지방에서 자라는 스킨답서스, 아이비 등 7만 여 포기의 식물들이 자란다. 1,600 m² 규모의 대형 벽면녹화(Green Wall)로 세계 최대 규모다. 이 식물들은 실내공기 정화는 물론 온도 조절, 공기 오염물질 제거 등의 역할을 한다.

⑧ 제2롯데월드

㈎ 롯데건설이 최근 건축 공사를 마친 제2롯데월드의 에비뉴엘동, 쇼핑동, 엔터동이 친환경 건축물 최우수 등급 인증을 받았다.

㈏ 제2롯데월드 단지 내에 위치한 에비뉴엘동, 쇼핑동, 엔터동은 한국환경건축연구원의 본인증 절차를 거쳐 최우수 녹색건축 건축물(인증번호 KRI-14-189)로 최종 선정되었다.

㈐ 높이 555 m, 123층 초고층 건물인 롯데월드타워도 세계적인 친환경 건축물 인증 제도인 'LEED (Leadership Environmental Energy Design)' 설계도서 제출 (Design Submittal)을 2014년 4월 완료하여 국내외 대표적인 친환경 건축물로 공인받기 위한 단계를 순차적으로 진행하고 있으며, 준공 시에는 골드 등급으로 최종 인증을 받을 예정이다.

㈑ 본인증에서 제2롯데월드는 '에너지를 절감하는 친환경 복합단지'를 콘셉트로 설계된 부분과 신재생 에너지시스템을 적극 도입하고 최첨단 기술을 적용하여 에너지 분야에서 두루 높은 평가를 받았다.

㈒ 다양한 친환경 및 신재생 에너지시스템이 적용되었다. 송파대로를 통과하는 광역 상수도 배관 내 흐르는 물의 수온 차와 건물 부지 지하 200 m 깊이에 지중열을 통한 건물의 냉난방이 가능하다.

㈓ 건물 옥상에는 태양을 이용하여 전력을 생산하는 태양열, 태양광설비가 설치되었고 지하 에너지센터의 연료전지는 수소 또는 메탄올 등의 연료를 산화(酸化)시켜서 생기는 화학에너지를 직접 전기에너지로 변환시켜 800 kW에 달하는 전력을 생산할 수 있다.

㈔ 이 외에도 겨울철 열 손실과 여름철 열기를 차단하는 고단열 유리, LED 조명 등 건물 전체적으로 고효율 설비 및 기구를 사용하여 에너지 효율을 극대화하였다.

㈕ 이와 함께 제2롯데월드는 각종 수목과 잔디가 어우러진 잠실길 지하차도 상부의 에코파크와 단지 내 월드파크의 녹지공간을 통해 석촌호수부터 제2롯데월드까지 잇는 풍부한 녹지축을 조성하기도 했다.

(6) 해외 사례

① CH2 (Council House 2 ; 호주 멜버른 시의회 제2청사)

㈎ 멜버른 시의회 제2청사는 최고 기온 38℃, 최저 기온 5℃를 오르내리는 호주 멜버른에 위치한, 에어컨이 없는 빌딩이다.

㈏ 건축가 믹 피어스 (Mick Pearce)가 설계한 멜버른 시의회 제2청사는 에어컨 없이 하루 종일 24℃를 유지하는데도 같은 규모의 건물에 비해 냉방용 전력이 10 %에도 미치지 않는다.

㈐ 흰개미들의 집 짓는 원리와 사람의 허파를 건축에 활용 : 산소를 들이마시고 이산화탄소를 내뿜는 인간의 폐와 자연환기시스템을 구축한 흰개미집의 영감이 합쳐진 결과라고 할 수 있다.

㈑ CH2는 친환경건축물을 평가하는 등급 중 Six Green Star에 처음으로 등록된 건물로, Five Green Star 등급의 건축물보다 에너지 소비가 64 % 적다.

㈜ 이 건물은 태양 에너지를 전력으로 사용하고 빛과 공기를 냉난방에 활용하며 빗물을 재활용하는 등의 방법으로 이산화탄소 배출을 87 %, 전력 사용을 82 % 줄이는 성과를 내었다.

㈝ 그린 빌딩을 이루기 위해 재활용 자재를 이용하고, 빌딩의 에너지절약 체계를 구축하고 있다.

㈞ 건물 천장에 물이 다닐 수 있는 냉난방 기구를 설치해 실내 온도를 조절하고 있다.

㈕ 시청의 창문은 온도를 자동으로 감지하여 여름에는 출근하기 전에 차가운 공기를 실내로 유입시켜 실내온도를 낮추고, 겨울에는 반대로 작동한다.

㈗ 회의실의 경우도 천장이 뚫려 있는데 이는 냉난방을 위해 공기의 흐름을 좋게 하기 위해서 디자인한 것이다.

(a) 시청 옥상의 풍력발전기   (b) 아래쪽 열 커튼   (c) 수랭식 냉난방기

(d) 나무 창벽의 안쪽   (e) 위쪽 열 커튼   (f) 블록화된 재활용 카펫

(g) 자동 온도 조절 창문   (h) 사무실 내 식물   (i) 사무실 내 공간 활용

호주 멜버른 시의회 제2청사

㉐ 사무실 내에 식물들이 많은데, 이는 에너지 효율과 관련이 있다. 공기청정, 숲이 주는 기능을 사무실에 제공하는 역할을 식물이 하기도 한다.

㉑ 빌딩의 창문 안쪽에 열커튼이 달려서 실내의 열 출입을 제어해 준다. 즉 열손실이 많은 창문에 직접 냉난방을 함으로써 열손실을 줄여주는 역할을 한다.

㉒ 화장실의 경우 냉난방을 하지 않는다. 화장실에 머무는 시간 자체가 적기 때문에 냉난방을 하는 것은 비효율적이라 할 수 있다.

㉓ 실내의 경우 페인트칠을 하지 않고 맨벽을 그대로 노출시켜 이용한다. 이는 불필요한 페인트 사용을 자제한다는 측면에서의 고려이다.

㉔ 카펫의 경우에는 재활용 자재를 활용하고 블록 단위로 맞추어져 있기 때문에 일정 부분에 문제가 생기면 그 부분만을 교체해서 사용한다.

㉕ 건물의 열은 바닥에서 나오는데, 이는 에너지 효율을 높이는 데 효과적이다.

② 영국의 'Green Deal' 사업

㈎ 그린딜(Green Deal) 실무 기관에서 영국 정부의 핵심 에너지효율 정책이 공식 발효된 이래 약 1,800건 이상의 주택 평가를 실시하였다.

㈏ 그린딜은 일반 주택 및 기업이 초기 비용을 들이지 않고 에너지효율 개선 작업을 실시할 수 있게 돕고, 그린딜을 통해 절약한 비용으로 투자비용을 상환하도록 하는 금융 지원 제도이다.

㈐ 영국 정부는 그린딜 제도의 조기 도입을 위해 수백 파운드의 캐시백 인센티브를 제공하고 있다.

㈑ 영국 노동당은 정부가 그린딜 제도를 도입하는 일반 가정 및 기업의 수에 대한 정확한 정보를 제공하고 있지 않다고 비난하면서, 그린딜 자금 조달에 부과되는 7 % 추가 이자율을 재차 지적한 바 있다.

㈒ 영국 에너지기후변화부(DECC : Department of Energy and Climate Change)는 오늘날 77개 그린딜 평가 기관과 619명 그린딜 자문위원들이 그린딜 서비스 제공을 위해 인증받았다고 확인한 바 있다.

㈓ 영국 정부에 따르면 약 2,690만 파운드(한화 약 483억 원)에 달하는 계약 건이 에너지회사의무(ECO : Energy Company Obligation) 중개 시스템을 통해 거래되었다.

㈔ ECO : 기업이 에너지 회사로부터 직접 자금을 지원받은 에너지효율 개선 작업을 입찰하는 제도이다.

③ EU (유럽연합)

㈎ 선진국에서는 20~30년 전부터 저에너지 주택 건설과 보급이 도입, 확산되어 왔다.

㈏ 독일의 패시브 하우스와 영국의 제로탄소주택이 대표적으로, 영국은 2016년부터 모든 주택을 제로탄소주택으로 보급할 것을 선언했다.

㈐ 특히 독일 등 유럽 선진국은 건축 자재가 표준화되어 있고, 품목도 다종다양하게 다변화되어 있어 일반 구매자가 손쉽게 자신이 원하는 재료를 선택, 구매하여 집을 지을 수 있다. 여성 혼자서도 얼마든지 자신이 원하는 콘셉트로 패시브 하우스를 지을 수 있다.

㈑ 영국, 독일, 프랑스 등 선진국의 경우 기금 조성 및 정부의 예산지원을 통해 저에너지 건축물에 무이자, 저리융자 및 보조금 형식으로 전폭 지원하고 있다. 우리도 국민주택기금 및 전력기반 기금, 민간자금 등에서 펀드를 조성하여 저에너지 건축에 지원책을 마련해야 한다.

외부차양 등 일사차단장치 설치로 냉방에너지를 절감하고 있는 유럽의 일부 건물

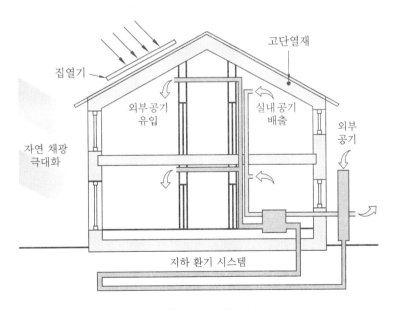

독일(패시브 하우스)

네덜란드 (제로에너지 하우스)

2-13 제로에너지 하우스와 제로카본 하우스

(1) 제로에너지 하우스(Zero Energy House, Self-Sufficient Building, Green Home)

① 신재생에너지 및 고효율 단열 기술을 이용해 건물 유지에 에너지가 전혀 들어가지 않도록 설계된 건물을 보급하여 점차적으로 마을 단위의 그린빌리지(Green Village), 도시 단위의 그린시티(Green City) 혹은 에코 시티(Echo City)를 건설하는 데 목적이 있다.

② 석유, 가스 등의 화석연료를 거의 쓰지 않기 때문에 온실가스 배출이 거의 없고, 주로 신재생에너지(태양열, 지열, 바이오 에너지, 풍력 등)만을 이용하여 난방, 급탕, 조명 등을 행한다.

③ **적용 기술**

⑺ 건물 기본부하의 경감 : 에너지절약 기술 (고기밀, 고단열 구조 채용)

⑷ 자연에너지의 이용 : 태양열 난방 및 급탕, 태양광 발전, 자연채광 (투명단열재, 단열코팅 등 적극 검토), 지열, 풍력, 소수력 등 이용

⒟ 미활용에너지의 이용 : 배열회수 (폐열회수형 환기유닛 채용), 폐온수 등 폐열의 회수, 바이오에너지 활용 (분뇨메탄가스, 발효알코올 등)

⒭ 보조열원설비, 상용전원 등 백업시스템

⒨ 기타 이중외피 구조, 하이브리드 환기 기술, 옥상녹화, 중수재활용 등도 많이 채택되고 있다.

(ⓑ) 한마디로 표현하면, 현존하는 모든 에너지 절감기술을 총합하여 '제로 에너지'에 도전하는 것이 제로에너지 하우스이다.

④ 기술개념

(개) 제로에너지 하우스는 원래 단열, 기밀창호 등의 건축적 요소보다는 '에너지의 자급자족'이라는 설비적 관점에 주안점을 두고 있다.

(내) 즉 제로에너지 하우스는 신재생에너지 설비를 이용해 에너지를 충당하는 '액티브 하우스 (Active House)' 개념에 가깝다.

(대) 그러나 제로에너지 하우스를 실현하기 위해서는 단열, 기밀창호구조 등의 건축적 요소도 현실적으로 합쳐져야 하는 것이 일반적이다.

(2) 제로카본 하우스 (Zero Carbon House)

① '탄소 제로'를 실현하기 위해서는 아래와 같은 두 가지 기술이 접목되어야 한다.

(개) 단열, 기밀창호 등의 건축적 기술→패시브 하우스 (PH ; Passive House)의 기술

(내) '에너지의 자급자족'이라는 설비적 기술→제로에너지 하우스의 기술

② 상기 두 가지 기술을 접목하여 '탄소 제로'를 실현한 것이 제로카본 하우스라고 할 수 있다.

③ 따라서 '탄소 제로'라는 것은 상기 두 가지 기술을 접목하여 화석연료를 전혀 쓰지 않기 때문에 온실가스 배출이 전혀 없다는 뜻이므로, 결과적으로는 '패시브 하우스 +제로에너지 하우스'가 접목된 기술이다.

④ 그러나 결과적으로 적용되는 기술이 거의 동일하다는 측면에서 제로에너지 하우스와 동일 용어로 사용되기도 한다.

(3) 기술 평가

① 초에너지절약형 건물들은 현존하는 모든 에너지 절감기술을 총합하여야 가능하므로, 현실적으로는 패시브 하우스, 저에너지 하우스, 제로에너지 하우스, 제로카본 하우스, 그린 빌딩, 파워 빌딩, 제로하우스 등이 모두 유사한 용어로 사용될 수밖에 없다.

② 국내 그린홈에 대한 정의 : '한국형 그린홈'=패시브 하우스+제로에너지 하우스=제로카본 하우스=제로 이미션 하우스=제로하우스

③ 단열과 기밀창호 등의 건축적 요소나 신재생에너지 기술만으로는 제로에너지 하우스든 제로카본 하우스든 그 필요충분조건을 만족시킬 수 없다. 이는 초에너지절약형 기술의 개발이 여러 기술의 접목을 필요로 하며, 앞으로도 많이 발전되어야 함을 의미한다.

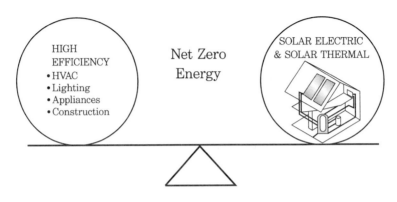

제로에너지 하우스의 에너지 수지(사례)

2-14 생태건축 (친환경적 건축)

(1) 배경

① 경제성장과 과학기술에 대한 신뢰가 붕괴되면서 점차 생태학에 대한 관심이 높아지고 있는 실정이다.

② 뉴턴식 사고방식을 전환시킨 현대 물리학과 생물학은 생태학의 근원적 사고 체계를 이루었으며, 이러한 생태학을 근거로 '생태건축'이 발전하게 되었다.

③ 생태건축 (친환경적 건축)은 에너지 고갈과 환경오염의 결과, 이를 해결하려는 시도의 하나로서 시행되어 왔다.

(2) 정의

① 생태건축은 크게는 친환경적 건축에 포함되는 개념이며, 독일 학자 에른스트 헤켈이 주장한 비오톱 (Biotope ; 생태서식지)과 유사 개념으로 볼 수 있다.

② 자연에 주어져 있는 생체공학의 원리를 의식적으로 모방하여 건축에 이용하는 것으로서, 자연의 형태 혹은 유기체의 조직을 건축에 도입하여 자연과 인간을 결합시키려는 사고로 이해할 수 있다.

③ 재생 에너지의 사용과 친환경적인 재료의 사용, 자연을 건축에 직접 도입함으로써 건축의 인위성을 최소로 제한하도록 고려한다.

④ 지구온난화, 오존층 파괴, 자원고갈 등의 지구환경 보존, 실내 공기의 질, 생태보존, 에너지절약, 폐기물 발생 억제, 자원의 재활용, 인위적 건축요소 억제 등을 위한 일체의 건축행위를 말한다.

(3) 설계기법

① 구조적 측면

㈎ 친환경 재료를 사용한다.

㈏ 장기 수명을 추구(건축의 수명이 최소 100년 이상 되게 할 것)한다.

㈐ 재활용 자재를 적극적으로 사용한다.

㈑ 태양열에너지, 지열 등 자연에너지의 적극 활용을 유도한다.

㈒ 아트리움 등 열적 완충공간을 적극 활용한다.

㈓ 고단열, 고기밀, 고축열 등을 추구한다.

㈔ 예술과 문화를 반영한 최고의 건물을 추구한다.

㈕ 자연의 생태를 건축물에 최대한 도입(식재, 건물 내 생태연못 등)한다.

② 유지관리적 측면

㈎ 유지관리 비용을 최소화할 수 있게 설계한다.

㈏ 에너지 측면의 고효율 설계를 한다.

㈐ 대기, 수질, 토양의 오염을 줄인다.

㈑ LCA 평가를 실시한다.

㈒ 녹화 : 벽면 녹화, 옥상 녹화 등(에너지 절감)

㈓ DDC(Digital Direct Control) 제어 등으로 에너지, 쾌적감 등 최적제어를 실시한다.

(4) 동향

① 우리나라의 경우 경제발전으로 인한 환경의식이 높아졌음에도 불구하고, 생태건축에 대한 본질적인 접근은 하지 못한 채 단편적으로 적용하고 있는 실정이다.

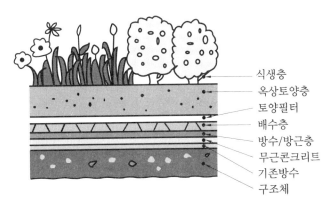

식생층
옥상토양층
토양필터
배수층
방수/방근층
무근콘크리트
기존방수
구조체

옥상녹화의 사례

② 선진국들은 21세기 밀레니엄시대를 환경의 시대로 파악하고 이에 대한 적극적인 대책을 세우고 있다.

③ 생태건축은 인류의 생존을 위해 앞으로 필연적으로 지향되어야 할 건축이라고 할 수 있다.

2-15 생태연못

(1) 개념

① 습지란 일반적으로 개방수면의 서식처와 호수, 강, 강어귀, 담초지(Freshwater Marshes)와 같이 절기상 혹은 영구적으로 침수된 지역을 말한다.

② 생태연못은 이러한 습지의 한 유형으로, 도시화와 산업화 등으로 훼손되거나 사라진 자연적인 습지를 대신하여 다양한 종들이 서식할 수 있도록 조성한 공간이다.

(2) 생태연못 조성의 필요성

① 소실된 서식처의 복원

② 도시 내 생물의 다양성 증진

③ 환경교육의 장 제공

(3) 구성요소

물, 토양, 미생물, 식생, 동물 (곤충류, 어류, 양서류, 조류, 포유류 등)

(4) 사례

① 서울공고 내 생태연못

㈎ 물 공급방식 : 상수 이용

㈏ 방수처리방식 : 소일벤토나이트 방수

㈐ 호안처리 : 통나무처리 및 자연석 처리

② **경동빌딩 옥상습지** : 건축물의 옥상이라는 제한된 인공적 지반에 조성한 사례로서 생물의 다양성 증진을 목적으로 국내에서는 처음으로 조성된 곳

③ **삼성에버랜드 사옥 빗물 활용 습지(경기도 용인)**

• 빗물 관리 시스템에서의 빗물 흐름 : 강우 → 집수 → 정화 (전처리) → 저류 (저류연못) → 침투 (침투연못) → 2차 저류 (저류연못으로 피드백 및 관수용으로 재활용) → 배수

④ 기타

㉮ 길동생태공원 : 습지와 관련된 생물들의 생태적인 안정과 생활을 돕기 위한 서식 환경 조성(수서곤충, 습지생물, 습지식물 등)

㉯ 시화호 갈대습지공원 : 갈대와 수생식물을 볼 수 있는 대규모 인공 습지 등

㉰ 여의도공원 생태연못 : 다람쥐 등의 야생동물을 방사하고, 주변 생태공원과 잘 어우러지게 구성

㉱ 여의도 샛강 여의못 생태연못 : 참붕어, 자라, 잉어 등 수생어종과 두루미, 황조 롱이 등 조류 서식처, 수생식물과 수생곤충의 자연적인 변이과정에 대한 관찰이 가능하다.

여의도공원 생태연못   여의도 샛강 여의못 생태연못

2-16 글로벌 친환경건축물 평가제도

(1) LEED(Leadership in Energy and Environmental Design)

① 정의

㉮ 미국 그린빌딩위원회(USGBC : The United States Green Building Council, 1993년 산업과 학계 그리고 정부의 많은 협력자들에 의해 설립된 비정부기구이며, 회원제로 운영되는 비영리단체)가 만든 자연친화적 빌딩 · 건축물에 부여하는 친환경 인증제도다.

㉯ 한국의 '녹색 건축물 인증제도'와 유사 개념이며 친환경건물의 디자인, 건축, 운 영의 척도로 사용되는 친환경 건물 인증 시스템이다.

㉰ LEED는 모든 건물 유형, 즉 주택, 단지개발, 상업용 인테리어, 신규 건축, 임 대건물, 학교 및 의료기관, 상점 등에 적용 가능하며, 또한 건물의 라이프 사이 클-설계, 시공, 운영 등의 모든 단계에서 적용 가능한 건물인증제도이다.

② Green Building Rating System

배점	취득점수	등급 구분
총 110점 • 일반배점 : 100점 • 보너스점수 : 10점	총 취득점수 80점 이상	LEED 인증 백금 등급
	총 취득점수 60~79점	LEED 인증 금 등급
	총 취득점수 50~59점	LEED 인증 은 등급
	총 취득점수 40~49점	LEED 인증

CERTIFIED

SILVER

GOLD

PLATINUM

③ Green Building 인증을 위한 기술적 조치내용

⑺ 지속 가능한 토지 : 26점

⑴ 수자원 효율 (물의 효율적 사용) : 10점

⒟ 에너지 및 대기환경 : 35점

⒠ 자재 및 자원 : 14점

⒨ IAQ (실내환경) : 15점

⒣ 창의적 디자인 (설계) : +6점

⒮ 지역적 특성우선 : +4점

④ 개발 배경

⑺ 향후 친환경 건축물들이 건축시장의 대세가 될 것이라는 예상을 기반으로 한다.

⑴ 건축주들은 프로젝트 성공에 궁극적인 조정자가 될 것이다. 즉 환경적 책임감에 대한 사회적 요구를 충족시킬 수 있고 공신력 있는 기구에 의해 발전됨으로써 건축시장에서 더 좋은 건축물로 팔리게 된다는 것이다.

⑤ 평가구조

⑺ LEED-EB : 기존 건축물

⑴ LEED-CI : 상업적 내부공간

⒟ LEED-H : 집

⒠ LEED-CS : Core and Shell 프로젝트

⒨ LEED-ND : 인근 발달

⑥ LEED-NC

(가) 상업 건축물을 위한 LEED-NC는 USBGC가 1994년부터 1998년까지 4년 동안 진행 개발되었다.

(나) 1998년 첫 버전인 LEED 1.0을 시작으로, 2000년에는 LEED 2.0을 만들면서 기준의 변화를 가져왔다.

(다) LEED-NC 2.0의 문제점 : 많은 시간과 노동을 필요로 한다. 예를 들어 공사장 반경 500마일 이내에서 생산된 현지 자재를 사용한다는 증거를 제출해야 한다 (자재목록, 생산지, 최종조립장소, 자재비용).

(라) LEED-NC 2.0 이후 2.1(서류요건의 완화)과 2.2(인터넷 이용)를 출시하여 사용하고 있다.

(2) 영국의 BREEAM(Building Research Establishment Environmental Assessment Method ; 건축 연구제정 환경평가 방식)

① BRE(Building Research Establishment Ltd.)와 민간기업이 공동으로 주장한 친환경인증제도이다.

② 건물의 환경 질을 측정, 표현함으로써 건축 관련 분야 종사자들에게 시장성과 평가 도구로 활용된다.

③ 환경에 미치는 건물의 광범위한 영향을 포함하고 있다. 환경개선효과 기술 초기에는 신축사무소 건물을 대상으로 하였으며 현재는 사무빌딩, 주택, 산업빌딩, 상가건물, 학교건물 등 평가영역을 지속적으로 확대하고 있다. 캐나다를 포함한 여러 유럽과 동양국가에서도 사용되고 있다.

④ 평가방식

(가) 관리 : 종합적인 관리 방침, 대지위임 관리 그리고 생산적 문제

(나) 에너지 사용 : 경영상의 에너지와 이산화탄소

(다) 건강과 웰빙 : 실내와 외부의 건강과 웰빙에 영향을 주는 문제

(라) 오염 : 공기와 물의 오염문제

(마) 운반 : CO_2와 관련된 운반과 장소 관련 요소

(바) 대지 사용 : 미개발지역과 상공업지역

(사) 생태학 : 생태학적 가치 보존과 사이트 향상

(아) 재료 : 수면주기 효과를 포함한 건축 재료들의 환경적 함축

(자) 물 : 소비와 물의 효능

⑤ 건축물은 Acceptable, Pass, Good, Very Good, Exellent, Outstanding과 같은 등급으로 나뉘며 장려 목적으로 사용될 수 있는 인증서가 발부된다.

<10 %	Unclassified	–
>10 %	Acceptable	★☆☆☆☆☆
>25 %	Pass	★★☆☆☆☆
>40 %	Good	★★★☆☆☆
>55 %	Very good	★★★★☆☆
>70 %	Excellent	★★★★★☆
>80 %	Outstanding	★★★★★★

BREEAM 인증서

BREEAM 표기

(3) 일본의 CASBEE(Comprehensive Assessment System for Building Environmental Efficiency)

① 의의 : 산·학·관 공동프로젝트로서 발족한 것이다.

② 목적

㉮ 건축물 라이프 사이클에 지속 가능한 사회의 실현

㉯ 정책 및 시장 쌍방의 수요를 모두 지원

③ 특징

㉮ CASBEE는 프로세스상의 흐름에 평가제도를 반영한다.

㉯ BEE : CASBEE에서 가장 중요한 개념으로, 건물의 지속효율성을 표현하려는 노력인 환경적 효율건물

㉮ 개념

㉠ Building Environmental Efficiency Value of Products or Services, 즉 건물의 지속 효율성=상품이나 서비스의 환경적 개념의 효율

㉡ BEE는 건물에 지속 효율성을 적용하는 개념을 간단히 현대화시킨 것

ⓒ 다양한 과정, 계획, 디자인, 완성, 작업과 리노베이션으로 평가받고 있는
건물의 평가 도구
㉯ 평가방식
㉠ BEE 평가는 숫자로 되어 있으며 근본적으로 0.5~3의 서식범위로 부여함

$$\text{Built Environment Efficiency (BEE)} = \frac{Q\,(\text{Built Environment Quality})}{L\,(\text{Built Environment Load})}$$

㉡ 즉 S부류(3.0이나 그보다 높은 BEE)에서부터 A부류(1.5~3.0의 BEE), B
+ (1.0~1.5의 BEE), B− (0.5~1.0의 BEE) 그리고 C부류(0.5 이하의 BEE)
로 이루어져 있다.

CASBEE 인증마크

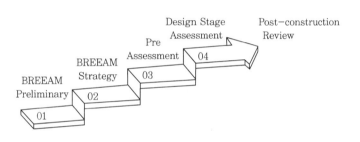

CASBEE 인증 프로세스

> **칼럼** **일본의 환경공생 주택 (주거용 환경평가 기준)**
>
> 1. 환경부하 절감 및 쾌적한 생활환경 창출을 위해 태양에너지 등의 자연에너지 사용,
>   빗물의 활용, 인공연못 조성 등의 수준 평가
> 2. 환경성능을 자동으로 산출할 수 있게 프로그램화하여 LCE(Life Cycle Energy)라고 함

(4) 호주의 Green Star

① 건물 시장에서 사용되는 개발 직전 단계의 새로운 건물평가시스템으로, 회사 건물
분야에 최초로 상품화된 제도이다.
② 건물 생태주기의 다양한 과정에 등급을 정하고 차별화된 건물의 등급을 포인트로
매긴다.
③ Green Star 디자인 기술 분류
㉮ 관리 (12포인트)

      (나) 실내 환경적 상태 (27포인트)

      (다) 에너지 (24포인트)

      (라) 운반 (11포인트)

      (마) 용수 (12포인트)

      (바) 재료 (20포인트)

      (사) 대지 사용과 생태학 (8포인트)

      (아) 방사 (13포인트)

      (자) 신기술 (5포인트)

④ 최대 132포인트까지 받을 수 있으며 '별'을 부여한다.

⑤ 별 6개가 가장 높은 수치이며 국제적으로 인증되고 보상받을 수 있다. 별 5개는 호주 지도자의 지위를 받으며, 별 4개는 최고의 환경적 솔선의 모습을 보여주는 것으로 인증된다.

(5) 캐나다의 BEPAC(Building Environmental Performance Assessment Criteria)

① 캐나다에서는 영국의 BREEAM을 기본으로 한 건물의 환경수준을 평가하는 BEPAC를 시행하고 있다.

② 이 평가기준은 신축 및 기존 사무소건물의 환경성능을 평가하는 것으로, 다음과 같은 분류체제로 구성되어 건축설계와 관리운영 측면에서 평가가 이루어진다.

      (가) 오존층 보호

      (나) 에너지소비가 환경에 미치는 영향

      (다) 실내환경의 질

      (라) 자원절약

      (마) 대지 및 교통

③ **활용수단**

      (가) 환경에 미치는 영향을 평가하는 수단

      (나) 건축물을 유지 관리하는 수단

      (다) 건축물의 보수, 개수 등을 위한 계획수단

      (라) 건축물의 환경설계를 위한 수단

      (마) 건축주가 입주자들에게 건축물 환경의 질을 설명할 수 있는 수단

      (바) 환경의 질이 높은 건축물로 유도하기 위한 수단

(6) GBTool(Green Building Assessment Tool)

① 종합적이고 정교한 건물 평가시스템으로, 국제적인 Green Building Challenge

(GBC ; 캐나다를 중심으로 세계적으로 많은 나라에서 참여하고 있는 민간 컨소시엄)로 2년에 한 번씩 개발되었고, 1998년 프랑스를 시작으로 유럽 주요 도시에서 2년에 한 번씩 주최되었다.

② GBTool은 BREEAM으로 대표되는 1세대 환경성능평가방식이 직접적인 환경의 이슈만을 다룬 데 반하여 보다 넓은 일련의 고려사항, 즉 적응성(Adaptability), 제어성(Controllability) 등과 같이 직접적 혹은 간접적으로 자원 소비 또는 환경 부하에 영향을 주는 기타 중요한 성능 이슈를 포괄할 수 있도록 확대되었다.

③ GBTool은 사무소건물, 학교건물 및 공동주택 등 3가지 건물유형을 대상으로 하며, 컴퓨터 프로그램으로 개발되어 쉽게 사용할 수 있도록 보급되고 있다.

2-17　친환경건축 관련 용어해설

(1) 일사계

① 태양광의 강도를 측정하는 장치로서, 지구에 도달하는 일사량을 측정하여 면적으로 나누어 표시하는 방식이다.

② 종류로는 단위 면적당 전천(全天)의 일사량을 측정하는 전천일사계와 직접 태양으로부터 도달하는 일사량만을 측정하는 직달일사계, 산란광을 측정하는 산란일사계 등이 있다.

(2) 중수 설비시스템

① **중수** : 건물, 산업시설 등의 배수를 재이용하기 위해 처리한 물을 흔히 상수와 하수의 중간이라 하여 중수라고 부르지만 정확한 용어는 '재생수'이다.

② 중수도 설비시스템은 수자원의 절약(재활용)을 위해 한 번 사용한 상수를 처리하여 상수도보다 질이 낮은 저질수로, 생활용수 혹은 산업용수로 재사용하는 설비이다.

③ 그 종류는 크게 개방 순환 방식(자연 하류 방식, 유량 조정 방식)과 폐쇄 순환 방식(개별 순환, 지구 순환, 광역 순환 방식)으로 나누어진다.

(3) 빗물 이용 시스템

① 빗물을 저장조에 일단 모은 후 상수가 아닌 잡용수로써 유용하게 이용하는 설비 시스템을 말한다.

② 빗물 이용 설비에는 반드시 산성우 및 이물질(흙, 먼지, 낙엽 등)에 대한 대책 수립, 정수설비 등이 필요하다.

(4) 지속 가능한 건축(개발)

① 좁은 의미에서는 친환경 건축(개발)을 지속 가능한 건축(개발)으로 본다.

② 현재와 미래의 자연환경을 해치지 않고 생활수준의 저하 없이 모든 시민의 필요를 충족시키면서 그들의 복지를 향상시킬 수 있는 개발이다.

③ 후대에 짐을 남기지 않고 생태, 문화, 정치, 제도, 사회 및 경제를 포함한 모든 분야에서 도시 삶의 질을 향상시키는 것이다.

④ 요즘 대규모 건축물, 초고층 건축물, 대규모 신도시 개발 등이 많아졌기 때문에 지속 가능한 도시개발 가능 여부는 과거에 비해 훨씬 사회적, 환경적, 경제적 영향이 크다.

(5) 생태건축

생체공학의 원리를 의식적으로 모방하여 건축에 이용하는 것으로, 신재생에너지의 사용과 친환경적인 재료의 사용, 자연을 건축에 직접 도입하는 등 일체의 친환경적 건축행위를 말한다.

(6) 기온역전층

① 기온이 고도에 따라 낮아지지 않고 오히려 높아지는 경우를 의미한다.

② 절대안정층이라고도 하며 공기의 수직운동을 막아 대기오염이 심해진다.

③ 대류가 원활하지 않아 생기는 대기층으로, 기온역전층 위에는 층운형 구름이나 안개가 주로 나타난다.

④ **원인** : 온난전선, 복사냉각 등이 있다.

⑤ **현상** : 대기오염의 피해 가중, 매연과 연기 등이 침체하고, 스모그현상 등이 발생한다.

⑥ **종류** : 역전층의 발생 위치에 따라 접지역전층(지표면에 나타나는 역전층), 공중역전층(공중에서 나타나는 역전층) 등이 있다.

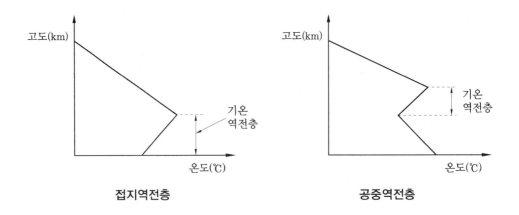

접지역전층　　　　　　　　공중역전층

(7) 생태연못

① 사라진 자연적 습지를 대신하여 인공적으로 다양한 종들이 서식할 수 있도록 조성한 연못을 말한다.

② 일반적으로 개방수면의 서식처와 호수, 강, 강어귀, 담초지(Freshwater Marshes)와 같이 절기상 혹은 영구적으로 침수된 지역의 습지와 공존한다.

(8) 태양열 의존율(또는 태양열 절감률)

① 건물의 전체 열부하 중 태양열에 의해서 공급되는 비율을 말한다.

② 계산식

$$태양열\ 의존율 = \frac{태양열\ 사용량}{전체\ 열부하} \times 100\ \%$$

제2편

신재생에너지기술과
경제성

제1장 | 신재생에너지

1-1 신재생에너지 이용 정책

(1) 개요

① 과거 '대체에너지개발및이용 · 보급촉진법'의 명칭을 변경한 것이다 (환경 친화적이고 지속 가능한 의미를 내포할 수 있도록 '신재생에너지'로 용어를 변경함).

② 신재생에너지(대체에너지) 설비에 대한 소비자의 신뢰 확보와 보급 확대를 목적으로 국내 생산 또는 수입되는 태양열, 태양광, 소형풍력 등의 분야에 대한 설비 인증을 2003년 10월부터 최초로 시행하고, 이를 위해 신재생에너지설비 인증에 관한 규정을 제정하였다.

(2) 신재생에너지의 정의

신에너지 및 재생에너지(신재생에너지)라 함은 기존의 화석연료를 변환시켜 이용하거나, 햇빛 · 물 · 지열 · 강수 · 생물유기체 등을 포함해 재생 가능한 에너지를 변환시켜 이용하는 에너지를 말한다.

(3) 신재생에너지의 종류

① 석유, 석탄, 원자력, 천연가스가 아닌 에너지로서 12개 분야를 지정하고 있다.

② **신에너지** : 3종 (수소, 연료전지, 석탄액화 · 가스화 및 중질잔사유(重質殘渣油) 가스화 에너지)

③ **재생에너지** : 9종 (태양열, 태양광, 풍력, 수력, 지열, 해양, 바이오에너지, 폐기물, 수열에너지)

(4) 신재생에너지 설비

① **수소에너지 설비** : 물이나 그 밖에 연료를 변환시켜 수소를 생산하거나 이용하는 설비

② **연료전지 설비** : 수소와 산소의 전기화학 반응을 통하여 전기 또는 열을 생산하는 설비

③ 석탄을 액화·가스화한 에너지 및 중질잔사유(**重質殘渣油**)를 가스화한 에너지 설비 : 석탄 및 중질잔사유의 저급 연료를 액화 또는 가스화시켜 전기나 열을 생산하는 설비

④ **태양에너지 설비**

  ㉮ 태양열 설비 : 태양의 열에너지를 변환시켜 전기를 생산하거나 에너지원으로 이용하는 설비

  ㉯ 태양광 설비 : 태양의 빛에너지를 변환시켜 전기를 생산하거나 채광(採光)에 이용하는 설비

⑤ **풍력 설비** : 바람의 에너지를 변환시켜 전기를 생산하는 설비

⑥ **수력 설비** : 물의 유동(流動) 에너지를 변환시켜 전기를 생산하는 설비

⑦ **해양에너지 설비** : 해양의 조수, 파도, 해류, 온도차 등을 변환시켜 전기 또는 열을 생산하는 설비

⑧ **지열에너지 설비** : 물, 지하수 및 지하의 열 등의 온도차를 변환시켜 에너지를 생산하는 설비

⑨ **바이오에너지 설비** :「신에너지 및 재생에너지 개발·이용·보급 촉진법 시행령」(이하 "영"이라 한다) 별표 1의 바이오에너지를 생산하거나 이를 에너지원으로 이용하는 설비

⑩ **폐기물에너지 설비** : 폐기물을 변환시켜 연료 및 에너지를 생산하는 설비

⑪ **수열에너지 설비** : 물의 표층 열을 변환시켜 에너지를 생산하는 설비

⑫ **전력저장 설비** : 신에너지 및 재생에너지를 이용하여 전기를 생산하는 설비와 연계된 전력저장 설비

(5) 신재생에너지 공급의무비율(공공 및 공공 투자건물)

해당 연도	2011~2012	2013	2014	2015	2016	2017	2018	2019	2020 이후
공급의무 비율 (%)	10	11	12	15	18	21	24	27	30

(6) 신재생에너지 의무공급량(RPS)

의무공급량의 연도별 합계는 공급의무자의 총전력생산량에 아래 표에 따른 비율을 곱한 발전량 이상으로 한다.

해당 연도	비 율(%)	해당 연도	비 율(%)
2012	2.0	2019	5.0
2013	2.5	2020	6.0
2014	3.0	2021	7.0
2015	3.0	2022	8.0
2016	3.5	2023	9.0
2017	4.0	2024 이후	10.0
2018	4.5		

(7) 태양광 별도 의무량

① 태양광 산업의 집중육성 측면에서 시행초기 5년간 할당물량 집중 배분
② 2016년부터는 별도 신규할당 없이 타 신재생에너지원과 경쟁 유도

해당 연도	의무공급량(단위 : GWh)
2012	276
2013	723
2014	1,353
2015 이후	1,971

㊿ 개별 공급의무자별 태양광 의무할당량은 고시

(8) 2차 국가에너지기본계획(2014.1.14~)

구분	제1차 계획	제2차 계획
계획기간	2008~2030년	2014~2035년
수립과정	정부주도로 계획 수립(정부초안 마련 후 의견 수렴)	개방형 프로세스 구조 (민관 거버넌스가 초안 작성)
수급기조	공급 중심형	수요 관리형
수요관리	규제 중심	ICT＋시장 기반
발전소 배치	대규모 집중형 발전소	분산형 발전 시스템
원전비중	41％	29％
신재생 보급	11％	11％
기타	－	• 분산형 발전 비중(5→15％) • 에너지바우처 도입(2015년)
수립절차	에너지위원회 심의	에너지위원회 → 녹생성장위원회 → 국무회의 심의

※ 법규 관련 사항은 국가정책상 항상 변경 가능성이 있으므로, 필요시 '국가법령정보센터 (http://www.law.go.kr)' 등에서 확인하도록 한다.

1-2 태양에너지의 활용법과 특징

(1) 태양에너지 적용 분야

① 발전 분야

(가) 집광식 태양열 발전

㉮ 태양추적장치, 집광렌즈, 반사경 등의 장치가 필요하다.

㉯ 고온의 증기를 만들어 터빈을 운전하여 발전을 행한다.

㉰ 발전용 집열기의 종류

㉠ PTC (Parabolic Trough Collector) : 구유형 집열기

㉡ Dish Type Collector : 접시형 집열기

㉢ CPC (Compound Parabolic Collector) : 복합 구유형 집열기

㉣ SPT (Solar Power Tower) : 타워형 태양열발전소

(나) 태양광 발전

㉮ 전자계산기, 손목시계와 같은 소규모 일용품에서부터 인공위성, 대규모 발전 용까지 널리 사용된다.

㉯ 실리콘 등으로 제작된 태양전지(Solar Cell)를 이용하여 태양광을 직접 전기로 변환한다.

② 생활 분야

(가) 태양열 증류 : 고온의 태양열을 이용하여 탈수 및 건조를 할 수 있다.

(나) 태양열 조리기기(Cooker 등) : 집광렌즈를 이용하여 조리, 요리 등을 할 수 있다.

③ 조명 및 공조 · 급탕 분야

(가) 주광조명

㉮ 낮에도 어두워지는 지상 및 지하시설 등에 자연광을 도입한다.

㉯ 수직 기둥 속 렌즈를 이용한 반사원리로 태양광을 도입한다.

(나) 난방 및 급탕

㉮ 축열조를 이용하여 태양열을 저장한 후 난방, 급탕 등에 활용한다.

㉯ 태양열원 히트펌프 (SSHP)의 열원으로 사용하여 난방 및 급탕이 가능하다.

(다) 태양열 냉방시스템

㉮ 증기압축식 냉방 : 태양열을 증기터빈 가동에 사용하고 증기터빈의 구동력을 다시 냉동시스템의 압축기 축동력으로 전달한다.

㉯ 흡수식 냉방 : 태양열을 저온 재생기 가열에 보조적으로 사용하는 시스템이다.

㉰ 흡착식 냉방 : 태양열을 흡착제의 탈착 (재생) 과정에 사용한다.

㉱ 제습냉방 (Desiccant Cooling System) : 태양열을 제습기 휠의 재생열원 등에 사용한다.

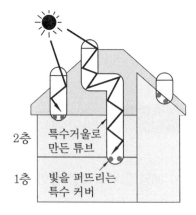

주광 조명

④ **자연형 태양열(주택) 시스템** : 직접획득형, 온실부착형, 간접획득형, 분리획득형, 이중외피형 등이 있다.

⑤ **기타** : 자외선살균, 의학 분야 및 웰빙 분야 등에 이용할 수 있다.

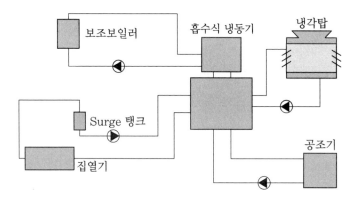

태양열 흡수식 냉방시스템 계통

(2) 태양열 급탕이 타 태양열 이용 시스템 대비 유리한 점

① 태양열 급탕은 태양열 난방, 태양열 발전처럼 상대적으로 많은 에너지를 필요로 하지 않는다.

② 비교적 저온 (약 40~80℃)이어서 열손실이 적다.

③ 연중 계속적인 축열의 활용이 가능하다.

④ 소규모 제작이 용이하고, 보조가열원의 용량이 작아도 된다.

⑤ 급탕부하는 부하의 변동폭이 적다.

⑥ 급탕부하는 비교적 열량이 불규칙해도 사용 가능하다.

⑦ 가격이 비교적 저렴한 평판형 집열기로도 사용 가능하다.

⑧ 구름이 많은 흐린 날에도 사용 가능하다.

(3) 태양상수

① 대기층 밖에서 받는 태양의 복사플럭스 (복사밀도)

② 태양과 지구의 거리가 평균거리이고, 태양광도가 3.86×10^{26} W일 때 태양상수는 약 $1,367$ W/m^2 $(1.96$ cal/cm^2 · min$)$이다.

③ 복사플럭스 공식

$$복사플럭스 (F) = 에너지원의 \ 에너지양 (L) \times \frac{1}{4\pi r^2}$$

여기서, r : 에너지원과 흑체 사이의 거리

④ 실제의 태양상수값과 지구표면의 태양상수값에 차이가 나는 이유 : 지구의 반사율, 대기의 흡수 및 산란, 기구의 형상 (지구는 평면이 아닌 구 (球)이므로)

(4) 주광률

① 정의 : 실내에서의 주광 조명도와 옥외에서의 전천공광 (全天空光) 조명도의 비율을 말한다.

② 계산식

$$주광률 (D) = \frac{E}{E_s} \times 100 \ \%$$

여기서, E : 실내 한 지점에서의 주광조도
E_s : 전천공조도 (실측 시 옥상 등의 건물 외부에서 측정함)

(5) 균시차

① 정의

㈎ 균시차를 알기 위해서는 진태양시와 평균태양시의 개념을 먼저 알아야 한다.

㉮ 진태양시(실제로 관측되는 태양시) : 실제로 태양이 남중했을 때(태양이 정남에 왔을 때)부터 다음 남중시까지를 하루로 하여 그것을 24시간으로 균일하게 등분한 시간을 말한다. 진태양시는 ±16분 정도의 범위 내에서 연중 계속 조금씩 변화한다.

㉯ 평균태양시 : 현재 사용하고 있는 시간의 지표로, 진태양시를 1년에 걸쳐 평균한 값이다.

㈏ 균시차 : 진태양시와 평균태양시의 차를 말한다 (연중 ±16분 정도의 범위).

② 진태양시와 평균태양시가 다른 원인

　(개) 원인 1 : 지구는 태양 주위를 타원궤도로 회전(공전)하므로 근일점(지구와 태양의 거리가 가장 가까운 지점에 왔을 때)에서는 각속도가 크고, 원일점(지구와 태양의 거리가 가장 먼 지점에 왔을 때)에서는 각속도가 작다. 따라서 지구에서 본 태양의 시운동은 황도상의 근일점 부근에서는 빠르고, 원일점 부근에서는 느리다.

　(내) 원인 2 : 적도와 황도가 약 23.5° 기울어져 있기 때문에 태양이 황도상을 등속도로 움직인다고 하더라도 시간은 고르게 증가하지 않는다고 보아야 한다.

③ 균시차에 대한 평가

　(개) 1년 중 균시차가 0이 되는 경우(진태양시와 평균태양시가 같은 경우)는 네 번 있다.

　(내) 균시차의 극댓값

　　㉮ 5월 15일경 : 3분 7초

　　㉯ 11월 3일경 : 16분 24초

　(대) 균시차의 극솟값

　　㉮ 2월 11일경 : −14분 19초

　　㉯ 7월 27일경 : −6분 4초

　(래) 우리가 사용하는 평균태양시는 이렇게 일정하지 않은 시태양시의 길이를 연간 측정하여 평균한 값이라고 할 수 있다.

④ 균시차 그래프

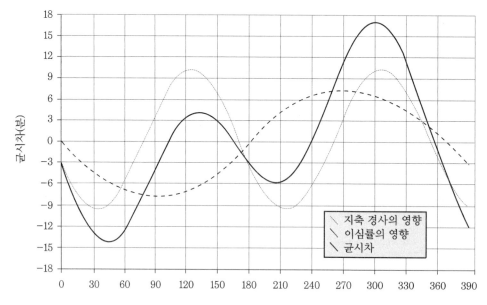

1. 지축경사 : 적도와 황도가 약 23.5° 기울어진 현상

2. 이심률 : 황도 (공전 궤도) 이심률

(6) 태양방사선의 특징

① '복사열'과 유사한 전자기 방사의 형태이다 (전파, X선, 따뜻한 난로 등).

② 태양 복사 에너지의 약 절반은 인간의 눈으로 감지할 수 있는 파장이다.

③ 지구 대기권 밖 태양 방사선의 강도는 일반 온돌패널의 약 10배 이상이다.

④ 오존층에 의해 단파장이 흡수되어 0.2~0.3 nm 영역에서는 대기 외부와 지표 측의 스펙트럼이 차이가 난다.

⑤ 스펙트럼 파장대 에너지 밀도는 자외선 영역이 5 %, 가시광선 영역이 46 %, 근적외선 영역이 49 % 수준이다.

⑥ 태양광 스펙트럼

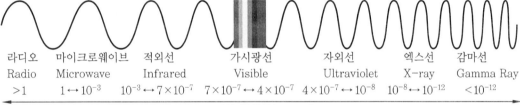

(7) 태양각의 중요성

① 태양에너지 이용 시스템의 성능에 큰 영향을 끼치는 중요한 요소이다.

② 태양전지나 태양열 집열판의 설치 경사각이 태양각과 가급적 수직을 이루게 하는 것이 중요하다.

③ 연간 태양의 고도가 변함에 따른 태양각의 변동이 생긴다.

④ **혼합식(태양) 추적법** : '감지식 추적법＋프로그램 추적식'으로 우수하다.

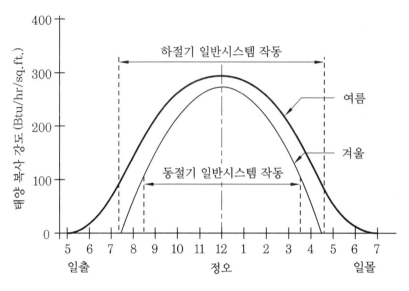

태양복사량 (맑은 날, 40도 경사, 정남향)

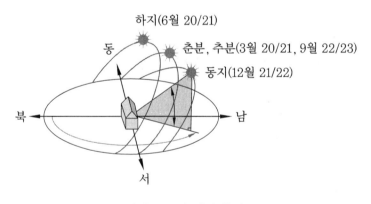

태양 고도의 변화 추이

1-3   태양광에너지(Photovoltaics)

태양광발전 시스템은 태양광의 광전효과를 이용하여 태양광을 직접 전기에너지로 변환 및 이용하는 장치이며 태양전지로 이루어진 모듈 및 어레이, 축전장치, 제어장치, 전력변환장치(인버터), 계통연계장치, 기타 보호장치 등으로 구성된다.

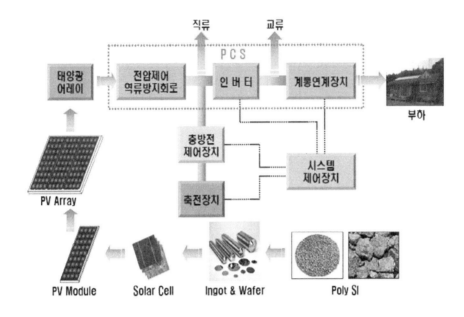

태양광시스템의 시스템 구성

(1) 장점

① 무공해, 무제한이다.

② 청정에너지원이다.

③ 부지가 부족한 시에는 건물일체형으로도 구현 가능하다.

④ 유지보수가 용이하다.

⑤ 무인화가 가능하다.

⑥ 수명이 길다 (약 20년 이상).

⑦ 안정적인 계통연계형으로도 구현 가능하다.

(2) 단점

① 전력생산량이 지역, 시간, 계절, 기후에 따라 차이가 크다.

② 시스템 초기 설치비용이 크고, 발전단가가 높다.

(3) 태양광 계통

① **독립형 시스템** : 계통 (한전전력망)과 단절된 상태로, 비상전력용으로도 사용 가능한 구조이다.

② **계통연계형 시스템** : 한국전력망과 연결된 상태로 작동하여 주택 내 부하 측에 전력을

공급하고 나머지 전기는 계통을 통해 한전으로 역전송하며, 반대로 태양광발전기에서 공급되는 전력의 양이 주택 내 부하가 사용하기에 모자란 경우 계통으로부터 부족한 양만큼 전력을 공급받는 방식이다. 계통 측 전기가 단전 상태에서는 태양광발전기로 부터 발전되는 전력도 자동 차단된다.

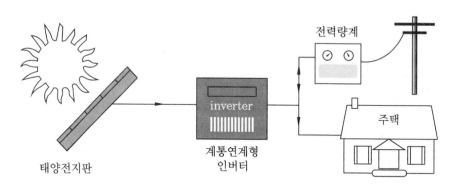

계통연계형 태양광발전 시스템

③ **방재형 시스템** : 정전 시에 연계를 자립으로 대체하여 특정부하에 공급하는 축전 지정용 시스템이다.

④ **하이브리드 시스템** : 독립형 시스템과 다른 발전설비를 연계하여 사용하는 형태이다.

(4) 태양광 발전과 태양열 발전의 차이

① **태양광 발전** : 태양빛 → 직접 전기 생산

② **태양열 발전** : 태양빛 → 기계적 에너지로 바꾼 후 → 재차 전기를 생산

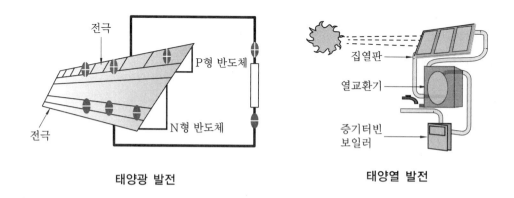

태양광 발전　　　　**태양열 발전**

(5) 광전효과와 광기전력효과

① **광전효과** : 아인슈타인이 빛의 입자성을 이용하여 설명한 현상으로, 금속 등의 물질에

일정한 진동수 이상의 빛을 비추었을 때 물질 표면에서 전자가 튀어나오는 현상이다. 단파장 조사 시 외부에 자유전자가 방출되는 외부광전효과 (광전관, 빛의 검출/측정 등에 사용)와 내부광전효과 (전자 및 정공 발생)로 나뉜다.

② **광기전력효과** : 어떤 종류의 반도체에 빛을 조사하면 조사된 부분과 조사되지 않은 부분 사이에 전위차 (광기전력)를 발생시킨다.

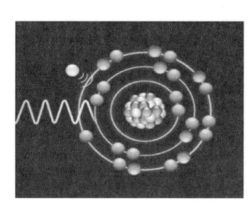

한계 진동수 이하
(긴 파장)

한계 진동수 이상
(짧은 파장)

금속박이 벌어지지
않는다 (광전자가
튀어나가지 않는다).

금속박이 벌어진다.
(광전자가 튀어나간다.)

(6) 태양전지의 원리

① 빛이 부딪치면 플러스와 마이너스를 갖는 입자 (정공과 전자)가 생성된다.

㉮ −전자는 n형 반도체로 모임 : 자유전자 밀도를 높이기 위해 불순물 (Dopant)로 인, 비소, 안티몬과 같은 5가 원자를 첨가한다 [이렇게 전자를 잃고 이화된 불순물 원자를 도너(Donor)라고 한다].

㉯ +정공은 p형 반도체로 모임 : 정공의 수를 증가시키기 위해 불순물로 알루미늄, 붕소, 갈륨 등의 3가 원소를 첨가한다 [이러한 불순물 원자를 억셉터(Acceptor) 라고 한다].

② **전류의 흐름**

㉮ 태양전자가 빛을 받으면 광기전력 효과 (반도체에 빛을 조사하면 조사된 부분과 조사되지 않은 부분 사이에 전위차가 발생하는 현상)에 의해 전자는 전면전극으로, 정공은 후면전극으로 형성된다.

㉯ 태양전지 외부에 도선 및 부하를 걸면 +극에서 −극으로 전류가 흐르게 된다.

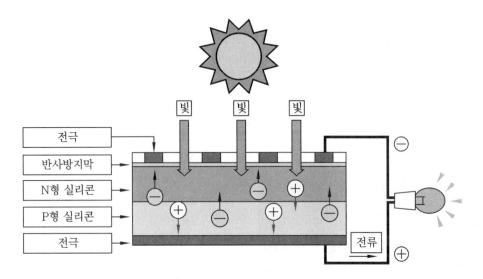

(7) 태양전지의 종류

① 실리콘계 태양전지

⑦ 결정계(단결정, 다결정)

   ⑦ 변환효율이 높다 (약 12~20 %).

   ⑭ 실적에 의한 신뢰성이 보장된다.

   ⑮ 현재 태양광발전 시스템에 일반적으로 사용되는 방식이다.

   ⑯ 변환효율은 단결정이 유리하고 가격은 다결정이 유리하다.

   ⑰ 방사조도의 변화에 따라 전류가 매우 급격히 변화하고, 모듈 표면온도 증감에 대해서 전압의 변동이 크다.

   ⑱ 결정계는 온도가 상승함에 따라 출력이 약 0.45 %/℃ 감소한다.

   ⑲ 실리콘계 태양전지의 발전을 위한 태양광 파장영역은 약 300~1,200 nm이다.

⑭ 아모포스계(비결정계 ; Amorphous)

   ⑦ 구부러지는 (왜곡되는) 것이다.

   ⑭ 변환효율 : 약 6~10 %

   ⑮ 생산단가가 가장 낮은 편이며 소형시계, 계산기 등에도 많이 적용된다.

   ⑯ 결정계에 비하여 고전압 및 저전류의 특성을 지니고 있다.

   ⑰ 온도가 상승함에 따라 출력이 약 0.25 %/℃ 감소한다 (온도가 높은 지역이나 사막지역 등에 적용하기에는 결정계보다 유리하다).

   ⑱ 결정계에 비하여 초기 열화에 의한 변환효율 저하가 심한 편이다.

⑮ 박막형 태양전지(2세대 태양전지 ; 단가를 낮추는 기술에 초점)

   ⑦ 실리콘을 얇게 만들어 태양전지 생산단가를 절약할 수 있는 기술이다.

㉯ 결정계에 비하여 효율이 낮은 단점이 있으나 탠덤 배치구조 등으로 극복을 위한 많은 노력이 전개되고 있다.

② **화합물 태양전지**

㈎ Ⅱ–Ⅵ족

㉮ CdTe : 대표적 박막 화합물 태양전지(두께 약 $2\,\mu m$)로, 광 흡수율이 우수하고 (직접 천이형) 밴드갭 에너지는 $1.45\,eV$(전자볼트)이며, 단일 물질로 pn 반도체 동종 성질을 나타낸다. 후면 전극은 금/은/니켈 등을 사용하고 고온환경의 박막태양전지로 많이 응용된다.

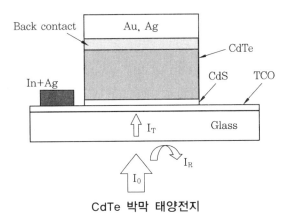

CdTe 박막 태양전지

㉯ CIGS : CuInGaSSe와 같이 In의 일부를 Ga로, Se의 일부를 S로 대체한 오원화합물을 일컫는다 (CIS로도 표기). 광 흡수율이 우수하고 (직접 천이형) 밴드갭 에너지는 $2.42\,eV$이며, ZnO 위에 Al/Ni 재질의 금속전극을 사용한다. 내방사선 특성이 우수하며(장기간 사용해도 효율 변화가 적음) 변환효율은 약 $19\,\%$ 이상으로 평가되고 있다.

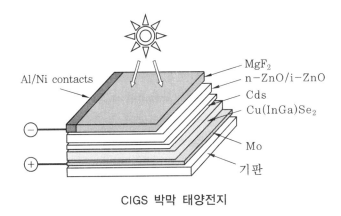

CIGS 박막 태양전지

(나) Ⅲ-Ⅴ족

㉮ GaAs (갈륨비소) : 에너지 밴드갭이 1.4 eV로서 단일 전지로는 최대효율이고, 광 흡수율이 우수하며(직접 천이형) 주로 우주용 및 군사용으로 사용된다. 높은 에너지 밴드갭을 가지는 물질부터 낮은 에너지 밴드갭을 가지는 물질까지 차례로 적층하여(Tandem 직렬 적층형) 40 % 이상의 효율이 가능하다.

㉯ InP : 밴드갭 에너지는 1.35 eV이며 GaAs (갈륨비소)에 버금가는 특성을 지니고 있다. 단결경 판의 가격이 실리콘에 비해 비싸고 표면 재결합 속도가 빠르기 때문에 아직 고효율 생산에는 어려움이 있다 (이론적 효율은 우수).

(다) Ⅰ-Ⅲ-Ⅵ족

㉮ CuInSe2 : 밴드갭 에너지는 1.04 eV이고 광 흡수율이 우수하며(직접 천이형), 두께가 약 1~2 μm인 박막으로도 고효율 태양전지의 제작이 가능하다.

㉯ Cu (In,Ga)Se2 : CuInSe2와 특성이 유사하고, 같은 족의 물질 간에 서로 치환이 가능하여 밴드갭 에너지를 증가시켜 광이용 효율의 증가가 가능하다.

③ **차세대 태양전지(3세대 태양전지 ; 단가를 낮추면서도 효율을 올리는 기술)**

(가) 염료 감응형 태양전지(DSSC, DSC 또는 DYSC ; Dye Sensitized Solar Cell)

㉮ 산화티타늄 (TiO$_2$) 표면에 특수한 염료 (루테늄 염료, 유기염료 등) 흡착→광전기화학적 반응→전기 생산

㉯ 변환효율은 실리콘계(단결정)와 유사하나 단가는 상당히 낮은 편이다.

㉰ 흐려도 발전 가능하고, 빛의 조사각도가 10°만 되어도 발전 가능한 특징이 있다.

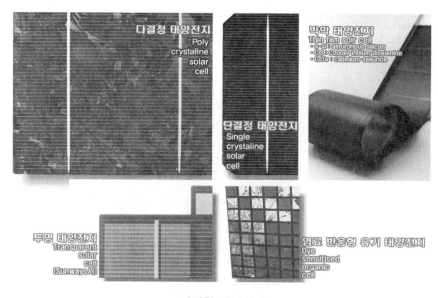

다양한 태양전지

㉒ 투명기판, 투명전극 등의 재료를 활용한 (반)투명성을 지니고 있으며, 사용 염료에 따라 다양한 색상이 가능하여 창문이나 건물 외벽에 부착 시 미적 특성이 우수하다.

(나) 유기물 박막 태양전지(OPV : Organic Photovoltaics)

㉮ 플라스틱 필름 형태의 얇은 태양전지

㉯ 아직 효율이 낮은 것이 단점이지만 가볍고 성형성이 좋다.

(8) BIPV(Building Integrated Photovoltaics)

① 특징

㉮ BIPV는 '건물 일체형 태양광발전 시스템'이라고 하며 PV 모듈을 건물 외부 마감재로 대체하여 건축물 외피와 태양열 설비를 통합한 방식이므로, 통합에 따른 설치비가 절감되고 태양열 설비를 위한 별도의 부지 확보가 필요하지 않은 방식이다.

㉯ 커튼월, 지붕, 차양, 타일, 창호, 창유리 등 다양하게 사용 가능하다.

② 다양한 적용사례

(9) 그리드 패리티(Grid Parity)

① 화석연료 발전단가와 신재생에너지 발전단가가 같아지는 시기를 말한다.

② 현재 신재생에너지 발전단가는 대체로 화석연료보다 많이 높지만, 각국 정부의 신재생에너지 육성 정책과 기술 발전에 따라 비용이 낮아지면 언젠가 등가(Parity) 시점이 올 것이라는 전망이다.

③ 단순한 신재생에너지원의 생산원가 하락에 그치지 않고 에너지를 중심으로 한
  기존 세계 패권 구도와 산업지형에 대변혁을 몰고 올 핵심변수로 받아들여지고
  있다.

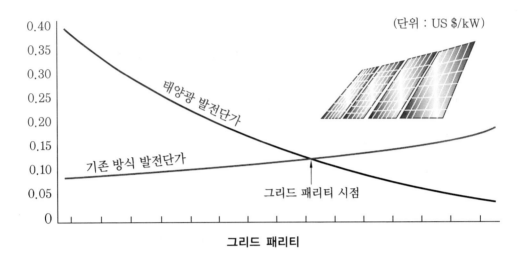

(단위 : US $/kW)

그리드 패리티

(10) 국내 태양광발전소 설치사례

현대차 아산공장 태양광발전소 (10 MW급) : 현대아산 태양광발전이 한국중부발전, 현대
오토에버, 신성솔라 등과 함께 시공한 태양광발전 시스템

전남 고흥 거금도 (25 MW급) 태양광발전소 : 거금 에너지테마파크에 축구장 80개 크기와 맞먹는 55만 8,810 m²의 부지에 들어선 국내 최대 태양광발전소 (PV모듈 수 : 10만 4,979장)

1-4 태양광발전 시스템

(1) 복사 (Radiation)와 복사수지(Radiation budget)

① 복사는 물체로부터 방출되는 전자기파의 총칭으로 적외선, 가시광선, 자외선, X선 등을 말한다.

② 절대온도가 0이 아닌 모든 물체는 복사에너지를 흡수하고 그 물체 스스로 복사에너지를 전자기파의 형태로 방출한다.

③ **태양복사 (일사, 단파복사 ; Solar radiation)**

　(개) 태양으로부터 복사되는 전자파의 총칭(파장범위 : $0.3 \sim 4 \, \mu \mathrm{m}$)이다.

　(내) 태양에너지가 지구의 대기권 밖에 도달할 때 가지는 일정한 에너지를 태양상수라고 하며 이는 약 $1,367 \, \mathrm{W/m^2}$(약 $1.96 \, \mathrm{cal/cm^2} \cdot \min$) 수준이다.

　(대) 일사수지(복사수지) : 태양 복사에너지는 대기권을 통과하면서 약 25~30 % 정도가 구름, 대기중의 입자 등에 의해 손실 및 반사되고 약 20~25 %는 대기로 흡수되어, 약 50 %만 지표에 도달 · 흡수된다 (가시광선 : 45 %, 적외선 : 45 %, 자외선 : 10 %)

　(래) 이렇게 지표에 도달한 약 50 %의 태양광을 분석해보면 아래와 같다.

　　㉮ 직사광 (23 %) : 태양으로부터 직접 도달하는 광선 (태양복사)

　　㉯ 운광 (16 %) : 구름을 통과하거나 구름에 반사되는 광선 (천공복사)

　　㉰ 천공 (산란)광 (11 %) : 천공에서 산란되어 도달하는 광선 (천공복사)

④ **지구복사 (장파복사 ; Earth radiation) :** 지구표면 및 대기로부터 복사되는 전체 적외복사 (파장범위 : $4 \, \mu \mathrm{m} \sim$), 태양상수의 약 70 %에 해당한다.

(2) 일사의 분류

① **전천일사** (Global solar radiation) : 수평면에 입사하는 직달일사 및 하늘 (산란, 천공)복
   사를 말하며, 수평면일사 (전일사)라고도 한다. 한편 경사면이 받는 직달 일사량과
   산란 일사량의 적산값을 합한 것을 총일사 (경사면 일사)라고 한다.

② **직달일사** (direct solar radiation) : 태양면 및 그 주위에 구름이 없고 일사의 대부분이
   직사광일 때, 직사광선에 직각인 면에 입사하는 직사광과 산란광을 말한다.

③ **산란일사 (천공복사 ; Scattered radiation)** : 천공의 티끌 (먼지)이나 오존 등에 부딪친 태
   양광선이 반사하여 지상에 도달하는 것이나, 태양광선이 지표에 도달하는 도중 대
   기속에 포함된 수증기나 연기, 진애 등의 미세 입자에 의해 산란되어 간접적으로 도
   달하는 일사를 말하며, 전천일사 측정 시에는 수광부에 쬐이는 직사광선을 차광장
   치로 가려서 측정한다 (구름이 없을 경우 전천일사량의 1/10 이하 수준)

④ **반사일사** (Reflected radiation) : 전천일사계를 지상 1~2 m 높이에 태양광과 반대 방향
   (지면쪽)으로 설치하여 측정한다.

(3) 일사량과 일사계

① **일사량** (Quantity of solar radiation)

   ㈎ 일사량은 일정기간의 일조강도 (에너지)를 적산한 것을 의미한다 ($kWh/m^2 \cdot day$,
      $kWh/m^2 \cdot year$, $MJ/m^2 \cdot year$ 등)

   ㈏ 일사량은 대기가 없다고 가정했을 때의 약 70 %에 해당된다.

   ㈐ 일사량은 하루 중 남중 시에 최대가 되고 일년중에는 하지경이 최대가 된다.

   ㈑ 보통 해안지역이 산악지역보다 일사량이 많다.

   ㈒ 국내에서 일사량을 계측 중인 장소는 22개로서 20년 이상의 평균치를 기상청이
      보유 · 공개하고 있다.

   ㈓ 일사강도 (일조강도, 복사강도)는 단위 면적당 일률 개념으로 표현하며 W/m^2의
      단위를 사용한다.

② **일사계(Solarimeter)** : 태양으로부터 전달되는 일사량을 측정하는 계측기이며 아래와
   같은 종류가 주로 사용된다.

   ㈎ 전천일사계 : 가장 널리 사용되는 일사계로, 보통 1시간이나 1일 동안의 적산값
      [積算値 ; kWh/m^2, $cal/min \cdot cm^2$]을 측정하며, 열전쌍 (熱電雙)을 이용한 에플
      리일사계(Eppley- ; 태양고도의 영향이 적고 추종성이 좋음)와 바이메탈을 이용한
      로비치일사계(Robitzsch-) 등이 있다.

   ㈏ 직달일사계 : 기다란 원통 내부의 한 끝에 붙은 수감부 쪽으로 태양광선이 직접
      들어오게 조절하여 태양복사를 측정하는 방식이며, 측정값은 보통 1분 동안에

단위면적(cm^2)에서 받는 cal로 표시하거나 또는 m^2당 kWh로 나타낸다(kWh/m^2, $cal/min \cdot cm^2$).

㈐ 산란일사계 : 차폐판으로 태양 직달광을 차단하여 대기 중의 산란광만 측정하기 위한 장비로써 보통 센서의 구조는 전천일사계와 동일하다.

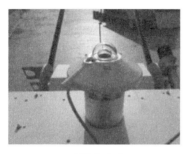  

| 전천일사계 | 직달일사계 | 산란일사계 |

(4) 일조시간과 일조율

① 일조시간 (Duration of sunshine)

㈎ 태양 광선이 구름이나 안개, 장애물 등에 의해 가려지지 않고 땅 위를 비치는 시간

㈏ 일조시간은 보통 1일이나 한 달 동안에 비친 총시간수로 나타낸다.

㈐ 만약 지평선까지 장애물이 없는 지방에서 종일 구름이나 안개 등 전혀 장애가 없다면 그 지방의 일조시간, 즉 태양이 동쪽 지평선에서 떠서 서쪽 지평선으로 질 때까지의 시간과 가조시간은 일치하게 된다. 그러나 대부분은 지형 등의 영향으로 가조시간과 일조시간이 일치하지 않는다.

㈑ 일조량 : 일조시간 혹은 일사량과 유사한 의미로 사용되고 있으나 정확한 의미의 용어는 아니다.

② 일조율(Rate of sunshine)

$$일조율 = \frac{일조시간}{가조시간} \times 100\,\%$$

칼럼 **가조시간** (Possible duration of sunshine) : 태양에서 오는 직사광선, 즉 일조 (日照)를 기대할 수 있는 시간 또는 해뜨는 시각부터 해지는 시각까지의 시간을 말하며, 지형과 관계없이 위도에 따라 지평선을 기선으로 하여 일출부터 일몰시각까지의 시간

(5) 일조계(sunshine recorder)

① 일조시간을 측정하는 계기를 말한다.

② 태양으로부터 지표면에 도달하는 열에너지인 일광의 가시부(可視部)나 자외부의 화학작용 등을 이용한 것이다.

③ **종류**

㈎ Cambell-Stokes 일조계 : 태양열을 직접적으로 이용하는 것(자기지 위에 초점을 맞추어 불탄 자국의 길이로 측정)이다.

㈏ Jordan일조계 : 태양 빛의 청사진용 감광지에 대한 감광작용을 이용한 것(햇빛에 의해 청색으로 감광된 흔적의 길이로부터 일조시간을 구함)이다.

㈐ 회전식 일사계 : 일사량을 관측하여 일조시간을 환산하는 것으로, 정확도가 가장 높은 편이지만 경제적인 부담으로 널리 보급되어 있지는 않다.

㈑ 바이메탈일조계 : 바이메탈일사계의 원리를 이용한 장비이며, 흰색과 검은색 바이메탈을 같은 받침대에 고정시키고, 맨 끝에 전기접점을 설치하여 일정량 이상의 일사가 되면 접점이 닫히는 원리이다.

(6) 태양복사에너지 결정요소

① **천문학적 요소** : 태양과 지구의 거리, 태양의 천정각, 관측지점의 고도, 알베도(일사가 대기나 지표에 반사되는 비율, 약 30 %)

② **대기 요소** : 구름, 먼지, 안개, 수증기, 에어로졸 등

(7) 태양의 남중 고도각

① 하지 시 : $90° - (위도 - 23.5°)$

② 동지 시 : $90° - (위도 + 23.5°)$

③ 춘·추분 시 : $90° - 위도$

> **칼럼**　**태양의 적위**
>
> 태양이 지구의 적도면과 이루는 각을 말하며 춘분과 추분일 때 $0°$, 하지일 때 $+23.5°$, 동지일 때 $-23.5°$이다.

---

(8) 음영각

① **수직음영각** : 태양의 고도각이며, 지면의 그림자 끝 지점과 장애물의 상부를 이은 선이 지면과 이루는 각도

② 음영각 : 수평면상 하루 동안 (일출~일몰) 그림자가 이동한 각도

③ 연중 입사각이 가장 작은 동지의 오전 9시부터 오후 3시까지 태양광 어레이에 그늘이 생기지 않도록 해야 한다.

(9) 대지이용률

① 어레이 경사각이 작을수록 대지이용률 증가

② 경사면을 이용할 경우 대지이용률 증가

③ 어레이 간 이격거리가 증가할수록 대지이용률 감소

④ **계산공식**

$$대지이용률(f) = \frac{모듈의\ 경사길이}{이격거리}$$

(10) 신태양궤적도

① 종래의 태양궤적도는 균시차를 고려하여 진태양시의 환산작업이 필요하므로 사용상 번거롭고 많은 오차가 있을 수 있었다.

② 따라서 균시차를 고려한 신태양궤적도를 사용하는 것이 편리하다.

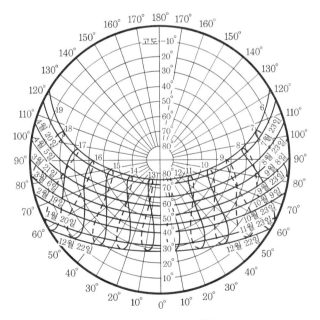

신태양궤적도 (서울)

(11) 신월드램 태양궤적도

① 신월드램 태양궤적도는 관측자가 천구상의 태양경로를 수직 평면상의 직교좌표로 나타낸 것이다.

② 태양의 궤적을 입면상에 그릴 수 있기 때문에 매우 이해하기 쉽고 편리하다.

③ 실용면에서 태양열 획득을 위한 건물의 좌향, 외부공간 계획, 내부의 실 배치, 창 및 차양장치, 식생 및 태양열 집열기의 설계 등에 특히 많이 사용된다.

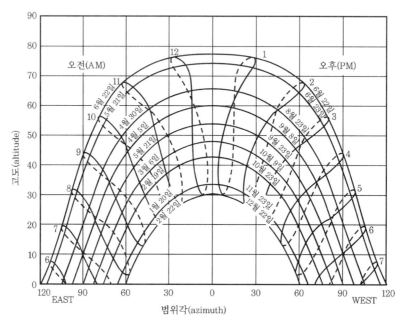

신월드램 태양궤적도(서울)

(12) Hotspot 현상

① **병렬 어레이에서의 Hotspot 현상** : 특정 태양전지 전압량이 출력 전압량보다 적은 경우 발생하는 출력 전압량이 적은 셀의 발열 현상

② **직렬 어레이에서의 Hotspot 현상** : 특정 태양전지의 전류량이 출력 전류량보다 적은 경우 발생하는 출력 전류량이 적은 셀의 발열 현상

③ **결정질 태양광모듈의 열화원인**

　㈎ 태양광모듈의 출력특성 저하 : 출력 불균일 셀 사용으로 전체 모듈의 출력 저하, 얼룩, 그림자 등의 장시간 노출에 의한 출력 불균일

　㈏ 제조공정결함이 사용 중에 나타남 : Tabbing 혹은 String 공정 및 Lamination 공정 중의 미세 균열 등

　　(다) 사용과정에서의 자연열화 : 설치 후 자연환경에 의한 열화

④ **결정질 태양광모듈 열화의 형태**

　　(가) EVA Sheet 변색 = 빛 투과율 저하 (자외선)

　　(나) 태양전지와 EVA Sheet 사이 공기 침투 = 백화현상 (박리)

　　(다) 물리적인 영향에 의한 습기 침투 = 전극부식(저항변화 = 출력 감소)

(13) $I-V$ 특성곡선

① '표준시험조건'에서 시험한 태양전지 모듈의 '$I-V$ 특성곡선'은 아래와 같다.

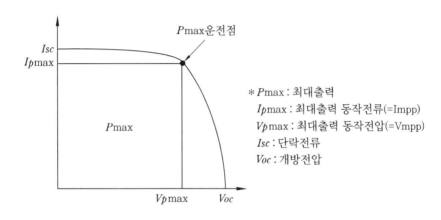

　　＊Pmax : 최대출력
　　Ipmax : 최대출력 동작전류(=Impp)
　　Vpmax : 최대출력 동작전압(=Vmpp)
　　Isc : 단락전류
　　Voc : 개방전압

② **표준온도 (25℃)가 아닌 경우의 최대출력(P'max)**

$$P'_{\max} = P_{\max} \times (1 + \gamma \cdot \theta)$$

　여기서, $\gamma : P_{\max}$ 온도계수

　　　　　θ : STC 조건 온도편차

칼럼　**1. 표준시험조건 (STC ; Standard Test Conditions)**

① 제1조건 : 태양광 발전소자 접합온도 = 25±2℃

② 제2조건 : AM 1.5

　＊AM (Air Mass) 1.5 ; '대기질량 (AM)'이라고 하며 직달 태양광이 지구 대기를 48.2° 경
　사로 통과할 때의 일사강도를 말한다 (일사강도 = 1 kW/m^2).

③ 광 조사강도 = 1 kW/m^2

④ 최대출력 결정 시험에서 시료는 9매를 기준으로 한다.

⑤ 모듈의 시리즈인증 : 기본모델 정격출력이 10 % 이내인 모델에 대해 적용한다.

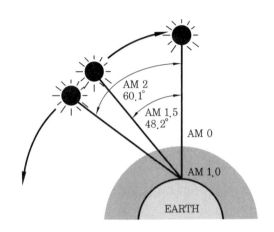

⑥ 충진율(Fill Factor) : 개방전압과 단락전류의 곱에 대한 최대출력의 비율을 말하며
  I-V 특성곡선의 질을 나타내는 지표이다(내부의 직·병렬저항과 다이오드 성능지수에
  따라 달라진다).

2. 표준운전조건(SOC : Standard Operating Conditions) : 일조 강도 $1,000 \, \text{W/m}^2$, 대기 질량 1.5,
  어레이 대표 온도가 공칭 태양전지 동작온도(NOCT : Nominal Operating Cell Temperature)인
  동작 조건을 말한다.

3. 공칭 태양광 발전전지 동작온도(NOCT : Nominal Operating photovoltaic Cell Temperature) :
  아래 조건에서의 모듈을 개방회로로 하였을 때 모듈을 이루는 태양전지의 동작 온도, 즉 모듈이
  표준 기준 환경(SRE : Standard Reference Environment)에 있는 조건에서 전기적으로
  회로 개방 상태이고 햇빛이 연직으로 입사되는 개방형 선반식 가대(Open Rack)에 설치되어
  있는 모듈 내부 태양전지의 평균 평형온도(접합부의 온도)를 말한다(단위 : ℃).
  ① 표면의 일조강도 = $800 \, \text{W/m}^2$
  ② 공기의 온도(T_{air}) : 20℃
  ③ 풍속(V) : 1 m/s
  ④ 모듈 지지상태 : 후면 개방(Open Back Side)

4. 셀온도 보정 산식

$$T_{cell} = T_{air} + \frac{\text{NOCT} - 20}{800} \times S$$

  여기서, S : 기준 일사강도 = $1,000 \, \text{W/m}^2$

5. 모듈의 출력 계산
  ① 표준온도(25℃)에서의 최대출력($P\text{max}$)

  $P\text{max} = Vmpp \times Impp$

  ② 표준온도(25℃)가 아닌 경우의 최대출력($P'\text{max}$)

  $P'\text{max} = P\text{max} \times (1 + \gamma \cdot \theta)$

  여기서, γ : 최대출력($P\text{max}$) 온도계수
      θ : STC 조건 온도편차($T_{cell} - 25$℃)

※ **AM(Air Mass)** : 아래와 같은 태양광 입사각을 참조할 때 AM (= 1/sin θ)으로 표현하여 입사각에 따른 일사 에너지의 강도를 표현하는 방법이다(예를 들어 아래 그림에서 AM = 1/sin 41.8 = 1.5가 된다).

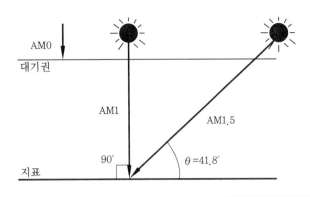

(14) 태양전지의 온도 특성과 일조량 특성

① **온도 특성** : 모듈 표면온도 상승→ 전압 급감소→ 전력 급감소

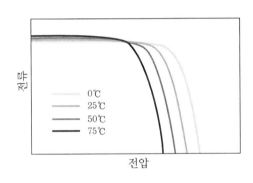
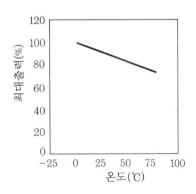

② **일조량 특성** : 일사량 감소→ 전류 급감소→ 전력 급감소

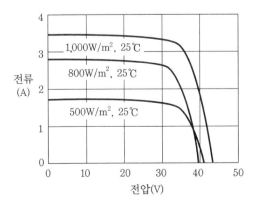

(15) 어레이(Array)의 구성과 계산

① 태양전지 Module을 필요 매수만큼 직렬접속한 뒤 이것을 다시 병렬접속으로 조합
하여 발전전력을 얻어내는 것을 태양전지 Array라고 한다.

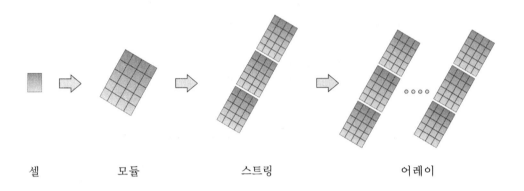

셀   모듈   스트링   어레이

② 모듈의 최적 직렬 수 계산

(가) 최대 직렬 수

$$= \frac{\text{PCS 입력전압 변동범위의 최고값}(V_{\max})}{\text{모듈 표면온도가 최저인 상태의 개방전압}(Voc') \times (1-\varepsilon)}$$

(나) 최저 직렬 수

$$= \frac{\text{PCS 입력전압 변동범위의 최저값}(V_{\min})}{\text{모듈 표면온도가 최고인 상태의 최대 출력 동작전압}(Vmpp') \times (1-\varepsilon)}$$

　주 1. 모듈 표면온도가 최저인 상태의 개방전압 (Voc')

　　　 = 표준 상태(25℃)에서의 $Voc \times (1 + $개방전압 온도계수$\times$표면 온도차$)$

　　2. 모듈 표면온도가 최고인 상태의 최대 출력 동작전압 $(Vmpp')$

　　　 = 표준 상태(25℃)에서의 $Vmpp \times \left(1 + \dfrac{Vmpp}{Voc} \times \text{개방전압 온도계수} \times \text{표면 온도차}\right)$

　　3. ε : 전압강하율 (<1)

(다) 최저 직렬 수<최적 직렬 수<최대 직렬 수 : 통상 '최적 직렬 수'를 기준으로 직
렬 매수를 결정한다.

(16) 어레이 이격거리

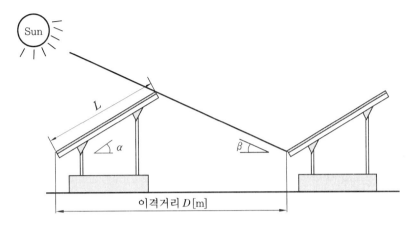

① 계산공식

$$\text{이격거리 } D = \frac{\sin(180° - \alpha - \beta)}{\sin\beta} \times L$$

② 계산 기준 : 동지 시 발전 가능 시간대에서의 고도를 기준으로 고려한다.

(17) 태양광 발전시스템 효율

① 모듈변환효율

$$\text{모듈변환효율} = \frac{\text{모듈출력}(W)}{\text{모듈면적}(m^2) \times 1,000(W/m^2)} \times 100\,\%$$

태양광모듈 설치용량은 사업계획서상에 제시된 설계용량 이상이어야 하며 설계용량의 103 %를 초과하지 않아야 한다.

② 일평균 발전시간

$$\text{일평균 발전시간} = \frac{1년간 발전전력량(kWh)}{시스템용량(kW) \times 운전일수}$$

③ 시스템 이용률

$$\text{시스템 이용률} = \frac{\text{일평균 발전시간}}{24} \times 100\,\%$$

혹은,

$$\text{시스템 이용률} = \frac{\text{태양광발전시스템의 출력}(kWh)}{\text{어레이의 정격출력}(kW) \times 가동시간(h)} \times 100\,\%$$

(18) 태양광 어레이의 분류 및 비교

① 설치방식에 따른 분류

(가) 고정형 어레이   (나) 경사가변형 어레이

(다) 추적식 어레이   (라) BIPV(건물통합형)

② 추적방식에 따른 분류

(가) 감지식 추적법   (나) 프로그램식 추적법

(다) 혼합 추적식

③ 추적방향에 따른 분류

(가) 단방향 추적식   (나) 양방향 추적식

④ 건물 설치 시 지지대에 따른 분류

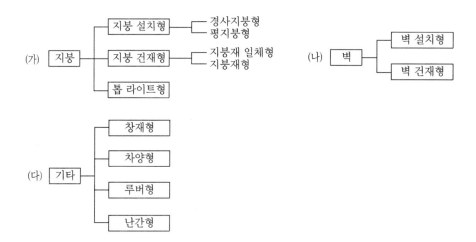

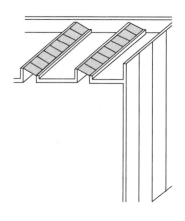

톱 라이트형

> (칼럼) **태양광 어레이**
>
> 1. 설치장소에 따른 분류로는 평지, 경사지, 건물 설치형 등이 있다.
> 2. 발전효율 : 양방향추적 > 단방향추적 > 고정식
> 3. 단축식은 태양의 고도에 맞게 동쪽과 서쪽으로 태양을 추적하는 방식으로서, 동서 및 남북으로 태양을 추적하는 양축식에 비해 발전효율이 떨어진다.
> 4. 연중 4~6월은 태양의 고도가 높고 외기의 온도가 비교적 선선하여 출력 또한 가장 높다.
> 5. 연중 7~8월은 일사량이 1년 중 가장 많지만 태양전지의 온도 상승에 의한 손실이 커서 출력감소율도 가장 크다.

⑤ **주요 태양광 어레이의 장단점 비교**

구분	고정형 어레이	경사가변형 어레이	추적식 어레이
장점	• 설치비가 가장 낮다. • 간단하고 고장 우려가 가장 적다. • 토지이용률이 높다.	• 설치비가 추적식 대비 낮다. • 고장 우려가 적다. • 고정형 대비 효율이 높다.	• 발전효율이 가장 높은 편이다.
단점	• 효율이 낮은 편이다.	• 추적식 대비 효율이 낮다. • 연중 약 2회 경사각 변동 시 인건비가 발생한다.	• 투자비가 많이 든다. • 구동축 운전으로 인한 동력비가 발생한다. • 토지이용률이 낮다. • 유지보수비가 증가한다.

(19) 태양광발전 시스템 품질

① **태양광발전 시스템의 성능 평가를 위한 측정 요소**

㈎ 구성요소의 성능 및 신뢰성

㈏ 사이트

㈐ 발전성능

㈑ 신뢰성

㈒ 설치가격(경제성)

② **태양광발전 시스템의 성능 분석**

㈎ 태양광 어레이 발전효율(PV Array Conversion Efficiency)

$$= \frac{태양광 어레이 출력(kW)}{경사면 일사강도(kW/m^2) \times 태양광 어레이 면적(m^2)} \times 100\%$$

(나) **태양광 시스템 발전효율**(PV System Conversion Efficiency)

$$= \frac{\text{태양광 시스템 발전전력량}(\text{kWh})}{\text{경사면 일사량}(\text{kWh/m}^2) \times \text{태양광 어레이 면적}(\text{m}^2)} \times 100\,\%$$

(다) **태양에너지 의존율**(Dependency on Solar Energy)

$$= \frac{\text{태양광 시스템 평균 발전전력}(\text{kW})}{\text{부하 소비전력}(\text{kW})} \times 100\,\%$$

$$= \frac{\text{태양광 시스템 평균 발전전력량}(\text{kWh})}{\text{부하 소비전력량}(\text{kWh})} \times 100\,\%$$

(라) **태양광 시스템 이용률**(PV System Capacity Factor)

$$= \frac{\text{일 평균 발전시간}}{24} \times 100\,\%$$

$$= \frac{\text{태양광 시스템 발전전력량}(\text{kWh})}{24 \times \text{운전일수} \times \text{PV 설계용량}(\text{kW})} \times 100\,\%$$

(마) **태양광 시스템 가동률**(PV System Availability)

$$= \frac{\text{시스템 동작시간}}{24 \times \text{운전일수}} \times 100\,\%$$

(바) **태양광 시스템 일조가동률**(PV System Availability per Sunshine Hour)

$$= \frac{\text{시스템 동작시간}}{\text{가조시간}} \times 100\,\%$$

③ **태양광 어레이의 필요 출력**(P_{AD} ; kW)

$$P_{AD} = \frac{E_L \times D \times R}{(H_A / G_S) \times K}$$

여기서, H_A : 태양광 어레이면 일사량 (kWh/m^2)

G_S : 표준상태에서의 일사강도 (kW/m^2)

E_L : 부하소비전력량 (kWh/기간)

D : 부하의 태양광 발전시스템에 대한 의존율

R : 설계여유계수 (설계치와 실제값과의 차이의 위험에 대한 보정값 > 1.0)

K : 종합설계지수 (태양전지 모듈 출력의 불균형 보정, 회로손실, 기기에 의한 손실 등을 포함 < 1.0)

④ 태양광 발전소의 월 발전량 (P_{AM} ; kWh/m^2)

$$P_{AM} = P_{AS} \times \frac{H_A}{G_S} \times K$$

여기서, P_{AS} : 표준상태에서의 태양광 어레이의 생산출력(kW/m^2)

H_A : 태양광 어레이면 일사량 (kWh/m^2)

G_S : 표준상태에서의 일사강도 (kW/m^2)

K : 종합설계지수(태양전지 모듈 출력의 불균형 보정, 회로손실, 기기에 의한 손실 등을 포함<1.0)

⑤ **시스템 성능계수**(PR ; Performance Ratio) : 어레이손실 및 시스템손실(인버터, 정류기 등의 손실) 등을 고려한 효율값 (보통 80~90 % 수준임)

$$시스템\ 성능계수 = \frac{시스템발전전력량(kWh)}{어레이\ 출력전력량(kWh)} \times 100\ \%$$

1-5 태양열에너지

태양광선의 열에너지를 모아 이용하는 기술로, 보통 집열부, 축열부, 이용부, 제어부 등으로 구성된다.

(1) 장점

① 무공해, 무제한이다.

② 청정에너지원이다.

③ 지역적인 편중이 적다.

④ 다양하게 적용 및 이용할 수 있다.

⑤ 경제성이 우수하다.

(2) 단점

① 열밀도가 낮고 이용이 간헐적이다.

② 초기 설치비가 많이 든다.

③ 일사량 조건이 좋지 않은 겨울에는 불리하다.

(3) 평판형 집열기와 진공관형 집열기

① 평판형 집열기는 집열면이 평면을 이루고, 태양에너지 흡수면적이 태양에너지의 입사면적과 동일한 집열기이며, 태양열 난방 및 급탕 시스템 등 저온 이용 분야에 사용되는 기본적인 태양열 기기이다.

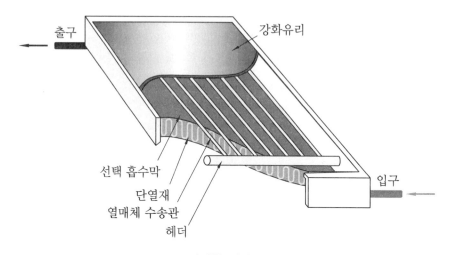

평판형 집열기

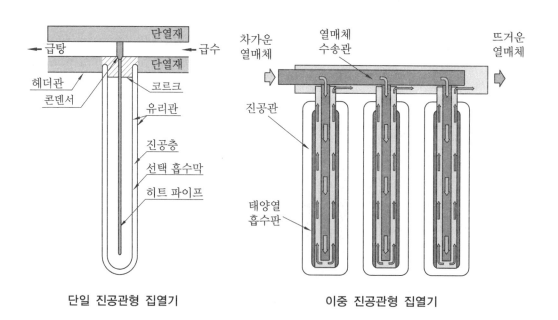

단일 진공관형 집열기　　　　　이중 진공관형 집열기

② 평판형 집열기 vs 진공관형 집열기

구분	평판형 집열기	진공관형 집열기
장점	• 실제 설치 후 장기간 사용결과 안정적인 집열기로 판명됨 • 구조적으로 단순하여 취급이 간편함 • 단위면적당 가격이 저렴함(동일획득열량 대비 40 % 이상 저렴) • 하자발생 우려가 적고 시스템이 안정적임 • 사후관리의 용이성(국내업체 다수)	• 겨울철 효율이 높음 • 고온에서 평판형보다 효율이 높으므로 100℃ 이상이 필요한 냉방 및 산업공정열 적용에 유리함
단점	• 집열효율이 진공관형에 비해 다소 떨어짐	• 가격이 비싸며 개별 가구 설치 시 경제성을 신중히 고려해야 함 • 유리관 파손, 진공파괴에 대한 우려 → 보수비 증대 • 하절기 과열에 대한 대책이 필요함

(4) 집중형 태양열발전(CSP : Concentrating Solar Power)

① 종류

(개) 구유형 집광형 집열기(PTC : Parabolic Trough Collector) : 태양에너지는 포물선형 곡선과 홈통(구유) 형상의 반사판 위에 곡면의 내부를 따라 놓여 있는 리시버(Receiver) 관에 집중된다.

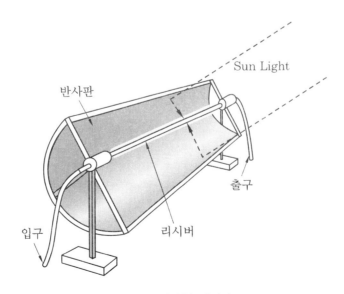

PTC형 집광형 집열기

㈏ 접시형 집광형 집열기(Dish Type Collector) : 태양으로부터 직접 입사되는 태양에너지를 획득하여 작은 면적에 집중시켜, 태양광선을 열 리시버로 반사하기 위하여 태양을 연속적으로 추적하여, 스털링엔진(햇빛과 같은 외부열원으로부터 제공되는 열로 피스톤을 움직여 자동차의 내연기관과 비슷하게 기계적인 출력을 생산하며, 엔진 크랭크축의 회전 형태인 기계적 발전기를 구동하여 전기를 생산) 등에 사용 가능하다.

㈐ CPC형 집광형 집열기(Compound Parabolic Collector) : 양쪽 반사판을 이용해 태양광을 반사하여 가운데 유리관에 집중시킨다. 외부유리관이 없는 타입도 있다.

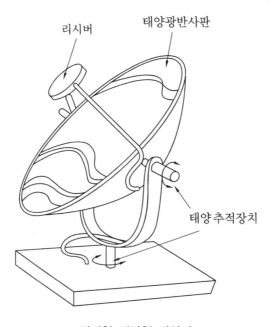

접시형 집광형 집열기

② 특징

㈎ 다양한 거울 형상의 반사원리를 이용하여 태양에너지를 고온 열로 변환한다.

㈏ 태양에너지를 모아 열로 변환시키는 부분+열에너지를 전기로 재차 변환할 수도 있다.

㈐ 첨두부하(Peak Demand) 시 상대적으로 전력을 저비용으로 공급할 수 있어 분산에너지원으로 주요한 역할을 할 수 있다.

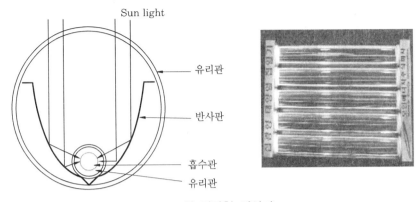

CPC형 집광형 집열기

(5) 태양열 발전탑(SPT : Solar Power Tower)

① 특징

⑦ 전력타워라고도 하며 햇빛을 청정 전기로 변환하기 위해 대형의 헬리오스탯 (Heliostats)이라는 태양 추적 거울(Sun-Tracking Mirrors)을 대량으로 설치 하여 타워 상부에 위치한 리시버에 햇빛을 집중시킨다. → 리시버에서 가열된 열 전달유체는 열교환기를 이용하여 고온증기를 발생하게 한다. → 고온증기는 터빈 발전기를 구동하여 전기를 생산한다.

⑭ 초기 전력타워에서는 열전달유체로 증기를 사용하였으나 현재 열전달과 에너 지 저장 능력이 좋은 용융 질산염(Molten Nitrate Salt) 등의 물질도 사용 한다.

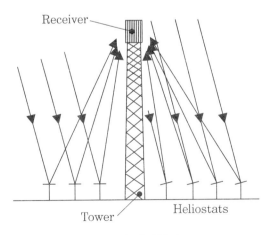

SPT의 반사원리

스페인의 11MW PS10 태양열발전소

국내 태양열발전 시스템
(대구시 북구 서변동 북대구IC 인근)

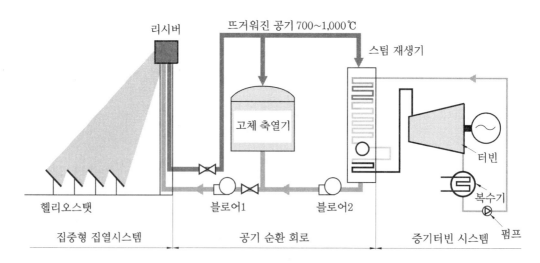

태양열발전 Cycle 계통도

(6) 태양열 난방 및 급탕시스템

① **태양열에너지 적용분야** : 온수, 급탕, 공간의 냉·난방

② 햇볕의 장점을 최대로 획득할 수 있도록 설계 : 특히 경제성 측면에서 투자비 회수 기간이 짧아야 한다.

③ 태양열시스템은 건물의 신축, 재축, 증축, 리모델링 등 다양한 건축을 할 시에 활용이 가능하다.

④ 건물의 공간난방 등을 위하여 팬코일 유닛이나 공조기 등을 통해 공기를 직접 가열하거나, 필요한 곳에 온수를 공급할 수 있다.

겨울철 태양으로부터 많은 열을 획득하기 위하여 남측에 대형 판유리를 설치한 콜로라도 주 골든 시에 위치한 Sponslor-Miller 주택

태양열 난방 및 급탕시스템 설치사례

(7) 자연형 및 설비형 태양열 시스템 비교

구분	자연형	설비형		
	저온용	중온용	고온용	
활용 온도	60℃ 이하	100℃ 이하	300℃ 이하	300℃ 이상
집열부	자연형 시스템 공기식 집열기	평판형 집열기	• PTC형 집열기 • CPC형 집열기 • 진공관형 집열기	• Dish형 집열기 • Power Tower
축열부	Tromb Wall (자갈, 현열)	저온축열 (현열, 잠열)	중온축열 (잠열, 화학)	고온축열 (화학)
이용 분야	건물공간난방	냉난방·급탕, 농수산 (건조, 난방)	건물 및 농수산 분야 냉난방, 담수화, 산업 공정열, 열발전	산업공정열, 열발전, 우주용, 광촉매폐수처리, 광화학, 신물질 제조

(8) 태양열 난방시스템의 구성

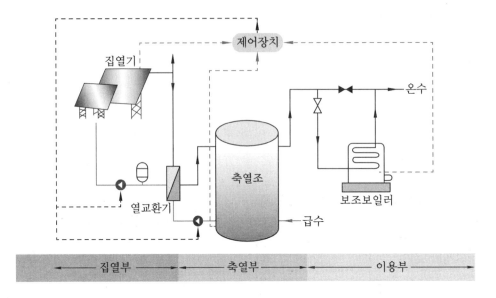

① **집열부** : 태양열 집열이 이루어지는 부분으로, 집열온도는 집열기의 열손실률과 집광장치의 유무에 따라 결정된다.

② **축열부** : 열취득 시점과 집열량 이용 시점이 일치하지 않기 때문에 필요한 일종의 버퍼 (Buffer) 역할을 할 수 있는 열저장 탱크이다.

③ **이용부** : 태양열 축열조에 저장된 태양열을 효과적으로 공급하고 부족할 경우 보조 열원에 의해 공급한다.

④ **제어장치** : 태양열을 효과적으로 집열 및 축열하고 공급하며, 태양열 시스템의 성능 및 신뢰성 등에 중요한 역할을 해주는 장치이다.

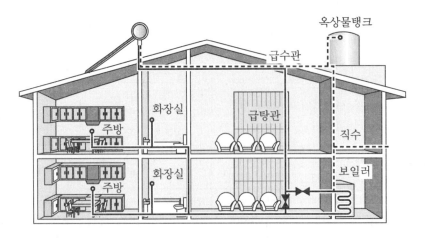

태양열 온수난방 설치사례

(9) 태양굴뚝 (Solar Chimney, Solar Tower)

① 발전용 태양굴뚝

(가) 태양열로 인공바람을 만들어 전기를 생산하는 방식이다.

(나) 원리

㉮ 가마솥 뚜껑 같은 형태로, 탑 아래쪽에 축구장 정도 넓이의 온실을 만들어 공기를 가열시킴

㉯ 중앙에 1천 미터 정도의 탑을 세우고 발전기를 설치함

㉰ 하부의 온실에서 데워진 공기가 길목 (중앙의 탑)을 빠져나가면서 발전용 팬을 회전시켜 발전 가능 (초속 약 15 m/s 정도의 강풍임)

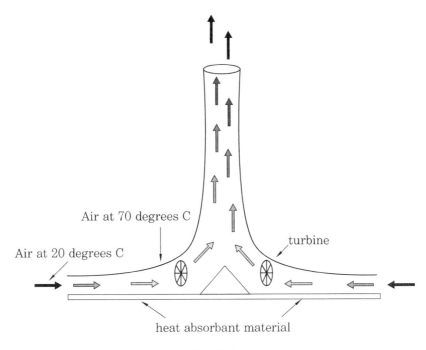

Air at 70 degrees C

turbine

Air at 20 degrees C

heat absorbant material

발전용 태양굴뚝

② 건물의 자연환기 유도용 태양굴뚝

(가) 다양한 건축물에서 자연환기를 유도하기 위해 '솔라침니'를 도입할 수 있다.

(나) 태양열에 의해 굴뚝 내부의 공기가 가열되면 가열된 공기가 상승하여 건물 내 자연환기는 자연스럽게 유도될 수 있다.

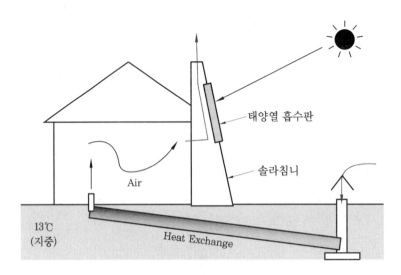

건물의 자연환기 유도용 태양굴뚝(사례)

(10) 태양열냉방 시스템

① **증기 압축식 냉방** : 태양열 흡수 → 증기터빈 가동 → 냉방용 압축기에 축동력으로 공급 한다.

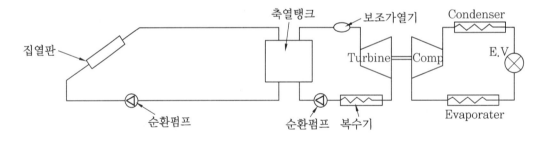

② **흡수식 냉방** : '이중효용 흡수식 냉동기'에서 주로 저온발생기의 가열원으로 사용된다 (혹은 '저온수 흡수 냉동기'로 적용).

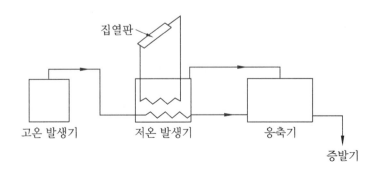

③ **흡착식 냉방**

(가) 태양열 사용방법 : 태양열을 흡착제 재생(탈착)에 사용한다.

(나) '제습냉방' 대비 내부가 고진공이며, 강한 흡착력에 의해 냉수(7℃) 제작이 가능하다.

④ **제습냉방 (Desiccant Cooling System)**

(가) 태양열 사용방법 : 제습기 휠의 재생열원으로 '태양열'을 사용한다.

(나) 구조도

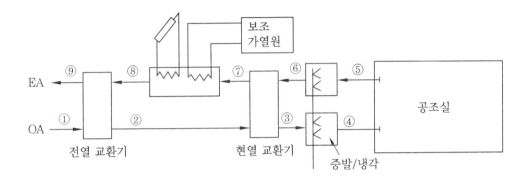

(다) 습공기선도상 표기

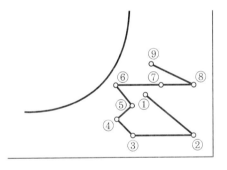

(라) 제습제(Desiccant)에 따른 제습냉방의 종류

㉮ 활성탄(Activated Carbon)

㉠ 대표적인 흡착제 중 하나이며 탄소 성분이 풍부한 천연자원(역청탄, 코코넛 껍질 등)으로 만들어진다.

㉡ 높은 소수성 표면특성 때문에 기체, 액체상의 유기물이나 비극성 물질들을 흡착하는 데 적당하다.

㉢ 수분에 대한 흡착력이 매우 크고, 흡수 성능이 우수하나 기계적 강도가 약하여 압축공기에는 그 사용이 극히 제한적이다.

㉯ 알루미나(Alumina) : 무기 다공성 고체로 알루미나에 물을 흡착시켜 기체에서

수분을 제거하는 건조 공정에 이용되며 노점(이슬점) 온도는 대략 −40℃ 이하에 적용된다.

㉰ 실리카겔(Silica Gel) : 알루미나와 같은 무기 다공성 고체로 기체 건조 공정에 이용된다.

㉱ 제올라이트, 몰레큘러시브 (Zeolite, Molecular Sieve)

ㄱ 아주 규칙적이고 미세한 가공 구조를 갖는 Zeolite와 Molecular Sieve는 특히 낮은 노점을 요구하는 물질을 흡착하는 데 이용된다.

ㄴ 노점 온도는 대략 −75℃ 이하에 적용된다.

칼럼 **대기압 노점온도와 압력하 노점온도**

1. 대기압 노점온도 : 대기압하에서의 응축온도
2. 압력하 노점온도 : 실제 시스템 압력하에서의 응축 온도이다. 모든 에어시스템이 가압 상태에서 작동하기 때문에 대기압 노점 기준으로 드라이어를 선정할 때는 대기압 노점을 압력노점으로 환산해주어야 한다.

㉲ 데시컨트 공조시스템(Desiccant Air Conditioning System)의 특징

㉮ 물에 의한 증발냉각과 전·현열교환기에 의존하여 냉방을 이루는 친환경적 냉방방식에 속한다.

㉯ 흡착제 탈착에 태양열의 활용도 가능하다. 즉 제습기 휠의 재생열원으로 '태양열' 등의 자연에너지를 활용할 수 있다.

㉰ 압축기를 전혀 사용하지 않으므로, 시스템에서 발생되는 소음이 매우 적다.

㉱ 향후 냉방 분야에서의 지구온난화를 막는 대안이 될 수 있으므로 기술개발 및 투자가 많이 필요한 분야이다.

㉲ 일반 프레온가스를 이용하는 냉방장치 대비 가격이 상승되어 경제성이 나빠질 수 있고, 수질관리 등을 철저히 하지 않으면 공기의 질이 떨어질 수 있다.

⑤ **기타 태양열 이용 냉방방식**

㉮ 태양열 히트펌프 (SSHP) : 태양열을 가열원으로 하여 난방 혹은 급탕 운전이 가능하다.

㉯ 태양전지로 발전 후 그 전력으로 냉방기 혹은 히트펌프 구동이 가능하다.

㉰ 태양열로 물을 데운 후 '저온수 흡수식 냉동기' 구동이 가능하다 (다음 그림 참조).

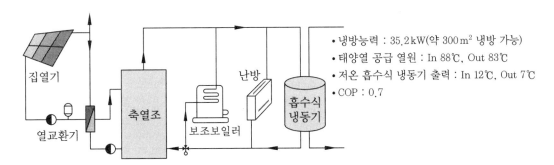

• 냉방능력 : 35.2 kW(약 300 m² 냉방 가능)
• 태양열 공급 열원 : In 88℃, Out 83℃
• 저온 흡수식 냉동기 출력 : In 12℃, Out 7℃
• COP : 0.7

태양열-흡수식 하이브리드냉동기 적용사례

(11) 온수집열 태양열 난방

① 태양열 난방은 장기간 흐린 날씨, 장마철 등으로 태양열의 강도가 불균일함에 따라 보조열원이 필요한 경우가 많다.

② 온수집열 태양열 난방은 태양열 축열조 혹은 열교환기와 보조열원 (보일러)의 사용 위치에 따라 직접 난방, 분리 난방, 예열 난방, 혼합 난방 등으로 구분된다.

　㈎ 직접 난방

　　㉮ 항상 일정한 온도의 열매를 확보할 수 있게 보일러를 보조가열기 개념으로 사용한다.

　　㉯ 개략도

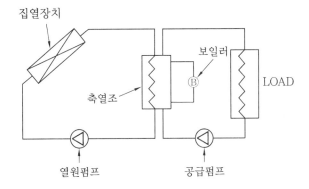

　㈐ 분리 난방

　　㉮ 맑은 날은 100 % 태양열을 사용하고, 흐린 날은 100 % 보일러에 의존하여 난방운전을 실시한다.

　　㉯ 개략도

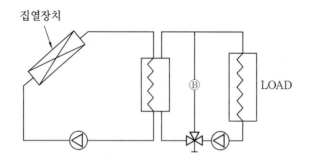

(다) 예열 난방

㉮ 태양열 측 축열조와 보일러를 직렬로 연결하여 태양열을 항시 사용할 수 있게 한다.

㉯ 개략도

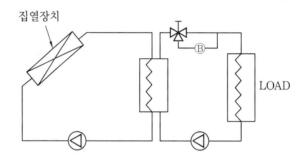

(라) 혼합 난방

㉮ 태양열 측 축열조와 보일러를 직·병렬로(혼합 방식) 동시에 연결하여 열원에 대한 선택의 폭을 넓혀 준다(분리식＋예열방식).

㉯ 개략도

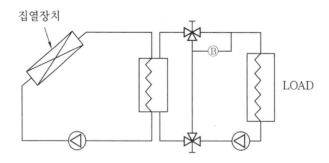

(12) 태양열급탕기 및 태양열온수기

① 태양열급탕기(給湯機) 및 태양열온수기(溫水機)는 초기투자비는 다소 높지만 장기적으로는 기존 보일러시스템이나 전기온수기에 비하여 경제적이다.

② 특징

㈎ 무한성, 무공해성, 저밀도성, 간헐성(날씨) 등의 특징이 있다.

㈏ 구성 : 집열부, 축열부, 이용부, 보조열원부, 제어부 등

㈐ 보조열원부 : 태양열이 부족할 때 사용 가능한 비상용 열원이다.

③ 무동력 급탕기(자연형)

㈎ 저유식(Batch식) : 집열부와 축열부가 일체식으로 구성된 형태이다.

㈏ 자연대류식(자연순환식) : 집열부보다 위쪽에 저탕조(축열부)를 설치한다.

㈐ 상변화식 : 상변화가 잘 되는 물질(PCM ; Phase Change Materials)을 열매체로 사용한다.

④ 동력 급탕기(펌프를 이용한 강제 순환방식)

㈎ 밀폐식 : 부동액(50 %)+물(50 %) 등으로 얼지 않게 한다.

㈏ 개폐식 : 집열기 하부 온도 감지장치에 의해 동결온도에 도달하면 자동된다.

㈐ 배수식 : 순환펌프가 정지했을 때 배수를 별도의 저장조에 저장한다.

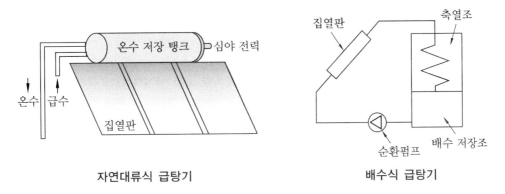

자연대류식 급탕기   배수식 급탕기

㈑ 내동결 금속 사용 : 집열판을 스테인리스 심용접판으로 만들어 동결량을 탄성 변형량으로 흡수한다.

1-6 지열에너지

(1) 특징

① 태양열의 약 51 %를 지표면과 해수면에서 흡수한다(인류가 사용하는 에너지양의 500배에 해당함).

② 지하 20~200 m의 지중온도는 일정한 온도(15℃)를 유지한다.

③ 지하 200 m 이하로 내려가면 온도가 100 m당 2.5℃씩 상승한다.

④ 지열냉난방 시스템은 주로 천부지열온도(15℃)를 이용한다.

⑤ 해수, 하천, 지하수, 호수의 에너지도 지열에 포함된다.

⑥ 지열은 거의 무한정 사용이 가능한 재생에너지이다.

⑦ 피폭에 대해 안전하다.

(2) 단점

① 초기 시공 및 설치비가 많이 소요된다.

② 설치 전 반드시 해당 지역의 중장기적인 지하 이용 계획을 확인하는 것이 필요하다.

③ 지중 매설 시 타 전기케이블, 토목구조물 등과의 간섭을 피하여야 한다.

④ 지하수오염의 우려가 있다.

> **칼럼** 1. 천부지열 : 지중의 중저온(10~70℃)을 냉난방에 활용한다.
>   2. 심부지열 : 지중의 약 100℃ 이상의 고온수나 증기를 활용하여 전기를 생산한다.

(3) 천부지열 이용방법

수직 밀폐형		• 수직으로 지중 열 교환기를 설치 • 비교적 큰 용량의 건축물에 적용 • 전 세계적으로 90%의 지열시스템에 적용
개방형 (단일정형, 양정형)		• 우물공으로부터 지하수 취수, 열 교환 • 지하수량이 풍부한 경우 적용 • 우물 붕괴, 침식의 가능성이 없는 지역에 설치
연못 폐회로형		• 지중 열 교환기를 하천이나 연못에 설치 • 주변에 하천, 호수가 있을 경우 적용
복합형		• 냉난방부하 불균형이 발생할 경우 열원을 지열 외 냉각탑 또는 보조 보일러를 설치하여 얻는 방식 • 주로 대형건물의 냉난방 시스템에 적용

칼럼 1. 위 표의 개방형 중에서 '단일정형(單一井形)'은 우물이 한 개인 형태이고, '양정형(兩井形)'은 우물이 두 개인 형태를 말한다.

2. 이 분야에는 상기의 공법 외에도 수평 밀폐형, 게오힐 공법(충전식 개방형 공법) 등이 있다.

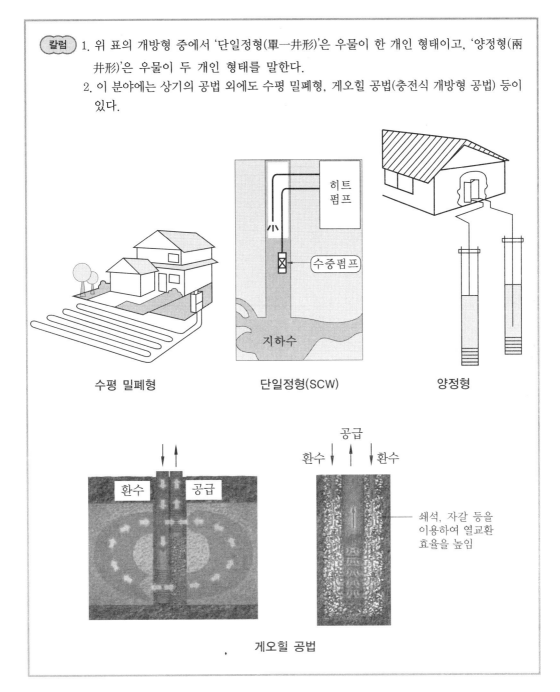

수평 밀폐형   단일정형(SCW)   양정형

게오힐 공법

(4) 지열원 히트펌프 비교표

구 분	냉 방	난 방	연평균 COP
에어컨 + 보일러	SUMMER 35 ℃ Heated Air / Outside Air / Cooled Air / Thermostat / Warm Air		• 에어컨 : 2.5 • 보일러 : 0.8
공기열원 히트펌프	SUMMER 35 ℃ Heated Air / Outside Air / Cooled Air / Thermostat / Warm Air	Winter -10 ℃ Cooled Air / Outside Air / Heated Air / Thermostat / Cooled Air	• 여름 : 2.5 • 겨울 : 1.5 (장배관, 고낙차 등 설치조건에 따른 영향 큼)
지열원 히트펌프	SUMMER 35 ℃ Very Hot Air Temperature / Cooled Air / Thermostat / Warm Air / Cooler Ground Temperature 15 ℃	Winter -10 ℃ Very Cold Air Temperature / Heated Air / Thermostat / Cooled Air / Warmer Ground Temperature 15 ℃	• 여름 : 4.5 • 겨울 : 3.5 (연중 안정적인 성능 구현)

(5) 지열발전

① 땅속을 수 킬로미터 이상 파고 들어가면 지중온도가 100℃를 훨씬 넘을 수 있고, 이를 이용하여 증기를 발생시키고 터빈을 돌려 전기를 생산할 수 있다.

② 국내에는 경상북도 포항, 전라남도 광주 등에서 지열발전 관련 시범 사이트를 진행 중에 있다.

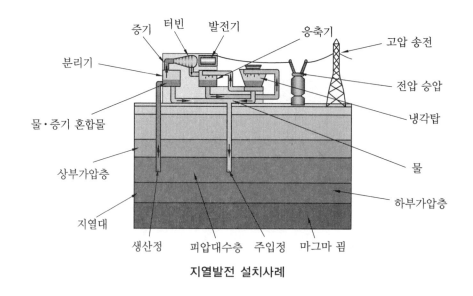

지열발전 설치사례

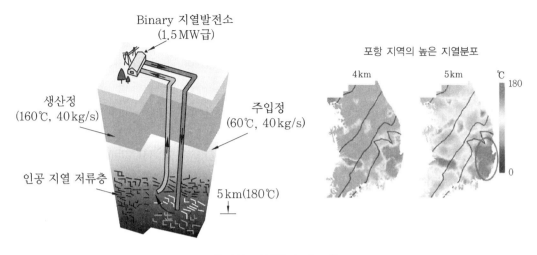

포항지역 지열발전 시스템

---

1. 일반적으로 바이너리 발전이란 '바이너리 사이클'을 이용한 발전시스템을 일컫는다.

2. 열원이 되는 1차 매체에서 열을 2차 매체로 이동시켜 2차 매체의 사이클을 통해 발전하는 시스템을 통틀어 일컫는 말이다.

3. 바이너리란 '두 개'란 의미로 두 개의 열매체를 사용한 발전 사이클이기 때문에 붙여진 이름이며, 지열발전에 국한된 발전시스템은 아니다.

---

(6) 열응답 테스트(열전도도 테스트) : 천부지열

① 지중 열전도도 시험 수행 : 공인 인증기관에서 진행한다.

② 설치용량이 175 kW(50 RT) 이상이 시스템을 설계할 시에 적용한다.

③ 그라우팅을 완료한 뒤 72시간 이후에 측정한다.

④ 최소 48시간 이상 열량을 투입하여 지중온도의 변화를 관측한다.

⑤ **열전도도(k) 측정**

(가) 열전도도 $k = \dfrac{Q}{4 \times \pi \times L \times a}$ [W/(m·K)]

(나) 평균온도 $T_{avg} = \dfrac{T_{in} + T_{out}}{2}$ [℃]

(다) 기울기 $a = \dfrac{T_2 - T_1}{LN(t_2) - LN(t_1)}$

(라) 열전달률 $Q = \dot{m} \times C_p \times (T_{in} - T_{out})$ [W]

(마) 시험공 깊이 L [m], 유량 $\dot{m}$ [L/min]

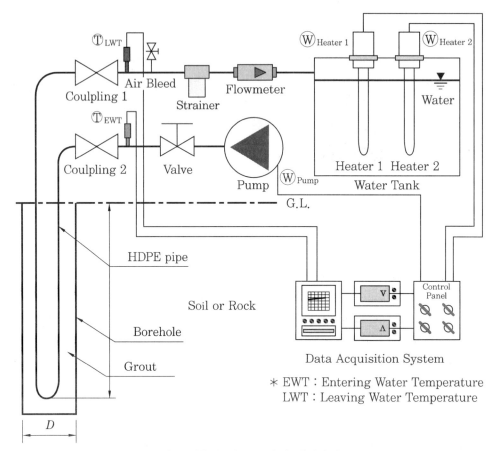

지중 열응답 테스트 장치 설치사례

(7) 그라우팅의 목적

① 오염물질 침투 방지

② 지하수 유출 방지

③ 천공 붕괴 방지

④ 지중열교환기 파이프와 지중 암반의 밀착

⑤ 열전달 성능의 향상

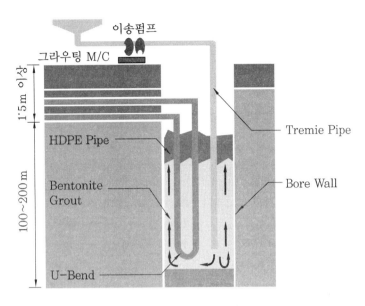

천공 및 그라우팅 단면도

(8) 지열 히트펌프 시스템 시공절차

지중 열교환기(배관) 설치 및 기계실 공사는 아래와 같이 진행된다.

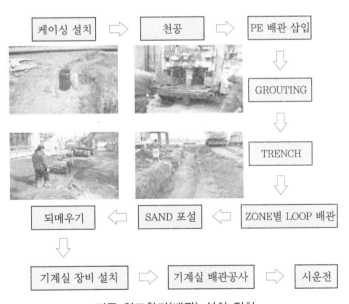

지중 열교환기(배관) 설치 절차

(9) 지열 히트펌프 설치사례

국내 최초 공동주택 지열 냉·난방 설치사례 : 2008년 전북 정읍 내장산 실버아파트

유리온실 지열 냉·난방 설치사례(2010년 장수파프리카 영농조합법인) : 전국에서 단위면적당 최고의 파프리카 생산을 자랑하는 생산자단체 중 한 곳이다 (1만 2,540 m² 규모의 유리온실에서 파프리카 생산량이 3.3 m²당 70 kg에 육박하니 전국 최고 수준이라 해도 과언이 아니다). 그 비결은 최첨단 시설인 유리온실에 지열히트펌프 냉·난방시스템을 설치하고 공조기(AHU)와 비닐덕트를 적절하게 활용한 덕분이다.

1-7 지열 히트펌프 폐열회수 기술

(1) 지열 히트펌프 폐열회수의 의의

① 건물 냉방을 위하여 지열히트펌프 시스템을 구동할 때 히트펌프의 응축열은 지중으로 방열하게 되는데, 이는 아까운 열에너지를 땅 속으로 버리는 결과를 초래한다고 보아야 한다.

② 따라서 지중으로 버려지는 폐열(히트펌프의 응축열, 이하 동일)을 열교환기, 축열조 등으로 회수하여 온열(溫熱)이 필요한 사용처(급탕전, 복사난방, 산업 공정열, 농업 작물생장 등)에 효율적으로 사용될 수 있도록 하는 노력이 필요하다.

③ 이렇게 지중으로 버려지는 폐열을 회수하여 재사용함으로써 건물이나 사용처의 연간 에너지의 절감은 물론이고, 온실가스 저감에도 많은 기여를 할 수 있다.

④ 이와 관련하여 최근에 논문이나 학회지 등을 통하여 소개된 최신기술 몇 가지를 아래에 소개한다.

(2) 직접 폐열회수 방식

① '직접 폐열회수방식'은 지열히트펌프의 냉방 가동 시 지중으로 버려지는 폐열을 열교환기, 축열조 등을 통해 직접 회수하여 재사용하는 방식이다.

② 아래 그림 1은 지열히트펌프가 냉방모드로 가동 시 지중열교환기를 통해 지중으로 버려지는 응축열이, 우회배관을 통하여 폐열회수 열교환기를 거쳐 폐열 재사용처(급탕 등)에 사용되는 방식을 소개한 예이다.

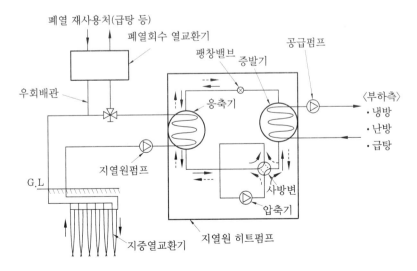

그림 1 지열히트펌프의 폐열 직접회수 방식

3. 시험에 대한 결론

- 야간에 히트펌프의 증발기로부터 생산되는 냉열을 수축열조에 저장하는 동안 히트펌프의 응축기로부터 지열열교환기로 방출되는 열의 일부를 바이패스 시켜 바닥 난방을 수행한 냉난방시스템이 설치된 냉난방 면적 약 400㎡ 규모의 실제 건물에서의 성능 평가 시험을 수행하였다.

- 주야간 기온차가 비교적 큰 기간 동안 축냉과 바닥 난방 운전이 실제로 이루어졌으며 난방 급수 온도를 40℃와 37℃로 조정하고 연속 혹은 간헐 운전에 대해 약 8시간 측정한 결과를 10분 및 1시간 단위로 분석하여 그래프로 나타내었다.

- 시험 일자와 각 운전 모드에 대해 운전 시간 동안 평균한 최종 결과는 표 6 및 그림 31, 그림 32와 같이 나타났다. 결과적으로 성능 평가 대상 냉난방 시스템은 바닥 난방이 없는 시스템 (2010kcal/kWh)에 비해 우수한 총괄에너지 이용효율로 운전이 가능하며 최소 21.0에서 최대 32.0%의 지열 폐열 회수가 이루어져 유용한 난방 에너지로 이용이 되고 있음을 알 수 있었다.

- 본 시험은 175RTH급 용량에 대한 현장 실증 시험 형태로 수행하였으나, 시험품(히트펌프)의 용량에 관계없이 특허상의 폐열 회수는 유효하게 발생할 것으로 판단된다.

표 6 운전 결과 평균

시험일자 (운전모드)	온도(℃)						소비전력(kW)	총괄에너지이용효율(kcal/kWh)	유량(LPM)			축냉			응축			바닥 난방			
	hp입구	hp출구	지열입구	지열출구	바닥난방입구	바닥난방출구			지열유량	바닥공급유량	축냉유량	온도차(℃)	순간열량(kcal/h)	누적열량(kcal/h)	온도차(℃)	순간열량(kcal/h)	누적열량(kcal/h)	온도차(℃)	순간열량(kcal/h)	누적열량(kcal/h)	점유율(바닥/응축열량)
2010-06-17 (연속)	10.1	6.6	35.2	39.6	39.7	38.1	22.1	2947.7	307.8	205.6	213.0	3.6	45825.3	236236.5	4.5	82757.8	427781.5	1.7	20615.9	115996.6	24.6
2010-06-19 (간헐)	10.6	7.0	33.8	38.0	38.1	36.6	22.1	2645.5	333.2	210.9	216.3	3.6	26502.3	137169.5	4.2	48602.2	251099.1	1.5	11506.9	63704.6	21.6
2010-06-21 (간헐)	12.1	8.5	32.4	37.3	36.3	33.9	22.3	2899.0	315.0	210.5	219.0	3.6	27664.0	143843.9	4.9	51364.1	265991.5	2.4	15761.1	85712.7	32.6
2010-06-22 (연속)	9.6	6.0	32.9	37.6	37.7	36.1	21.4	2675.8	295.4	180.5	215.6	3.6	46172.0	235069.4	4.7	83520.3	425664.5	1.6	17726.8	97448.1	21.1

주) 간헐운전에서의 총괄에너지 이용효율은 실제 운전이 이루어진 시간(히트펌프가 운전된 시간)에서만 계산한 값임.

한 국 기 계 연 구 원

(우) 305-600 대전광역시 유성구 유성우체국 사서함 101호

TEL : 042)868-7326,   FAX : 042)868-7335

그림 2 한국기계연구원의 지열히트펌프 폐열회수 현장 실증시험보고서

③ 즉, 지열히트펌프가 냉방모드로 가동 시 지열원펌프가 먼저 가동하여 응축기의 응축열을 우회배관을 통해 폐열회수 열교환기로 보내 1차로 방열하여 폐열 재사용처에서 그 열을 사용하게 하고, 다음에 지중열교환기로 보내 2차적으로 방열하고 나서 다시 지열히트펌프로 순환하게 되는 방식이다.

④ 이 경우 냉방 시 지중으로 버려지는 폐열을 회수하여 재사용하기 때문에 별도의 급탕용 가열원 없이 급탕, 보조난방 등을 동시에 행할 수 있다는 장점이 있다.

⑤ 그림 2는 국책연구기관(한국기계연구원)이 2010년에 발표한 국내 최초의 지열히트펌프 폐열회수 관련 현장 실증시험 자료이다(2010년7월26일, 제목 : 지열을 이용한 히트펌프 냉난방장치 성능시험, 기계연구원 성적서번호 : 2010225520).

(3) 2단 가열식 폐열회수 방식

① 이 방식은 지열히트펌프가 냉방운전 시 지중으로 버려지는 응축열을 회수하여 부스터 히트펌프 증발기의 가열원으로 사용하는 방식이다.

② 아래 그림 3에는 열원수의 흐름에 따라 그 대표온도를 참조로 표시하였다. 지열히트펌프가 냉방모드로 운전되면 운전조건에 따라 현장마다 다소 차이가 있지만, 평균적으로 약 25℃의 히트펌프 입구온도(EWT : Entering Water Temperature ; 이하 동일)의 물이 응축기로 들어가면 응축기 내부에서 작동냉매(HFC 등)에 의해 가열되어 30℃ 수준으로 토출된다.

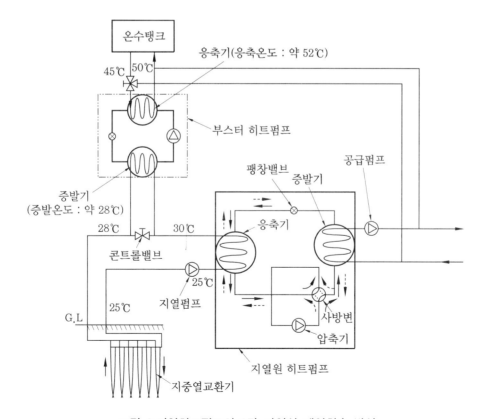

그림 3 지열히트펌프의 2단 가열식 폐열회수 방식

③ 이때 콘트롤 밸브(2 way or 3 way type)를 조정하면 30℃의 물은 부스터히트펌프의 증발기(Evaporator) 측으로 흘러들어가서 증발기 속 냉매를 가열하게 된다. 이때 열원수의 흐름은 '지열히트펌프 → 부스터 히트펌프 → 지중열교환기 → 지열히트펌프' 순서이다.

④ 현재 한국에너지공단의 지열이용검토서 검토기준에 따르면, 난방·급탕용 부스터 히트펌프의 EWT가 5℃인데, 앞서 말한 바와 같이 30℃의 온수가 입수하게 되면 그만큼 압축기의 압축비를 줄일 수 있고 에너지 절약적 운전이 가능해진다.

⑤ 그림 4에서 나타나듯이 P–h선도상 증발온도선이 상승(4–1라인에서 4'–1'라인으로 상승)으로써 압축기에 소요되는 동력이 e에서 f로 줄어들어 그만큼 부스터히트펌프의 급탕 성적계수(COPh)를 상승시킨다. 즉 사용처의 필요 응축열량이 동일하다면 압축일량이 즐어든 만큼 증발열량과 성적계수는 커지게 된다(Reference : 특허명 : 지열 에너지를 활용한 2단 가열식 지열 시스템, 등록번호 : 10–1623746).

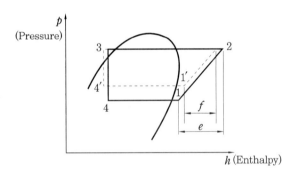

그림 4 부스터 히트펌프의 P–h선도

⑥ 다음 표 1, 그림 5, 6은 (사)한국지열에너지학회의 2016년도 하계학술발표대회 때 발표된 논문(지열에너지를 활용한 2단 가열식 지열시스템 개발 ; 신정수, 김선혜) 중에서 발췌한 내용으로, GLD(Ground Loop Design) 시뮬레이션을 통하여 연간 한 주거용 건물의 전체 냉방, 난방 및 급탕 부하를 종합적으로 시뮬레이션한 결과값이며, 이 방식을 통해 급탕용 부스터 히트펌프의 성적계수가 약 60 % 상승(개선)된 결과값을 보여준다.

⑦ 표 1과 그림 5는 부스터 히트펌프의 EWT 변화가 급탕모드에서, 5℃에서 30℃로 점점 상승할 때 COPs(시스템 COP)가 약 60 % 상승(COPs가 3.5에서 5.6으로 증가)됨을 보여준다.

⑧ 그림 6은 EWT가 30℃인 경우에 COPs가 5.6이 됨을 보여주는 GLD 시뮬레이션 결과 값을 보여준다. 다만 그림 6의 결과 값에서 좌측 Cooling은 연간 냉방부하를, 우측 Heating은 연간 급탕 및 난방부하를 일별 누계하여 총합 시뮬레이션(기간부하 계산방식)을 GLD를 통해 수행된 결과이다.

표 1 EWT Vs. COPs of Total System

EWT	5℃	20℃	30℃
COPs	3.5	4.8	5.6

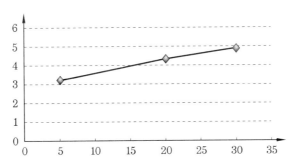

그림 5 EWT Vs. COPs Graph of Total System

Calculation Results

	COOLING	HEATING
Total Length (m)	6060.8	0.0
Borehole Number	36	36
Borehole Length (m)	168.4	0.0
Ground Temperature Change (℃)	+0.3	0.0
Unit Inlet (℃)	30.0	30.0
Unit Outlet (℃)	34.9	26.6
Peak Load (kW)	307.0	305.0
Total Unit Capacity (kW)	347.9	305.0
Peak Demand (kW)	76.2	54.5
Heat Pump COP	4.6	6.8
System COP	4.0	5.6
System Flow Rate (L/min)	1126.0	1118.6

그림 6 GLD Calculation Result of Total System (EWT=30℃)

1-8 풍력발전

무한한 바람의 힘을 회전력으로 전환하여 유도전기를 발생시켜 전력계통이나 수요자에게 공급하는 방식이다.

(1) 장점

① 무공해의 친환경 에너지이다.
② 도로변, 해안, 제방, 해상 등 국토 이용의 효율성이 높다.
③ 우주항공, 기계, 전기 등의 분야에 기술 파급력이 높다.

(2) 단점

① 제작비용 등 초기 투자비용이 높다.
② 풍황 등 에너지원의 조건이 중요하다.
③ 발전량의 지역별, 계절별 차이가 크다.
④ 풍속특성이 발전단가에 가장 큰 영향을 준다
⑤ 일반적으로 소형시스템일수록 발전단가에 불리하다.

덴마크 Middelgrunden 해양단지

제주 풍력단지

(3) 원리

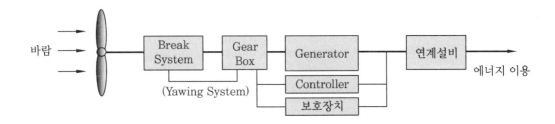

> **칼럼** 요잉 시스템(Yawing System) : 로터의 회전면과 풍향이 수직을 이루지 않을 때 에너지활용
> 도가 떨어지는 현상을 Yaw error라 하며, 이에 대응하기 위한 시스템이다.

(4) 풍력발전기 주요 구성품

① **기계 장치부** : 날개, 기어박스, 브레이크 등
② **전기 장치부** : 발전기, 안전장치 등
③ **제어 장치부** : 무인 제어기능, 감시 제어기능 등

(5) 베츠의 법칙

① '베츠의 한계'라고도 한다.
② 풍력발전의 이론상 최대치는 약 59.3 %이다. 그러나 실용상 약 20~40 %만 사용
  가능하다 (날개의 형상, 마찰손실, 발전기효율 등의 문제로 인한 손실을 고려한다).

③ **계산식**

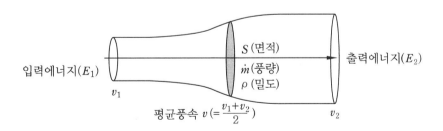

$$E_1 = \frac{1}{2} \cdot \dot{m} \cdot v_1^2 = \frac{1}{2} \cdot \rho \cdot S \cdot v_1^3, \ \ E_2 = \frac{1}{2} \cdot \dot{m} \cdot v_2^2$$

$$\dot{E} = E_1 - E_2 = \frac{1}{2} \cdot \dot{m} \cdot \left(v_1^2 - v_2^2 \right)$$

$$= \frac{1}{2} \cdot \rho \cdot S \cdot v \cdot \left(v_1^2 - v_2^2\right)$$

$$= \frac{1}{4} \cdot \rho \cdot S \cdot \left(v_1 + v_2\right) \cdot \left(v_1^2 - v_2^2\right)$$

$$= \frac{1}{4} \cdot \rho \cdot S \cdot v_1^3 \cdot \left\{1 - \left(\frac{v_2}{v_1}\right)^2 + \left(\frac{v_2}{v_1}\right) - \left(\frac{v_2}{v_1}\right)^3\right\} = \frac{1}{2} \cdot \rho \cdot S \cdot v_1^3 \times 0.593$$

$$\left(\because E \text{가 최대가 되려면 } \frac{v_2}{v_1} = \frac{1}{3}\right)$$

따라서 $\dot{E} = \frac{1}{2} \cdot \rho \cdot S \cdot v_1^3 \times 0.593 = E_1 \times 0.593 \rightarrow$ 풍력발전의 이론적 최고 효율 = 59.3 %

> **칼럼** 프로펠러형 풍력발전에서 주로 날개를 3개로 하는 이유 : 저진동, 경제성, 하중의 균등배분, 효율 최적화 등

(6) 회전축 방향에 따른 구분

① 수평축 방식

㈎ 구조가 간단하다.

㈏ 바람방향의 영향을 많이 받는다.

㈐ 효율이 비교적 높은 편이며 가장 일반적인 형태이다.

㈑ 중·대형급으로 적합한 형태이다.

② 수직축 방식

㈎ 바람방향에 구애받지 않는다.

㈏ 사막이나 평원에서 많이 사용된다.

㈐ 효율이 다소 낮은 편이며 제작비용이 많이 든다.

㈑ 보통 100 kW 이하의 소형에 적합한 형태이다.

수평축 발전기

수직축 발전기

(7) 운전 방식에 따른 구분

① 기어(Gear)형

㉮ 제작비용이 저렴하다.

㉯ 어느 지역에서나 설계, 제작이 가능하다.

㉰ 유도전동기의 높은 회전수(RPM)를 위해 기어박스로 증속시킨다.

㉱ 유지 보수가 용이하다.

㉲ 동력 전달 체계 : 회전자 → 증속기 → 유도 발전기 → 한전 계통

② 기어리스(Grealess)형

㉮ 회전자와 발전기가 직접연결되어 있다.

㉯ 발전효율이 높다.

㉰ 구조가 간단하고, 저소음이다.

㉱ 동력 전달 체계 : 회전자(직결) → 다극형 동기 발전기 → 인버터 → 한전 계통

기어형   기어리스형

육상풍력   해상풍력   소형풍력
(On Shore)   (Off Shore)   (건물일체형)

설치위치에 따른 풍력발전 사례 : 대형화 추세로 날개가 커지면서(회전속도가 느려짐) 소음이 크게 줄어 풍력발전기에 가까이 다가가도 시끄럽게 돌아가는 소리는 거의 들리지 않는다.

덴마크의 호른스 레브 해상 풍력단지(항공사진) : 세계 최대 규모인 이 풍력단지는 2002년 12월 육지에서 17 km 떨어진 지역에 160 MW로 조성되었다. 2 MW급 풍력발전기 80대가 560 m 간격으로 설치되어 연간 600 GWh 전력을 생산하고 있다.

1-9 수력에너지

(1) 수력발전(Hydroelectric Power Generation)의 특징

① 높은 곳에 위치하는 하천이나 저수지의 물을 수압관로를 통해 낮은 곳에 있는 수차로 보내어 그 물의 힘으로 수차를 돌린다.

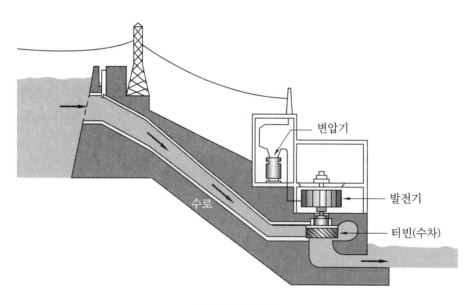

수력발전 계통도

② 그것을 동력으로 수차에 직결된 발전기를 회전하여 전기를 발생시킨다.

③ 즉 수차를 이용하여 물의 위치에너지를 기계에너지로 변환시키고, 이 기계에너지로 발전기를 구동시켜 전기에너지를 얻는 것이다.

④ 수력발전은 공해가 없고 연료 없이 오래 사용할 수 있다는 장점이 있지만, 건설하는 데 경비가 많이 들고 댐을 건설할 수 있는 지역이 한정되어 있다는 단점이 있다.

(2) 수력발전의 공급절차

(3) 수차의 종류 및 특징

수차의 종류			특 징
충동 수차	펠톤 (Pelton) 수차 (고낙차형) 튜고 (Turgo) 수차 (저낙차형) 오스버그 (Ossberger) 수차 (횡류형)		• 수차가 물에 완전히 잠기지 않는다. • 물은 수차의 일부 방향에서 공급되며, 운동에너지만을 전환한다.
반동 수차	프란시스 (Francis) 수차		• 수차가 물에 완전히 잠긴다.
	프로 펠러 수차	카플란 (Kaplan) 수차 (가변피치형) 튜브라 (Tubular) 수차 (대유량형) 벌브 (Bulb) 수차 (발전기내장형) 림 (Rim) 수차 (발전기 직각 부착형)	• 수차의 원주방향에서 물이 공급된다. • 동압 (dynamic pressure) 및 정압 (static pressure)이 전환된다.

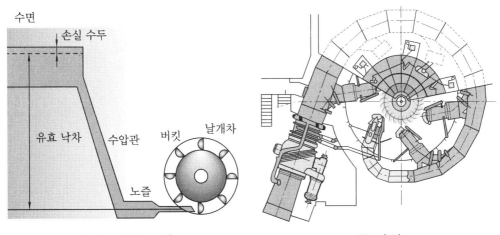

충동수차 (펠톤수차)　　　　　　　　튜고수차

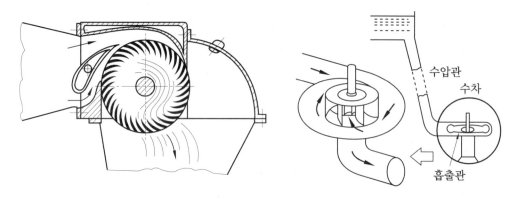

오스버그수차(횡류;Cross Flow)   반동수차(프란시스수차)

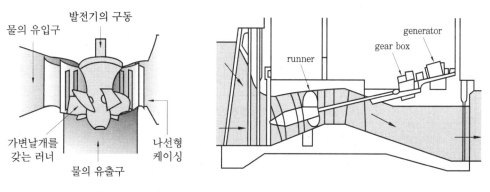

프로펠러수차(카플란수차)   프로펠러수차(튜브라수차)

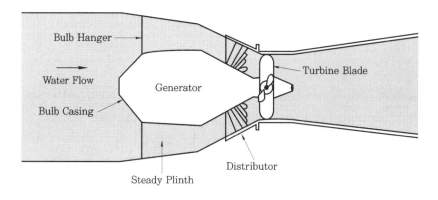

프로펠러수차(벌브수차)

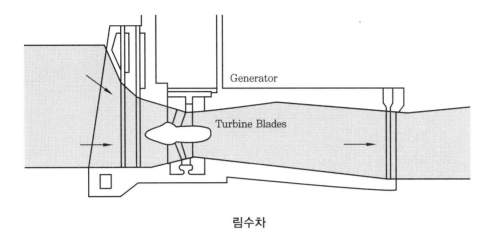

림수차

(4) 소수력발전의 분류

분　　　류			비　고
설비 용량	• Micro hydropower • Mini hydropower • Small hydropower	• 100 kW 미만 • 100~1,000 kW • 1,000~10,000 kW	국내의 경우 소 수력발전은 저 낙차, 터널식 및 댐식으로 이용 (예 방우리, 금 강 등)
낙차	• 저낙차 (Low head) • 중낙차 (Medium head) • 고낙차 (High head)	• 2~20 m • 20~150 m • 150 m 이상	
발전 방식	• 수로식(run-of-river type) • 댐식(Storage type) • 터널식/댐수로식(Dam And Con- 　duit Type)	• 하천경사가 급한 중·상류 지역 • 하천경사가 작고 유량이 큰 지점 • 하천의 형태가 오메가(Ω)인 지점	

(5) 양수발전

① 일반 수력발전은 자연적으로 흐르는 물을 이용하여 발전을 하지만, 양수발전은 흔히 위쪽과 아래쪽에 각각 저수지를 만들고 밤 시간의 남은 전력을 이용하여 아래쪽 저수지의 물을 위쪽으로 끌어올려 모아 두었다가 전력 사용이 많은 낮 시간이나 전력공급이 부족할 때 이 물을 다시 아래쪽 저수지로 떨어뜨려 발전하는 방식이다.

② 우리나라에서는 청평, 무주, 삼랑진, 산청, 청송양수발전소가 여기에 해당한다.

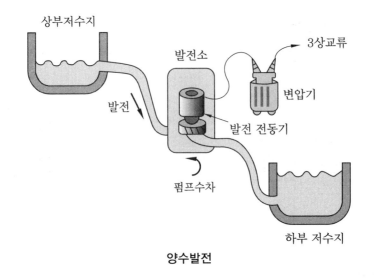

양수발전

(6) 수력발전소의 출력

① 유량이 Q (m³/s)인 물이 유효낙차 H (m)에 의해 유입된 경우, 이론출력은 $P_0 = 9.8\,QH$ (kW)로 정의된다.

② 유효낙차란 취수구 수위와 방수구 수위의 차 (총낙차)에서 이 사이의 수로·수압관로 등에서의 손실수두 (水頭)를 뺀 것으로, 수차에 유효하게 사용되는 낙차이다.

③ 이때 발전기 출력은 다음과 같다.

$$P_G = P_0 \cdot \eta_T \cdot \eta_G = 9.8QH \cdot \eta_T \cdot \eta_G \cdot N \,(\text{발전기대수})$$

여기서, η_T : 수차의 효율

η_G : 발전기의 효율

④ 하천의 유량은 유역 내의 비나 눈에 의존되고, 계절적으로 변동되므로 발전소의 최대사용수량은 연간을 통하여 가장 경제적으로 발전될 수 있도록 결정된다.

⑤ 댐식의 경우 수위는 하천이 흐르는 상황과 발전소의 사용수량에 따라 상하로 변동되므로, 발전소의 운용을 검토하여 수위의 변동범위를 정하고, 그 사이의 변동에 대해 발전소의 운전에 지장이 없도록 설계한다.

(7) 화석연료와 신재생에너지의 이산화탄소 배출량 비교표(발전원별)

구 분	이산화탄소 배출량(g/kWh)
석탄 화력	975.2
석유 화력	742.1
LNG 화력	607.6
LNG	518.8
원자력	28.4
태양광	53.4
풍력	29.5
지열	15
수력	11.3

1-10   바이오에너지

(1) 특징

① 식물은 광합성을 통해 태양에너지를 몸속에 축적한다.

② 지구온난화가 세계적인 걱정거리가 된 지금, 생물체와 땅 속에 있는 에너지는 온난화를 막을 수 있는 유용한 재생 가능 에너지원으로 여겨지고 있다.

③ 생물자원은 흔히 바이오매스(Biomass)라고 하며, 19세기까지도 인류는 대부분의 에너지를 생물자원으로부터 얻었다.

④ 생물자원은 나무, 곡물, 풀, 농작물 찌꺼기, 축산분뇨, 음식 쓰레기 등 생물로부터 나온 유기물을 말하며 이들 모두 직접 또는 가공을 거쳐 에너지원으로 이용된다.

⑤ 지구온난화 관련 : 생물자원은 공기 중의 이산화탄소가, 생물이 성장하는 가운데 그 속에 축적되어 만들어진 것이다. 그러므로 에너지로 사용되는 동안 이산화탄소를 방출한다 해도 성장기부터 흡수한 이산화탄소를 고려하면 이산화탄소 방출이 없다고 할 수 있다.

(2) 생물자원의 응용사례

① 생물자원 중에서 나무 부스러기나 짚은 대부분 직접 태워서 이용하지만, 곡물이나 식물은 액체나 기체로 가공하여 연료를 만든다.

② 유채 기름, 콩기름, 폐기된 식물성 기름 등을 디젤유와 비슷한 형태로 가공하여 디젤 자동차의 연료나 난방용 연료 등으로 이용하는 방법이 많이 개발되고 있다.

③ 미생물을 이용하여 생물자원을 분해하거나 발효시키면 메탄이 절반 이상 함유된 가스를 얻는다. 이를 정제하면 LNG와 같은 성분을 갖게 되어, 열이나 전기를 생산하는 연료로 이용할 수 있다.

④ 현재 대규모 축사에서 나오는 가축 분뇨가 강과 토양을 크게 오염시키고, 음식 찌꺼기는 악취로 인해 도시와 쓰레기 매립지 주변의 주거환경을 해치고 있는데, 이것들을 분해하면 에너지와 질 좋은 퇴비를 얻는 일석이조의 효과를 거둘 수 있다.

(3) 각국 현황

① 지금도 가난한 나라에서는 에너지의 많은 부분을 생물자원으로 충당한다.

② 그러나 선진국 중에는 생물자원을 개발하여 상당한 양의 에너지를 얻는 나라가 있는데 대표적으로 덴마크, 오스트리아, 스웨덴 등이 있다.

③ 덴마크는 짚과 나무 부스러기에서 전체 에너지의 5 % 이상을 얻고 있고, 오스트리아와 스웨덴은 주로 나무 부스러기를 에너지원으로 이용하여 전체 에너지의 10 % 이상을 얻고 있다.

④ 브라질 등에서 석유 대신 자동차 연료로 이용하는 '에탄올'은 사탕수수를 발효시켜 만든다.

(4) 바이오에너지 사용절차

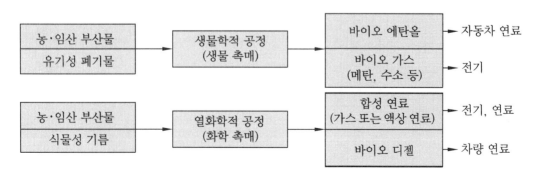

1-11 폐기물에너지

사업장 또는 가정에서 발생되는 가연성 폐기물 중 에너지 함량이 높은 폐기물을 이용하여 재생에너지 회수가 가능하다. 또한 열분해에 의한 오일화, 성형고체연료 제조, 가스화에 의한 가연성 가스 제조, 소각에 의한 열회수 등을 통해 수요처에 유효한 에너지를 공급할 수 있다.

(1) 특징

① 비교적 단기간 내에 상용화가 가능하다.
② 기술개발을 통한 상용화의 기반이 조성된다.
③ 타 재생에너지에 비해 경제성이 높고, 조기보급이 가능하다.
④ 폐기물의 청정처리 및 자원으로의 재활용이 가능하다.
⑤ 인류 생존권을 위협하는 폐기물 환경문제가 감소한다.

(2) 종류

① **성형고체연료 (RDF)** : 종이, 나무, 플라스틱과 같은 가연성 폐기물을 파쇄, 분리, 건조, 성형 등의 공정을 거쳐 제조한 고체연료

> **칼럼** RDF (Refuse Derived Fuel) : 생활폐기물을 파쇄·건조·선별·분쇄·압축·성형 등의 공정을 거쳐 지름 약 1.5 cm, 길이 5 cm의 펠릿 (Pellet) 형태로 만드는 것으로, 보관과 운반이 용이하고 연소성도 우수하다.
>
>
>
> 원주시 생활폐기물 에너지화시설에서 생활폐기물을 이용해 만든 고형연료제품 (RDF)
>
> (사진 제공 : 원주시)

② **폐유 정제유** : 자동차 폐윤활유 등의 폐유를 이온정제법, 열분해 정제법, 감압증류법 등의 공정으로 정제하여 생산한 재생유

③ **플라스틱 열분해 연료유** : 플라스틱, 합성수지, 고무, 타이어 등의 고분자 폐기물을 열 분해하여 생산한 청정 연료유

④ **폐기물 소각열** : 가연성 폐기물 소각열 회수에 의한 스팀 생산 및 발전, 시멘트 킬른 및 철광석소성로 등의 열원으로의 이용 등

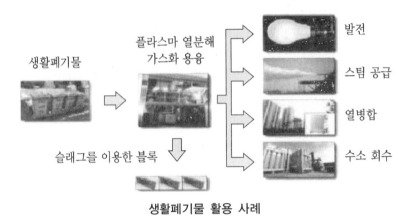

생활폐기물 활용 사례

1-12 **해양에너지**

(1) 특징

① 해양에너지는 해양의 조수·파도·해류·온도차 등을 변환시켜 전기 또는 열을 생 산하는 기술이다.

② 전기를 생산하는 방식은 조력·파력·조류·온도차 발전 등 다양한 방식이 개발되고 있다.

(2) 종류

① **조력발전**(OTE : Ocean Tide Energy) : 조석간만의 차 를 동력원으로 해수면의 상승하강운동을 이용하여 전기를 생산하는 기술이다.

② **파력발전**(OWE : Ocean Wave Energy) : 연안 또는 심해 의 파랑에너지를 이용하여 전기를 생산하고, 입사 하는 파랑에너지를 기계적 에너지로 변환하는 기술 이다.

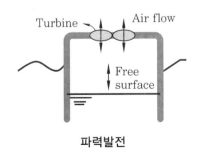

파력발전

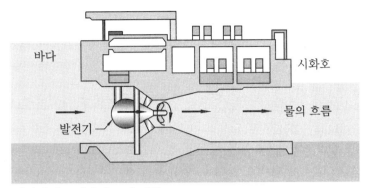

시화발전소 발전기 10대 가동

(a) 밀물 때

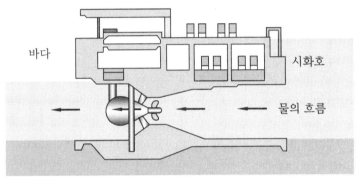

발전은 하지 않고 물만 내보냄

(b) 썰물 때

시화호 조력발전

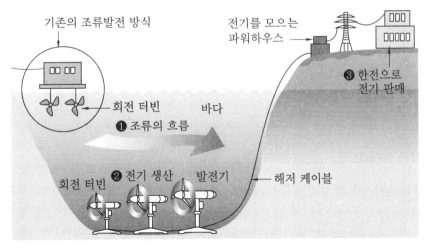

조류발전

③ **조류발전**(OTCE : Ocean Tidal Current Energy) : 조차에 의해 발생하는 물의 빠른 흐름 자체를 이용하는 방식으로, 해수의 유동에 의한 운동에너지를 이용하여 전기를 생산하는 발전기술이다.

④ **온도차발전**(OTEC : Ocean Thermal Energy Conversion) : 해양 표면층의 온수(예 : 25~ 30℃)와 심해 500~1000 m 정도의 냉수(예 : 5~7℃)의 온도차를 이용하여 열에너지를 기계적 에너지로 변환시켜 발전하는 기술이다.

⑤ **해류발전**(OCE : Ocean Current Energy) : 해류를 이용하여 대규모의 프로펠러식 터빈을 돌려 전기를 일으키는 방식이다.

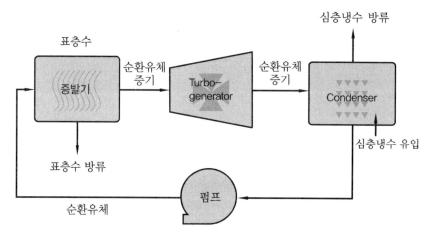

해양 온도차발전

해류발전

⑥ **염도차 혹은 염분차 발전**(SGE : Salinity Gradient Energy)

㈎ **삼투압 방식** : 바닷물과 강물 사이에 반투과성 분리막을 두면 삼투압에 의해 물의 농도가 높은 바닷물 쪽으로 이동한다. 바닷물의 압력이 늘어나고 수위가 높아지면 그 윗부분의 물을 낙하시켜 터빈을 돌림으로써 전기를 얻게 된다.

(나) 이온교환막 방식 : 이온교환막을 통해 바닷물 속 나트륨 이온과 염소 이온을 분리
　하는 방식으로, 양이온과 음이온을 분리해 한 곳에 모아 이온 사이의 미는 힘을
　이용하여 전기를 만들어내는 방식이다.

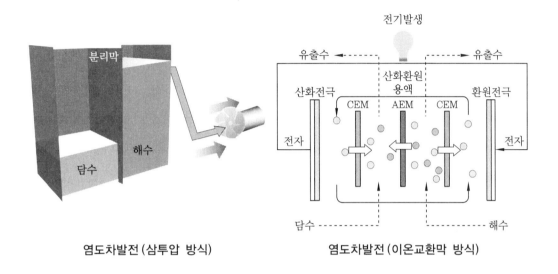

염도차발전 (삼투압 방식)　　　　염도차발전 (이온교환막 방식)

⑦ **해양 생물자원의 에너지화 발전** : 해양 생물자원으로 발전용 연료를 만들어 발전하는
　방식이다.
⑧ **해수열원 히트펌프** : 해수의 온도차에너지 형태로 활용하는 방식이며, 히트펌프를 구동
　하여 냉·난방 및 급탕 등에 적용한다.

칼럼　**해수열원 히트펌프 설치 대표사례(노르웨이 오슬로)**

해수 이용 히트펌프 시스템 설치사례로는 노르웨이 오슬로 시가 대표적이다. 고위도인 북위 63°
지역 오슬로 시 올레순 마을의 지역난방은 12 MW (2,646 RT급) 해수열 히트펌프 시스템이 책
임지고 있다. 해안면으로 130 m 지점, 수심 40 m에서 500 mm 플라스틱 관으로 5℃ 이상인
해수를 취수해 공급하고 있으며, 열교환기로는 티타늄이 사용되었다. 이 시스템은 초기 투자비가
커서 설치 초기에는 연간 12 GWH로 수요가 많지 않아 적자운영했지만, 연간 32 GWH 운전 시
투자비 회수기간이 4~5년으로 짧아 경제성이 양호한 것으로 나타났다.

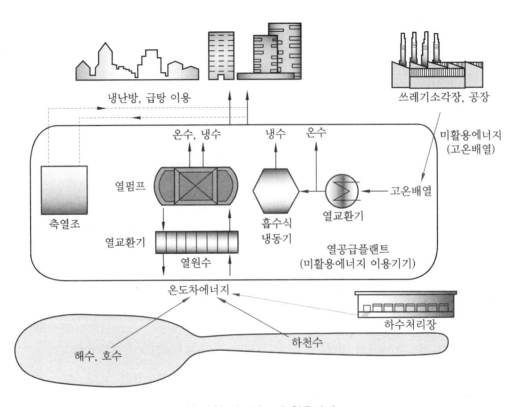

해수열원 히트펌프의 활용사례

제**2**장 | 신에너지와 경제성 분석

2-1 수소에너지

(1) 특징

① 수소에너지는 가정(전기, 열), 산업(반도체, 전자, 철강 등), 수송 (자동차, 배, 비행기) 등에 광범위하게 사용한다.

② 수소의 제조, 저장기술 같은 인프라 구축과 안전성 확보 등이 필요하다.

(2) 제조상의 문제점

① 지구상의 수소는 화석연료나 물과 같은 화합물의 한 조성성분으로 존재하기 때문에 이를 제조하기 위해서는 그 원료를 분해해야 하는데 이때 에너지가 필요하다.

② 현재 우리나라를 비롯해 전 세계적으로 수소는 대부분 화석연료의 개질에 의하여 제조되며, 이때 이산화탄소가 동시에 생성된다는 측면에서는 청정연료의 제조라는 표현이 무색하다.

③ 물론 현재 수소는 연료로서가 아니라 화학제품의 환원제로 주로 사용되는데 수소가 꿈의 연료라는 명성을 얻기 위해서는 역시 물의 분해로 제조되어야 한다.

④ 물 분해는 전기에너지나 태양에너지 등에 의하여 가능하나 전기에너지는 가격이 비싸고 태양에너지는 변환효율이 너무 낮다는 단점이 있다.

⑤ 원자로에서 950℃ 이상의 물을 끓여 수소를 분리하여 연료전지 등에 이용할 수 있다 (다음 그림 참조).

(3) 극복과제

① **산업 인프라 구축** : 수소를 안전하게 보관 및 저장하는 수소 스테이션 (충전소) 등 사회적 인프라가 필요하다.

② **용기 부피** : 수소의 비등점은 매우 낮기 때문에, 초저온 또는 초고압으로 보관하여야 자동차 같은 작은 플랫폼에도 싣고 다닐 만큼 부피를 줄일 수 있다.

③ 폭발성 높은 수소가 잘못 인화되거나 폭발했을 때 생기는 사고는 상상만 해도 끔찍
하므로 안전하게 보관하는 데 필요한 2, 3중 이상의 안전장치를 구비하여야 한다.

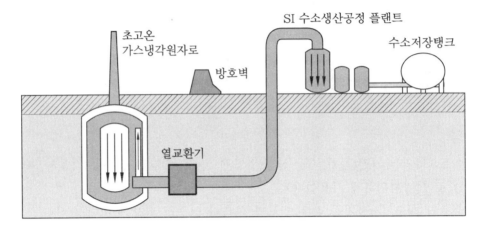

원자로 연계 수소생산 공정

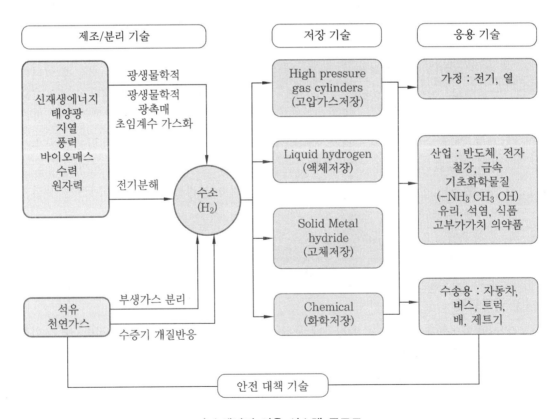

수소에너지 이용 시스템 구조도

연료전지

(1) 개요

① 대부분의 화력발전소나 원자력 발전소는 규모가 크고, 그곳으로부터 집까지 전기가 들어오려면 복잡한 과정을 거쳐야 한다.

② 일반적으로 이들 발전소에서 전기가 만들어질 때 나오는 열은 모두 버려진다.

③ 반면 화력발전소나 원자력발전소 대비 규모가 작기 때문에 집 안이나 소규모 장소에 설치할 수 있고, 거기에서 나오는 전기는 물론 열까지도 쓸 수 있는 장치가 바로 연료전지와 소형 열병합 발전기이다.

(2) 특성

① 연료전지는 수소와 산소를 반응하게 하여 전기와 열을 만들어내는 장치로, 재생가능 에너지는 아니다.

② 현재 사용되는 연료 전지용 수소는 거의 대부분 천연가스를 분해해서 생산한다.

③ 천연가스 분해과정에서 이산화탄소가 배출되기 때문에 연료전지는 현재로서 지구온난화를 완전히 억제할 수 있는 기술이 아니다 (이산화탄소 포집 및 농업·공업 분야에서의 활용기술이 필요하다).

④ 연료전지는 한 번 쓰고 버리는 보통 전지와 달리 연료 (수소)가 공급되면 계속해서 전기와 열이 나오는 반영구적인 장치이다.

⑤ **연료전지의 규모** : 연료전지는 규모를 크게 또는, 가정용으로 작게 만들 수 있다 (규모의 제약을 별로 받지 않는다).

⑥ 연료전지는 거의 모든 곳의 동력원과 열원으로 기능할 수 있다는 이점을 가지고 있지만, 연료전지에 사용되는 수소는 폭발성이 강한 물질이고 섭씨 −253도에서 액체로 변환되기 때문에 다루기 어려운 점이 있다.

(3) 원리 : 물의 전기분해과정과 반대과정

① 연료전지는 다른 전지와 마찬가지로 양극 (+)과 음극 (−)으로 이루어져 있으며, 음극으로는 수소가 공급되고 양극으로는 산소가 공급된다.

② 음극에서 수소는 전자와 양성자로 분리되는데, 전자는 회로를 흐르면서 전류를 만들어낸다.

③ 전자들은 양극에서 산소와 만나 물을 생성하기 때문에 연료전지의 부산물은 물이다 (즉 연료전지에서는 물이 수소와 산소로 전기분해되는 것과 정반대 반응이 일어

난다).

④ 연료전지에서 만들어지는 전기는 자동차의 내연기관을 대신하여 동력을 제공할 수 있고 (자전거에 부착하면 전기 자전거가 됨) 전기가 생길 때 부산물로 발생되는 열은 난방용으로 이용할 수 있다.

⑤ 연료전지로 들어가는 수소는 수소 탱크로부터 직접 올 수도 있고, 천연가스 분해 장치를 거쳐 올 수도 있다. 수소 탱크의 수소는 석유 분해 과정에서 나온 것일 수도 있다. 그러나 어떤 경우든 배출물질은 물이기 때문에, 수소의 원료가 무엇인지 따지지 않으면 연료전지를 매우 깨끗한 에너지 생산장치로 볼 수 있다.

(4) 종류 (전해질 종류와 동작온도에 의한 분류)

구분	알칼리형 (AFC)	인산형 (PAFC)	용융탄산염형 (MCFC)	고체산화물형 (SOFC)	고분자전해질형 (PEMFC)	직접메탄올 (DMFC)
전해질	알칼리	인산염	탄산염 ($Li_2CO_3 + K_2CO_3$)	지르코니아 ($ZrO_2 + Y_2O_3$) 등의 고체	이온교환막 (Nafion 등)	이온교환막 (Nafion 등)
연료	H_2	H_2	H_2	H_2	H_2	CH_3OH
동작 온도	약 120℃ 이하	약 250℃ 이하	약 700℃ 이하	약 1,200℃ 이하	약 100℃ 이하	약 100℃ 이하
효율	약 85 %	약 70 %	약 80 %	약 85 %	약 75 %	약 40 %
용도	우주 발사체 전원	중형 건물 (200 kW)	중·대용량 전력용 (100 kW~1 MW)	소·중·대용량 발전 (1 kW~1 MW)	정지용, 이동용, 수송용 (1~10 kW)	소형 이동 (1 kW 이하)
특징	순 수소 및 순 산소를 사용	CO 내구성 큼, 열병합 대응 가능	발전효율 높음, 내부개질 가능, 열병합 대응 가능	발전효율 높음, 내부개질 가능, 복합발전 가능	저온작동, 고출력밀도	저온작동, 고출력밀도

㈜ • AFC : Alkaline Fuel Cell
   • PAFC : Phosphoric Acid Fuel Cell
   • MCFC : Molten Carbonate Fuel Cell
   • SOFC : Solid Oxide Fuel Cell
   • PEMFC : Polymer Electrolyte Membrane Fuel Cell
   • DMFC : Direct Methanol Fuel Cell

• Nafion : DuPont에서 개발한 Perfluorinated Sulfonic Acid 계통의 막이다. 현재 개발된 고분자전해질 Nafion막은 어느 정도 이상 수화되어야 수소이온 전도성을 나타낸다. 고분자막이 수분을 잃고 건조해지면 수소이온전도도가 떨어지게 되고 막의 수축을 유발하여 막과 전극 사이의 접촉저항을 증가시킨다. 반대로 물이 너무 많으면 전극에 Flooding 현상이 일어나 전극 반응속도가 저하된다. 따라서 적절한 양의 수분을 함유하도록 유지하기 위한 물관리가 매우 중요하다.

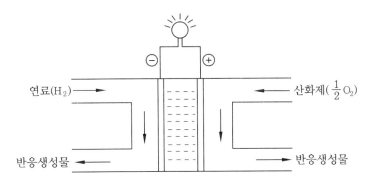

$$\text{음극 측} : H_2 \longrightarrow 2H^+ + 2e^-$$

$$\text{양극 측} : \frac{1}{2}O_2 + 2H^+ + 2e^- \longrightarrow H_2O$$

$$\text{전 반응} : H_2 + \frac{1}{2}O_2 \longrightarrow H_2O$$

(5) 시스템 구성

① 개질기(Reformer)

(개) 화석연료(천연가스, 메탄올, 석유 등)로부터 수소를 발생시키는 장치이다.

(내) 시스템에 악영향을 주는 황(10 ppb 이하), 일산화탄소(10 ppm 이하) 제어 및 시스템 효율향상을 위한 집적화(Compact)가 핵심기술이다.

② 스택(Stack)

(개) 원하는 전기출력을 얻기 위해 단위전지를 수십 장, 수백 장 직렬로 쌓아 올린 본체이다.

(내) 단위전지 제조, 단위전지 적층 및 밀봉, 수소공급과 열회수를 위한 분리판 설계·제작 등이 핵심기술이다.

③ 전력변환기(Inverter) : 연료전지에서 나오는 직류전기(DC)를 우리가 사용하는 교류(AC)로 변환시키는 장치이다.

④ 주변 보조기기(BOP : Balance of Plant) : 연료, 공기, 열회수 등을 위한 펌프류, Blower, 센서 등을 말하며 연료전지에 특성에 맞는 기술이 필요하다.

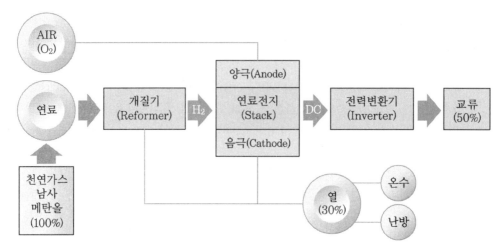

연료전지의 시스템 구성

(6) 발전현황

① 알칼리형(AFC : Alkaline Fuel Cell)

㉮ 1960년대 군사용 (우주선 : 아폴로 11호)으로 개발되었다.

㉯ 순 수소 및 순 산소를 사용한다.

② 인산형(PAFC : Phosphoric Acid Fuel Cell)

㉮ 1970년대 민간차원에서 처음으로 기술 개발된 1세대 연료전지로 병원, 호텔, 건물 등에 분산형 전원으로 이용되고 있다.

㉯ 현재 가장 앞선 기술로 미국, 일본 등에서 많이 적용 중이다.

③ 용융탄산염형(MCFC : Molten Carbonate Fuel Cell)

㉮ 1980년대에 기술 개발된 2세대 연료전지로 대형발전소, 아파트단지, 대형건물의 분산형 전원으로 이용되고 있다.

㉯ 미국, 일본에서 기술개발을 완료하고 상용화시켰다.

④ 고체산화물형(SOFC : Solid Oxide Fuel Cell)

㉮ 1980년대에 본격적으로 기술 개발된 3세대로서, MCFC보다 효율이 우수한 연료전지, 대형발전소, 아파트단지 및 대형건물의 분산형 전원으로 이용되고 있다.

㉯ 최근 선진국에서는 가정용, 자동차용 등으로도 연구를 진행하고 있으나 우리나라는 다른 연료전지에 비해 기술력이 가장 낮다.

⑤ 고분자전해질형(PEMFC : Polymer Electrolyte Membrane)

㉮ 1990년대에 기술 개발된 4세대 연료전지로 가정용, 자동차용, 이동용 전원으로 이용되고 있다.

㈏ 가장 활발하게 연구되는 분야이며 실용화 및 상용화도 타 연료전지보다 빠르게 진행되고 있다.

⑥ **직접메탄올 연료전지**(DMFC : Direct Methanol Fuel Cell)

㈎ 1990년대 말부터 기술 개발된 연료전지이며 이동용(핸드폰, 노트북 등) 전원으로 이용되고 있다.

㈏ 고분자전해질형 연료전지와 함께 가장 활발하게 연구되는 분야이다.

(7) 응용

① 전기자동차의 수송용 동력을 제공할 수 있고, 전기를 생산하면서 열도 생산하기 때문에 소규모는 주택의 지하실에 설치하여 난방과 전기 생산을 동시에 할 수 있다.

② 큰 건물(빌딩, 상가건물 등)의 전기와 난방을 담당할 수 있다.

③ 대규모로 설치하면 도시 공급용 전기와 난방열을 생산할 수 있다.

(8) 기술개발

① 연료전지는 전기 생산과 난방을 동시에 하는 장치로, 설치가 쉬울 뿐 아니라 무공해 및 친환경적 기술이기 때문에 앞으로 급속히 보급될 전망이다.

② 일부 에너지 연구자들은 인류가 앞으로 화석연료를 사용하는 경제 구조에서 수소를 사용하는 구조로 나아갈 것으로 전망하는데, 이때 연료전지가 그 핵심역할을 할 것으로 보인다.

③ 수소는 폭발성이 강한 물질이므로, 향후 수소의 유통과정 및 취급 전반에 걸친 안전성을 확보하는 것이 중요하다.

④ 수소 제조상 CO_2 등의 배출문제, 연료전지의 원료인 수소를 생산하는 데 원료로 이용되는 석유/천연가스와 같은 자원의 유한성 등을 해결해 나가야 한다.

칼럼 **천연가스로 수소 제조방법**

1. 천연가스를 이용하여 수소를 생산하는 방법으로는 수증기개질법(Steam Reforming)이 가장 일반적으로 사용된다(스팀을 700~1,100℃로 메탄과 혼합하여 니켈 촉매반응기에서 약 3~25 bar의 압력으로 아래와 같이 반응시킨다).

2. 반응식
   -1차 (강한 흡열반응) : $CH_4 + H_2O = CO + 3H_2$, $\Delta H = +49.7$ kcal/mol
   -2차 (온화한 발열반응) : $CO + H_2O = CO_2 + H_2$, $\Delta H = -10$ kcal/mol

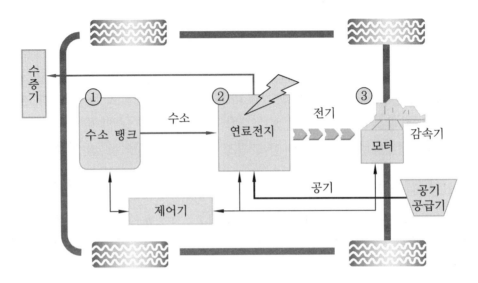

연료전지 자동차 동력 계통도

(9) 연료전지시스템의 효율

① **발전효율**(Generation Efficiency) : 연료전지로 공급된 연료의 열량에 대한 순발전량의 비율 (%)

$$발전효율 = \frac{연료전지의\,발전량(kWh) - 연료전지의\,수전량(kWh)}{연료전지로\,공급된\,연료의\,열량(kWh)} \times 100\,\%$$

> **칼럼** **수전량**(kWh) : 펌프, 송풍기, 전기 구동부 및 제어장치 등 발전소 내 전기사용량을 말한다.

② **열효율**(Thermal Efficiency) : 연료전지로 공급된 연료의 열량에 대한 회수된 열량의 비율 (%)

$$열효율 = \frac{연료전지의\,열회수량(kWh)}{연료전지로\,공급된\,연료의\,열량(kWh)} \times 100\,\%$$

③ **종합효율**(Overall Efficiency)

$$종합효율\,(\%) = 발전효율\,(\%) + 열효율\,(\%)$$

2-3 석탄액화 · 가스화 및 중질잔사유 가스화 에너지

(1) 기술개발 역사

① 석탄가스화 기술은 200여 년 전인 1792년 영국의 윌리엄 머독에 의해 발명된 이래 가정용 및 가로등 등에 석탄가스를 연료로 사용하면서 시작되었다.

② 근대적인 석탄가스화 장치는 석탄 매장량이 풍부한 독일에서 본격적으로 개발되어 1920년 이후 대기압에서 운전되는 소규모 고정층, 유동층형 가스화기기가 상업화되었다.

③ 1950~60년대 미국 및 중동에서 저렴한 천연가스 및 다량의 석유가 발견되어 개발이 다소 주춤하기도 했으나 1973년 1차 석유파동 이후 다시 관심이 모아지며 선진국에서 많은 연구비를 투입하여 기술 개발한 결과, 대형 석탄가스화 플랜트가 상업화되었다.

④ 1980년대 말부터는 전력 생산을 목적으로 고온 · 고압에서 운전되는 미분탄 분류층 석탄가스화 기술을 개발하기 시작해 현재 상업용 복합발전에 적용하고 있다.

(2) 기술의 개요

① **석탄(중질잔사유) 가스화** : 대표적인 가스화 복합발전기술(IGCC : Integrated Gasification Combined Cycle)은 석탄, 중질잔사유 등의 저급원료를 고온 · 고압의 가스화기에서 수증기와 함께 한정된 산소로 불완전연소 및 가스화시켜 일산화탄소와 수소가 주성분인 합성가스를 만들어 정제공정을 거친 후 가스터빈 및 증기터빈 등을 동시에 구동하여 발전하는 신기술이다.

② **석탄액화** : 고체 연료인 석탄을 휘발유 및 디젤유 등의 액체연료로 전환시키는 기술로 고온 · 고압의 상태에서 용매를 사용하여 전환시키는 직접액화 방식, 그리고 석탄가스화 후 촉매상에서 액체연료로 전환시키는 간접액화 기술이 있다.

③ **기술의 장점**

㉮ 복합 용도 : 석탄, 중질잔사유 등의 저급 원료로부터, 전기뿐 아니라 수소 및 액화석유까지 별도 분리 및 제조가 가능하므로 연료전지 분야, 일반 산업 분야 등에 다목적으로 사용할 수 있다 (기술적으로 원유에서 추출하는 물질의 대부분을 추출 가능하다).

㉯ 연료 수급의 안전성 : 화력발전소에서는 회(灰) 부착 문제로 인해 회융점이 낮은 석탄을 사용하기 어려웠으나 IGCC에서는 사용이 가능하므로 연료 수급의 안정성 확보와 이용 탄종의 확대에 기여할 수 있다.

(다) 친환경 발전기술 : 합성가스에 포함된 분진(Dust), 황산화물 등의 유해물질을 대부분 제거하기 때문에 공해가 적어 환경 친화적이다(석탄 직접 발전에 비해 대략 황산화물 90 % 이상, 질소산화물 75 % 이상, 이산화탄소 25 %까지 저감할 수 있다).

(라) 고효율 : 저급 연료를 고급 연료로 바꾸어 사용하므로 발전효율이 매우 높다.

④ 기술의 단점

(가) 소요 면적이 넓은 대형 장치산업이다.

(나) 시스템 비용이 고가이므로 초기 투자비용이 높다.

(다) 복합설비로 전체 설비의 구성과 제어가 매우 복잡한 편이다.

(라) 연계시스템의 구성, 시스템 고효율화, 운영 안정화 및 저비용화 등의 최적화가 어렵다.

⑤ IGCC 장치의 구성도(사례)

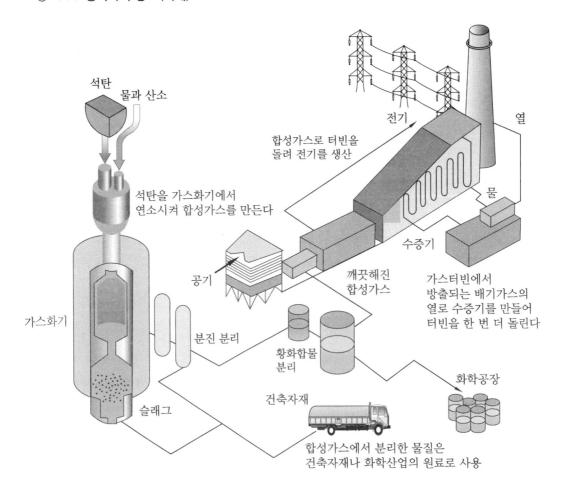

⑥ IGCC (가스화 복합발전) 공정 흐름도

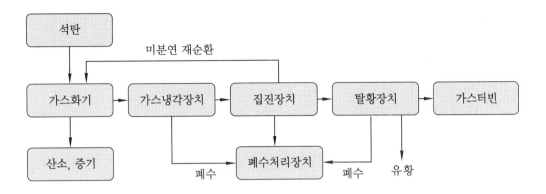

2-4	**신재생에너지 발전원가**

(1) 발전원가 구성

① 초기투자비

(개) 주설비 : PV모듈, PCS, 지지장치 등

(내) 계통연계 : 수배전설비, 모니터링 및 자동제어설비

(대) 공사비 : 기초공사, 지지대, 전기공사, 잡자재, 안전시설 등

(래) 토지비용 : 토지 구입비

(매) 기타 : 인허가 용역, 설계, 감리, 검사비용 등

② 유지관리비

$$\text{연간 유지관리비} = \text{법인세 및 제세} + \text{보험료} + \text{운전유지 및 수선비}$$

여기서, 법인세 및 보험료 : 초기투자비용×요율 (%)

운전유지 및 수선비 : 초기투자비용×1 (%)

③ 공사비 원가 계산서(공사비 내역서의 각 항목을 집계한 '공사비 집계표' 기준)

(개) 순공사원가＝직ㆍ간접 재료비＋직ㆍ간접 노무비＋직ㆍ간접 경비

(내) 총원가＝순공사원가＋일반관리비＋이윤

(대) 공급가액＝총원가＋손해보험료 (＝ 총원가×손해보험 요율)

(래) 총공사비＝공급가액＋부가가치세(＝ 공급가액×10 %)

☞ 순공사비의 경비 중
- 산재보험료 = 노무비 × 산재보험 요율
- 고용보험료 = 노무비 × 고용보험 요율
- 건강보험료 = 직접노무비 × 건강보험 요율
- 연금보험료 = 직접노무비 × 연금보험 요율
- 노인장기요양보험료 = 건강보험료 × 적용 요율

(2) 발전원가 계산

$$\text{발전원가} = \frac{\text{초기투자비용}/\text{설비수명연한} + \text{연간 유지관리비}}{\text{연간 총발전량}(\text{kWh}/\text{ann})}$$

2-5 신재생에너지 경제성 분석

(1) 순현가(순현재가치법, NPV : Net Present Value)

① 순현가가 '0'보다 작으면 사업안 기각, '0'보다 크면 타당성 있는 사업이라 판단한다.

② 여러 개의 투자안 가운데 하나를 선정할 때에는 '0'보다 큰 투자안 중 NPV가 가장 큰 투자안이 채택된다.

$$\text{NPV} = \Sigma \frac{B_i}{(1+r)^i} - \Sigma \frac{C_i}{(1+r)^i}$$

여기서, B_i : 연차별 총편익, C_i : 연차별 총비용

r : 할인율(미래 가치를 현재 가치와 같게 하는 비율), i : 기간

(2) 비용 · 편익비 분석(CBR : Benefit-Cost Ratio, B/C Ratio)

① 비용 · 편익비는 투자로부터 기대되는 총편익의 현가를 총비용의 현가로 나눈 값을 의미한다.

② B/C가 1.0보다 크면 경제성 측면에서 사업성이 높은 것으로 평가할 수 있다.

$$\text{B/C Ratio} = \frac{\Sigma \dfrac{B_i}{(1+r)^i}}{\Sigma \dfrac{C_i}{(1+r)^i}}$$

(3) 내부수익률 (IRR)

① 투자로부터 기대되는 총편익의 현가와 총비용의 현가를 같게 하는 할인율을 말한다.

② 즉 어떤 사업의 순현재가치(NPV)를 '0'으로 만들어 평가할 때의 '할인율'을 말한다.

③ IRR이 r보다 크면 사업의 경제성이 있다.

$$\Sigma \frac{B_i}{(1+r)^i} = \Sigma \frac{C_i}{(1+r)^i}$$

칼럼 재료 할증률 (표준품셈)

종 류		할증률 (%)[1]	철거손실률 (%)[2]
옥외전선		5	2.5
옥내전선		10	–
Cable (옥외)		3	1.5
Cable (옥내)		5	–
전선관 배관		10	–
Trolley선		1	–
동대, 동봉		3	1.5
애자류	100개 미만	5	2.5
	100개 이상	4	2
	200개 이상	3	1.5
	500개 이상	1.5	0.75
	1,000개 이상	1.3	0.5
전선로 철물류	100개 미만	3	6
	100개 이상	2.5	5
	200개 이상	2	4
	500개 이상	1.5	3
	1,000개 이상	1	2
조가선 (철 · 강)		4	4
합성수지파형전선관 (파상형 경질 폴리에틸렌 전선관)		3	–

ㄸ 1). 할증률 : 시방 및 도면 등에 의해 산출된 재료의 정미량에 재료의 운반, 절단, 가공 및 시공 중에 발생하는 손실량을 가산해주는 비율 (%)

2). 철거손실률 : 전기설비공사에서 철거작업 시 발생하는 폐자재를 환입할 때 재료의 파손, 망실 및 일부 부식 등에 의한 손실률을 말한다.

2-6 신재생에너지 관련 용어해설

(1) 차세대 태양전지

① 흔히 실리콘계인 결정계(단결정, 다결정) 및 아모포스계(비결정계)의 기본 태양전지는 '1세대 태양전지'라고 하고, 박막형으로 만들어 원가절감을 이룬 태양전지는 '2세대 태양전지'라고 한다. 그리고 염료감응형 태양전지 및 유기물 박막 태양전지처럼 고효율화와 초저가화를 동시에 지향하는 태양전지는 '3세대 태양전지' 혹은 '차세대 태양전지'라고 한다.

② 차세대 태양전지로 기술이 진전되면서 점점 고효율화 및 Cost Down의 방향으로 발달하고 있다.

③ 향후 언젠가는 태양전지 가격이 화석연료와 유사한 수준인 Grid Parity 수준에 도달할 것으로 예상된다.

(2) 태양열발전

① 태양열 에너지를 이용한 발전방식으로, 태양전지를 사용하여 직접 전기를 생산하는 방법 외에 태양열로 물을 가열하여 증기로 만든 후 터빈을 가동하여 발전하는 방식을 말한다.

② 흔히 전력타워 혹은 태양열 발전탑이라고 한다.

③ 기계적 터빈을 가동해야 하는 방식이므로 태양전지에 비해 대용량 발전에 적합하다.

(3) 태양굴뚝 (Solar Chimney)

① **발전용 태양굴뚝** : 하부에 대형 온실을 만들어 태양열을 흡수하여 더워진 공기가 굴뚝 효과에 의해 상부로 급속히 이동하면서 팬을 회전시켜 발전하는 방식을 말한다.

② **건물의 태양굴뚝**

㈎ 건물의 자연환기 유도용 태양굴뚝을 말하며, 다양한 건축물에서 무동력 자연환기를 유도하기 위해 도입할 수 있는 방식이다.

㈏ 태양열에 의해 굴뚝 내부의 공기가 가열되어 그 공기가 상승함으로써 건물 내 자연환기가 자연스럽게 유도될 수 있는 방식이다.

(4) 바이너리 사이클 (Binary Cycle)

① 심부지열로 발전을 하는 경우 증기를 발생시키기 위해 시스템에서 목표로 하는 온

도에 미도달 시 저온의 물이 증발성의 2차 유체를 한 차례 더 가열시켜 증기로 만들어 터빈을 회전시키는 형태의 발전방식이다.

② 바이너리(Binary)란 '두 개'란 의미로, 두 개의 열매체를 사용한 발전 사이클을 말하며 지열발전에 국한된 발전시스템은 아니다.

(5) 바이오매스 (Biomass)

① 생물자원을 총체적으로 흔히 바이오매스라고 한다.

② 생물자원은 주로 나무, 곡물, 풀, 농작물 찌꺼기, 축산분뇨, 음식 쓰레기 등 생물로부터 나온 유기물을 말하는데 이들은 모두 직접 또는 가공을 거쳐 에너지원으로 이용될 수 있다.

(6) 방위각과 경사각

① **방위각** : 어레이가 정남향과 이루는 각 (발전시간 내 음영 발생이 없을 것)

② **경사각** : 어레이와 지면이 이루는 각 (적설강도 고려, 경사각 이격거리의 확보가 필요)

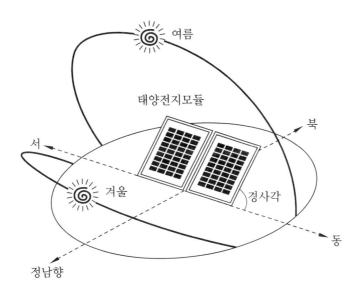

(7) 남중고도 (각)

① 남중고도란 하루 중 태양의 고도가 가장 높을 때의 고도 (각)를 말한다.

② **대표적 남중고도각**

㉮ 동지 시 태양의 남중 고도각 : $90° - \text{Latitude} - 23.5°$

(내) 하지 시 태양의 남중 고도각 : $90° - \text{Latitude} + 23.5°$

(대) 춘추분 시 태양의 남중 고도각 : $90° - \text{Latitude}$

(8) 기준 등가 가동시간과 어레이 등가 가동시간

① 기준 등가 가동시간 혹은 등가 1일 일조시간 (Reference Yield) : 일조강도가 기준 일조강도라고 할 경우, 실제로 태양광발전 어레이가 받는 일조량과 같은 크기의 일조량을 받는 데 필요한 일조시간

② 어레이 등가 가동시간 (Array Yield) : 태양광발전 어레이가 단위 정격용량당 발전한 출력에너지를 시간으로 나타낸 것

(9) IGCC (Integrated Gasification Combined Cycle ; 가스화 복합발전기술)

① 비교적 저급 연료에 해당하는 석탄 혹은 중질잔사유를 가스로 만들어 고급 발전연료로 활용하는 방식이다.

② 석탄, 중질잔사유 등을 고온·고압의 가스화기에서 수증기와 함께 한정된 산소로 불완전연소 및 가스화시켜 일산화탄소와 수소가 주성분인 합성가스를 만들어 정제공정을 거친 후 가스터빈 및 증기터빈 등을 동시에 구동하는 발전방식이다.

(10) 어레이 기여율

① 종합시스템 입력 전력량에서 태양광발전 어레이 출력이 차지하는 비율을 말한다.

② 다른 말로 '태양에너지 의존율'이라고도 한다.

제 3 편

건물환경과 친환경 설비시스템

제**1**장 | 열(熱) 및 수질관리

1-1 열의 이동과 전파

어떤 열원으로부터의 열 이동(전달) 방법에는 전도, 대류, 복사 등이 있으며 주로 몇 가지의 열이동 수단이 복합된 형태로 전달된다.

(1) 열전도

① 열전도란 정지한 물체(유체) 간의 온도차에 의한 열 이동현상을 말한다.
② 고온에서 저온으로 열이 이동한다(고체, 액체 그리고 기체에서도 일어날 수 있으나 주로 고체에서 많이 발생하는 현상이다).
③ 열전도도의 순서는 '고체 > 액체 > 기체'이다.
④ 고체의 경우 전도체가 부도체보다 열전도도가 훨씬 크다(자유전자의 흐름이 열전도에 관여하기 때문이다).
⑤ 같은 온도라도 금속이 나무보다 더 차갑게 느껴지는 이유는 금속과 나무의 열전도도 차이 때문이다(금속은 나무보다 열전도도가 커서 손에서 열을 더 빨리 빼앗아 간다).
⑥ 물질의 열전도도의 순서는 '은 > 구리 > 금 > 알루미늄 > 철 > 나무' 등이다.
⑦ **고체 내부에서 열진동 전달에 의해 열이 이동하는 현상** : 푸리에(Fourier) 열전도방정식

$$q = -\lambda A \frac{dt}{dx}$$

여기서, λ : 열전도율(W/m · K, kcal/m · h · ℃)
　　　　A : 면적(m²)
　　　　t : 온도(K, ℃)
　　　　x : 거리(m)

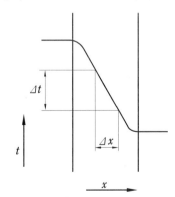

(2) 열의 대류

① 열의 대류방식에는 강제 대류방식과 자연 대류방식이 있다.

② 강제 대류방식과 자연 대류방식 비교

비교 항목	강제 대류방식	자연 대류방식
장치 종류 (말단 유닛)	FCU, Unit Cooler, 공조기 등	Convector, 방열기 등
주요 기술 원리	• 팬에 의한 강제 대류 • 냉방 및 난방의 겸용이 가능 • 열전달 해석 시 무차원수 Re와 Pr 이용 • 코안다 효과의 활용이 가능	• 공기의 밀도차 이용 • 주로 난방용(난방 시가 냉방 시 대비 평균온도차가 크기 때문임) • 열전달 해석 시 무차원수 • Gr과 Pr 이용
검토사항	• 적절한 용량 선정 • 팬 소음의 영향을 줄일 것 • Cold Draft 방지 • 내부 공기의 방안 전체적 순환 유도 • 원활한 드레인 설치 • 동결 방지 고려 • 워터해머 방지	• 적절한 용량 선정 • Cold Draft 방지 • 내부 공기의 방안 전체적 순환 유도 • 동결 방지 고려 • 워터해머 및 스팀해머 방지 • 증기난방 시 증기트랩 설치, 보온 등에 특히 주의 필요

③ 자연대류와 강제대류 해석 관련 무차원수

(개) 자연대류 : 공기의 온도차에 의한 부력으로 공기순환이 이루어진다.

$$\text{Nusselt Number}\,(Nu) = \frac{\alpha \cdot L}{\lambda} = f(Gr, \ Pr)$$

(나) 강제대류 : 기계적인 힘(팬, 송풍기 등의 장치)에 의존하여 공기를 순환하는 방식이다.

$$\text{Nusselt Number}\,(Nu) = \frac{\alpha \cdot L}{\lambda} = f(Re, \ Pr)$$

여기서, $Gr = \dfrac{g \cdot \beta \cdot d^3 \cdot \Delta t}{v^2}$

$Pr = \dfrac{\mu \cdot Cp}{\lambda}$

$Re = \dfrac{V \cdot d}{v}$

칼럼 **기호 표기**

β : 체적팽창계수 ($°C-1$)

Nu : 누셀트 수 (Nusselt Number ; 열전달률/열전도율)

Gr : 그라쇼프 수 (Grashof Number ; 자연대류의 상태, 부력/점성력)

Pr : 프란틀 수 (Prandtl Number ; 동점성계수 (v)/열확산계수, 즉 $Pr = \left(\dfrac{\mu}{\rho}\right) \Big/ \left(\dfrac{\lambda}{\rho \cdot C_p}\right)$)

Re : 레이놀즈 수 (Reynolds Number ; 강제대류의 상태를 나타냄, 층류와 난류를 구분,

   $= \dfrac{관성력}{점성력}$)

v : 동점성계수, V : 유체의 속도, d : 관의 내경, μ : 점성계수

C_p : 정압비열 (kJ/kg · K, kcal/kg · ℃)

α : 열전달률 (W/m^2 · K, kcal/m^2 · h · ℃)

L : 열전달 길이 (m)

λ : 열전도율 (W/m · K, kcal/m · h · ℃)

㈐ Dittus-Boelter식

　매끈한 원형관 내의 완전 발달된 난류흐름에 대한 국소 Nusselt 수의 식

$$Nu = 0.023\, Re^{0.8}\, Pr^n$$

　여기서, n : 가열의 경우에는 0.4, 냉각의 경우에는 0.3

　　　　Pr : 0.7 이상, 160 이하

　　　　Re : 10,000 이상

　　　　$\dfrac{원형관의\ 길이}{원형관의\ 직경}\left(= \dfrac{L}{D} \right)$: 10 이상

　　　　식의 오차범위 : 약 25 %

(3) 열의 복사 (열방사)

① 열전자 (광자) 이동현상이다.

② 열에너지가 중간물질과 관계없이 적외선이나 가시광선을 포함한 전자파인 열선 형
　태로 전달되는 전열형식이다.

③ 다른 물체에 도달하여 흡수되면 열로 변하는 현상이다.

④ Stefan-Boltzman 법칙

$$q = \epsilon \sigma (T_2^4 - T_1^4) A$$

여기서, ϵ : 복사율($0 < \epsilon < 1$) ☞ 건축자재의 ϵ는 대부분 0.85~0.95 수준

σ : Stefan Boltzman 정수 ($= 5.67 \times 10^{-8}$ W/m^{2}K^4 = 4.88×10^{-8} kcal/m^{2}h $\cdot$ K^4)

T_2 : 고온물체의 표면온도

T_1 : 저온물체의 표면온도

A : 복사 면적(m^2)

⑤ 관련 식

$$\tau + \epsilon + \gamma = 1$$

여기서, τ : 반사율, ϵ : 흡수율, γ : 투과율

(4) 열전달

유체와 고체 사이의 열이동현상으로, 뉴턴(Newton)의 냉각법칙에 의한 열전달 열량은 다음 식과 같다.

$$q = \alpha A(t_1 - t_2)$$

여기서, α : 열전달률(W/m$^2 \cdot$ K, kcal/m$^2 \cdot$ h $\cdot$ ℃)

A : 면적(m^2)

t_1 : 고온 측 온도(K, ℃)

t_2 : 저온 측 온도(K, ℃)

칼럼 100℃의 사우나 증기에는 데지 않는데, 100℃ 물에는 데는 이유

1. 증기의 표면 열전달률(α)이 물보다 낮아 열전달량(q)이 적다.
2. 물의 열용량이 증기의 열용량보다 크다.
3. 사우나에서는 땀의 증발에 의한 냉각작용이 있지만 물속에서는 없다.
4. 증기는 건공기와 수증기가 혼합된 상태(비체적이 큰 상태)이므로 피부와 접촉하고 있는 에너지량이 크지 않다.

---

(5) 열통과(열관류)

고체벽을 사이에 두고 고온 측 유체에서 저온 측 유체로 열이 이동되는 현상으로, 다음 식을 이용하여 구한다(열전달과 열전도의 조합으로 이루어진다).

$$q = KA(t_o - t_i)$$

여기서, q : 열량 (W, kcal/h)

K : 열관류율 (W/m² · K, kcal/m² · h · ℃)

A : 열통과 면적 (m²)

t_o : 고온 측 유체의 온도 (K, ℃)

t_i : 저온 측 유체의 온도 (K, ℃)

1-2 열교 현상과 얼룩무늬 현상

(1) 열교 현상 (Thermal Bridge)

① 열손실적인 측면에서 'Cold Bridge'라고 하기도 한다.

② 단열 불연속부위, 취약부위 등에 열이 통과되어 결로, 열손실 등을 초래하는 현상이다.

③ **열교의 발생부위**

(가) 단열 불연속 부위 : 내단열 등으로 단열이 불연속한 부위로 열통과가 쉽게 이루어진다.

(나) 연결철물 : 건축구조상 실의 내/외를 연결하는 철물 등에 의해 열통과가 이루어진다.

(다) 각 접합부위 : 접합부위는 미세 틈새, 재질 불연속 등으로 취약해지기 쉽다.

(라) 창틀 : 창틀 부위는 틈새, 접합재 재질 불연속 등으로 열통과가 쉽게 이루어진다.

④ **열교의 해결대책**

(가) 단열이 불연속되지 않게 외단열 혹은 중단열 위주로 시공한다.

(나) 단열이 취약한 부위는 별도로 외단열을 실시하여 보강해야 한다.

(다) 기타 건물의 연결철물의 구조체 통과, 틈새, 균열 등을 없애준다.

(2) 얼룩무늬 현상 (Pattern Staining) 발생

① 천장, 상부벽 등에 열교가 발생하여 온도차로 인한 열 이동이 일어나고, 대류 현상에 의한 공기의 흐름이 발생하여 먼지 등으로 표면이 더렵혀지는 현상을 말한다.

② 연결철물, 접합부 등의 불연속부위 주변에 1℃ 이상의 온도차가 생기면 얼룩무늬 현상이 발생할 가능성이 있다.

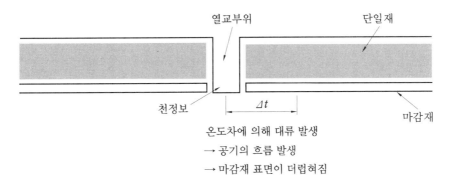

열교부위   단일재

천정보 Δt 마감재

온도차에 의해 대류 발생

→ 공기의 흐름 발생

→ 마감재 표면이 더럽혀짐

열교에 의한 얼룩무늬 현상

(3) 열교의 평가방법

① 열교부위 단열성능은 열관류율 (W/m² · K)로 평가할 수 없다 (열교현상은 선형 혹은 점형 등으로 나타나므로 단위는 W/mK 혹은 W/K로 표현되며, 단위 면적당으로 표현되는 열관류율 (W/m² · K)로는 나타낼 수 없다).

② 선형 열관류율 방법

　㈎ 정상 상태에서 선형 열교부위만을 통한 단위 길이당, 단위 실내외 온도차당 전열량 (W/mK)

　㈏ 선형 열교 (Linear Thermal Bridge)란 공간상의 3개 축 중 하나의 축을 따라 동일한 단면이 연속되는 열교 현상

　㈐ 구하는 방법

$$\psi = \frac{\Phi}{\theta_i - \theta_o} - \Sigma U_i l_i$$

　　여기서, ψ : 선형 열관류율 (W/m)

　　　　　Φ : 평가 대상부위 전체를 통한 단위 길이당 전열량 (W/m)

　　　　　θ_i : 실내 측 설정온도 (K, ℃)

　　　　　θ_o : 실외 측 설정온도 (K, ℃)

　　　　　U_i : 열교와 이웃하는 일반 부위의 열관류율 (W/m²K)

　　　　　l_i : U_i의 열관류율 값을 가지는 일반부위 길이 (m)

③ 점형 열관류율 방법

　㈎ 정상 상태에서 점형 열교부위만을 통한 단위 실내외 온도차당 전열량 (W/K)

　㈏ 점형 열교 (Point Thermal Bridge)란 1차원적인 한 점을 따라 열교가 발생하므로 단위 길이나 단위 면적으로는 표현할 수 없으며, 한 점 (Point)당 열전달량으로

표현된다.

(다) 전체 열통과량은 이러한 점(Point)이 많을수록, 그리고 점형 열관류율이 클수록 커진다.

④ 온도저하율 방법

(가) 항온항습실에서 온도저하율 시험 및 산출을 통한 결로 방지 성능을 정량적으로 검증하는 방법

(나) 계산식

$$P_x = \frac{\theta_H - \theta_x}{\theta_H - \theta_c}$$

여기서, P_x : 구하는 위치의 온도저하율

θ_H : 항온항습실 공기 온도(K, ℃)

θ_c : 저온실 공기 온도(K, ℃)

θ_x : 구하는 위치의 표면 온도(K, ℃)

⑤ 온도차이비율 (TDR : Temperature Difference Ratio) 방법

(가) 0~1 사이 값으로 낮을수록 결로 방지 성능이 우수하다.

(나) "공동주택 결로 방지를 위한 설계 기준"에 고시되어 있다.

(다) 적용 : 500세대 이상의 공동주택 건설 시에 적용한다.

(라) 기준 : 실내온도 25℃, 습도 50 %, 외기온도 −15℃ 조건에서 결로가 발생하지 않은 TDR을 0.28로 기준을 정한다.

(마) TDR 구하는 방법

$$\mathrm{TDR} = \frac{t_i - t_s}{t_i - t_o}$$

여기서, t_i : 실내온도(K, ℃)

t_o : 외기온도(K, ℃)

t_s : 실내표면온도(K, ℃)

(4) 커튼월 열교현상 방지 기술

① 열교 방지형 멀리온 (Mullion)

(가) 단일 멀리온을 사용할 경우 단열층이 분절되어 결로가 발생하므로 바의 디자인을 조정하거나 EPDM Gasket 또는 코킹 등을 처리하여 공기의 대류를 막는 방법이 필요하다.

㈑ EPDM [Ethylene Propylene Diene Monomer (M-class)] Rubber는 고무의 일종으로 내열성, 내화학성, 내한성이 뛰어난 재료이다.

② **단열 스페이서(간봉)**

㈎ 열전도성이 있는 알루미늄 간봉은 결로를 발생시키는 등 단열성능에 취약하므로 최근에는 플라스틱, 우레탄 등의 열전도성이 낮은 재질을 이용하여 간봉을 만들고 있다.

㈏ 이러한 단열 스페이서를 이용하여 선형 열관류율을 낮추고, 전체적인 단열성능을 향상시키는 것이 목적이다.

㈐ 슈퍼 스페이서, TGI Warm-Edge Spacer, 윌라이트 단열간봉 등이 있다.

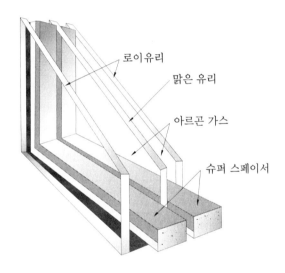

로이유리

맑은 유리

아르곤 가스

슈퍼 스페이서

슈퍼 스페이서 적용사례

1-3 **건물의 법적 열관류율 기준**

(1) 개요

건축물을 건축하는 경우에는 각 지역별 법적 열관류율 혹은 단열재 두께를 지켜 건축함으로써 에너지 이용 합리화 관련 조치를 하여야 한다.

(2) 지역 구분

① **중부지역** : 서울특별시, 인천광역시, 경기도, 강원도 (강릉시, 동해시, 속초시, 삼척시,

고성군, 양양군 제외), 충청북도 (영동군 제외), 충청남도 (천안시), 경상북도 (청송군)

② **남부지역** : 부산광역시, 대구광역시, 광주광역시, 대전광역시, 울산광역시, 강원도 (강릉시, 동해시, 속초시, 삼척시, 고성군, 양양군), 충청북도 (영동군), 충청남도 (천안시 제외), 전라북도, 전라남도, 경상북도 (청송군 제외), 경상남도, 세종특별자치시

③ **지역별 건축물 부위의 열관류율 기준** : '건축물의 에너지절약 설계기준' 별표 1을 참조하여 다음 표와 같다.

(단위 : W/m² · K)

건축물의 부위		지역	중부지역	남부지역	제주도
거실의 외벽	외기에 직접 면하는 경우	공동주택	0.210 이하	0.260 이하	0.360 이하
		공동주택 외	0.260 이하	0.320 이하	0.430 이하
	외기에 간접 면하는 경우	공동주택	0.300 이하	0.370 이하	0.520 이하
		공동주택 외	0.360 이하	0.450 이하	0.620 이하
최상층에 있는 거실의 반자 또는 지붕	외기에 직접 면하는 경우		0.150 이하	0.180 이하	0.250 이하
	외기에 간접 면하는 경우		0.220 이하	0.260 이하	0.350 이하
최하층에 있는 거실의 바닥	외기에 직접 면하는 경우	바닥난방인 경우	0.180 이하	0.220 이하	0.290 이하
		바닥난방이 아닌 경우	0.220 이하	0.250 이하	0.330 이하
	외기에 간접 면하는 경우	바닥난방인 경우	0.260 이하	0.310 이하	0.410 이하
		바닥난방이 아닌 경우	0.300 이하	0.350 이하	0.470 이하
바닥난방인 층간바닥			0.810 이하	0.810 이하	0.810 이하
창 및 문	외기에 직접 면하는 경우	공동주택	1.200 이하	1.400 이하	2.000 이하
		공동주택 외	1.500 이하	1.800 이하	2.400 이하
	외기에 간접 면하는 경우	공동주택	1.600 이하	1.800 이하	2.500 이하
		공동주택 외	1.900 이하	2.200 이하	3.000 이하
공동주택 세대 현관문	외기에 직접 면하는 경우		1.400 이하	1.600 이하	2.200 이하
	외기에 간접 면하는 경우		1.800 이하	2.000 이하	2.800 이하

※ 법규 관련 사항은 국가정책상 항상 변경 가능성이 있으므로, 필요 시 '국가법령정보센터 (http://www.law.go.kr)' 등에서 확인하도록 한다.

1-4 **단열재 사용두께 결정방법**

(1) 개요

① 단열재 두께는 단열의 경제성(투자비 측면)과는 반비례 관계에 있으므로 사용처의 용도와 목적에 맞는 적절한 두께 선정이 이루어져야 한다.

② 단열재 두께에 대한 결정은 보통 보냉보다 보온을 기준으로 설계한다.

(2) 최적의 경제적 단열재 선정

① **최적의 두께 선정** : 초기에 단열 두께를 크게 할수록 초기투자비는 많이 들지만 운전비가 절감(투자비 회수)되므로 초기투자비와 그에 따른 가동비를 사용연수에 따라 LCC 분석과 같은 방법으로 수행하여 최적 두께를 결정한다.

② **최적의 단열재료 선정** : 어떠한 단열재료를 사용했느냐에 따라 그 비용과 단열효과가 크게 달라지므로, 각 단열재료마다 위의 최적 두께 선정 작업에 의한 경제성을 검토한다.

(3) LCC 분석법(경제적 보온두께 계산)

① 다음 그림과 같이 보온두께가 늘어날수록 열손실에 상당하는 연료비(a)는 감소하지만, 초기 투자비(b ; 보온 시공비)는 증가한다.

② 이때 총합비용(c비용＝a비용＋b비용)은 d지점에서 최소 비용을 나타낸다. 여기서 d지점의 두께를 경제적 보온두께라고 할 수 있다.

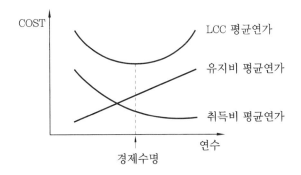

칼럼 동절기 공기조화기의 동결 방지대책

1. 보온·동결 방지를 위한 조사내용
   ① 풍향, 풍속, 적설량 등 기상조건 파악이 필요함
   ② 기타 배관 노출지점 파악, 설해 방지조치 등이 필요함
2. 공조기 방동대책
   ① 동파방지용 히터(전기히터, 온수히터, 증기히터 등) 장착
   ② 공조기 정지 시 열교환기 내부의 물 배수
   ③ 동파방지 댐퍼 설치
   ④ 소량의 온수 혹은 스팀을 공조기 정지 시에도 계속 순환시킴
   ⑤ 외기가 도입되는 부분에 예열히터 설치
3. 공조기 수배관 설비의 방동(防凍)대책
   ① 단열재로 보온 시공
     ㈎ 보온두께는 관내 유체의 온도 및 정지시간과 주위온도 등에 따라 다름
     ㈏ 일반적으로 소구경보다 대구경의 보온두께가 더 두꺼워짐
   ② 지하 매설로 방동처리 : 지하의 비교적 연중 일정한 온도 이용
   ③ 급수관 등에 전기 열선 설치 : 전기 밴드히터 등으로 가열
   ④ 소량의 물이 항상 흐르게 하거나, 부동액 혼입하여 방동처리
   ⑤ 자동 퇴수밸브(동결방지 밸브)의 설치를 고려함

1-5　보온재(단열재)와 방습재

(1) 보온재

① 제조 형태별 분류

㈎ 보드형 : 탱크, 덕트 등 넓은 부분을 보온 시 사용

㈏ 커버형 : 특정한 모양의 형태를 한 물체를 보온 시 사용

㈐ Roll형 : 두루마리식으로 제작하여 공급, 현장에서 쉽게 재단하여 사용

② 재질별 분류

㈎ 유기질

　㉮ Foam-PE : 보온재의 강도는 우수하나, 흡수성/흡습성 등이 낮다.

　㉯ Foam-PU : 열전도율이 매우 낮은 편이고, 흡음 효과도 높다. 현장발포도 가능
　　하다.

      ㉰ EPS(Expandable Polystyrene Styrofoam ; 스티로폼) : 약 98 %가 공기로 이루어져 보온성이 뛰어나고 습기에 강하지만 환경오염 문제를 야기할 가능성이 있고, 화재에 취약한 편이다.

      ㉱ Armaflex (고무발포보온재) : 밀폐형 독립 기포구조 (Closed Cell)를 지니며, 보온성능 및 방수력이 우수하다.

      ㉲ 기타 : Felt (소음 절연성 우수) 등

    (내) 무기질

      ㉮ 유리섬유 (Glass Wool) : 흡수성/흡습성이 적고 압축강도가 낮으며, 가격대비 성능이 우수하다.

      ㉯ 세라믹 파이버 : 초고온 시 사용하는 재질

      ㉰ 기타 : 암면 (Rock Wool) 등

③ 기타 종류 : 저항형, 반사형, 용량형, 진공형 등

④ 보온재의 구비조건 (냉장창고용, 일반보온 등)

    (개) 사용온도 범위 : 장시간 사용에 대한 내구성이 있을 것

    (내) 열전도율이 낮을 것 : 단열효과가 클 것

    (대) 물리·화학적 성질 : 사용 장소에 따라 물리적, 화학적 강도를 갖고 있을 것

    (라) 내용연수 : 장시간 사용해도 변질, 변형이 없고 내구성이 있을 것

    (마) 단위 중량당 가격 : 가볍고 (밀도가 적고), 값이 저렴하고 또 공사비가 적게 들 것

    (바) 구입의 난이성 : 일반시장에서 쉽게 구입할 수 있을 것

    (사) 공사현장의 상황에 대한 적응성 : 시공성이 좋을 것

    (아) 불연성 : 소방법상 필요시 불연재일 것

    (자) 투습성 : 투습계수가 적을 것 (냉동·냉장창고용에서 특히 중요)

    (차) 내구성 : 충격에 강하고, 변질이 없어 수명이 길 것 (냉장창고의 바닥용 단열재는 보관물 및 운반차량의 강도를 견뎌야 하므로 특히 강도가 요구됨)

⑤ 보온재 선정(공사)

    (개) 보온재 주위(내·외부)의 온도에 따라 보온 두께가 선정된다.

    (내) 일반적으로 시공되는 보온 두께

      ㉮ 일반배관 : 50 A 이하 25 T, 65 A 이상 40 T

      ㉯ 소화배관, 노출배관 : 40 T 이상

(2) 방습재

① 종류

    (개) 냉시공법 재료 : 염화비닐 테이프, PE (폴리에틸렌) 테이프, 알루미늄박, 아스팔트

펠트, 기타 고분자 물질

(나) 열시공법 재료 : 아스팔트 가열·용융·도포 등

② 선정 시 주의사항

(가) 사양, 물성 등이 용도에 맞는지 확인한다.

(나) 규격재료, 규격품의 사용 여부를 확인한다.

(다) 수분, 이물질 등의 침투가 없어야 한다.

(라) 방습재 표면에 하자가 없어야 한다.

(마) 시방서에 명시된 방습재의 품질기준을 충족해야 한다.

③ 시공사례

(가) 콘크리트 바닥의 단열·방습공사 : 슬래브 바탕면 청소→방습필름 시공→단열재 공사→누름콘크리트

(나) 마룻바닥의 단열·방습공사 : 단열재 위에 방습필름 시공→마루판 시공

(다) 벽돌조 중공벽체의 단열·방습공사 : 단열재의 내측면에 방습층 설치→쐐기용 단열재(방습층 밀착)

(라) 벽체 내벽면의 단열·방습 공사 : 방습재→띠장→단열재→마감재

(마) 방습재 부착위치 기준 : 내부결로가 방지되고, 구조적으로 보호될 것

1-6 벽체의 단열시공 및 성능평가

(1) 단열시공의 종류

① 내단열

(가) 시공상 불연속 부위가 많이 존재한다.

(나) 내부결로 방지를 위하여 방습층을 설치해야 한다.

(다) 간헐난방(필요시에만 난방)에 유리하다.

(라) 구조체를 차가운 상태로 유지하여 내부결로의 위험성이 높다.

(마) 공사비가 저렴하고, 시공이 용이하다.

② 외단열

(가) 불연속 부위가 아예 없게 시공이 가능하다.

(나) 연속난방(지속 난방)에 유리하다.

(다) 단열재를 항상 건조 상태로 유지해야 한다.

㈃ 결로 방지(내부결로, 표면결로)에 유리하다.

㈄ 공사비가 비싸고, 시공도 까다롭다.

㈅ 단열재의 강도가 어느 정도 필요하다.

㈆ 서양 선진국에서 많이 사용하는 방법이다.

③ 중단열

㈎ 불연속 부위가 내단열 대비 적다.

㈏ 단열재의 강도 문제상 단열재 외부에 구조벽을 한 번 더 시공한다 (구조벽 중간에 단열재 시공).

㈐ 한국에서 가장 많이 사용하는 방법이다.

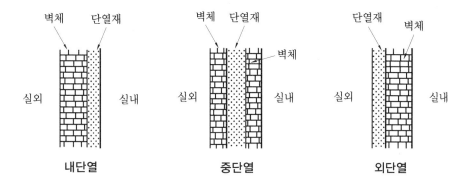

(2) 건물의 단열/결로 성능평가 방법

① 벽체의 열관류율 계산에 의한 방법

$$K = \frac{1}{R} = \cfrac{1}{\dfrac{1}{\alpha_i} + \dfrac{d_1}{\lambda_1} + \dfrac{d_2}{\lambda_2} + \dfrac{d_3}{\lambda_3} + \dfrac{d_4}{\lambda_4} + \cdots \dfrac{1}{\alpha_o}}$$

여기서, α_o : 외부 면적당 열전달계수 $(\mathrm{W/m^2 \cdot K},\ \mathrm{kcal/m^2 \cdot h \cdot \text{℃}})$

　　　　α_i : 내부 면적당 열전달계수 $(\mathrm{W/m^2 \cdot K},\ \mathrm{kcal/m^2 \cdot h \cdot \text{℃}})$

　　　　$(t_i - t_s)$: 내부온도−표면온도 $(\mathrm{K},\ \text{℃})$

　　　　K : 열관류율 $(\mathrm{W/m^2 \cdot K},\ \mathrm{kcal/m^2 \cdot h \cdot \text{℃}})$

　　　　$(t_i - t_o)$: 내부온도−외부온도 $(\mathrm{K},\ \text{℃})$

　　　　R : 열저항 $(\mathrm{m^2 \cdot K/W},\ \mathrm{m^2 h\text{℃}/kcal})$

　　　　λ_1 : 구조체 1번의 열전도율 $(\mathrm{W/m \cdot K},\ \mathrm{kcal/m \cdot h \cdot \text{℃}})$

　　　　λ_n : 구조체 n번의 열전도율 $(\mathrm{W/m \cdot K},\ \mathrm{kcal/m \cdot h \cdot \text{℃}})$

　　　　d_1 : 구조체 1번의 두께(m),　d_n : 구조체 n번의 두께(m)

② 실험에 의한 방법

　(개) 일정한 온·습도가 유지 가능한 두 체임버 사이에 단열벽체 시험편을 끼워 넣고 단위시간 동안의 통과열량을 측정한다.

　(내) 비교적 소요시간 및 비용이 많이 든다.

　(대) 실험의 정확성을 위하여 철저한 기기보정이 필요하다.

③ 전열해석에 의한 방법

　(개) 컴퓨터를 이용하여 모델링된 벽체에 대해 '유한차분법' 등의 수치해석 기법으로 통과열량을 계산하는 방법이다.

　(내) 실험에 의한 방법 대비 소요시간과 비용이 적게 든다.

　(대) 해석의 정확성을 위해 필요 시 실험을 병행하여야 한다.

④ 결로 성능 평가

　(개) 단열재의 결로 방지 기준

$$\alpha_i(t_i - t_s) = K(t_i - t_o)$$

　　여기서, α_o : 외부 면적당 열전달계수 (W/m^2·K, kcal/m^2·h·℃)

　　　　　 t_i, t_o : 실내·외 온도 (K, ℃)

　　　　　 K : 벽체의 열관류율 (W/m^2·K, kcal/m^2·h·℃)

　　　　　 α_i : 실내 측 벽의 표면 열전달률 (W/m^2·K, kcal/m^2·h·℃)

　　　　　 t_s : 실내 측 벽의 표면온도 (K, ℃)

　　　　　☞ 벽체의 실내 측 표면온도 (t_s) 계산

　　　　　　$$t_s = t_i - \frac{K(t_i - t_o)}{\alpha_i}$$

　(내) 상기에서 't_s > 노점온도'가 되도록 설계하여 결로 발생을 방지한다.

1-7　표면결로와 내부결로

(1) 결로의 정의

　수증기를 포함한 공기의 온도가 서서히 떨어지면 수증기를 포함하기가 불가능해져 물방울이 되는 현상을 '결로'라 하고, 그 온도를 '노점온도'라고 한다.

(2) 결로의 영향

결로는 실내환경을 저해하고 마감재를 손상시키므로 설계 시 적절한 단열재료 사용, 실내 수증기 발생 억제, 급격한 온도상승 방지, 벽체표면 기류정체 방지 등을 실시한다.

(3) 결로의 발생장소

결로는 겨울철에는 실내에, 여름철에는 실외에 주로 발생한다.

(4) 결로의 발생원인

① 실내·외 온도차가 클수록 쉽게 발생한다.
② 고온 측 공간의 습도가 높을수록 잘 발생한다.
③ 열관류율이 높을수록, 열전도율이 높을수록 잘 발생한다.
④ 실내 환기가 부족할수록 잘 발생한다.

(5) 결로의 발생원인(실제적)

① 냉방 시의 찬 동관이나 찬 케이스에 의해 발생한다.
② 난방 시의 찬 외기온도에 의해 창문이나 단열이 불량한 벽 등에 발생한다.
③ 공기가 정체되어 있는 곳(주방 주변의 천장, 바닥 모서리 등)에 발생한다.
④ 습기의 발생원(화장실, 주방, 싱크대 등 격리) 주변에 발생한다.
⑤ 최상층의 옥상 슬래브 주변에 발생한다.
⑥ 기타 단열 불연속 등으로 '열교'가 있는 곳에 발생한다.
⑦ 냉각탑 주변에는 '백연 현상'에 의한 결로가 생길 수 있다.

(6) 결로의 유형

① 표면결로(벽체의 외부 표면에 발생하는 결로)
  ㈎ 건축물의 벽체 등의 표면에 주로 발생하는 결로(주로 실내·외 온도차에 기인하는 결로 형태)
  ㈏ 표면결로 방지책
    ㉮ 코너부 열교에 특히 주의한다.
    ㉯ 내단열 및 외단열(필요시)을 철저히 시공한다(아래 그림 참조).
    ㉰ 기류 정체가 없게 한다(실내온도를 일정하게 유지).
    ㉱ 과다한 수증기 발생을 억제한다.
    ㉲ 주방 등 수증기 발생처에는 국소배기가 필요하다.
    ㉳ 밀폐된 초고층건물은 철저한 환기 등이 요구된다.

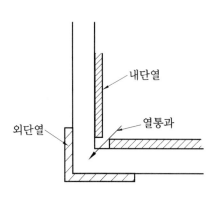

내단열 및 외단열

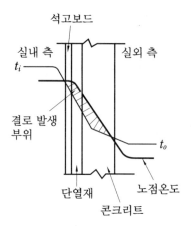

표면결로 발생도

② **내부결로 (벽체의 내부에 발생하는 결로)**

　(가) 내부결로의 원인

　　㉮ 구조체 내부의 어느 점에서 수증기 분압 (습압)이 포화수증기 분압보다 높을 때 발생한다 (이 경우의 습압구배는 노점온도의 구배와 동일한 경향이 있다).

　　㉯ 열관류율이 낮은 방한벽(防寒壁)일수록 이 경향이 크다.

　　㉰ 발생하기 쉬운 장소로는 단열재의 저온 측 또는 외벽이 있다.

　(나) 내부결로의 방지책

　　㉮ 이중벽(방습층 혹은 단열층 형성) 설치로 방지가 가능하다.

　　㉯ 내부결로를 방지하기 위해서는 습기가 구조체에 침투하지 않도록 방습층을 수증기 분압이 높은 실내 측에 설치하는 것이 유리하다 (단열재는 실외 측에 설치하는 것이 유리함).

　　㉰ 단, 방습층 및 단열층의 위치는 표면결로와 무관하다. 이 경우 벽체의 내·외부 (양측) 모두에 방습층을 형성하지 말아야 한다 (내부결로 우려가 있다).

　　㉱ 실내의 온도를 높인다.

　　㉲ 수증기 발생을 억제한다.

　　㉳ 환기 회수를 늘인다.

　(다) 벽체의 방습층 위치(그림 참조)

　　㉮ 단열재로부터 따뜻한 쪽에 방습층 설치 : 정상적 설치(결로가 발생하지 않음)

　　　→그림 1 참조

　　㉯ 단열재로부터 차가운 쪽에 방습층 설치 : 결로 발생→그림 2 참조

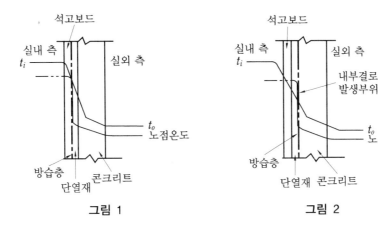

그림 1　　　　　　　　　　　　그림 2

⒟ 지붕 : 지붕 역시 단열재로부터 따뜻한 쪽에 방습층을 설치하는 것이 좋다 (단, 지붕 속 환기와 병용하면 더 효과적이다).

③ 냉교현상에 의한 결로

⑺ 옥내의 전기설비나 단열재를 관통하여 설치되는 볼트, 앵커, 인서트, 금속 전선관 등을 통한 열관류 현상이다.

⑷ 단열 인서트, 합성수지재 전선관 등을 사용한다.

(7) 결로가 발생하기 쉬운 장소 및 건축환경

① 벽체의 열관류율이 낮고, 틈 사이가 좁은 건물
② 철근 콘크리트조의 건물 (열전도율 및 흡수율이 높음)
③ 단열공사가 잘 되어 있지 않은 주택의 바깥벽, 북향벽, 동벽 또는 최상층의 천장 등 (외부와 접한 부분 또는 일사량이 적은 곳)
④ 현관 주위의 칸막이벽 등의 내벽
⑤ 구조상 일부 벽이 얇아진다든지 재료가 다른 열관류저항이 작은 부분 (열교 개구부), 문틀부위, 벽체두께가 상이한 부분, 단열재 불연속 시공부, 중공 벽체의 연결 철물, 접합부 (벽체와 바닥판), 단열재 지지부재 등
⑥ 고온 다습한 여름철과 겨울철의 난방 시
⑦ 야간 저온 시 실외온도 급강하로 실내에서 결로가 발생하기 쉬움
⑧ 수영장, 풀장 등의 물 사용처 : 상기 모든 경우가 포함되지만, 수영장은 특히 전체적 희석환기 철저, 내부환기량 증가, 제습장치 설치, 가습장치 사용금지 등이 필요
　⑺ 공조기 환기설비는 1종환기로 약 10~15회/h, 증발수 제거 위해 별도의 배기팬 설치 시에는 약 4~5회/h 정도의 환기량이 필요
　⑷ 자연채광을 위한 상부 개구부는 바닥면적의 1/5 이상으로 할 것

(다) 복층유리 및 단열 스페이서 등의 사용이 필요 (알루미늄 스페이셔는 결로 우려)

(8) 결로의 방지대책

① 구조체 표면온도 (t_s)가 노점온도 (t_d)보다 높아야 한다.

② 노점온도 계산방법

$$K(t_i - t_o) = \alpha_i(t_i - t_s) \text{에서,}$$

$$\left(\frac{K}{\alpha_i}\right) = \frac{(t_i - t_s)}{(t_i - t_o)} \quad \cdots\cdots\cdots\cdots\cdots\cdots\cdots\cdots\cdots\cdots\cdots\cdots\cdots\cdots\cdots \text{①}$$

$$t_s = t_i - \left(\frac{K}{\alpha_i}\right)(t_i - t_o) = t_i - \left(\frac{R_i}{R_t}\right)(t_i - t_o) \quad \cdots\cdots\cdots\cdots\cdots \text{②}$$

여기서, t_i, t_o : 실내·외 온도 (K, ℃)

K : 벽체의 열관류율 (W/m^2·K, kcal/m^2·h·℃)

α_i : 실내 표면 열전달률 (W/m^2·K, kcal/m^2·h·℃)

R_t : 벽체의 열관류저항 (m^2·K/W, m^2·h·℃/kcal)

R_i : 실내 표면 열전달 저항 (m^2·K/W, m^2·h·℃/kcal)

칼럼 **온도차이비율 (TDR : Temperature Difference Ratio)**

1. '공동주택 결로 방지를 위한 설계기준'에서 건축물의 결로 방지를 위해 500세대 이상의 공동주택에 적용한다.
2. '실내와 외기의 온도 차이에 대한 실내와 적용 대상 부위의 실내표면의 온도 차이'를 표현하는 상대적인 비율을 말하는 것이다.
3. 단위가 없는 지표로, 다음 계산식에 따라 그 범위는 0에서 1 사이의 값으로 산정된다.

$$\text{온도차이비율 (TDR)} = \frac{\text{실내온도} - \text{적용 대상 부위의 실내표면온도}}{\text{실내온도} - \text{외기온도}}$$

☞ 결국 온도차이비율 (TDR)이란 위 식 ①의 우측 항을 말한다.

---

(9) 겨울철 창문의 실내 측 결로 방지책

① 실내 측 유리면의 온도는, 고단열 복층유리, 진공 복층유리, 2중창, 3중창 등을 설치하여 노점온도 이상이 되게 한다.

② 창 아래 방열기를 설치하여 창측에 기류를 형성한다.

③ 창 바로 위에 디퓨저를 설치하여 창측에 기류를 형성한다.

④ 습기의 발생원 (화장실, 주방, 싱크대 등)과 되도록 멀리 이격시킨다.

⑤ 창문틀 주변에 단열 불연속부위가 없게 철저히 기밀시공한다.

⑥ 부득이 결로가 발생할 시 창 아래에 드레인 장치를 설치한다.

1-8 단열창호 적용방법

(1) 투명단열재(TIM : Transparent Insulation Materials)

① 친환경 건축재료이며, 유리 대체품으로 개발된 재료이다.

② 투명하면서도 단열재 역할을 동시에 할 수 있는 재료이다.

③ **사례**

  ㈎ 판상 실리카 에어로겔 투명단열재(난방 부하 약 10~40 %를 절감 가능하다)

  ㈏ 투명단열재의 강도 측면에서 생길 수 있는 문제점을 보완하기 위해 투명단열재의 양쪽에 판유리를 끼운 제품

(2) 로이유리(Low Emissivity Glass, 저방사 유리)

일반유리가 적외선을 일부만 반사시키는 반면 로이유리는 대부분을 반사시킨다 (은, 산화주석 등의 다중 코팅방법 사용).

> **칼럼** **방사** : 한 물체가 외부 광에너지를 흡수한 후 재복사하는 현상 (방사율이 1인 흑체는 외부 에너지를 흡수한 후 100 % 복사 (방사)하고 표면 반사는 하지 않는 물체임)

(3) 슈퍼 윈도우(Super Window)

이중유리창 사이에 '저방사 필름'을 사용한 것이다.

(4) 전기착색 유리(Electrochromic Glazing)

빛과 열에 반응하는 코팅(전장을 가하여 변색되게 함)으로 적외선을 반사시키는 유리이다.

(5) 고기밀·고단열 창

창틀의 기밀 및 단열성이 강화된 창이다.

(6) 전기창 (Electric Glazing)

보통 로이유리 위아래에 전극을 형성하여 가열시킨 것이다.

(7) 공기집열식 창 (Air-flow Window)

① 보통 아래 그림과 같이 외창 (이중창), 내창 (단유리), 베네치안 블라인드 등으로 구성된다.

② 실내로부터 배기되는 공기가 창 아래로 흡입되고, 수직 상승하면서 일사에 의해 데워져 있는 베네치안 블라인드를 통과하면서 서로 열교환이 이루어진다 (여름철에는 외부로 방출하고, 겨울철에는 재열/예열 등에 사용한다).

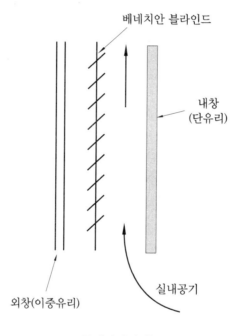

베네치안 블라인드

내창
(단유리)

외창(이중유리)

실내공기

공기집열식 창

(8) 기타

2~5중 유리, 진공유리, 고밀도 가스 주입유리 등이 있다.

칼럼 **로이유리 적용 방법**

1. 여름철 냉방 위주의 건물, 사무실 및 상업용 건물 등 냉방 부하가 큰 건물, 커튼월 외벽, 남측면 창호 : 로이유리의 특성상 코팅면에서 열의 반사가 일어나므로 그림 1과 같이 ②면에 로이 코팅면이 위치하게 하여 적외선을 반사시키는 것이 냉방부하 경감에 가장 효율적인 방법이다.

2. 겨울철 난방 위주의 건물, 주거용 건물, 공동주택 등 난방부하가 큰 건물, 패시브 하우스, 북측면 창호 : 겨울철 또는 난방 부하가 큰 건물의 경우 (우리나라 기후는 대륙성 기후로 보통 4계절 중 3계절이 난방이 필요한 기후)에는 창문을 통해 외부로 유출되는 난방열의 전도 손실이 가장 큰 문제가 되기 때문에, 그림 2와 같이 로이 코팅면이 ③면 (삼중유리의 경우 : ⑤면)에 위치하게 하여 실내 열을 외부로 빠져나가지 못하게 하고, 내부로 다시 반사시켜 준다.

3. ①면과 ④면 (삼중유리의 경우 : ⑥면)과 같은 표면은 코팅의 내구성 문제 때문에 잘 사용하지 않는다.

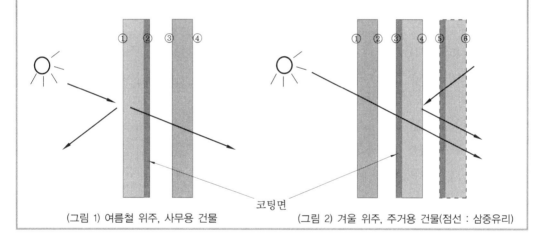

(그림 1) 여름철 위주, 사무용 건물   코팅면   (그림 2) 겨울 위주, 주거용 건물(점선 : 삼중유리)

1-9   투과율 가변유리

(1) 정의

① 투과율 가변유리란 창문으로 들어오는 태양광의 투과율을 자유롭게 조절할 수 있는 유리로, 보통 때는 진한 청색이었다가 전기를 통하는 등의 신호를 주면 1초도 못되어 투명하게 변한다.

② 보통 유리의 가시광선 투과도는 스위치를 돌려 전압을 높게 가할수록 유리가 투명해지는 방식 등으로 무단계 가변이 가능하다.

(2) 원리

① 투과도를 변화시키는 요인은 유리와 유리 사이에 들어 있는 필름으로, 두 장의 필름 사이에 미세한 액체방울이 있고, 이 방울 속에 푸른색 광편광입자가 들어 있다.

② 광편광입자들은 평소에 자기들 멋대로 브라운운동을 하므로 빛이 흡수, 산란되어 짙은 청색을 나타낸다.

③ 양쪽 필름에 전기를 가하면 광편광입자가 형성된 전기장과 평행하게 배열되어 투명한 상태로 전환된다.

(3) 종류

① 일렉트로크로믹 유리

㈎ 전기가 투입되지 않는 상태에서 투명하고, 전기가 투입되면 불투명해지는 유리이다 (반대로도 가능하다).

㈏ 산화 텅스텐 박막 코팅이 주로 사용된다.

② 서모크로믹 유리

㈎ 온도에 따라 일사투과율이 달라지는 유리이다.

㈏ 산화팔라듐 박막 코팅이 주로 사용된다.

③ 포토크로믹 유리

㈎ 실내 등 광량(光量)이 적은 곳에서는 거의 무색투명하여 투과율이 높고, 옥외에서는 빛에 반응하여 착색하고 흡수율이 높아지는 가변투과율 유리이다.

㈏ 원료에 감광성의 할로겐화은을 첨가하여 유리 속에 Ag, Cl 등의 이온 형태로 녹인 다음, 약간 낮은 온도로 다시 열처리함으로써 10 mm 정도의 미세한 AgCl 결정을 석출(析出)하여, 콜로이드 입자로 분산시키는 방법을 이용한다.

㈐ AgCl 결정 중에서는 빛(특히 단파장의 빛)으로 인해 다음과 같은 반응이 일어난다.

$$AgCl \underset{\text{어둠}}{\overset{\text{빛}}{\rightleftarrows}} Ag^0 + Cl^0$$
$$\text{투명} \qquad\qquad \text{착색}$$

㈑ 빛의 조사로 인해 할로겐화은의 미세한 결정 중에 은콜로이드가 생겨 빛을 흡수하기 때문에 착색하고, 어두운 곳에 두면 역반응이 일어나 다시 투명한 할로겐화은 미립자가 되면서 유리도 투명해진다.

④ 가스크로믹 유리

㈎ 2장의 유리 사이 공간에 가스를 충진하여 스위칭한다.

㈏ 물을 전기 분해하여 발생한 수소를 도입하면 디밍 미러 박막에서 수소는 거울 상태에서 투명 상태로 스위칭하고, 산소를 도입하면 탈수소화로 투명 상태에서

거울 상태로 돌아온다.

㈐ 2장의 유리 사이에 아주 얇은(약 0.1 mm) 틈새를 형성하여 이 간격에 가스를 도입해 가스크로믹 방식으로 스위칭하는 것으로, 단유리에도 사용할 수 있는 유리 등으로 계속 연구가 진행 중에 있다.

(4) 응용 (적용처)

① 에너지절약형 건축물의 창

② 고급자동차의 선루프나 백미러

③ 선글라스 (할로겐화은의 미립자를 함유)

④ 기타 기차나 항공기의 창 등에 응용이 가능하다.

1-10 전산유체역학 (CFD : Computational Fluid Dynamics)

(1) 개요

① 전산유체역학은 말 그대로 다양한 유체역학 문제(대표적으로 유동장 해석)들을 전산 (컴퓨터)을 이용하여 접근하는 방법이다.

② 프로그래밍의 문제를 해결하기 위한 여러 상용 프로그램들이 이미 나와 있고 또한 상용화되어 있다.

③ **해석기법** : 유한차분법, 유한요소법, 경계적분법 등이 주로 사용된다.

(2) 정의

편미분방정식 형태로 표시할 수 있는 유체의 유동현상을 컴퓨터가 이해할 수 있도록 대수방정식으로 변환하고 컴퓨터를 사용해 근사해를 구하여, 그 결과를 분석하는 분야이다.

(3) 시뮬레이션 방법

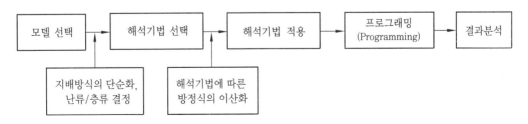

(4) 특징

① 보통 유체 분야는 열(熱) 분야와 함께 다루어진다. 그래서 열유체라는 표현을 많이 사용한다.

② 이러한 열유동 분야의 가장 대표적인 Tool로 Fluent라는 범용해석 Tool이 있다.

③ 적용범위는 광범위하며, 대표적인 예로 Fluent 같은 경우는 항공우주, 자동차, 엔진, 인체 Blood 유동 등에 사용되고 있다.

④ 자연계에 존재하는 모든 현상을 전산 프로그래밍화할 수만 있으면 해석이 가능하다.

(5) 적용 분야

① 층류 및 난류의 유동 해석

② 열전도방정식

③ 대류 유동 해석

④ 대류 열전달 해석

⑤ 사출성형의 수지흐름 해석

⑥ PCB 열분석

⑦ 엔진의 열분석

⑧ 자동차 및 우주항공 분야

⑨ 의학 분야(인체 Blood 유동 등)

(6) 단점

① 이러한 해석 Tool 역시 사람이 인위적인 가정하에 프로그래밍한 것이기 때문에 자연현상을 그대로 표현하기에는 한계가 있다. 그래서 실질적으로는 많은 실험자료와 함께 비교 활용된다.

② CFD에 지나치게 의존하여 업무 혹은 연구가 진행되면, 실제의 현상과 괴리되어 문제를 야기할 수도 있다 (이론과 실험의 접목이 가장 좋은 방법이다).

1-11 수원 종류와 경도

(1) 수원(급수원)

① 각 사용처에서 물을 취수하는 근원지를 말한다 (하천, 호수, 지하수, 중수 등).

② **지표수(상수)** : 지표면을 유하 혹은 체류하는 물을 말하며 취수→송수→정수→배수→급수 순서로 처리된다.

③ **정수(井水, 지하수)** : 질이 좋은 것은 상수로도 공급되나, 일반적으로는 채수→침전→폭기→여과→살균→급수 순서로 처리되어 잡용수, 공업용수 등으로 사용된다.

    ㉮ 천정 : 깊이 7 m 이내 우물

    ㉯ 심정 : 깊이 7~30 m 이내 우물

    ㉰ 관정(착정) : 깊이 30 m 이상의 우물

④ **중수(재생수)** : 한 번 사용한 물을 정수하여 재사용하는 물

(2) 수질(경도)

① **경도** : 물속에 녹아 있는 2가 양이온금속(Mg^{2+}, Ca^{2+}, Fe^{2+}, Mn^{2+} 등)의 양을 이것에 대응하는 탄산칼슘의 100만분율(ppm)로 환산한 수치로, 이 중에서는 Mg^{2+}, Ca^{2+}가 대표적이다.

> **✔참고** • 극연수(0~10 ppm) : 증류수, 멸균수 연관, 놋쇠관, 황동관을 침식, 안팎을 모두 도금
> • 연수(90 ppm 이하) : 세탁, 염색, 보일러 등
> • 적수(90~110 ppm) : 음료수 등
> • 경수(110 ppm 이상) : 세탁, 염색, 보일러에 부적합

② 경도는 300 ppm (mg/L)을 넘지 않을 것 (음용수 기준)

1-12 정수 처리 방식

(1) 정수 처리 절차

원수→침사지→침전지→폭기→여과기→소독→급수

(2) 침전법

① **중력침전법** : 중력에 의해 자연적으로 침전시키는 방법이다.

② **약품침전법(응집제 투여법)** : 황산알루미늄(황산반토), 명반류 등을 사용하여 슬러지 형태로 배출한다.

(3) 폭기법

① Fe, Mn, CO_2 등을 제거하는 방법이다.

② 살수나 Blower 등으로 물속에 공기를 투여하여 수산화철을 만들어 제거한다.

(4) 여과법(모래여과)

① 완속여과법(침전지에서 월류한 물)

㉮ 4~5 m/d로 모래층(700~900 mm)과 자갈층(400~600 mm)으로 통과시켜 여과하는 방법이다.

㉯ 표면여과 : 여재표면에 축적되는 부유물의 막이 여과막 역할을 한다.

② 급속여과법(침전수)

㉮ 100~150 m/d의 속도로 모래층(600~700 mm)과 자갈층(300~500 mm)으로 통과시켜 여과하는 방법이다.

㉯ 초기 단계 : 미립자가 여재층 내부에 침투하여 포착된다.

㉰ 이후 단계 : 여재 표면에 축적되는 부유물의 막이 여과막 역할을 한다(완속여과와 동일, 표면여과의 원리).

③ 압력여과법 : 밀폐용기를 필요로 하므로 소규모의 상수도나 빌딩 등에 사용된다.

(5) 소독법(멸균법)

① 염소 : 일반적으로 많이 사용되는 방법이다(바이러스에 대한 멸균이 곤란하다).

② 오존 : 가격이 비싸고, 오존량 증가로 인한 인체의 위해를 주의해야 한다.

③ 자외선 : 파장 260~340 nm 정도의 강력한 자외선으로 멸균처리한다(소독에 소요되는 비용이 비싸다).

1-13   초순수 (Ultra Pure Water) 기술

(1) 개요

① 일반적으로 물의 전기 비저항(Resistivity)이 약 0.2 MΩ/cm (상온 25℃ 기준) 이상인 것을 '순수'라고 하고, 10~15 MΩ/cm (상온 25℃ 기준) 이상이면 '초순수'라고 한다.

② 그러나 요즘은 관련 산업기술의 요구에 따라, 전기 비저항이 약 17~18 MΩ/cm (상온 25℃ 기준) 이상이어야 '초순수'라고 말할 수 있다.

(2) 제조장치

① **전처리 Unit :** Clarifier, Press Filter, Fe Remover, Activated Carbon Filter, Safety Filter 등을 사용한다.

② **RO Unit (Reverse Osmosis Unit ; 역삼투압 장치) :** 사용목적과 수질, 수량에 따라 선택한다.

③ Final Polishing Unit (FPU)

㉮ UV (자외선 살균장치) : 세균의 번식을 방지하고 살균하기 위하여 설치한다.

㉯ CP (Chemically Pure Grade ; 비재생용 순수장치) : 초순수장치에서 최종적으로 완전제거를 목적으로 설치한다 (보통 Resin을 Cartridge 등에 충진하여 일정기간 사용 후 교체한다).

㉰ UF (Ultrafiltration ; 한외여과장치) : Use Point에 공급하는 초순수 중의 미립자를 최종적으로 제거하기 위한 목적으로 설치하며, 반투막을 이용하여 고분자와 저분자 물질을 분리하는 막분리법이다.

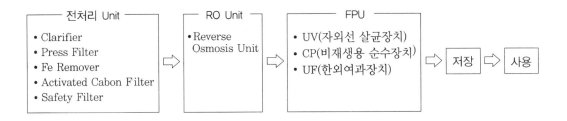

(3) 저장

① 정교한 시스템으로 처리된 초순수는 주위환경 및 조건에 따라 민감한 변화를 가져올 수 있으므로 저장에 많은 주의가 요구된다.

② Storage Tank로 CO_2 유입, 저장시간 및 면적에 따른 오염 가능성, 공기 중의 미생물 침투현상 등을 제거해야 하며 이러한 조건을 충족시키기 위해서는 특수 제작된 Storage Tank의 사용이 바람직하다.

(4) 응용분야

① **기초 (순수) 과학 :** 원자의 결합 측정 연구, 각종 생물학 및 물리학 시험 등

② **유전공학분야 :** 유전공학, 동물실험 등

③ **의료용** : 의료용 기계, 제약공장 등

④ **산업분야** : 반도체(Semiconductor), 화학(Chemical), 정밀공업, 기타 High Technology 산업, 화장품공장 등

⑤ **기타** : 'SMIF 고청정 시스템'에서의 Air Washer 등에 사용한다.

1-14 절수 대책

(1) 절수형 위생기구의 적극적 활용

절수형 양변기부속(2단 사이펀식), 절수형 대변기용(Flush Valve), 양변기세척음 전자음장치, 전자감지식 소변기세척밸브, 절수형 소변기(Flush Valve), 절수형 Disc, 포말장치(Aerator), 감압판(Restrictor), Single Lever식 혼합수전, 자폐식 Thermostat 혼합꼭지, Self Closing Faucet(수전) 등 다양하게 개발되어 있다.

(2) 정책/기술적 절수대책(에너지 절감)

① **정책적인 대책** : 요금, 홍보, 상수도 교체, 절수설비 개발, 지원, 세제 지원 등이 있다.

② **기술적인 대책**

㉮ 압력조절

㉠ 급수조닝에 의한 사용수두압을 100~500 kPa 이내로 제한한다.

㉡ 층별식, 중계식, 압력조정 펌프식, 감압밸브식

㉯ 정유량 밸브

㉠ 절수, 에너지절약, 하수도 비용 절감, 온수온도 일정 유지, 수격 방지 및 소음 방지 등

㉡ Orifice에 의한 저압일 시 통과면적이 넓어지고, 고압일 시에는 좁아져 일정 유량을 공급한다.

㉰ IT 기술 및 ICT 기술 접목

㉠ 전자감응식 등 첨단 자동수전의 적극적 개발

㉡ 누수 자동 감지기 등의 설치로 누수를 방지한다.

㉢ 누수, 유량, 밸브 개폐 등에 대한 중앙제어 및 감시(Monitoring) 적용

(3) 미사용 에너지의 활용

① 중수도를 이용한다.

② 온도차에너지를 활용한다.

③ 빗물을 적극적으로 활용한다.

④ 공조용 냉각수의 절수 등

(4) 생활습관의 개선

생활상 주방/화장실/샤워실 등에서의 물절약 습관 등

칼럼　절수용 기구

1. 절수형 수도꼭지 부속(절수형 디스크) : 주방용, 세면기용, 샤워기용 수도꼭지 내 특수 제작된 디스크를 삽입하여 수압의 변화 없이 토출량을 줄인다.

2. 절수형 분무기 : 주방 수도꼭지에 부착하여 사용이 가능하고, 물을 분사하므로 그릇 세척 시 물과 접하는 표면적이 넓어짐으로써 효과적인 세척이 가능하여 약 10~20 % 절수가 가능하다.

3. 전자감지식 수도꼭지 : 전자눈의 일정거리(약 15 cm) 내에 물체가 접근하면 물이 나오고 멀어지면 그치는 원리를 이용한 것이다.

4. 절수형 샤워헤드 : 누름장치를 누르고 있는 동안만 물이 나오고, 샤워기를 바닥에 놓으면 그친다.

5. 자폐식 샤워기 : 누를 때마다 약 20~30초 동안 물이 나온다.

6. 자폐식 수도꼭지 : 누름장치를 누르고 있는 동안만 물이 나온다.

7. 절수형 양변기 부품 : 양변기 물탱크 내 고무 덮개를 부력 및 무게를 이용하여 빨리 닫히게 한다.

8. 싱글 레버식 온·냉수 혼합꼭지 : 레버 1개로 유량과 온도를 조절한다.

9. 전자감지식 소변기 : 노약자, 신체장애자 등이 사용하기에 편리하고, 위생적 사용이 요구되는 병원 등에 사용할 때 효과적(전자 감지 센서에 의해 동작)이다.

10. 대변기 세척밸브 : 기존 세척기에 별도의 버튼 부착으로 대·소변을 분리하여 세척하고, 특히 학교 등 대형건물 설치 시에 효과가 탁월하다.

11. 절수형 2단 양변기 부품 : 대·소변을 구분하여 2단 레버로 배출량을 조정하고, 기존 용구 부품만 교체함으로써 가능하다.

1-15　수영장 설비의 여과 및 살균

(1) 개요

① 수영장의 오염물질은 섬유, 땀, 침, 가래, 피부, 비듬, 때, 지방, 머리카락, 털 등이다.

② 수영장 소독 부문에서는 과거에 염소 소독법이 대종을 이루었으나 요즘에는 오존 살균법을 많이 응용하여 염소 소독법의 문제점을 보완하고 있다.

(2) 수영장의 여과

① 규조토 여과기(20 μm)

㉮ 응집기가 필요 없음

㉯ 규조토를 교반하여 바름

㉰ 1일 2회 30분 이상 역세

㉱ 유지관리 곤란

㉲ 상수도 보호구역의 설치 금지

㉳ 규조토 피막을 여과포에 입히는 등의 형태로 개량

② 모래여과기(70 μm)

㉮ 응집기 필요

㉯ 시설비 고가

㉰ 1일 1회 5분 이상 역세

(3) 염소살균법

① 일반세균은 살균이 잘 되나, 바이러스 등은 살균이 잘 되지 않는다.

② 염소는 유기물(땀, 때, 오줌 등)과 화합하여 염소화합물을 생성한다.

③ 이러한 염소화합물은 발암물질(트리할로메탄)의 일종이며 안구충혈, 피부 염증, 피부탈색 등도 일으킨다고 보고되어 있다.

> 염소 + 유기질 → 트리할로메탄 (THM ; Trihalomethane)

④ **소독시간 :** 약 2시간

⑤ **잔류염소 :** 0.4~0.6 ppm

⑥ 휴식시간 이용 또는 정량펌프 사용

(4) 오존살균법

① 반응조에서 약 1~2분 이상 반응한 후 활성탄 여과기를 거쳐 투입된다 (소독시간이 아주 빠르다).

② **살균 Process :** 헤어트랩 → 펌프 → 응집기 → 오존믹서기 → 반응조 → 샌드 → 염소주입기 → 수영장

③ **잔류염소 :** 0.1~0.2 ppm

④ 장점

㈎ 바이러스도 거의 100% 제거(99.9% 제거)

㈏ 유기질, NH_3 제거

㈐ Fe, Mn 산화

⑤ 단점

㈎ 설치면적 큼

㈏ 지하공간 설치 금지(오존량 증가에 따라 지하공간에서 치명적일 수도 있음)

(5) 설치 사례

① **염소살균+규조토 여과기**: 재래식, 수동, 설치비 저렴, 유지관리 곤란 (에어 발생)

② **염소살균+모래여과**: 시설비 고가 (약 20%), 실내 수영장

③ **오존살균+모래여과**: 시설비 고가 (약 30%), 옥외 수영장

(6) 수영장 설치사례(독일 표준)

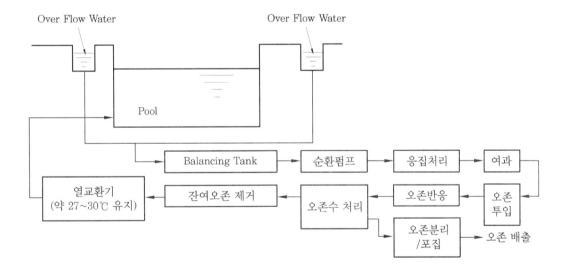

> 칼럼 **Balancing Tank (수위조절탱크)**: 수영장에서 지속적으로 오버플로 되는 물과 수영객이 입욕 시 넘치는 물을 모아서 여과처리 및 살균처리를 할 수 있도록 하는 물탱크로, 버리는 물을 억제하는 에너지절약적 설비라고 할 수 있다.

1-16 수소이온 농도지수 (pH)

(1) 개요 및 정의

① 1909년 덴마크의 쇠렌센(P. L. Sorensen)은 수소이온 농도를 보다 다루기 쉬운 숫자의 범위로 표시하기 위해 pH를 제안하였다.

② '수소이온 농도'를 편하게 표기할 수 있도록 한 숫자이다.

③ 용액 속에 수소이온이 얼마나 있는지를 알 수 있는 척도이다.

④ pH의 정의 : 물(H_2O) 속에는 H^+ 이온과 OH^- 이온이 미량 존재하는데, H^+와 H_2O는 다시 결합하여 H_3O^+로 된다. 이러한 H_3O^+의 양을 −대수(−log)로 나타내는 값을 pH라고 한다(10^{-7} mol/L 이상이면 산성, 이하이면 알칼리성이라고 한다).

(2) 특성

① 같은 용액 속에 수소 이온이 많을수록, 즉 수소이온 농도가 높을수록 산성이 강해진다.

② 수소이온 농도를 나타내는 척도가 되는 수소이온지수(pH)로, 그 함수식은 로그함수로 표기된다.

③ pH가 낮을수록 산성의 세기가 강하고, 반대로 pH가 높을수록 산성의 세기가 약해진다.

④ pH는 로그함수이므로 다음과 같은 특성이 있다.
   ㈎ pH가 1 작아지면 수소이온농도는 10^1배, 즉 10배가 커진다.
   ㈏ pH가 2 작아지면 수소이온농도는 10^2배, 즉 100배가 커진다.
   ㈐ pH가 3 작아지면 수소이온농도는 10^3배, 즉 1,000배가 커진다.

(3) 응용

① 예를 들어 pH 4인 용액은 pH 6인 용액보다 산성의 세기가 100배 강하며, pH 11인 용액은 pH 10인 용액보다 산성의 세기가 10배 약하다.

② 순수한 물에서의 pH는 7이며 이때를 중성이라고 하고, pH가 7보다 작으면 산성, 7보다 크면 알칼리성(염기성)이 된다. pH의 범위는 보통 0~14까지로 나타낸다.

1-17   배관의 부식 문제

(1) 개요

① 부식이란 어떤 금속이 주위 환경과 반응하여 화합물로 변화 (산화반응)되면서 금속
자체가 소모되어가는 현상을 말한다(유체와 금속의 불균일 상태로 인한 국부전지
형성). 철의 경우 다음과 같은 부식과정이 이루어진다.

㈎ 양극부 : $4Fe \rightarrow 4Fe^{2+} + 8e^-$

㈏ 음극부 : $2O_2 + 4H_2O + 8e^- \rightarrow 8(OH)^-$

$4Fe^{2+} + 8(OH)^- \rightarrow 4Fe(OH)_2$: 수산화철 생성

$4Fe(OH)_2 + O_2 \rightarrow 2Fe_2O_3 \cdot H_2O + 2H_2O$: 녹 $(Fe_2O_3 \cdot H_2O)$ 발생

② 관재질, 유체온도, 화학적 성질, 금속 이온화, 이종금속 접촉, 전식, 온수온도, 용존
산소 등에 의해 주로 일어난다.

(2) 종류

① 습식과 건식

㈎ 습식부식 : 금속표면이 접하는 환경에서 습기의 작용에 의한 부식현상

㈏ 건식부식 : 습기가 없는 환경에서 200℃ 이상 가열된 상태에 발생하는 부식

② 전면부식과 국부부식

㈎ 전면부식 : 동일한 환경에서 어떤 금속의 표면에 균일하게 부식이 발생하는 현상.
방지책으로는 재료의 부식여유 두께를 계산하여 설계하는 방법이나 도장공법 등이
있다.

㈏ 국부부식 : 금속재료 자체의 조직, 잔류응력의 여부, 접하고 있는 주위 환경에서
의 부식물질의 농도, 온도와 유체의 성분, 유속 및 용존산소의 농도 등에 의하여
금속 표면에 국부적 부식이 발생하는 현상이다.

㉮ 접촉부식(이종금속의 접촉) : 재료가 각각 전극, 전위차에 의하여 전지를 형성
하고 그 양극을 이루는 금속이 국부적으로 부식하는 일종의 전식 현상이다.

㉯ 전식 : 외부전원에서 누설된 전류에 의해 전위차가 발생, 전지를 형성하여 부식
되는 현상이다.

㉰ 틈새부식 : 재료 사이의 틈새에 전해질 수용액이 침투하여 전위차를 구성하고
틈새에서 급격히 부식이 일어난다.

㉱ 입계부식 : 금속의 결정입자 경계에서 잔류응력에 의해 부식이 발생한다.

ⓜ 선택부식 : 재료의 합금성분 중 일부 성분은 용해하고 부식이 어려운 성분은 남아서 강도가 약한 다공상의 재질을 형성하는 부식이다.

③ 저온부식

㉮ NO$_X$나 HCL(염화수소), SO$_X$ 등의 가스는 순수 상태인 경우 부식에 거의 영향을 미치지 않는다.

㉯ 그러나 저온에서는 대기 중의 수증기가 쉽게 응축됨으로써 Wet 상태가 되면 국부적으로 강산으로 바뀌어 여러 재료에 심각한 부식을 초래하게 된다.

㉰ 보일러에서는 연소가스 중 무수 황산, 즉 황산 증기가 응축되는 온도가 산노점 (酸露点 ; Acid Dew Point)이며 평균온도가 노점 이하로 내려가면 부식이 급격히 증가한다.

$$S + O_2 \rightarrow SO_2 \text{ (아황산가스)}$$

$$SO_2 + \frac{1}{2}O_2 \rightarrow SO_3 \text{ (무수황산가스)}$$

$$H_2O + SO_3 \rightarrow H_2SO_3 \text{ (황산)}$$

지붕의 굴뚝 근처에 발생한 저온부식 현상

(3) 원인

① 내적 원인

㉮ 금속의 조직영향 : 금속을 형성하는 결정상태면에 따라 다르다.

㉯ 가공의 영향 : 냉간가공은 금속의 결정구조를 변형시킨다.

㉰ 열처리 영향 : 잔류응력을 제거하여 안정시켜 내식성을 향상시킨다.

② **외적 원인**

(가) 온도

㉮ 일반적으로 부식속도는 수온이 상승함에 따라 증대한다.

㉯ 그러나 수온이 80℃ 이상인 개방계에서는 수온이 상승하면 용존산소의 감소로 오히려 부식속도가 급격히 감소된다.

(나) 수질 : 경수, pH, 용존산소 (물속에 함유된 산소가 분리되어 부식) 등

(다) 이온화 경향 차에 의한 부식

(라) 유속에 의한 부식

㉮ 유속 상승에 의한 부식 증가 : 유속이 증대하면 금속 표면에 용존산소의 공급량도 증대하기 때문에 부식량이 증대한다.

㉯ 그러나 방식제를 사용할 시에는 방식제의 공급량이 많아져야 하므로 유속이 어느 정도 있는 것이 좋다.

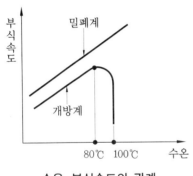

수온-부식속도의 관계

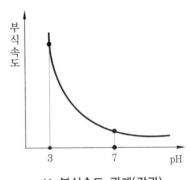
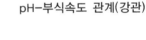

pH-부식속도 관계(강관)

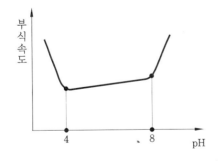

양쪽성 금속(알루미늄, 아연, 주석, 납 등)

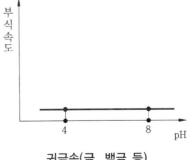

귀금속(금, 백금 등)

③ **기타 원인**

(가) 용해성분 영향 : 가수분해하여 산성이 되는 염기류에 의하여 부식

(나) 아연에 의한 철부식 : 50~95℃의 온수 중에서 아연은 급격히 용해

㈐ 동이온에 의한 부식 : 동이온이 용출하여 이온화 현상에 의하여 부식

㈑ 이종금속 접촉부식 : 용존가스, 염소이온이 함유된 온수의 활성화로 국부전지를 형성하여 부식

㈒ 밸브의 부식 : 밸브의 Stem과 Disc의 접촉부분에서 부식

㈓ 응력에 의한 부식 : 내부응력에 의하여 갈라짐 현상으로 발생

㈔ 온도차에 의한 부식 : 국부적 온도차에 의하여 고온 측이 부식

(4) 사례

① 난방 입상관 최하단 관내부의 부식

② 파이프 덕트 내 배관 연결부의 부식

③ 매립용 슬리브관의 부식 등

(5) 방지대책

① **재질의 선정** : 배관의 재질을 가능한 한 내식성 재질로 선정, 동일 배관재 선정, 라이 닝재 선정

② **pH 조절** : 산성, 특히 강산성을 피할 것 (pH 4~10 권장 ; 일반수질 : pH 5.8~8.6 범위 사용)

③ **연결 배관재의 선정** : 가급적 동일계의 배관재를 선정한다.

④ **라이닝재의 사용** : 열팽창에 의한 재료의 박리에 주의한다.

⑤ **온수의 온도 조절** : 50℃ 이상에서 부식이 촉진된다 (개방계에서는 80℃ 부근에서 최 대로 부식이 이루어짐).

⑥ **유속의 제어** : 1.5 m/s 이하로 제어

⑦ **용존산소 제어** : 약제 투입으로 용존산소 제어, 에어벤트 설치

⑧ **희생양극제** : 지하 매설의 경우 Mg 등 희 생양극제(이온화 경향이 큰 금속)를 배관 에 설치

⑨ **방식제 투입** : 규산인산계, 크롬산염, 아질 산염, 2가금속염 등의 방식제(부식 억제 제) 이용

⑩ **급수의 수처리** : 물리적 방법과 화학적 방 법 등

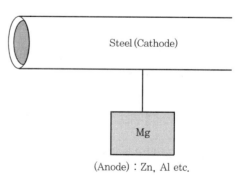

Steel (Cathode)

Mg

(Anode) : Zn, Al etc.

희생양극제 설치도

> 칼럼 금속의 이온화 경향
>
> 1. 이온화 경향 : 금속이 전자를 잃고 (+)이온이 되어 녹아 들어가는 성질의 정도
> 2. 이온화 서열 : 이온화 경향이 큰 원소에서부터 차차 작은 원소의 순서로 나열한 것
> $K > Ca > Na > Mg > Al > Zn > Fe > Ni > Sn > Pb > (H) > Cu > Hg > Ag > Pt > Au$
>
> ```
> [ 이온화 경향이 크다. ]                 [ 이온화 경향이 작다. ]
> [ 전자를 잃기 쉽다.   ]  ←——→          [ 전자를 잃기 어렵다. ]
> [ 양이온이 되기 쉽다. ]                 [ 음이온이 되기 쉽다. ]
> [ 산화(부식)가 쉽다.  ]                 [ 산화(부식)가 어렵다. ]
> ```

(6) 설계개선사항

① 약품투입장치의 자동화

② 탈기설비 개선 및 수질 개선

③ 급수본관 여과장치 설치

④ 동관용접 방법개선

⑤ 저탕조, 배관 등에 부식방지용 희생양극 설치

접촉부식(이종금속의 접촉)

틈새부식(연결부)

1-18 배관의 스케일(Scale) 문제

(1) 개요

① 물에는 광물질 및 금속의 이온 등이 녹아 있다. 이 이온 등의 화학적 결합물($CaCO_3$)이 침전하여 배관이나 장비의 벽에 부착하는데, 이를 스케일이라고 한다.

② 스케일의 대부분은 $CaCO_3$로, 스케일 생성 방지를 위해 물속의 Ca^{++} 이온을 제거해야 하며, 주로 사용되는 방법은 경수연화법, 물리적 방지법 등이다.

(2) 스케일의 종류

① $CaCO_3$ (탄산염계)

② $CaSO_4$ (황산염계)

③ $CaSiO_4$ (규산염계)

(3) 스케일 생성식

$$2 (HCO_3^-) + Ca^{++} \rightarrow CaCO_3 \downarrow + CO_2 + H_2O \text{ (필요 요건 ; 온도, Ca 이온, CO}_3 \text{ 이온 등)}$$

(4) 스케일 생성 원인

① 온도

㈎ 온도가 높을수록 스케일 생성이 촉진된다.

㈏ 급수관보다 급탕관에 스케일이 많다.

② Ca 이온 농도

㈎ Ca 이온 농도가 높을수록 스케일 생성이 촉진된다.

㈏ 경수가 스케일 생성이 많다.

③ CO_3 이온 농도가 높을수록 스케일 생성이 촉진된다.

(5) 스케일에 의한 피해

① **열전달률 감소** : 관, 장비류의 벽에 붙어서 단열기능을 하여, 에너지 소비가 증가하고 열효율은 저하된다.

② **보일러 노 내 온도 상승**

㈎ 과열로 인한 사고

㈏ 가열면 온도 증가→고온 부식 초래

③ 냉각 시스템의 냉각 효율 저하

④ 배관의 단면적 축소로 인한 마찰손실의 증가→반송동력 증가

⑤ **각종 V/V 및 자동제어기기 작동 불량**

㈎ 스케일 등의 이물질로 인해 각종 밸브류나 자동제어기기에 작동 불량을 일으킬 수 있다.

㈏ 고장의 원인을 제공한다.

(6) 스케일 방지대책

① 화학적 스케일 방지책

(개) 인산염 이용법 : 인산염은 $CaCo_3$ 침전물 생성을 억제하며, Ca^{++} 이온을 중화 시킨다.

(내) 경수 연화장치

㉮ 내처리법

㉠ 일시경도 (탄산경도) 제거

- 소량의 물 : 끓임

$$2\,(HCO_3^-) + Ca^{++} \rightarrow CO_2 + H_2O + CaCO_3 \downarrow \text{(침전 제거)}$$

- 대량의 물 : 석회수를 공급하여 처리

$$Ca\,(OH)_2 + CO_2 \rightarrow H_2O + CaCO_3 \downarrow \text{(침전 제거)}$$
$$Ca\,(HCO_3)_2 + Ca\,(OH)_2 \rightarrow 2H_2O + 2CaCO_3 \downarrow \text{(침전 제거)}$$

㉡ 영구경도 (비탄산경도) 제거 : 물속에 탄산나트륨 공급 → 황산칼슘 반응 → 황산나트륨 (무해한 용액) 생성

$$Na_2\,CO_3 + CaSO_4 \rightarrow Na_2\,SO_4 + CaCO_3 \downarrow \text{(침전 제거)}$$

㉯ 외처리법[이온 (염기) 교환방법]

㉠ 제올라이트 내부로 물을 통과시킴

㉡ 일시경도 및 영구경도를 동시에 제거 가능 (일시경도＋영구경도＝총 경도)

(대) 순수장치

㉮ 모든 전해질을 제거하는 장치

㉯ 부식도 감소

② 물리적 스케일 방지책 : 물리적인 에너지를 공급하여 스케일이 벽면에 부착하지 못하고 흘러나오게 하는 방법

(개) 전류이용법 : 전기적 작용에 AC (교류) 응용

(내) 라디오파 이용법 : 배관계통에 코일을 두고 라디오파를 형성하여 이온결합에 영향을 줌

(대) 자장이용법

㉮ 영구자석을 관 외벽에 부착하여 자장 생성

㉯ 자장 속에 전하를 띤 이온에 영향을 주어 스케일 방지

㉭ 전기장 이용법 : 전기장의 크기와 방향이 가지는 벡터양에 음이온과 양이온이 서로 반대방향으로 힘을 받게 되어 스케일 방지

㉲ 초음파 이용법(초음파 스케일 방지기)

  ㉮ 초음파를 액체 중에 방사하면 액체의 수축과 팽창이 교대로 발생하여, 미세한 진동이 물속으로 전파되어 나간다.

  ㉯ 액체 분자 간의 응집력이 약해서 일종의 공동현상이 발생한다.

  ㉰ 공동이 폭발하면서 충격에너지가 발생하여 관벽의 스케일이 분리되고, 분리된 입자는 더 작은 입자로 쪼개진다.

  ㉱ 발진기(고주파의 전기신호 발생), 변환기(초음파 진동 발생) 등으로 구성된다.

전류이용법

초음파 스케일 방지기가 설치된 보일러 동체

1-19 수질 관련 용어해설

(1) BOD(Biochemical Oxygen Demand ; 생물화학적 산소요구량)

① 수질오염도 측정 지표(단위 : ppm)

② 수중의 유기물질을 간접적으로 측정하는 방법이다.

③ 호기성 박테리아가 유기질을 분해할 때 감소하는 산소량(DO)을 말한다.

④ '수질오염의 지표'라고 할 수 있다.

⑤ 오수 중의 오염 물질(유기물)이 미생물(호기성 균)에 의해 분해되고 안정된 물질(무기물, 물, 가스)로 변할 때 얼마만큼 오수 중의 산소량이 소비되는지를 나타내는 값이다.

⑥ 20℃에서 5일간 방치한 다음 측정하여 mg/L(ppm)로 나타내는 수치를 말한다.

> 유기물 → (산소, 호기성균 작용) → 무기물 + 가스

⑦ 이는 호기성 미생물에 의한 산화분해 초기의 산소 소비량을 나타내는 것으로, 오수의 오염도 (유기화합물의 양)가 높을수록 용존산소를 많이 소비하기 때문에 수치가 크다.

(2) BOD양(BOD 부하)

BOD양은 BOD 부하라고도 하며, 하루에 오수정화조로 유입되는 오염물질의 양이나 유출되는 오수가 하천의 수질오탁에 미치는 영향 등을 알기 위하여 필요한 수치로 다음 식과 같이 나타낸다.

$$BOD양(BOD \ 부하) = \frac{유입수 BOD(kg/day)}{폭기조의 용량(m^3)}$$

(3) BOD 제거율

분뇨정화조, 오수처리시설 등에서 유입수를 정화한 BOD를 유입수의 BOD로 나눈 것이다.

$$BOD \ 제거율 = \frac{유입수 BOD - 유출수 BOD}{유입수 BOD} \times 100$$

(4) COD (Chemical Oxygen Demand ; 화학적 산소요구량)

① 용존 유기물을 화학적으로 산화 (산화제 이용)시키는 데 필요한 산소량을 말한다.
② 공장폐수는 무기물을 많이 함유하고 있어 BOD 측정이 불가능하여 COD로 측정한다.
③ BOD에 비해 수질오염 분석(즉시 측정)이 쉬워 효과적으로 측정할 수 있다.
④ 물속의 오탁물질을 호기성균 대신 산화제를 사용하여, 화학적으로 산화할 때에 소비된 산소량 (mg/L)으로 나타낸다.
⑤ **산화제 : 중크롬산칼륨, 과망간산칼륨 등**
[시험방법] 물속에 과망간산칼륨 등의 산화제를 넣어 30분간 100℃로 끓여 소비된 산소량을 측정한다.

(5) BOD 시험법

① 시료를 약 20℃가 되도록 조정하고, 공기로 폭기하여 시료의 용존기체 함량을 포화농도에 가깝게 증가시키거나 감소시킨다.
② 두 개 이상의 BOD병에 이 시료를 채운다.

③ 최소한 하나는 즉시 용존산소의 양을 측정하고, 나머지들은 20℃에서 5일 동안 배양한다.

④ 5일이 지난 후, 배양된 시료에 남아 있는 용존산소의 양을 측정하고, 5일 된 때의 용존산소값에서 최초, 즉 배양기에 넣기 전의 용존산소 값을 빼어 5일 BOD를 계산한다.

⑤ BOD의 직접 측정법은 시료를 변형시키지 않으므로, 자연환경에 가장 가까운 조건에서 결과를 얻을 수 있다.

(6) DO(Dissolved Oxygen ; 용존 산소)

① 물속에 용해되어 있는 산소를 ppm으로 나타낸 것이다.

② 깨끗한 물에는 7~14 ppm의 산소가 용존되어 있다.

③ 수질 오탁의 지표가 되지는 않지만, 물속의 일반생물이나 유기 오탁물을 정화하는 미생물의 생활에 필요한 것이다.

④ 그러므로 DO양이 많은 물만 정화 능력이 있으며 오염이 적은 물이라고 말할 수 있다.

(7) SS(Suspended Solids ; 부유물질)

① 탁도의 정도로 입경 2 mm 이하 불용성의 뜨는 물질을 mg/L로 표시한 것이다.

② 전증발 잔유물에서 용해성 잔유물을 제외한 것을 말하기도 한다.

(8) SV(Sludge Volume ; 활성오니용량)

정화조의 활성오니 1 L를 30분간 가라앉힌 상태의 침전오니량을 말한다.

(9) 잔류염소(Residual Chlorine)

① 유리잔류염소라고도 하며, 물을 염소로 소독했을 때 하이포아염소산과 하이포아염소산 이온의 형태로 존재하는 염소를 말한다 [클로라민(Chloramine) 같은 결합잔류염소를 포함하여 말하는 경우도 있다].

② 염소를 투입하여 30분 후에 잔류하는 염소의 양을 ppm으로 표시한다.

③ 잔류염소는 살균력이 강하지만 대부분 배수관에서 빠르게 소멸한다(그 살균효과에 영향을 미치는 인자로는 반응시간, 온도, pH, 염소를 소비하는 물질의 양 등을 들 수 있다).

④ 수인성 전염병을 예방할 수 있다는 것이 가장 큰 장점이다.

⑤ 잔류염소가 과량으로 존재할 때에는 염소냄새가 강하고, 금속 등을 부식시키며, 발암물질이 생성되는 것으로 알려져 있다.

⑥ 방류수에 염소가 0.2 ppm 이상 검출되어야 3,000개/mg 이하의 대장균 수를 유지할 수 있다.

(10) Flow Over (월류)

'Over Flow'라고도 하며, 정수/배수 처리에서 침전조에 침전된 고형물 위로 넘쳐흘러 다음 공정으로 넘어가는 물을 말한다.

(11) MLSS (Mixed Liquor Suspended Solid)

① 활성오니법에서 폭기조 내의 혼합액 중의 부유물 농도를 말하며 (mg/L)로 나타낸다.

② 혼합액 부유물질이라고도 하며 생물량을 나타낸다.

③ 유기물질과 무기물질로 구성되어 있다.

(12) MLVSS (Mixed Liquor Volatile Suspended Solid)

① MLSS 내의 유기물질의 함량이다.

② 활성오니법에서 '폭기조 혼합액 휘발성 부유물질'이라고 일컫는다.

③ MLVSS = MLSS - SS

(13) ABS (Alkyl Benzene Suspended)

① 중성세제를 뜻하며, 하드인 것은 활성오니법 등으로 분해되기 어렵다.

② 활성탄 여과장치 등에 의해서 흡착·제거가 가능하다.

(14) VS (Volatile Suspended)

① 휘산물질을 말하며, 가열하면 연소하는 물질이다.

② VOC (휘발성 유기화합물질)와는 다른 용어이다(용어 구분에 주의가 필요함).

(15) NSF (미국 위생협회)

① 개요

㈎ NSF는 National Sanitation Foundation (국가 위생국, 미국 위생협회)의 약자이다.

㈏ 1994년 설립된 비영리 단체이다 (미국 미시건주 소재).

② 협회의 영향력 행사

㈎ 1990년부터 ANSI(American National Standards Institute ; 미국규격협회)의 기준이 되었다.

㈏ 1998년부터 WHO(Word Health Organization ; 세계보건기구)의 음료수의 안전과 처리를 위한 협력 연구기관이 되었다.

㈐ 공중위생과 환경에 관여한 제품과 시스템 규격을 정하는 시험을 실시하여 적합한 제품의 리스트를 정기적으로 공개하고 있다.

제 2 장 | 공조와 에너지

2-1 각종 공조방식별 특징

(1) 공조방식의 의의

① 공조방식(空調方式 ; 공기조화방식)이란 공기조화의 4요소(온도, 습도, 기류, 청정도)를 적절하게 조절함으로써 실내 공기를 재실자가 원하는 상태로 조절할 수 있도록 고안된 공조용 기계설비의 방식을 의미한다.

② 공조방식은 크게 중앙공조와 개별공조로 구분할 수 있으나 요즘에는 그 종류가 세분화되면서 중앙공조와 개별공조 각각의 장점을 혼합한 혼합공조방식, 각종 열매체의 복사열로 냉·난방을 행할 수 있는 복사 냉·난방방식도 보급이 확대되고 있기 때문에 명확하고 단일한 체계로 분류하기에는 다소 어려움이 있다. 그러나 이 책에서는 내용상 체계적인 설명과 이론상의 정립을 위해 아래와 같은 체계로 그 종류를 대별해보기로 한다.

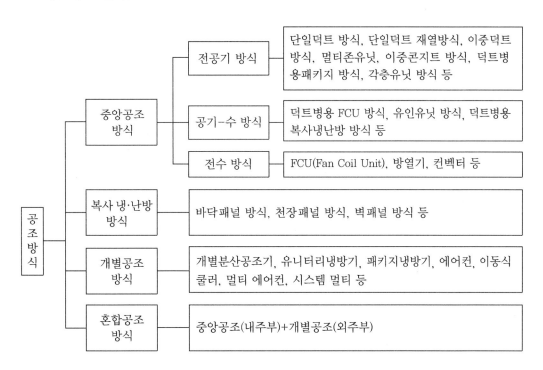

(2) 전공기방식

전공기방식은 중앙기계실의 열원기기에서 생산된 열매가 공조기로 인입되어 공조기(공기조화기 ; Air Handling Unit)에서 냉풍 혹은 온풍을 생산하여 덕트 및 디퓨저를 통해 각 실(室) 혹은 존(Zone)으로 보내지는 방식이다. 사용처 주변에 물배관을 사용하는 팬코일유닛 등의 배관설비가 없어 수배관회로가 단순해지고 물에 의한 피해가 거의 없으며 환기량과 공기의 질을 충분히 제고할 수 있다는 것이 장점이다. 하지만 덕트시스템이 광범위하게 사용처까지 설치되어야 하므로 설비비가 많이 소요되며 덕트 내부에 오염, 결로, 소음 등이 발생하기 쉬워 항상 청소, 관리, 보수 등에 소홀하지 않도록 관리되어야 하는 등의 단점 혹은 주의사항도 많은 방식이다. 종류는 아래와 같이 다양하게 분류할 수 있다.

① 단일덕트방식

(가) 냉방 시에는 냉풍, 난방 시에는 온풍 단일 상태로 공조기에서 각 실(室)로 공조된 공기가 전달된다.

(나) 냉풍 및 온풍의 혼합에 의한 에너지손실이 없고, 단일덕트 시스템이므로 천장 내 공간절약 및 투자비 절감 가능, 송풍량도 충분한 편이다.

(다) 전공기방식 중 가장 보편적인 방식이다.

② 단일덕트재열방식

(가) 냉풍 시 지나친 Cold Draft 방지 및 습도제어를 위한 재열이 필요할 때 재열기를 추가로 설치한다.

(나) 말단 혹은 존별로 재열기를 설치한다 (단일덕트방식의 단점인 재열기능을 보완한 것이다).

③ 이중덕트방식

(가) 냉방 시 및 난방 시 냉풍과 온풍을 동시에 취입하고, 혼합상자 (Blender)에서 혼합하여 적절한 온·습도를 맞추어 각 존 혹은 실(室)로 공급한다.

(나) 부하가 각기 다른 다양한 공조 공간에 여러 가지 조건의 공기를 공급할 수 있다는 장점이 있다.

(다) 냉풍 및 온풍의 혼합에 의한 에너지손실이 크므로 (에너지 소모적) 건물 내 부하가 아주 복잡하거나 세밀한 경우 혹은 실의 용도 변경(부하 변경)이 아주 잦은 경우에 한정적으로 사용된다.

④ 멀티존유닛

(가) 혼합 댐퍼를 이용하여 미리 일정비율로 혼합한 후 각 존 혹은 실(室)에 공급한다.

(나) 비교적 소규모에 적합하며 정풍량장치가 없다.

⑤ **이중 콘지트방식(Dual Conduit System)**

 ㈎ 부하 크기가 많이 변동하는 멀티존 건물을 경제적으로 운용하기에 적합한 방식이다.

 ㈏ 1차 공조기 및 2차 공조기가 유기적으로 병행운전하는 방식이다.

 ㈐ 야간 및 주말에는 소형의 1차 공조기만을 운전하여 경제적인 운전이 가능한 시스템이다.

⑥ **덕트병용패키지방식**

 ㈎ 중앙공조기의 덕트와 분산형 공조기(패키지)가 실의 용도별로 유기적으로 결합된 형태이다.

 ㈏ 소규모에 적합하며, 공기정화 및 습도조절 등이 충분하지 못하여 공기의 질 저하가 우려된다.

 ㈐ 일종의 패키지형 냉동기를 사용하는 방식(보통 직팽코일 사용, 난방열원은 보일러 혹은 전기히터 사용)이며 덕트와 결합하여 사용하는 방식이다.

⑦ **각층유닛방식**

 ㈎ 1차 공기(기계실) 및 2차 공기(각층)를 혼합하여 공급하는 공조방식이다.

 ㈏ 각 층에는 패키지 혹은 공조기 유닛이 있으며, 중앙공조기가 있는 형태와 없는 형태 두 가지가 있다.

⑧ **기타** : 바닥 취출 공조 (UFAC, 샘공조방식), 저속 치환 공기조화 등

(3) 공기-수 (水) 방식

① **덕트병용 FCU 방식**

 ㈎ 외기(Outdoor Air)는 덕트를 이용하고, 환기(Return Air)는 FCU를 이용한 방식이다.

 ㈏ 덕트방식에 팬코일유닛 (Fan Coil Unit)을 병용하는 방식이다.

② **유인유닛방식** : 1차 신선공기는 중앙유닛에서 냉각 감습되고 덕트에 의하여, 각 실에 마련된 유인유닛으로 보내 2차 공기를 혼합한 후 공급하는 방식이다.

(4) 전수 (全水) 방식

① 실내에 설치된 Unit (FCU, 방열기, 컨벡터 등)에 냉온수를 순환시켜 냉난방하는 방식이다.

② 덕트 스페이스는 필요하지 않으나 각 실에 수배관이 필요하며, 유닛이 실내에 설치되므로 실내 유효면적이 감소되고 환기가 부족해질 수 있다.

(5) 복사 냉·난방 방식

① 바닥, 천장, 벽체 등에 복사면을 구성하여 공조한다.

② 난방은 바닥부터, 냉방은 천장부터(패널 설치, 파이프 매설 등을 행함) 하는 경우가 많다.

③ 환기량이 부족해지기 쉽다.

④ **종류**

㈎ 패널의 종류에 따라 바닥 패널방식, 천장 패널방식, 벽 패널방식으로 나뉜다.

㈏ 열매체에 따라 온수식, 증기식, 전기식, 온풍식, 연소 가스식, 특수열매식 등으로 나뉜다.

㈐ 패널의 구조에 따라 파이프 매입식, 특수 패널식, 적외선 패널식, 덕트식 등으로 나뉜다.

(6) 개별공조방식

① 개별 편리 제어, 부하 대응성 우수, 투자비 절감 등이 주목적이다.

② 개별분산공조기, 유니터리냉방기, 패키지공조기, 창문형 에어컨(WRAC : Window Type Room Air Conditioner), 벽걸이형 에어컨(Wall Mounted Air Conditioner), 스탠드형 에어컨(Stand Type Air Conditioner) 혹은 패키지형 에어컨(Package Type Air Conditioner), 이동식 쿨러, 멀티 에어컨, 시스템 멀티 등이 대표적이다.

③ **기타** : Task/Ambient 공조시스템, 윗목/아랫목 시스템 등

(7) 혼합공조방식

① **내주부의 열부하 처리** : 부하의 종류가 다양하고 환기량이 많이 필요하므로, 주로 중앙공조방식이 채택된다.

② **외주부의 열부하 처리** : 방위별 조닝을 실시한 후 주로 개별공조방식(시간대별 혹은 기간별 부하의 변동이 심한 곳에도 적합하고, 설치가 간편하고 저렴하여 신축건물뿐만 아니라 리모델링 등에도 쉽게 설치시공이 가능함)을 채택한다.

③ 보통 외주부는 자연환기가 대부분 가능하여, 개별공조기를 설치하더라도 환기량 부족 등의 클레임이 적다. 혹은 전문 환기장치인 전열교환기, 현열교환기 등을 접목시킬 수도 있다.

④ 적용방법(사례)

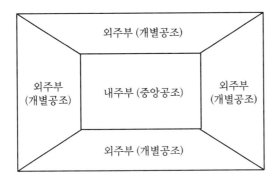

※ 혼합공조(사례)
- 내주부 : 중앙공조 설치
  (전공기 방식, 공기-수 방식 등)
- 외주부 : 개별공조 설치
  (EHP, GHP 등)

칼럼 PAL과 CEC란？

1. PAL [Perimeter Annual Load Factor ; 외피 연간부하 $(MJ/year \cdot m^2)$]
   ① 정의 : 외주부의 열적 단열성능을 평가할 수 있는 지표로서 외주부의 연간 총 발생 부하를 그 외주부의 바닥면적으로 나누어 계산한다.
   ② 계산식
$$PAL = \frac{외주부의 연간 총 발생부하 (MJ/year)}{외주부의 바닥면적의 합계 (m^2)}$$
   ③ 계산 결과 규정 수치를 상회할 시 외피설계를 재검토해야 한다.
   ④ 단위 : J/m^2, kJ/m^2, MJ/m^2, GJ/m^2, $Mcal/year \cdot m^2$ 등

2. CEC [Coefficient of Energy Consumption ; 에너지 소비계수 (무차원)]
   ① 정의 : 어떤 건물이 '에너지를 얼마나 합리적으로 사용하는가'를 나타내는 지표이다.
   ② 에너지 합리화법상 에너지의 효율적이용에 대한 판단기준이다.
   ③ 계산식(무차원)
   아래 계산식의 각 분모는 가상 표준조건에서의 에너지량이며, 분자는 실제의 사용 습관, 폐열 혹은 배열회수, 자동제어 등을 감안한 값이다.
   ㉮ 공조에너지 소비계수(CEC/AC : Coefficient of Energy Consumption for Air Condi‐tioning)
$$CEC/AC = \frac{연간 공조에너지 소모량 (MJ/year)}{연간 가상 공조부하 (MJ/year)}$$
   ※ 참고수치(일본 고시 기준) : 사무실 : 1.6 이하, 점포 : 1.8 이하일 것
   ㉯ 급탕에너지 소비계수(CEC/HW : Coefficient of Energy Consumption for Hot Water Supply)
$$CEC/HW = \frac{연간 급탕에너지 소모량 (MJ/year)}{연간 가상 급탕부하 (MJ/year)}$$
   ㉰ 조명에너지 소비계수(CEC/L : Coefficient of Energy Consumption for Lighting)
$$CEC/L = \frac{연간 조명에너지 소모량 (MJ/year)}{연간 가상 조명에너지 소비량 (MJ/year)}$$

㈜ 환기에너지 소비계수(CEC/V : Coefficient of Energy Consumption for Ventilation)

$$CEC/V = \frac{\text{연간 환기에너지 소모량(MJ/year)}}{\text{연간 가상 환기에너지 소비량(MJ/year)}}$$

㈜ 엘리베이터 에너지 소비계수(CEC/EV : Coefficient of Energy Consumption for Ele
-vator)

$$CEC/EV = \frac{\text{연간 엘리베이터 에너지 소모량(MJ/year)}}{\text{연간 가상 엘리베이터 에너지 소비량(MJ/year)}}$$

2-2   복사냉·난방 방식

(1) 개요

① 대류가 아닌 복사열전달 원리에 의한 냉방 및 난방을 행하는 방식이다.

② 천장, 바닥, 벽 등에 온수, 냉수나 증기 등이 통하는 관을 매설하여 방열면으로 사용
하는 방법이다.

(2) 특징

① 장점

㈎ 실내의 온도분포가 균등하여 쾌감도가 높다.

㈏ 방을 개방상태로 해도 난방 효과가 있다.

㈐ 방열기가 없으므로 방의 바닥면적 이용도가 높아진다.

㈑ 실내 공기의 대류가 적기 때문에 바닥면의 먼지가 상승하지 않는다.

㈒ 방의 상·하 온도차가 적어 방 높이에 의한 실온 변화가 적으며, 고온복사난방 시
천장이 높은 방의 난방도 가능하다.

㈓ 저온복사난방(35~50℃ 온수) 시 비교적 실온이 낮아도 난방효과가 있다.

㈔ 실내 평균온도가 낮기 때문에 같은 방열량에 비하여 손실열량이 적다.

㈕ 덕트 스페이스가 절약된다.

② 단점

㈎ 외기 온도 급변에 따른 방열량 조절이 어렵다.

㈏ 증기난방 방식이나 온수난방 방식에 비해 설비비가 비싸다.

㈐ 구조체를 데워 예열시간이 길기 때문에 일시적 난방에는 효과가 적다.

  ㈜ 매입배관이므로 시공이 어려우며, 고장 시에는 발견하기 어렵고 수리하기도 어렵다.

  ㈜ 열손실을 막기 위해 단열층이 필요하다.

  ㈜ 실내에 결로가 생길 우려가 있다.

  ㈜ 중간기에도 냉동기의 운전이 필요하다.

  ㈜ 바닥패널식의 경우 중량이 커지므로 건축구조체가 커진다.

(3) 분류 및 방식

① 패널의 종류에 따라

  ㈎ 바닥패널방식 : 시공이 용이하며, 가열면의 온도는 보통 30℃ 내외로 한다 (약 27~35℃ 유지).

  ㈏ 천장패널방식 : 시공이 어려우나 50~100℃ 정도까지 가능하다.

  ㈐ 벽패널방식 : 창틀 부근에 설치하여 열손실이 클 수 있다.

② 열매체에 따라 : 온수식, 증기식, 전기식, 온풍식, 연소 가스식, 특수열매식 등

③ 패널의 구조에 따라 : 파이프 매입식, 특수 패널식, 적외선 패널식, 덕트식 등

④ 패널의 표면온도에 따라

  ㈎ 저온방식 : 패널의 표면온도는 보통 45℃ 이하이고, 패널 내에 배관코일을 매설하여 여기에 온수 등의 열매를 통하게 한다.

  ㈏ 고온방식 : 강판에 파이프를 용접 부착한 것으로, 열매는 고온수나 증기를 사용하며, 패널 표면온도는 100℃를 넘는 경우도 있다. 천장이 높고 실내온도가 낮은 대형기계공장 등에 사용된다.

⑤ 기타 : 복사 가열에 필요한 복사 가열기, 가열 용량의 여분을 위한 보조 전기 가열기, 복사 가열의 에너지원인 램프열원, 고온의 전기 장치, 세라믹 열원, 유리판 가열기 등

(4) 방열 패널의 배관방식

① 강관, 동관을 주로 사용하되, 내식성으로 볼 때 동관이 우수하다.

② 콘크리트 속에 강관을 매설할 경우 부식에 대한 대책을 마련해야 한다.

③ 코일 배관 방법

  ㈎ 그리드식 : 온도차가 균일한 반면 유량분배가 균일하지 못하다.

  ㈏ 밴드식 : 유량이 균일한 반면 온도차가 커진다.

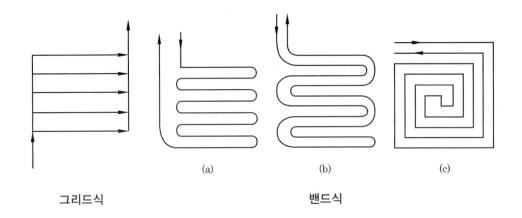

그리드식   밴드식

④ 코일 매설 깊이는 코일 직경의 약 1.5~2.0 d이다.

⑤ **코일배관 Pitch :** 25 A는 약 300 mm, 20 A는 약 250 mm

⑥ **배관길이 :** 30~50 m마다 분기 Header 설치

(5) 유량 밸런싱용 시스템분배기

① 현재 난방시스템에서는 높은 안정성 및 에너지 소비량의 절감이 주요한 인자이다. 이를 위해 난방시스템의 모든 작동조건에서 정확한 유량을 공급하여 그 시스템의 완벽한 밸런싱을 이루어야 하는 것이 가장 중요한 해결과제였다.

② 이것을 해결하기 위해 정유량조절밸브, 가변유량밸브, 시스템분배기(열동식 밸브 채용) 등이 개발되어 공급 측과 환수 측의 다양한 차압변화에 따른 유량을 항상 일정하게 유지시켜주는 역할을 한다.

③ **정의**

  (가) 기존 온수분배기에서의 취약한 유량분배와 유수에 의한 소음으로 인한 민원을 해결하고, 에너지를 절감할 수 있게 하는 것이 근본 목적이다.

  (나) 유량조절성능을 최대한 발휘할 수 있는 저소음의 미세유량조절로 설계유량을 적절하게 공급할 수 있게 하는 방식이다.

④ **특징**

  (가) 정확한 유량분배가 가능하다 (세대별 및 실별).

  (나) 실별 온도조절기능 및 에너지절약이 가능하다.

  (다) 저소음형 자동유량조절밸브를 부착한다.

  (라) 아파트 (지역난방, 개별난방), 오피스텔 및 일반상업용 공간 등 난방이 필요한 모든 곳에 적용 가능한 방식이다.

㈃ 각 실별로 최적의 난방온도로 제어 가능하다.

㈄ 실별 적정유량 및 열량공급이 가능하여 코일길이의 제한이 해소된다 (보통 최대 난방길이는 최대 150~200 m 수준).

㈅ 코일길이 제한 해소로 분배구 및 분배기의 수가 대폭 감소되어 경제적인 시공이 가능하다.

㈆ 에너지비용 절감 : 온수분배 상태의 세분화로 불필요한 열량을 제어하여 에너지 비용 절감효과 (35~40 %)를 극대화한다.

㈇ 유량조절기 내장 : 보통 공급관에 소켓별 유량조절기(자동 이방변 등)를 내장시켜 각 실(방)별로 수치화된 유량조절이 가능하도록 하고, 환수 측의 온수분배기 측에 열동식 조절밸브 혹은 미세유량 조절밸브를 부착한다.

㈈ 유량조절밸브가 부착된 공급 측 온수분배기 : 유량조절은 슬라이드방식, 로터리 방식, 디지털방식 등으로 전면에서 쉽게 설정할 수 있게 한다.

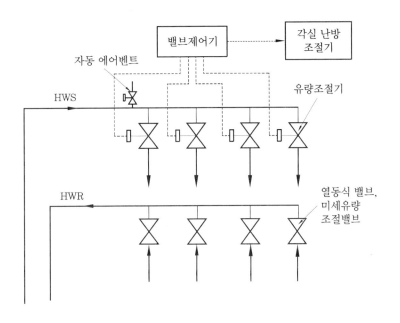

시스템분배기

(6) 건물 외벽 창가에 방열기를 설치하는 이유

① Cold Draft 방지 : 체온을 냉기복사로부터 막아준다.

② 외기침입 방지 : 에어커튼 효과로 인하여 틈새바람의 침입을 막아준다.

③ 코안다 효과로 실내 대류 원활 : 기류가 멀리 도달할 수 있다.

④ **층류화(Stratification) 방지** : 실 아래쪽에서 공기가 취출되게 하여 공기의 밀도차에 의한 층류화를 방지한다.

⑤ **연돌효과 완화** : 창측을 가압해줌으로써 연돌효과를 어느 정도 완화해준다.

⑥ **취기 및 오염 인입 방지** : 외부로부터 오염된 공기나 냄새가 침투하는 것을 방지한다.

(7) 현장 설치사례

① 1층 로비 등의 공용부, 은행 영업장 등에 대한 공조 : 사람의 빈번한 출입, 높은 층고, 높은 환기부하, FCU 설치의 제약 등의 이유로 다음 그림과 같이 'AHU+바닥패널히팅' 등을 적용하는 것이 효과적이다.

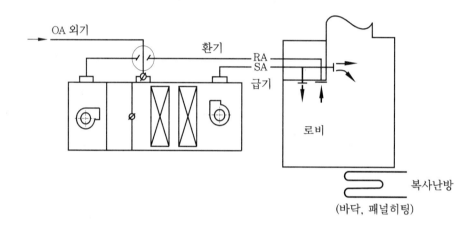

(8) 복사냉방 시스템

① 복사냉방은 인체와 차가운 복사냉방시스템 표면의 복사열전달을 통하여 냉방을 하는 방식이다. 인체는 복사를 통해 42~43 %, 대류를 통해 32~35 %, 증발을 통해 21~26 %의 열발산을 한다.

② 복사냉방은 인체와 직접 복사열교환을 하므로 대류냉방방식에 비해 쾌적감이 우수하고, 대류열교환이 적으므로 실내에서의 드래프트 및 소음으로 인한 불쾌감이 적다.

③ 또한 에너지 사용측면에서 대부분의 복사냉방시스템은 복사표면의 냉각매개체로 물을 사용하고 있다. 단위 중량에 대한 열용량을 비교해 볼 때, 물이 공기에 비해 4배 이상 높기 때문에, 유량이 감소되어 냉방에 필요한 냉각매개체의 전달에 사용되는 에너지를 줄일 수 있다는 장점이 있다.

④ 복사냉방의 구조 및 원리

(가) Capillary Tube System

㉮ 냉수관의 간격을 조밀하게 하여 석고나 집성보드에 매몰하거나 천장면에 부착하여 사용하는 방식이다.

㉯ 플라스틱관의 유연성 때문에 개보수 시에 사용하기 적합한 시스템이다.

(나) Suspended Ceiling Panel System

㉮ 가장 널리 알려져 있으며 알루미늄 패널에 인접한 금속관으로 냉수를 순환시켜 냉방하는 방식이다.

㉯ 열전도율이 좋은 재료를 사용하면 실부하의 변화에 빠르게 대응할 수 있는 시스템을 만들 수 있다.

(다) Concrete Core System

㉮ 이 시스템은 바닥난방시스템과 동시에 사용할 수 있는 방식이다.

㉯ 축열체인 콘크리트에 의한 축열냉방을 한다.

㉰ 지연효과(Time-Lag)로 인해 실부하의 변화에 빠르게 대응하기 위한 제어가 어렵다는 단점이 있다.

2-3　바닥취출 공조시스템(UFAC ; Free Access Floor System)

(1) 개요

① IBS(Intelligent Building System)화에 따른 OA기기의 배선용 2중바닥 구조를 이용하여 바닥에서 기류를 취출하게 만든 공조방법이다.

② **출현 배경** : 1980년대 북유럽 천장, 바닥 냉방방식 발전

③ IB, 전산실, 항온항습실 등은 뜬바닥 구조를 많이 이용하며 이는 OA기기의 배선용 바닥의 목적 외 소음, 진동 전달 방지 등의 효과도 있다.

(2) 장점

① 에너지절약

(가) 거주역(Task) 위주의 공조가 가능하다 (공조대상 공간이 작아 에너지를 절감할 수 있다).

(나) 기기발열, 조명열 등은 곧바로 천장으로 배기되므로 거주역 부하가 되지 않는다.

(다) 흡입/취출 온도차가 작으므로 냉동기 효율이 좋다.

② 실내 공기질

(개) 비혼합형 공조로 환기효율이 좋다.

(내) 발생오염물질이 곧바로 천장으로 배기되므로 거주공간에 미치는 영향이 적다.

(대) '저속치환공조'로 응용 가능하여 실내의 청정도를 높일 수도 있다 (단, 바닥 분진 주의).

③ 실내 환경제어성

(개) OA 기기 등의 내부 발생 열부하의 처리가 쉽다.

(내) 급기구의 위치변동 및 제어로 개인 (개별) 공조 (Personal Air-conditioning)가 가능하다.

(대) 난방 시에도 바닥에서 저속으로 취출하므로 온도와 기류분포가 양호하다 (난방 시 공기의 밀도차에 의한 성층화 방지가 가능하다).

(라) 바닥구조체에 의한 복사 냉·난방의 효과로 실내 쾌적도가 향상된다.

④ 리모델링 등 장래확장성

(개) Free Access Floor 개념(급기구의 자유로운 위치변경) 도입으로 Lay Out 변경에 대한 Flexibility가 좋다.

(내) 이중바닥 (Acess Floor)의 급기공간이 넓어 급기구를 늘릴 수 있어 장래 부하 증가에 대응할 수 있다.

⑤ 경제성

(개) 덕트 설치비용의 절감이 가능하다.

(내) 층고가 낮아지고 공기가 단축되므로 초기투자비가 절감된다.

(대) 냉동기 효율이 좋고 반송동력이 작아 유지비가 절감된다.

⑥ 유지보수

(개) 바닥작업으로 보수관리가 용이하다.

(내) 통합제어(BAS)의 적용으로 제어 및 관리가 유리하다.

(3) 단점

① 바닥에서 거주역으로 바로 토출되기 때문에 Cold Draft가 우려된다.

② 바닥면에 퇴적되기 쉬운 분진의 유해성 등에 대한 검토가 필요하다.

③ 바닥면의 강도가 약할 수 있으니 적극적인 대처가 요구된다.

☞ 이러한 바닥취출공조의 단점을 보완하기 위해서는 CR (클린룸) 방식에서와 같이 '천장취출 하부바닥 리턴 방식'도 함께 고려해 보아야 한다.

(4) 종류별 특징

① 덕트형

⑦ 가압형 : 급기덕트로 급기

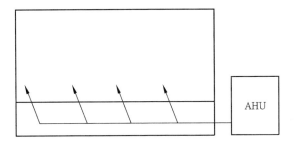

⑭ 등압형 : 급기덕트 및 급기팬으로 급기

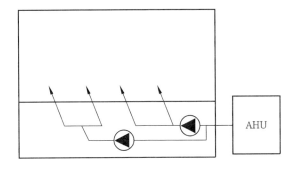

② 덕트리스형

⑦ 가압형 : 덕트가 없고 팬이 없는 취출구방식

⑭ 등압형 : 덕트가 없고 팬이 부착된 취출구방식(급기팬으로 급기)

③ 바닥벽 공조 : 바닥벽 급기형 샘공조방식

④ 의자 밑 SAM 공조 : 의자취출구 공조방식 등

⑤ 각 종류별 비교표

비교 항목	덕트방식 (가압형/등압형)	무덕트방식	
		가압 체임버	등압 체임버
급기길이	40 m 이하	18 m 이하	30 m 이하
이중바닥	350 mm 이상	300 mm 이상	250 mm 이상
급기온도차	9℃	9℃	9℃
취출구	팬 없음/팬 있음	팬 없음	팬 있음

(5) 바닥 취출구(吹出口)

① **토출공기온도** : 18℃ 정도 (드래프트에 주의)

② **바닥취출구** : 원형선회형(난방 ╲╱ 냉방 ↑ ↑), 원형비선회형, 다공패널형, 급기팬 내
  장형 등

원형선회형 바닥 취출구

원형비선회형 바닥 취출구

급기팬 내장형 바닥 취출구

2-4 저속 치환공조

(1) 개요

공조방식 중 냉·난방에너지를 절감하고 실내 공기의 질을 향상시키기 위한 아주
효과적인 방법 가운데 하나이다.

(2) 원리

① 실의 바닥 근처에 저속으로 급기하여, 급기가 데워지면 상승하는 효과 (대류)를 이
  용한 것이다.

② 밀도차에 의해 거주역의 오염공기를 위로 밀어내어 거주역 공기의 질을 향상시킨다.

③ Shift Zone(치환구역)이 재실자 위로 형성되게 하는 것이 유리하다(압력＝0).

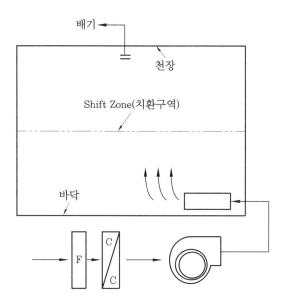

(3) 특징

① 덕트치수 및 디퓨저 면적이 크고 풍속이 적다.

② 팬동력이 적고 취출공기 온도가 낮아도 되므로 에너지 효율이 좋고 지하수 냉방 등을 고려해볼 수도 있다.

③ 공기의 질을 획기적으로 제고할 수 있는 방법이다.

④ 유럽 등에서 많이 발전되어 온 방식이다.

⑤ Spot Cooling 및 Air Pocket 부위의 해결방법으로도 사용되고 있다.

⑥ Down Flow 방식(하부 취출방식)으로 적용된 항온항습기나 패키지형 공조기 등에도 적용한다(IT센터, 전산실, 기타 중부하존 등).

2-5 거주역/비거주역(Task/Ambient) 공조 시스템

(1) 목적

① 에너지절약을 위한 공조방법의 일종이다.

② 개별제어가 용이하여 사용이 편리하다.

(2) 종류

① 바닥 취출 공조, 바닥벽 취출 공조, 격벽 취출 공조방식

② 개별 분산 공조방식

③ 이동식 공조기 사용

④ **기타 개별공조** : Desk 공조 등

(3) 장점

① 흡입온도와 취출온도의 차이를 줄일 수 있어 경제적인 시스템 운영이 가능하다 (에너지 소비효율의 증가).

② 기기발열, 조명열 등은 천장 등으로 바로 배기가 가능하다.

③ 공조 대상공간을 거주역으로 한정지음으로써 에너지절감이 가능하다.

④ 천장 안 덕트공간을 절약할 수 있다.

⑤ 개별제어가 용이하여 사용이 편리하고 합리적이다.

⑥ Lay Out 변경으로 인한 Flexibility가 좋다.

(4) 단점

① 재실자 주변으로 바로 기류가 흐르기 쉬워 냉방 시에 Cold Draft, 난방 시에는 불쾌감 등이 우려된다.

② 집진 필터링, 가습, 환기 등이 부족하기 쉬워 공기의 질이 떨어질 우려가 있다.

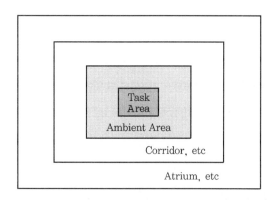

거주역/비거주역 공조 영역

2-6 윗목/아랫목 시스템

(1) 장점

① 사용 공간/비사용 공간을 각기 구분하여 난방을 적용하므로, 에너지절약적인 방법이다.

② 난방부분에서의 개별공조 (필요부분만 공조)를 실현하여 사용의 편리성을 추구하는 공조방식이다.

(2) 단점

① 타 공조방식 대비 Lay-Out 변경이 제한적이다 (보통 Task Ambient 공조는 Lay-Out 변경이 용이하다).

② 바닥의 각 부분별 온도차에 의하여 바닥균열, 결로 등의 우려가 있다.

(3) 기타 윗목/아랫목 코일 도입상의 주의점

① 바닥 온도의 불균일로 활동의 자유도가 감소할 수 있다.

② 일종의 바닥 복사난방의 거주역/비거주역 공조라고 할 수 있다 (국소 복사난방의 개념).

(4) 응용

① 윗목/아랫목 공조는 거주역/비거주역 공조의 난방부분에서의 대응방안 중 하나이다 (거주역 위주의 복사난방을 실현하여 에너지 절감이 가능함).

② 기존의 온돌난방은 침대, 가구, 소파 등이 있는 자리까지 난방하여 비효율적인 난방이 될 뿐 아니라, 가구 등의 뒤틀림, 손상 등을 초래할 수 있다. 이러한 문제는 코일 간격을 아랫목은 촘촘히, 윗목은 넓게 하면 어느 정도 해결할 수 있다.

③ 차등 난방시스템

㈎ 기존의 균등난방시스템과 달리 윗목 및 아랫목의 공급배관을 이원화하여 별도로 제어해주는 방식이다.

㈏ 필요에 따라서는 윗목, 아랫목을 서로 바꿀 수 있고 심지어는 균등난방까지도 가능하다 (즉 윗목/아랫목 각각을 원하는 온도로 언제든 맞출 수 있다).

2-7 방향공조 (향기공조)

(1) 개요

방향 (芳香) 공조는 향기가 인후의 통증이나 두통 등을 완화시키는 효과가 있다는 점을 이용한 공조방식의 한 유형이다 (프랑스에서 최초로 개발·보고되었다).

(2) 영향

방향 (향기)은 사람의 심리, 생리적 효과 등에 다양하게 좋은 작용을 할 수 있다.

(3) 사례

① 공조에 삼림 등의 향기를 첨가해 실내 거주자에게 평온함과 상쾌함을 주어 작업능률을 향상시킨다.

② 향료로 레몬, 라벤더, 장미 등의 식물성 향료를 사용할 수 있다.

③ 이들 향료의 선택, 공급 스케줄의 각 제어는 아래 그림과 같이 이루어진다.

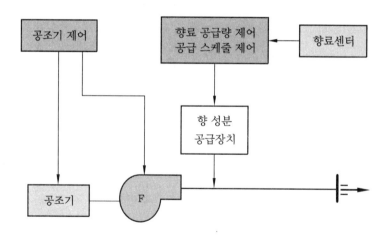

방향공조(개념도)

2-8 $1/f$ 흔들림 공조

① 주파수와 강도 사이에는 어떤 관계가 있다. 즉 음의 강도가 주파수에 반비례하면 (해변의 파도, 소슬바람 등) 쾌적하다는 분석이 있다.

② 보통의 공조는 일정 풍속으로 제어되지만 $1/f$ 속도 (가변속)로 공기속도를 만들어 내면 인간의 쾌적감 유지에 더 유리하다는 이론에 바탕을 둔다.

③ $1/f$ 속도 (가변속)로 공기속도를 만들어 선풍기, 공기청정기, 에어컨 등에 적용한 사례가 많다.

④ **공조기의 취출기류** : 기분 좋은 자연풍을 실내에서 인공적으로 재현하도록 풍속과 풍향을 제어한다.

⑤ 온화한 해변의 소슬바람처럼 바람 강도를 주파수에 반비례한 관계로 '자연풍 모드'를 만들어낸다.

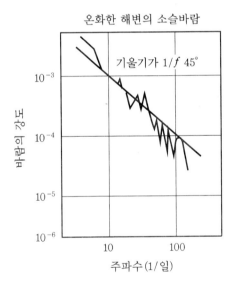

1/f 공조(사례)

2-9 퍼지(Fuzzy) 제어

(1) 개요

① 실내 공기의 온도가 바뀌면 수시로 전원이 On-Off하게 되어 있는 On-Off 컨트롤의 공조와 상반되는 개념으로 등장한 공조의 한 방식이다.

② On-Off 컨트롤 방식의 공조에서 전원의 On과 Off가 반복되어 에너지가 과다 소비되고, 쾌적한 실내온도를 보장받기 어려운 점을 보완한 방식이다.

③ 이런 단점을 극복하고자 한 것이 퍼지이론 적용이다. "이 정도의 온도 차이가 나면 온도를 높여라(또는 낮춰라)"라는 명령이 프로그램상 입력되어 있어서 전원을 On-Off 하지 않고 실내에 항상 설정된 온도, 습도 및 풍속 등을 제공받을 수 있다.

④ 신경망(Neuron Network)과 퍼지(Fuzzy)의 장점을 따서 결합한 것이다(인간의 신경조직과 비슷하게 기능하도록 한 자동센서가 적절한 온도, 습도와 풍향 등을 스스로 판단해 실내환경을 최적의 상태로 이끈다는 것).

(2) 방법

① 여러 센서들을 이용해 센싱 후 자동연산 처리하여 그 결과물을 출력해내는 방식이다.

② 보통 공조시스템상 액정무선리모콘, 시간예약기능, 항균 Air Filter 등 다양한 기능이 첨가될 수 있다.

(3) 개념도(사례)

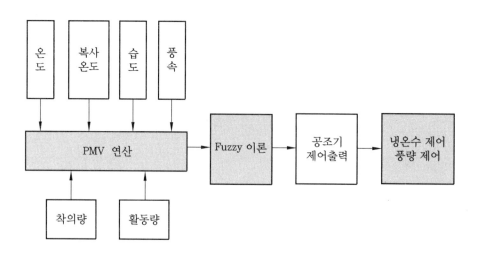

2-10 초고층 건축물의 공조와 에너지

(1) 초고층 건축물의 열환경 특징

① '초고층 건축물'이란 층수가 50층 이상이거나 높이가 200미터 이상인 건축물을 말한다.

② 에너지 다소비형 건물이므로 '에너지절약대책'이 특별히 중요하다.

③ 초고층 건물일수록 SVR (Surface area to Volume Ratio)이 커서 열손실이 크고 건물의 에너지절약 측면에서 좋지 못하다. 단, 지붕면적이 작아 지붕으로 침투되는 일사량의 비율은 줄어들지만 여전히 '옥상녹화'가 추천된다.

④ 고층부에 풍속이 커서 대부분 기밀성이 높은 건축구조이며 자연환기가 어려운 구조이다.

⑤ 연돌효과가 매우 커서 여름철에 일사부하가 상당히 크고 겨울철에는 강한 풍속으로 인한 열손실이 큰 부하특성이 있다.

⑥ 건물 외피부분의 시간대별 부하특성은 매우 변동이 심하므로 내주존, 외주존을 분리하여 공조장치를 적용하는 방법을 검토해야 한다.

⑦ 기타 초고층 용도로서의 각종 설비의 내압·내진 신뢰성이 강조되며, 화재 시의 방재 등 안전에 대한 고려가 무엇보다 중요하다.

(2) 급수관 수압/소음문제(수송 동력 절감 및 기기 내압에 특히 주의)

① 급수관 분할방식, 감압밸브 사용

② **배관재** : 고압용 탄소강관 (수압이 $10 \, \text{kgf/cm}^2$ 이상이면 고압용 탄소강관 사용)

③ **입상관** : 3층마다 방진

④ **입상배관 유수음 대책** : 이중관 및 스핀관 시공

(3) 연돌효과 (굴뚝효과)

① Air Curtain, 2중문, 회전문 등으로 외기 차단

② 2중문 사이에 Convector 혹은 FCU를 설치

③ 방풍실 설치, 가압으로 외기 차단

④ 기밀성 : 밀실시공

⑤ 층간구획으로 공기흐름 차단

(4) 에너지절약대책

초고층건물은 에너지 다소비형 건물이므로 '에너지절약대책'이 상당히 중요하다.

① **전열교환기** : 환기 시 폐열회수가 가능하다.

② **이중외피(Double Skin 방식) 구조** : 자연환기를 실시할 수 있다.

③ 중간기에는 외기냉방을 실시한다 (엔탈피 제어 등 동반 필요).

④ VAV 방식을 채용하여 반송 동력비를 절감한다.

⑤ 신재생에너지 적용을 검토하는 방법 등이 있다.

(5) 설비 선정 시 고려사항

① 초고층 건물은 저층 건물에 비해 복사, 바람, 일사에 의한 영향으로 냉·난방 부하에 더 많은 영향을 받기 때문에 열원장비의 용량이 재래의 건물과 비교하여 증가하게 된다.

② 창문 개폐가 어려우므로 자연환경의 이용보다는 공조설비에 의한 의존도가 커진다.

③ 건물 방위별로 부하의 차가 커 냉·난방이 동시에 필요하므로 냉열원과 온열원이 동시에 요구되고 연간냉방 및 중간기 공조가 필요하다.

④ 사무자동화의 일반화로 OA 기기로 인한 내부 발열이 크기 때문에 열원설비의 용량이 증가하게 된다.

⑤ 열원시스템은 건물 규모, 열부하의 중간기 특성, 에너지 단가 측면에서의 경제성, 정부시책 등을 바탕으로 고효율, 고성능, 유지관리비의 최소에 따른 에너지절약을 고려하여 그 종류 및 배치 계획을 종합적으로 분석한 후 결정한다.

⑥ 시스템의 안정성과 연료공급의 안전성을 고려하여 연료의 다원화와 비상열원이 필요하다.

⑦ 추후 부하변동에 유연성 있게 대응할 수 있도록 준비되어야 한다.

(6) 열원 시스템

① **중앙공조**

⑦ 장비 : 흡수식 및 터보 냉동기 등 활용/각 Zone별 혹은 층별 공조기 사용

⑭ 저층부 : 열원장비에서 생산된 냉수를 직접 공조기코일에 공급 (냉수온도 약 7℃)하거나 직팽 코일방식을 사용할 수 있다.

⑭ 고층부는 판형 열교환기를 설치하여 공조기코일에 냉수를 공급 (냉수온도 약 8℃)한다.

⑭ 냉각탑 : 무동력형(고층이므로 원활한 풍속 확보) 가능성 타진

② **개별공조**

　㈎ 개별조작 및 편리성이 강조된 EHP(빌딩멀티, 시스템멀티) 채용을 검토한다.

　㈏ 도시가스 등을 이용한 GHP 채용을 검토한다.

　㈐ 전열교환기, 현열교환기 등의 환기방식을 선정한다.

③ **혼합공조**

　㈎ 주로 외주부는 개별공조, 내주부는 중앙공조를 채용하여 혼용하는 방식이다.

　㈏ 층별 및 Zone별 특성을 살려 쾌적지수 향상, 에너지절감 등을 도모할 수 있다.

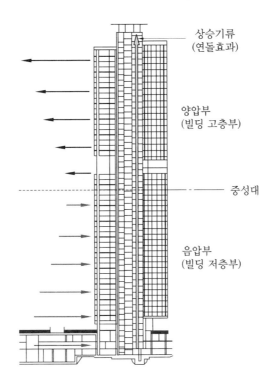

초고층건물의 압력분포(겨울철)

2-11　대공간 건물공조와 에너지

(1) 개요

① 대공간이라 함은 체육관이나 극장, 강당 등과 같이 하나의 실로 구성되며 천장 높이가 4~6 m 이상, 체적이 10,000m³ (바닥면적 약 2,000제곱미터) 이상인 것을 말

한다 (대공간에서의 공조시스템 선정과 공기분배 방식은 매우 중요하다).

② **대공간 온열환경 고려요소** : 천장높이, 실공간 용적, 실사용 공간 분석, 외벽 면적비 등

(2) 대공간 건물의 기류특성

① 냉방 시에는 어떤 공기분배 방식을 사용해도 기류가 하향하게 되나 난방 시에는 온풍을 아래까지 도달시키기 어렵다 (이는 공기의 밀도차에 의한 원리로 가열된 공기는 상승, 냉각 공기는 하강하려는 성질이 있기 때문이다).

② 연돌효과, Cold Draft (냉기류) 등으로 인해 기류제어가 대단히 어렵다.

③ 공간의 상하 간 온도차에 의한 불필요한 에너지 소모가 많다 (거주역만 냉·난방 제어하기가 어렵다).

④ 구조체의 열용량, 단열성능 약화로 인한 냉·난방 부하가 증가한다.

⑤ 동절기 결로 혹은 Cold Bridge 현상 등이 우려된다.

⑥ 상대적으로 외피면적이 큰 편이어서 복사온도의 개념이 매우 유효하므로, MRT (평균복사온도)를 잘 활용하도록 한다.

(3) 대공간 공조계획

① **건축 측면** : 대공간의 특수성에 의한 건축계획 측면의 환기계획, 외피구조계획 등이 필요하다.

② **기계설비(냉난방 방식)** : 대류/복사열 부하, 경계층 열이동, 열원 (열매)방식, 사용에너지 등을 고려해야 한다.

③ **공조방식** : 단일덕트방식이 좋다 (Zone 수가 많지 않으므로).

④ **기타** : 건물 내·외부의 환경 변화를 고려한다 (일사와 구조체, 실내 발생열, 투입열량, 기류조건 등).

⑤ **실내기류의 최적치** : 난방의 경우 0.25~0.3 m/s이고, 냉방의 경우 0.1~0.25 m/s이다.

(4) 공기 취출 방식

① **수평 대향노즐 (횡형 대향노즐)**

㈎ 이 방법의 특징은 도달거리를 50~100 m로 크게 할 수 있어 대공간을 소수의 노즐로 처리하는 것이 가능하고, 덕트가 적어 설비비 면에서 유리하다.

㈏ 반면 온풍 (난방) 취출 시에는 별도의 온풍 공급 방식을 채택하거나 보조적 난방 장치가 필요하다.

② **천장 (하향) 취출 방식**

㈎ 극장의 객석 등에 응용하는 예가 많다.

㈏ 온풍과 냉풍의 도달거리가 다르므로 덕트를 2계통으로 나누어 온풍 시에는 N1
개를 사용하고 냉풍 시에는 (N1+N2)개를 사용하면 온풍의 토출속도를 빠르게
하여 도달거리를 크게 할 수 있다.

㈐ 가변선회형 취출방식 : 경사진 블레이드를 통과한 기류가 강력한 선회류(Swirl)를
발생시키고, 기류 확산이 매우 신속하게 이루어지는 형태이다.

㈑ 노즐디퓨저 사용방식 : 공기의 도달거리 확보에 용이한 형태이다.

③ 상향 취출방식(샘공조 방식)

㈎ 좌석 하부나 지지대에서 취출하는 방식이다.

㈏ 하부에 노즐장치를 설치하여 1석당 1차 공기 약 $25\,\text{m}^3/\text{h}$를 토출하고 2차 공기를
$50\,\text{m}^3/\text{h}$ 흡인하며, 쾌적감 측면의 토출 온도차는 약 3~4℃ 정도로 한다. 토출
풍속은 약 1~5 m/s(평균 2.5 m/s)로 한다.

(5) 에너지절약 대책

① **환기** : CO_2 센서의 설치로 환기량 제어를 실시하여 에너지를 절감한다.

② 급기구 위치는 가급적 거주 공간에 가깝게 배치하여 반송 동력을 절감한다(도달거
리를 크게 하기 위해 풍속을 크게 하면 정압이 상승한다).

③ 급기구는 유인비 성능이 좋은 것을 선택하여 환기 기능을 좋게 한다.

④ 중간기 외기냉방을 할 수 있도록 한다.

⑤ 천장 쪽에서의 Heat Gain은 배기팬을 이용하여 기류를 이동시킨다.

⑥ 난방 시 온풍에 의한 방법보다 상패널 히팅(바닥패널 방식)으로 하고, 공기는 등온
취출하는 것이 좋다(공기 하부 취출이 유리).

⑦ 일사차단막을 설치하여 일사량에 대한 조절이 필요하다(전면이 유리로 된 대형 건
물의 외주부에서는 더욱 중요한 사항이다).

수평 대향노즐(마드리드 바라하스공항)

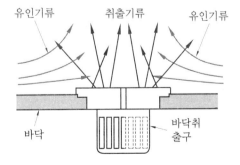

상향 취출 방식(샘공조 방식)

2-12 호텔 건물의 공조와 에너지

(1) 개요

① 호텔 열부하는 일반건물 대비 종류가 많고 매우 복잡하다.

② 객실은 방위의 영향, Public부는 내부부하, 인체, 조명, 발열부하의 비율이 높으므로 용도 및 시간대별로 조닝이 필요하다.

(2) 각 실별(室別) 공조방식

① 열부하 특성이 아주 다양하고 복잡하다.

② 객실 : 전망 때문에 대개 창문이 크고 외기에 접한다 (방위별로 조닝함이 필요하다).

㈎ 주로 'FCU+덕트' 방식이다.

㈏ 창문 아래에 FCU 설치하여 Cold Draft를 방지한다.

㈐ FCU 소음에 주의한다.

㈑ 침대 근처에는 FCU 송풍을 금지한다.

㈒ 개별제어 : 고객 취향에 따라 개별 온도제어가 가능할 것

㈓ 주로 야간에 가동되므로 열원계통 분리가 필요하다.

③ 현관, 로비, 라운지 : 연돌효과를 방지하는 것이 필요하다.

④ 대연회장, 회의실 : 잠열부하 및 환기량 처리가 중요하고 전공기 방식이 유리하다.

⑤ 음식부, 화장실 : 부압을 유지하는 것이 중요하다.

⑥ 관리실 : 작은 방이 많아 개별제어가 필요하다.

⑦ 최상층 레스토랑

㈎ Cold Draft 방지 대책이 필요하다.

㈏ 바닥패널, 영업시간을 고려하여 단독계통이 유리하다.

⑧ 실내공기의 질 : 호텔은 카펫 등의 먼지 발생이 많아 실내 공기청정에 유의하고, 특히 환기방식 및 필터 선정에 각별히 주의해야 한다.

(3) 열원 장비(熱源 裝備) 선정

① 객실계통과 Public 계통을 분리한다 (부하특성 많이 다름).

② 보통 지하에 설치하나, 옥상에 설치할 때는 소음, 진동, 흡음재를 특별히 고려한다.

③ 부분부하 효율이 특히 좋아야 한다.

④ 초고층의 경우 소음, 진동을 고려하여 설비 분산을 검토한다.

⑤ 부분부하와 특성이 다른 부하가 많아서 부분부하효율을 고려한 장비를 선정하고, 대수 분할은 3대 정도를 고려하는 것이 유리하다.

⑥ **추천 열원장비 방식**

(가) 중앙공조

㉮ 장비 : 흡수식 및 터보 냉동기 등 활용, 각 Zone별 혹은 층별 공조기 사용

㉯ 저층부 : 열원장비에서 생산된 냉수를 직접 공조기코일에 공급(냉수온도 약 7℃)하거나 직팽 코일방식을 사용할 수 있다.

㉰ 고층부는 판형 열교환기를 설치하여 공조기코일에 냉수를 공급(냉수온도 약 8℃)한다.

㉱ 냉각탑 : 무동력형(고층이므로 원활한 풍속 확보 가능) 가능성 타진

(나) 개별공조

㉮ 개별조작 및 편리성이 강조된 EHP(빌딩멀티, 시스템멀티, HR방식 등) 채용을 검토한다.

㉯ 도시가스 등을 이용한 GHP 채용을 검토한다.

㉰ 전열교환기, 현열교환기 등의 환기방식을 선정한다.

㉱ 경비실, 주차장관리실 등 24시간 관리가 필요한 경우 혹은 사용 용도상 별도로 구획된 룸이 있는 경우 패키지에어컨, 싱글에어컨 등 개별제어성이 뛰어난 열원방식을 채택한다.

(다) 혼합공조

㉮ 주로 외주부는 개별공조, 내주부는 중앙공조를 채용하여 혼용하는 방식이다.

㉯ 층별 및 Zone별 특성을 살려 쾌적지수 향상, 에너지절감 등을 도모할 수 있다.

2-13 병원건물의 공조와 에너지

(1) 개요

① 환자와 의료진의 건강상 실내공기의 오염 확산 방지를 위해 각 실의 청정도 및 양압 혹은 부압 유지가 필요하다.

② 실용도, 기능, 온습도 조건, 사용 시간대, 부하특성 등에 따라 공조방식을 결정한다.

③ 병원설비의 고도화, 복잡화로 증설 대비한 설비용량을 확보하고 원내 감염 방지, 비상시 안정성, 신뢰성 등을 모두 갖추어야 한다.

(2) 공조방식과 실내압 관리

① **병실부 및 외래진료부** : 외주부 (FCU＋단일덕트), 내주부 (단일덕트)

② **방사선 치료부, 핵의학과, 화장실** : 전공기 단일덕트, (−)부압

③ **중환자실, 수술실, 응급실, 무균실** : 전공기 단일덕트 (정풍량) 혹은 전외기식, (+)정압

④ **응급실** : 전공기 단일덕트, 24시간 운전계통

⑤ **분만실, 신생아실** : 전공기 정풍량, 100 % 외기 도입(전외기방식), 온습도의 유지를 위한 재가열코일, 재가습, HEPA 필터 채용, 실내 정압 (+) 유지 등

⑥ **기타** : 특별히 고청정을 필요로 하거나 습도조절이 필요한 실(室)은 가급적 전외기 방식, 혹은 항온항습 시스템을 채용하는 것이 유리하다.

(3) 열원방식

① 긴급 시 및 부분부하 시를 대비하여 열원기기는 여러 대를 설치하면 효과적이다 (응급실 등은 24시간 공조가 필요하므로 복수 열원기기가 꼭 필요하다).

② **온열원**

㈎ 증기보일러 : 의료기기, 급탕가열, 주방기기, 가습 등을 고려한다.

㈏ 온수보일러 : 병원 난방에는 열용량이 크고 소음이 적으며 관부식이 적은 '온수 난방'이 주로 선호된다.

③ **냉열원** : 흡수식 냉동기, 터보냉동기 또는 빙축열시스템 등

2-14 백화점 건물의 공조와 에너지

(1) 백화점 열환경의 특징

① 백화점은 일반건물에 비해 냉방부하가 크고 공조시간이 길어 에너지의 소비가 많으므로 설비방식을 계획할 시 건축환경, 에너지절약에 대한 중점적인 계획이 필요하다.

② 내부에 많은 인원을 수용해야 하므로 잠열부하 및 환기부하가 상당히 많다. 따라서 가습부하가 거의 없고 실외온도가 15℃ 이하인 경우에는 외기냉방을 고려해야 한다.

③ 각 층별 및 상품코너별로 공조부하 특성이 많이 다르기 때문에 공조방식으로는 '각 층유닛' 등이 적당하다.

(2) 백화점 공조계획 시 고려사항

① 실내부하 패턴의 최적 자동제어, 에너지절약의 안정성, 장래의 용도변경, 매장의 확장 등 영업측면을 고려한다.

② 중앙기계실(구조적 안정성), 공조실(한 층에 약 2곳), 천장공간(최소 1 m 이상), 수직Shaft (코어 인접, 판매 동선과 분리), 출입구 (Air Curtain), 지하 주차장 (급·배기팬실 분산), 옥탑 (소음, 진동, 미관 고려) 등에 주의한다.

③ 출입구, 에스컬레이터, 계단실 : 연돌효과 방지가 필요하다.

④ 내주부/외주부 : Zoning이 필요하고 (외벽면에 유리면적이 큼) 외주부 결로를 주의한다.

⑤ 식당, 매장 : 냄새 전파 방지를 위해 부압 유지가 필요하고, 악취 제거를 위해 전외기 방식, 단독 덕트계통, 활성탄필터의 채용 등을 고려해야 한다.

⑥ 천장공간 : 조명, 소방 등으로 1 m 이상 (1~2 m)을 확보해야 한다.

⑦ 방재, 방화시설 : 배연덕트, 화재감지기 등 방재/방화 시설을 강화해야 하고, 화재 시에 배연덕트 전환장치가 필요하다.

⑧ 필터 : 순환 공기에 섬유질, 머리카락 등의 먼지가 많으므로 청소 및 유지보수가 용이한 필터를 채택해야 한다.

(3) 열원설비

내부조명, 조밀 인원밀도로 일반 사무소 건물1에 비해 냉방부하가 2.5~3배이고 냉방은 전 기간이 6개월로 2배이며, 제어특성이 좋은 장비로 최소 3대를 분할하여 설치해야 한다.

① 가스냉방 방식

　㈎ 매장 : 가스직화식 냉온수유닛

　㈏ 스포츠센터 : 보일러+흡수식 냉동기

　㈐ 빙축열 대비 초기투자비 저렴, 방식 단순, 신뢰성, 운전관리 유리, 수전설비 용량 축소

② 빙축열 방식 : 저렴한 심야전력으로 운전비가 절감되고, 부하 대응성이 유리하다.

(4) 공조 설계

① TAC 2.5 % (전산실 TAC 1 % 적용)

② 일반 건물 (0.1~0.2인/m²) 대비 높은 인체부하 (1인/m²)와 조명부하 (100 W/m²)를 고려해야 한다.

③ 외기도입 필요 : 많은 인원 (보통 $29 \text{ m}^3/\text{h} \cdot$ 인 이상)

④ 전공기 단일덕트 정풍량 공조 (주로 냉방부하) : '각층유닛' 방식이 유리하다.

(5) 에너지절약 대책

① 배기량이 많으므로 전열교환기, 폐열회수장치 등이 효과적이다.

② 외기냉방을 적극적으로 응용해야 한다.

③ 기타 VAV 시스템, 열원기기 부분부하 운전 등을 응용한다.

2-15 IB (인텔리전트 빌딩)의 공조와 에너지

(1) 배경

① 미국의 UTBS (United Technologies Building System) 회사가 미국의 코네티컷 주 하트포트에 건설하여 1984년 1월에 완성한 시티 플레이스 (City Place)에서 그 특징을 선전하는 의미로 처음 사용되었다.

② 미국에서는 스마트 빌딩(Smart Building)과 IB가 동의어로 사용되고 있다.

(2) 정의

BA, OA, TC의 첨단기술이 건축환경이라는 매체 안에서 유기적으로 통합되어 쾌적화, 효율화 환경을 창조하고, 생산성을 극대화시키며 향후 '정보화 사회'에 부응할 수 있는 완전한 형태의 건축을 의미한다.

(3) 4대 요소

① OA (Office Automation) : 사무자동화, 정보처리, 문서처리 등

② TC (Tele Communication) : 원격통신, 전자메일, 화상회의 등

③ BAS (Building Automation System) 혹은 BA (Building Automation)

  ㈎ 공조, 보안, 방재, 관리 등 빌딩의 자동화 시스템을 말한다.

  ㈏ 빌딩 관리 시스템(BMS ; Building Management System), 에너지절약 시스템 (BEMS), 시큐리티 시스템(Security System)의 세 가지 요소로 크게 구분하기도 한다.

④ 건축 (Amenity) : 쾌적함과 즐거움을 주는 곳으로서의 건물

  ㈎ 업무환경 : 컴퓨터 단말기 작업에 적합한 사무환경 및 인간공학에 입각한 의자,

작업대의 선택 등

(내) Refresh 환경 : 아트리움, 휴게실, 식당, 카페테리아, 티라운지, 화장실

(대) 건강유지 환경 : 헬스클럽, 클리닉

(래) 보조시스템 : 각종 시스템과 연결되는 배관, 덕트, 배선 등을 건물 구조 속에 깔끔하게 정리하는 보조적인 시스템

⑤ CA(Communication Automation) : TC(Tele Communication)와 OA(Office Automation)가 통합된 개념이다.

⑥ 보통은 CA를 제외하고 IB의 4대 요소(OA, TC, BAS, 건축)를 많이 쓴다.

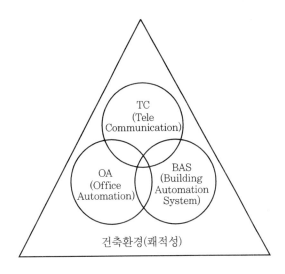

IB의 개념도

(4) IB 공조 설계상 특징

① 설계 시에는 쾌적성, 변경성, 편리성, 안정성, 효율성, 독창성 및 생산성을 고려해야 한다.

② IB 공조는 OA 기기 증가로 예측하기가 어렵고, 대부분 OA 기기 발열에 의한 냉방부하로 일반사무실 부하와 다르기 때문에 유의해야 한다.

③ VAV 방식으로 대응할 시 환기부하(저부하 시)에 유의해야 하고, 동시 냉 · 난방 발생에 대한 대비책이 필요하다.

④ **온열기류 유의점** : 내부발열이 $10\,\mathrm{kcal/m^2 \cdot hr}$ 이상일 때에는 연중냉방이 필요하다.

⑤ 내부 발열량 변동, 내부발열 시간대, 기류분포 등을 고려해야 한다.

⑥ 기기 용량을 산정할 때에는 단계적 증설 가능성도 함께 고려해야 한다.

⑦ **제어시스템** : 운전관리제어, 이산화탄소의 농도 제어, 대수제어, 냉각수 수질제어, 공기반송 시스템 제어 및 조명제어 등을 고려해야 한다.

⑧ **절전제어(Computer Software에 의한 제어)** : 최적 기동제어, 전력제어, 절전 운전제어, 역률제어 및 외기 취입 제어(예열·예냉 제어, 외기 엔탈피제어, 야간외기취입 제어) 등을 고려해야 한다.

⑨ **기타사항**

㉮ 온도 : 10~15℃부터 32~35℃ 등으로 Zone별 특성에 맞게 나누어 공조

㉯ 습도 : 40~70 % (중앙공조 기준) 등으로 Zone별 특성에 맞게 나누어 공조

㉰ 주의사항 (특히 온·습도 사용범위에 주의)

㉮ 보통 5℃ 이하에서는 자기디스크 Reading이 불가능하고, 제본의 아교가 상하는 현상 등이 초래한다.

㉯ 저습 시 종이의 지질 약화 및 정전기가 일어날 우려가 있다.

* 정전기 방지 대책 : 접지, 공기 이온화 장치, 전도성 물질 도장 등

㉰ 고습 시에는 곰팡이, 결로, 녹 등이 발생할 우려가 있다.

(5) 냉방시스템 구성(사례)

IBS 건물의 Data 센터실은 보통 24시간 운전되고 있다. 냉방부하 (최대부하) 용량이 1,000 RT일 경우 Back Up 운전 50 %, 100 % 고려 시의 냉방시스템(열원) 구성

① **백업 50 % 고려 시** : 500 RT 3대를 설치하고 1대는 Stand-by 상태

② **백업 100 % 고려 시** : 500 RT 4대를 설치하고 2대는 Stand-by 상태

(6) 기타 주의사항

① IB 공조는 OA 기기 증가로 예측하기가 어렵고 대부분이 OA 기기 발열에 의한 냉방부하로, 냉방부하의 효과적인 처리가 관건이다.

② VAV 방식으로 대응할 시 저부하에서 환기량이 저하될 수 있으므로 주의가 필요하다.

③ IB 건물은 부하가 다양하고 복잡하므로, 어느 정도 정밀제어가 가능하게 설계되어야 한다.

④ 재실인원 증가, 기밀구조 강화로 인한 환기량 제어가 필요하며 CO_2 센서 제어, 외기 엔탈피 제어 등을 응용해야 한다.

2-16   클린룸 (Clean Room)

(1) 개요

① 클린룸이란 공기 중의 부유 미립자가 청정도 규정 이하로 관리되고, 또한 그 공간에 공급되는 재료, 약품, 물 등에 대해서도 요구되는 청정도가 유지되며, 필요에 따라 온도, 습도, 압력 등의 환경조건에 대해서도 관리가 행해지는 공간을 말한다.

② 실내 기류 형상과 속도, 유해가스, 진동, 실내 조도 등도 관리항목으로 요구되고 있다.

③ 바이오 클린룸은 클린룸에서 실내공기 중의 생물 및 미생물 미립자를 제어한 공간을 말한다.

(2) 분류

① ICR (Industrial Clean Room ; 산업용 클린룸)

　(개) 개요

　　㉮ 전자공업, 정밀 기계공업 등 첨단산업의 발달로 인해 그 생산제품에는 정밀화, 미소화, 고품질화 및 고신뢰성이 요구되고 있다.

　　㉯ 전자공장, Film 공장 또는 정밀 기계공장 등에서는 실내 부유 미립자가 제조 중인 제품에 부착되면 제품의 불량을 초래하고, 사용 목적에 적합한 제품 생산에 저해요소가 되어 제품의 신뢰성과 수율 (생산원가)에 막대한 영향을 미치므로 공장 전체 또는 중요한 작업이 이루어지는 부분에 대해서는 필요에 대응하는 청정한 환경이 유지되도록 하여야 한다.

　(내) 목적 : 공장 등에서 분진을 방지하여 정밀도를 향상시키고 불량을 방지하기 위함이다.

　(대) 청정 대상 : 부유먼지의 미립자

　(래) 적용 : 반도체공장, 정밀측정실, 필름공업 등

　(매) 방식

　　㉮ 층류방식 클린룸 (Laminar Flow, 단일방향 기류) : 실내의 기류를 층류 (유체역학적인 층류가 아니고 Piston Flow를 의미함)로 하여 오염원 확산을 방지하고 그 배출을 용이하게 하는 방식이다.

　　　㉠ 수직 층류형 클린룸 (Vertical Laminar Flow Clean Room)

　　　　• 기류가 천장 면에서 바닥으로 흐르도록 하는 방식으로, 청정도가 CLASS 100 이하인 고청정 공간을 얻을 수 있다.

　　　　• 취출풍속은 0.25~0.5 m/s이다.

ⓛ 수평 층류형 클린룸(Horizontal Laminar Flow Clean Room)

• 기류가 한쪽 벽면에서 마주보는 벽면으로 흐르도록 하는 방식으로, 이 방식의 특징은 상류 측 작업의 영향으로 하류 측에서는 청정도가 저하되는 것이다.

• 상류 측에서는 CLASS 100 이하, 하류 측에서는 상류 측의 작업 내용에 따라 CLASS 1,000 정도의 청정도를 얻을 수 있다.

• 취출풍속은 0.45 m/s 이상이다.

ⓑ 난류방식 클린룸(Turbulent Flow Clean Room, 비단일방향 기류)

㉠ 기본적으로 일반 공조의 취출구에 HEPA Filter를 취부한 방식으로 청정한 취출공기에 의해 실내오염원을 희석하여 청정도를 상승시키는 희석법이다.

㉡ 청정도는 CLASS 1,000~100,000 정도를 얻을 수 있다.

㉢ 환기횟수는 20~80회/h 정도이고, HEPA Box 또는 BFU(Blower Filter Unit)를 사용하여 공조기로부터 Make Up된 공기를 취출하고 청정 유지에 필요한 풍량을 순환시킨다.

㉣ 특징

• 구조가 간단하고 설비비가 저렴하다.

• 실내의 구조 및 장비 배치에 따라 천장에 Return Box를 설치하거나 실내에 Return 풍도를 설치하여 공기를 순환시킨다.

• Room의 확장이 비교적 용이하다(단, AHU 용량범위 안에서).

• Clean Bench 등을 이용하여 국부적인 고청정도를 형성할 수 있다.

• 와류나 기류의 혼란이 생기기 쉽고 오염입자가 실내에서 순환하는 경우가 있다.

ⓒ SMIF & FIMS System(Standard Mechanical InterFace & Front-Opening Interface Mechanical Standard System)

㉠ 전체 클린룸 설비 가운데 노광 및 에칭 등 초청정 환경이 요구되는 일부 공간을 클래스 1 이하의 초청정 상태로 유지함으로써 전체 클린룸 설비의 사용 효율을 극대화하는 차세대 클린룸 설비로, 각각의 핵심 반도체 장비에 부착되는 초소형 클린룸 장치(수직 하강 층류 이용)이다.

㉡ 밀폐형 웨이퍼 용기(Pod/FOUP), 밀폐형 웨이퍼 용기 개폐 장치(Indexer/Opener) 그리고 웨이퍼 이송용 로봇 시스템 등으로 구성되어, 웨이퍼 공정 진행 공간을 최소화하여 국부적 고청정도를 유지함으로써 외부환경에 따른 오염 발생을 근본적으로 차단한다.

㉢ 효과

• 반도체 CR 설비의 운전유지비(Running Cost)를 절감한다.

• 반도체 수율 및 품질이 향상된다.

- 국부적 공간을 고청정으로 유지하여 외부로부터의 오염 침투를 근본적으로 방지한다.
- 국부적 공간 내 정밀한 기류분포 및 균일성 가능

칼럼 **클린룸의 4대 원칙**

1. 먼지, 균 (미생물) 등의 유입 및 침투 방지 : 실 외부로부터 침투되지 않게 관리한다.
2. 먼지, 균 (미생물) 등의 발생 방지 : 실의 내부에서 발생하지 않게 관리한다.
3. 먼지, 균 (미생물) 등의 집적 방지 : 실의 바닥에 쌓이지 않게 관리한다.
4. 먼지, 균 (미생물) 등의 신속 배제 : 일단 발생한 먼지는 신속히 배제한다.

---

② BCR (Bio Clean Room ; 바이오 클린룸)

(개) 정의

㉮ 제약공장, 식품공장, 병원의 수술실 등에서는 제품의 오염 방지, 변질 방지 및 환자의 감염 방지를 위해 무균에 가까운 상태가 요구된다.

㉯ 일반 박테리아는 고성능 Filter에 잡혀 제거되지만, 바이러스는 박테리아에 비해 대단히 작기 때문에 그 자체만으로는 제거가 곤란하다. 그러나 대부분의 박테리아나 바이러스는 공기 중의 부유 미립자에 부착해서 존재하므로 공기 중의 미립자를 제거함으로써 세균류도 동시에 제거할 수 있다.

㉰ 살균방법 : 오존살균, 자외선 살균, 플라즈마 살균 등에 활용한다.

(내) 목적

㉮ 무균실 환경을 유지하기 위해서이다 (외부로부터 내부를 보호).

㉯ 어떤 목적을 위해 특정 기준을 충족하도록 생물학적 입자 (생체입자)와 비생체입자를 제어(청정도)할 수 있는 동시에 실내온도, 습도 및 압력을 필요에 따라 제어한다.

(대) 청정 대상 : 세균, 곰팡이, 박테리아, 바이러스 등의 생물입자

(래) 적용분야

㉮ 의약품 제조공장 : 약품의 오염 방지

㉯ 병원

㉠ 공기 중의 세균을 감소시켜 환자에게 감염되는 것을 방지한다.

㉡ 무균 병실, 신생아실, 수술실 등이 주요 대상이다.

㉢ 환자에게 쾌적한 온도, 습도, 청정도를 유지시켜준다.

㉰ 시험동물 사육시설 : 장시간 일정한 조건 (온도, 습도, 청정도, 기류 등에서 사육해야 데이터의 신뢰성 보장이 가능함)

㉑ 식품 제조공장

ㄱ 식중독, 세균감염 등을 방지한다.

ㄴ GMP(우수 의약품 제조기준) 및 HACCP(식품 위해요소 중점 관리기준)에 따라 철저하게 위생관리를 할 수 있다.

㉒ 기타 : 병원(병실, 수술실, 신생아실 등), 무균실, GLP(Good Laboratory Practice) 등에 사용(정압 유지)한다.

(마) 풍속과 기류분포(기류 이동방식)

㉮ 재래식 : 비층류형(Conventional Flow)

㉯ 층류식 : 수평층류형(Cross Flow Type), 수직층류형(Down Air Flow)

㉰ 병용식 : 경제적인 비층류형과 고청정을 얻을 수 있는 층류형을 혼용한 형태

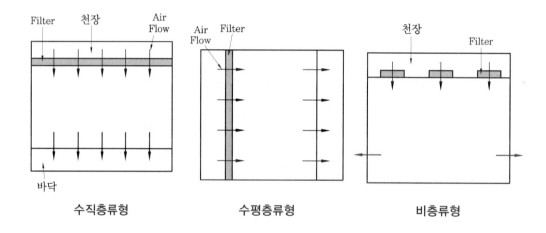

수직층류형   수평층류형   비층류형

(바) 분류

㉮ 병원용 BCR : 병원용 BCR의 주요 목적은 공기 중의 세균을 감소시켜 공기 감염을 방지하고 실내 환경을 환자들의 체내 대사에 적합한 온·습도로 유지시키는 것이다.

㉯ 동물실험시설 : 동물실험시설은 실험동물의 사육 또는 보관, 실험 등을 위한 시설로, GLP(Good Laboratory Practice) 기준에 따른다. GLP는 의약품의 안전성을 확인하기 위해 이루어지는 비임상 독성시험의 신뢰성을 확보하기 위한 기준으로 시험기관의 조직, 시설 및 장비, 시험계획 및 실시, 시험물질 및 대조물질, 시험의 운영 및 보고서 작성, 보관 등 시험과정과 관련된 모든 사항을 체계적으로 관리할 수 있는 규정을 말한다.

㉰ 약품 및 식품 공장 : 약품 및 식품은 인체에 직접 영향을 주는 것으로 균, 곰팡이 등의 오염물질이 혼입되지 않도록 해야 하며, 이를 위한 설비는 GMP 규정에

따른다. GMP(Good Manufacturing Practice)는 품질이 보증된 우수 의약품을 제조하기 위한 기준으로서 제조소의 구조설비를 비롯해 원료의 구입에서부터 제조, 포장, 출하에 이르는 전 공정에 걸쳐 제조와 품질 관리에 대한 조직적이고 체계적인 규정을 말한다.

칼럼 Clean Room의 청정도와 편류

1. Clean Room의 청정도 표시규격
 (1) 미 연방규격(U.S Federal Standard 209E)
  ① 영국단위 : 1 ft^3 중 0.5 μm 이상의 미립자수를 CLASS로 표현한다.
  ② 미터단위 : 1 m^3 중 0.5 μm 이상의 미립자수를 10^X으로 표현하고 이때의 청정도를 'CLASS M X'라고 표시한다 (즉 1 m^3 중 0.5 μm 이상의 미립자수가 100개이면 100은 10^2이므로 'CLASS M 2'로 표현한다).
 (2) ISO, KS, JIS 규격 : 1 m^3 중 0.1 μm 이상의 미립자수를 10^X으로 표현하고 이때의 청정도를 'CLASS X'라고 표시한다 (즉 1 m^3 중 0.1 μm 이상의 미립자수가 100개이면 100은 10^2이므로 'CLASS 2'로 표현한다).
 (3) 대상이 아닌 입자 크기에 대한 상한 농도는 다음 식으로 구한다.

$$N_c = N \times \left(\frac{기준\ 입자\ 크기}{D} \right)^{2.1}$$

    여기서, N_c : 임의의 입자크기 이상의 상한 농도
        N : 기준 입자크기의 농도 혹은 CLASS 등급
        D : 임의의 입자 크기(μm)

2. CLASS 10~100 : HEPA (주 대상 분진 ; 0.3~0.5 μm), 포집률이 99.97 % 이상일 것
3. CLASS 10 이하 : ULPA (주 대상 분진 ; 0.1~0.3 μm), 포집률이 99.9997 % 이상일 것
 * HEPA : High Efficiency Particulate Air Filter
  ULPA : Ultra Low Penetration Air Filter
4. 클린룸의 편류
 (1) 클린룸의 FFU(팬필터 유닛) 등에서 토출된 기류가 수직방향으로부터 벌어진 각도(편향각)로 벗어나 흐르는 기류를 의미한다.
 (2) 실내에서 수직하향 기류 유동을 교란하여 난류화하는 요인이 존재하게 되면 수직 층류가 쉽게 파괴되어 제한적인 오염영역에 입자들의 상대적인 잔존시간이 길어지고, 확산에 의해 그 오염영역이 확장된다.
 (3) 클린룸 내부의 정압이 균일하지 못하면 편류가 발생·심화될 수 있다.

---

③ BHZ (Biohazard)
 ㈎ 정의
  ㉮ 위험한 병원 미생물이나 미지의 유전자를 취급하는 분야에서 발생하는 위험성을 생물학적 위험(Biohazard)이라 한다.

ⓒ 생물학적인 박테리아와 위험물이라는 두 단어의 조합이다.

ⓓ 직접 또는 환경을 통해서 사람, 동물 및 식물이 위험한 박테리아 또는 잠재적으로 위험한 박테리아에 오염되거나 또는 감염되는 것을 방지하는 기술이다.

ⓔ 실험실 내 감염을 방지하고, 또 외부로 전파되는 것을 방지하며, 안정성 확보를 위해 취급이나 실험수단을 제한하고 실험설비 등의 안전기준을 정하여 위험성 으로부터 격리하는 등 대책을 마련해야 한다.

(나) 목적

ⓐ 취급하는 병원체의 확산을 방지한다 (내부로부터 외부를 보호하는 방).

ⓑ 음압유지 및 배기에 대한 소독을 실시하여 세균 감염을 방지한다.

ⓒ 실험실, 박테리아, 미생물 등이 주요 대상이다.

(다) 청정 대상 : 정규적 병원균, 박테리아, 바이러스, 암바이러스, 재조합 유전자 등

(라) 적용 : 박테리아 시험실, DNA 연구개발실 등 (부압 유지)

(마) 등급 구분

ⓐ P1 Level : 대학교 실험실 정도의 수준이다.

ⓑ P2 Level : 가끔 장갑을 끼고 작업을 한다.

ⓒ P3 Level : 전체 복장을 하고 Air Shower도 한다.

ⓓ P4 Level : 부압 유지 등의 기본적인 공조시스템은 앞 단계와 동일하나, 안전 도를 가장 높인다 (가장 위험한 생체물질을 격리하기 위한 것으로 인터록 문 추가, 샤워실 추가, 배기용 필터를 소독할 수 있는 구조 혹은 이중 배기시스템을 적용 한다).

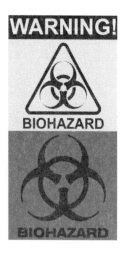

BHZ 심벌

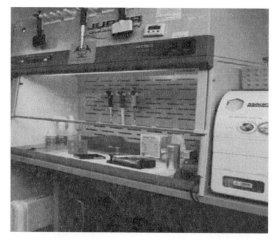

2015년 8월 살아있는 탄저균 배달사고의 진상을 규명하기 위해 한미합동실무단이 공동으로 조사한 경기도 평택 주한 미군 오산기지 내에 있는 '생물식별검사실'의 내부 모습

칼럼 **클린룸의 에너지 절감대책**

1. 냉방부하 : 외기 냉방, 외기냉수 냉방, 배기량 조절[제조장치 비사용 시의 배기량 (환기량) 저감 등]

2. 반송 (운송)동력
   ① 송풍량 절감 : 부하에 알맞게 풍량을 선정하고 부분부하 시에는 회전수 제어를 적용한다.
   ② 압력손실이 적은 필터 채용, 고효율 모터 사용, 덕트상의 저항, 마찰손실 줄임 등

3. 제조장치로부터 발생하는 폐열을 회수하여 재열, 난방 등에 활용한다.

4. 부분적으로 '국소 고청정시스템' 등을 채용한다.

5. 기타
   ① 질소가스 증발잠열을 이용한다.
   ② 지하수를 이용한 외기예냉 및 가습을 한다.
   ③ 히트파이프를 이용한 배열 회수
   ④ 지하수 (냉각수)의 옥상 살포
   ⑤ 고효율 히트펌프 시스템을 적용한다.
   ⑥ 태양열, 지열 등의 신재생에너지를 활용한다.

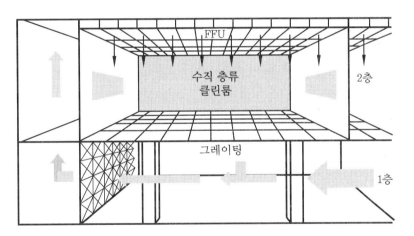

천장에 FFU (팬필터유닛)를 설치한 수직층류 방식

2-17 공동주택 에너지절약 현장기술

(1) 개요

① 공동주택 건설현장 신기술 및 신공법 분야는 현재 많은 새로운 기술들이 소개되고 있으므로 항상 열린 마음으로 신기술 습득과 보급에 신경을 써야 한다.

② 공동주택 신기술 분야는 아래와 같이 환기 분야, 에너지 절감, 소음 방지 및 환경 분야 등으로 크게 구분할 수 있다.

(2) 환기 분야

① 감지기에 의한 주방 레인지후드 자동 운전

② 지하주차장 배기를 무덕트 시스템으로 시공

③ 주방 및 화장실 악취 확산 방지를 위해 입상피트에 스파이럴 덕트 시공

④ 자연환기방식 혹은 하이브리드 환기방식의 채택 등

(3) 공조 및 설비 분야

① 전열교환기 설치

② 급수방식은 부스터 펌프 방식 도입

③ 각 실별 룸 온도 제어(바닥난방 방식에는 시스템분배기 설치 필요)

④ 각 세대 감압밸브 및 정유량밸브 설치

⑤ 절수 위생기기 설치(양변기, 소변기, 샤워기 등)

⑥ 선진창틀 및 2중 유리 혹은 3중 유리 적용

⑦ 고효율 및 개별제어가 용이한 공조방식의 채택 등

(4) 소음공해 방지 분야

① 배수배관을 스핀 이중관 혹은 스핀 삼중관으로 설치

② 수격 방지를 위한 Water Hammer Arrester (수격방지기) 설치

③ 층간 소음 방지를 위한 차음재 시공

④ 2중 엘보, 3중 엘보 등을 적용(배수 배관) 등

(5) 환경 분야

① 상수도 수질 개선을 위한 중앙 정수처리 장치 설치

② 싱크대에 음식물 탈수기 설치

③ 이동식 청소기의 비산먼지 발생 방지를 위한 중앙 진공청소 장치 설치

④ 쓰레기 자동수송 시스템의 설비 도입 등

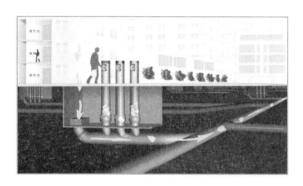

도심 지하에 구축된 '쓰레기 자동수송 시스템' 사례

2-18　공조와 에너지 관련 용어해설

(1) 복사냉방

① 복사냉방은 실내에 냉기 복사면을 설치하여 복사열전달 방식으로 실내를 냉방하는 것으로, 결로나 부하 응답속도 등의 문제 때문에 단독으로 완벽한 냉방시스템을 이루기는 어려운 방식이다.

② 복사냉방은 보조냉방(대류냉방)과의 결합 및 적절한 연동제어를 통하여 최적의 공조 Solution이 될 수도 있다.

③ 지열 등의 신재생에너지를 효과적으로 활용할 수 있다는 장점도 있다.

(2) 거주역/비거주역(Task/Ambient) 공조

① 거주역/비거주역 공조는 개별운전으로 조절 가능한 공조방식 전체를 통칭한다.

② 이 방식은 공조 대상공간이 거주역에 한정되므로 경제적이고 합리적인 공조가 가능하나, 거주자에 대한 Cold Draft, 불쾌감, 공기의 질 하락 등을 초래할 수 있어 적용하는 데 주의가 필요하다.

(3) 병원 공조방식

① 병원의 공조방식은 환자와 의료진의 건강상 실내공기 오염 확산 방지가 중요하므로 각 실 청정도, 양압 및 부압 유지가 매우 필수적인 공조이다.

② 병원 응급실은 24시간 운전이 가능한 전공기 단일덕트 방식을 채용하여 별도 계통 (열원기기 등)으로 분리하는 것이 바람직하며 메르스, 신종인플루엔자, 독감 등의 감염병 환자는 별도의 음압실에 관리해야 한다.

③ 특별히 고청정이 요구되는 室은 가급적 전외기방식을 채택하는 것이 유리하다.

(4) 국소고청정(SMIF & FIMS System)

① 국소고청정은 특별한 고청정이 요구되는 반도체 공장, 정밀공업 등에서 에너지절 약을 위해 일부 작업공간에 수직 하강 층류기류를 형성하여 CLASS 1 이하로 만드 는 방법이다.

② 클린룸의 경우 전체 설비 가운데 노광 및 에칭 등 초청정 환경이 요구되는 일부 공 간을 CLASS 1 이하의 초청정 상태로 유지함으로써 전체 클린룸 설비의 사용효율을 극대화하는 차세대 클린룸 설비로, 각각의 핵심 반도체 장비에 부착되는 초소형 클 린룸 장치이며, 대부분 수직 하강 층류를 이용한다.

(5) 칠드빔 시스템(Chilled Beam System)

① 형광등기구에 기계설비, 전기설비, 소방설비 등을 종합적으로 모듈화 형태로 공장 에서 조립하여 현장에서 조립식으로 단위시공할 수 있게 제작된 시스템이다.

② 게다가 소방 스프링클러의 배관 및 헤드, 화재감지기, 스피커, 디퓨저 등도 같이 모듈화되는 경우가 많다.

③ 형광등기구의 열은 냉방부하가 되지 않게 리턴 덕트로 바로 회수하거나 또는, 재열 등에 활용할 수 있다.

④ 칠드빔 아랫부분의 케이스는 냉·난방 시 구조체축열이 되어 복사냉·난방의 효과도 얻을 수 있다.

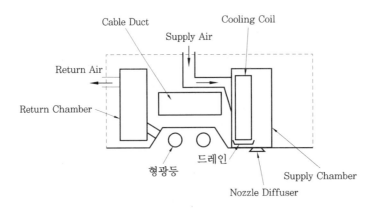

칠드빔 시스템

제3장 | 공기의 질 관리

3-1 IAQ(Indoor Air Quality, 실내공기의 질)

(1) 개요 및 특징

① 국내에서는 IAQ가 새집증후군(Sick House Syndrome) 혹은 새건물증후군 (Sick Building Syndrome) 정도로 축소 인식되는 경향이 있다.

② 산업사회에서 현대인들은 실외공기하에서 생활하는 것보다 실내공기를 마시며 생활하는 경우가 대부분이므로 실내공기가 건강에 미치는 영향이 훨씬 크다.

③ ASHRAE 기준에서는 실내공기 질에 관한 불만족자율은 재실자의 20 % 이하로 규정하고 있다.

④ **IAQ 만족도**(Satisfaction) : 집무자의 만족도를 바탕으로 한 실내공기 질에 관한 만족 정도의 지표이다.

(2) 정의

실내의 부유분진뿐만 아니라 실내온도, 습도, 냄새, 유해가스 및 기류 분포에 이르기까지 사람들이 실내 공기에서 느끼는 모든 것을 말한다.

(3) 실내공기오염(Indoor Air Pollution)의 원인

① 산업화와 자동차 증가로 인한 대기오염

② 생활양식 변화로 인한 건축자재의 다양화

③ 에너지절약으로 인한 건물의 밀폐화

④ 토지의 유한성과 건설기술 발달로 인한 실내공간 이용의 증가

⑤ 원인물질

㈎ 건물시공 시에 사용되는 마감재, 접착제, 세정제, 도료 등에서 배출되는 휘발성 유기 화합물(VOC)

㈏ 유류, 석탄, 가스 등을 이용한 난방기구에서 나오는 연소성 물질

㈐ 담배연기, 먼지, 세정제, 살충제 등

㈃ 인체에서 배출되는 이산화탄소, 인체의 피부각질

㈄ 생물학적 오염원 : 애완동물 등에서 배출되는 비듬과 털, 침, 세균, 바이러스, 집
먼지진드기, 바퀴벌레, 꽃가루 등

(4) 실내공기오염의 영향

① 새집증후군으로 인한 눈·코·목의 불쾌감, 기침, 쉰 목소리, 두통, 피곤함 등

② 기타 기관지천식, 과민성 폐렴, 아토피성 피부염 등

(5) 실내공기오염에 대한 대책

① **원인물질 관리** : 가장 손쉬우면서도 확실한 방법이다.

㈎ 새집증후군과 관련된 것으로는 환경친화적인 재료의 사용, 허용기준에 대한 관리
감독강화, Baking-out(건물시공 후 바로 입주하지 않고 상당기간 환기를 시키는
것) 등의 방법이 있다.

㈏ 실내 금연 등 앞에서 기술한 원인물질에 대한 꼼꼼한 관리가 필요하다.

㈐ 주방에서 고기를 굽거나 실내에서 진공청소기를 사용하면 미세먼지 등으로 공기의
질이 급격하게 악화되기 때문에 각별히 주의해야 한다(주방 배기팬, 화장실의 배기
팬 등을 틀어도 일정량은 실내 생활공간으로 그대로 전달된다).

② **환기** : 원인물질을 관리한다고 하더라도 한계가 있고, 생활하면서 오염물질이 끊임없이
배출되기 때문에 환기는 가장 중요한 대처방법이다.

㈎ 실내환기는 가급적 자주 최소한 하루 2~3회 이상을 30분 이상 하는 것이 좋으며,
흔히 잊고 있는 욕실, 베란다, 주방에 설치된 팬(환풍기)을 적극적으로 활용하는 것
이 중요하다.

㈏ 조리할 때에 발생하는 일산화탄소 등은 그 자리에서 바로 배출하는 것이 중요
하다.

③ **공기청정기 사용**

㈎ 공기청정기는 집 안에서 이동 가능한 소규모부터 건물 전체의 환기시스템을 조
정하는 대규모 장치까지 다양하다.

㈏ 시판되는 이동 가능한 공기청정기 상품들은 그 효율성에 관해서는 논란이 많으며,
특히 기체성 오염물질의 제거에는 부족한 경우가 대부분이다. 하지만 적극적으로
활용하는 것이 좋다.

3-2 실내 필요환기량 계산법

(1) 실내 발열량 H [kW]가 있는 경우

현열 : $H = C_p \cdot Q \cdot \rho \cdot (t_r - t_o)$에서

$$Q = \frac{H}{C_p \cdot \rho \cdot (t_r - t_o)}$$

여기서, H : 열량 (kW)

Q : 풍량 (m^3/s)

ρ : 공기의 밀도 (= 1.2 kg/m^3)

C_p : 공기의 비열(1.005 kJ/kg · K)

$t_r - t_o$: 실내온도－실외온도 (K, ℃)

(2) M [kg/s]인 가스의 발생이 있는 경우

$M = Q \times \Delta C$에서

$$Q = \frac{M}{\Delta C}$$

여기서, M : 가스 발생량 (kg/s)

Q : 필요 환기량 (m^3/s)

ΔC : 실내 · 외 가스 농도차 (= 실내 설계기준 농도－실외 농도 : kg/m^3)

(3) W [kg/s]인 수증기 발생이 있는 경우

잠열 : $q = r \cdot Q \cdot \rho \cdot (x_r - x_o)$에서

$$W = Q \cdot \rho \cdot (x_r - x_o)$$
$$Q = \frac{W}{\rho \cdot (x_r - x_o)}$$

여기서, q : 열량 (kW)

r : 0℃에서의 물의 증발잠열(2,501.6 kJ/kg)

Q : 풍량 (m^3/s)

ρ : 공기의 밀도 (= 1.2 kg/m^3)

$x_r - x_o$: 실내 절대습도－실외 절대습도 (kg/kg′)

3-3   환기방식의 종류 및 특징

(1) 개요

① 실내발열, 유해가스, 분진 제거를 위해 적절한 환기방식을 선정하여야 한다.

② 오염물질 발생장소에는 에너지와 실내공기오염을 고려하여 전역환기(희석환기)보다 국소배기에 의한 환기가 권장된다.

(2) 자연환기(제4종 환기, Wind Effect)

① 바람, 연돌효과(Stack Effect, 온도차) 등 자연현상을 이용하는 방법이다.

② 보통 적당한 자연 급기구를 가지고, 환기통 등을 이용하여 배기를 유도하는 방식이다.

③ 급기량, 배기량 등을 제어하기 어렵다.

(3) 기계환기

① **제1종 환기** : 급/배기 송풍기를 이용하여 강제급기+강제배기

② **제2종 환기**

㈎ 강제급기+자연배기

㈏ 압입식이므로 통상 정압 (양의 압력) 유지

㈐ 소규모 변전실(냉각)이나 병원(수술실, 신생아실 등), 무균실, 클린룸 등에 많이 적용된다.

③ **제3종 환기**

㈎ 자연급기+강제배기

㈏ 통상 부압 (음의 압력) 유지

㈐ 화장실, 주방, 기타 오염물 배출 장소 등에 많이 적용된다.

(4) 전체환기와 국소환기

① **전체환기(희석환기)**

㈎ 오염물질이 실 전체에 산재해 있는 경우

㈏ 실 전체를 환기해야 하는 경우

② **국소환기**

㈎ 주방, 화장실, 기타 오염물 배출 장소 등에 후드를 설치하여 국소적으로 환기하는 경우

㈏ 에너지절약적 차원에서 환기를 실시하는 경우

(5) 환기량산출법

CO₂, 발열량, 수증기량, 유해가스, 끽연량, 진애(먼지) 제거, 환기회수법 등이 있다 (CO₂법이 가장 대표적이다).

3-4   외기 엔탈피 제어방법

(1) 외기 엔탈피 제어방법(부하의 억제)

① **개요**

㈎ 무동력 자연냉방의 일종인 외기냉방을 행하기 위해 엔탈피를 기준으로 한 컨트롤(Enthalpy Control)을 하는 방법이다.

㈏ 주로 동계 혹은 중간기에 내부 Zone이나 남측 Zone에 생기는 냉방부하를 외기를 도입하여 처리하는 방법으로 에너지절약적 차원에서 많이 응용되고 있다.

㈐ 냉각탑이 설치된 전수(全水) 공조방식에서는 '외기 냉수냉방'을 외기 엔탈피제어와 동일한 목적으로 사용할 수 있다.

② **외기 엔탈피 제어 시 외기 취입방법**

㈎ 외기의 현열 이용방식 : 실내온도와 외기온도를 비교하여 외기량을 조절한다.

㈏ 외기의 전열 이용방식 : 실내 엔탈피와 외기 엔탈피를 비교하여 외기량을 조절한다.

③ **CO₂ 제어방법** : CO₂ 감지센서를 장착하여 법규상 1,000 ppm 혹은 필요 CO₂ 농도를 유지하도록 자동제어를 하는 방식이다 (에너지절약 차원에서 불필요하게 과다한 외기도입량을 줄일 수 있다).

④ **전열교환기 혹은 현열교환기를 이용한 폐열회수 방법** : 환기를 위해 버려지는 배기에 대해 열교환 방법으로 폐열을 회수하는 장치이다.

⑤ **Run Around를 이용한 폐열회수 방법** : 열교환기를 설치하고 Brine 등을 순환시켜 폐열을 회수하는 방법이다.

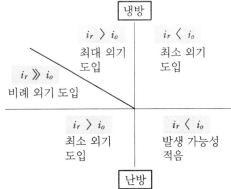

외기 엔탈피 제어방법

(2) 우리나라 기후에서 '외기냉방'의 가능성

① 봄, 가을, 겨울에는 외기온도가 대개 실내온도보다 낮다.

② 점차 실내 냉방부하가 많이 발생한다(건물의 기밀성 증가, 사무용 전산기기 증가 등).

③ **실내오염 악화** : 각종 기구, OA기기 등.

따라서 외기냉방은 에너지절약 및 환기 차원에서 충분한 가능성이 있다.

(3) 백화점에서 외기냉방 적용의 타당성

① 여름뿐만 아니라 연중 냉방부하가 많이 발생한다.

② 많은 재실인원으로 환기량이 많이 필요하다.

③ 분진 등이 많이 발생한다(고청정 및 환기량 증가 필요).

④ 에너지 다소비형 건물이며 에너지 절감이 절실하다.

⑤ 존별 특성이 뚜렷하여 외기엔탈피제어가 용이하다.

⑥ 잠열부하가 큰 편이다.

⑦ 실내 발생 부하가 크고 국부적 환기도 필요하다.

⑧ 부하변동이 심하다(저부하 시 특히 효과적이다).

칼럼 **규모가 큰 공조건물의 천장에 겨울철 결로가 발생하는 이유와 해결 방안**

1. 규모가 큰 건물일수록 겨울철 천장에 결로가 발생하는 경우가 많다.
2. 그 이유로는 원활한 환기의 기술적 어려움, 그로 인한 기류의 정체, 구조체 야간 냉각 등을 들 수 있다.
3. 건축물의 겨울철 천장 결로에 대한 원인 및 대책

항 목	원 인	대 책
환기 부족	창 측에서 멀어질수록 내부의 환기가 부족해지기 쉬움	공조기 흡입구 배치와 충분한 환기량 확보
기류 정체	대류가 원활하지 못함	실내기류를 원활히 하고, 최소풍속 이상으로 유지
인원 및 사무실 집중	냉난방 부하의 증가(잠열 및 현열 부하 증가)	별도의 조닝으로 내부존의 부하를 충분히 처리
구조체 야간 냉각	건물 구조체가 야간 냉각 후 축열이 이루어져 한동안 냉각되어 있음	예열, 야간 Set-back 운전 등 실시
일사 침투 부족 (고습)	일사가 내부까지 침투하지 못해 고습한 상태를 오래 유지	일사가 내부 깊숙이 침투될 수 있도록 아트리움, 주광조명(채광)을 고려하는 등 건물 구조적으로 고려

3-5   아파트의 '주방환기'

아파트의 주방환기 방법에는 아래와 같이 여러 가지 종류가 있으나 요즘은 생활의 쾌적성과 소음공해 등이 좀 더 개선된 제품들이 많이 출시되고 있는 실정이다.

(1) 세대별 환기

팬이 부착된 레인지후드를 설치하여 세대별 별도로 환기하는 방식 : 고층건물 등에서 역풍 시 환기 불량이 우려된다.

(2) 압입 방식

팬이 부착된 레인지후드를 이용하여 배기굴뚝으로 밀어 넣는 방식 : 연도 내 역류에 의한 환기 불량이 우려된다.

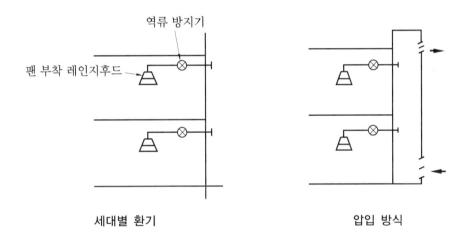

세대별 환기   압입 방식

(3) 흡출 방식

Ventilator를 이용하여 배기굴뚝으로 흡출해내는 방식 : 개별제어가 되지 않아 불편하다.

(4) 압입흡출 방식

압입방식과 흡출방식을 통합한 방식 : 역류와 역풍을 방지하고, 개별제어가 용이하여 가장 좋은 방법이라고 할 수 있다.

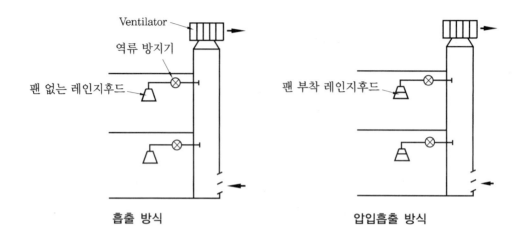

흡출 방식　　　　　　　　압입흡출 방식

(5) 기술의 동향

① **분리형 주방배기 시스템** : 실내 측으로 전달되는 배기팬의 소음 감소를 위하여 배기팬을 후드와 분리시켜 베란다나 실외 측에 배치하는 시스템이다.

② **코안다형 주방배기 시스템** : 보조 배기팬을 추가로 몇 개 더 설치하여 뜨거워진 공기와 냄새가 1차적으로 후드로 빠져나간 후, 잔류량은 2차적으로 추가된 보조 배기팬으로 배기시키는 시스템이다 (보통 배기덕트는 설치하지 않고 천장 플래넘을 이용한다).

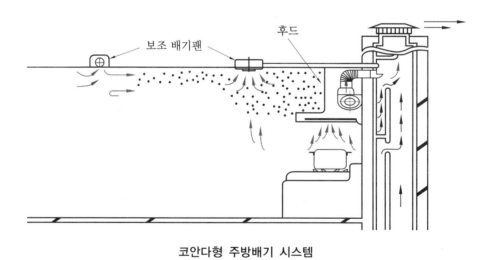

코안다형 주방배기 시스템

3-6 공조용 필터별 특징

공조용 필터(Air Filter)는 그 종류가 매우 다양하나, 대체적으로 충돌점착식, 건성여과식, 전기식, 활성탄 흡착식 등으로 나눌 수 있다. 보통 청정도가 높은 필터는 정압손실이 커서 팬(Fan)의 동력 증가로 인한 동력 손실이 많으므로, 정압 손실이 적은 필터의 선정으로 에너지절약에 대한 노력이 필요하다 (반송동력 절약).

(1) 충돌점착식(Viscous Impingement Type)

① 특징
(가) 비교적 관성이 큰 입자에 대한 여과이다.
(나) 비교적 거친 여과장치이다.
(다) 기름 또는 Grease에 충돌하여 여과한다.
(라) 기름이 혼입될 수 있어 식품관계 공조용으로는 사용하지 않는다.

② 종류
(가) 수동 청소형
  ㉮ 충돌점착식의 일반적 형태
  ㉯ 여과재 교환형과 유닛 교환형
(나) 자동 충돌점착식(자동 청소형)
  ㉮ 여과재를 이동하는 체인(Chain)에 부착하여 회전시켜가며 여과함
  ㉯ 하부에 있는 기름통에서 청소하는 비교적 대규모 장치

(2) 건성여과식(Dry Filtration Type)

① **여과재의 종류** : 셀룰로오스(Cellulose), 유리섬유(Glass Wool), 특수처리지, 목면(木綿), 毛펠트(Felt) 등이 있다.

② **유닛 교환형**
(가) 수동으로 청소, 교환, 폐기하는 형태이다.
(나) 주로 여러 개의 유닛필터를 프레임에 V자 형태로 조립하여 사용한다.

③ **자동권취형(Auto Roll Filter)** : 자동 회전하여 먼지를 회수한다.
(가) 자동권취형(Auto Roll) Air Filter는 일상의 순회점검 및 매월 정기적인 여재의 교체가 필요 없는 제품(자동적으로 롤러가 회전하면서 여과함)이다.
(나) 용도 및 장소에 따라 내·외장형 및 외부여재 교환형과 2차 Filter를 조합한 형

태로 구분되며 설치 면적에 의해 종형과 횡형으로 구분되어 목적에 맞게 선택하여 사용할 수 있다.

(다) 자동적으로 권취되기 때문에 관리비가 적게 들고, 연간 유지비용을 절감한다.

(라) 자동권취 방식은 시간, 차압, 그리고 시간 및 차압 검출에 의한 3가지 방식으로 제어가 가능하고 Filter의 교환이 용이하도록 제작되어 있다.

④ **초고성능 필터(ULPA Filter)**

(가) 일반적으로 'Absolute Filter', 'ULPA Filter'라고 한다.

(나) 이 Filter에도 굴곡이 있어서 겉보기 면적의 15~20배 여과면적을 갖고 있다.

(다) HEPA Filter는 일반적으로 가스상 오염물질을 제거할 수 없지만, 초고성능 Filter는 담배연기 같은 입자에 흡착 혹은 흡수되어 있는 가스를 소량 제거할 수 있다.

(라) 특징

㉮ 대상 분진(입경 0.1~0.3 μm의 입자)을 99.9997 % 이상 제거한다.

㉯ 초 LSI 제조공장 Clean Bench 등에 사용한다.

㉰ CLASS 10 이하를 실현시킬 수 있고, Test는 주로 DOP Test(계수법)로 측정한다.

⑤ **고성능 필터(HEPA Filter ; High Efficiency Particulate Air Filter)**

(가) 정격 풍량에서 미립자 직경이 0.3 μm인 DOP 입자에 대해 99.97 % 이상의 입자 포집률을 가지고, 또한 압력 손실이 245 Pa (25 mmH$_2$O) 이하의 성능을 가진 에어 필터이다.

(나) 분진입자의 크기가 비교적 미세한 분진의 제거용으로 사용되며 주로 병원 수술실, 반도체 Line의 Clean Room 시설, 제약회사 등에서 제작하여 사용한다.

(다) Filter의 Test는 DOP Test(계수법)로 측정한다.

(라) 종류

㉮ 표준형 : 24″·24″·11 1/2″(610 mm·610 mm·292 mm)을 기준으로 한 1 inch Aq /1,250 cfm (25.4 mmAq/31 m^3/min)의 제품

㉯ 다풍량형 : 24″·24″·11 1/2″(610 mm·610 mm·292 mm) 크기로 하여 여재의 절곡수를 늘려 처리 면적을 키운 제품

㉰ 고온용 : 표준형의 성능을 유지하면서 높은 온도에 견디도록 제작된 제품

⑥ **중성능 필터(Medium Filter)**

(가) 중성능 필터는 고성능 필터의 전처리용으로 사용되며, 건물 혹은 빌딩 AHU에는 Final Filter로 널리 사용된다.

㈏ 효율은 비색법으로 나타내고 65 %, 85 %, 95 %가 많이 쓰이며 여재의 종류는 Bio-Synthetic Fiber, Glass Fiber 등이 널리 사용된다.

⑦ Panel Filter (Cartridge Type) : Aluminum Frame에 부직포를 주 재질로 하고 있으나 Frame 및 여재의 선택에 따라 다양하게 제작할 수 있어 가장 널리 사용되는 제품 중 하나이다.

⑧ Pre Filter (초급/전처리용)

㈎ 비교적 입자가 큰 분진의 제거 용도로 사용되며 중성능 필터의 전단에 설치하여 Filter의 사용기간을 연장시키는 역할을 한다.

㈏ Pre Filter의 선택 여부가 중성능 필터의 수명을 좌우하므로 실질적으로 매우 중요한 역할을 한다.

㈐ Pre Filter는 미세한 오염입자의 제거효과가 없으므로 중량법에 의한 효율을 기준으로 한다.

㈑ 종류 : 세척형, 1회용, 무전원 정전방식, 자동권취형, 자동집진형 등

㉾ : 식별 가능 분진 입경 = 약 10 μm 이상 (머리카락은 약 50~100 μm이다)

(3) 전기집진식 필터

① 고전압 (직류 고전압)으로 먼지입자를 대전시켜 집진한다.

② 주로 '2단 하전식 집진장치'를 말한다.

③ 하전된 입자를 절연성 섬유 또는 플레이트에 집진하는 일반형 전기 집진기(Charged Media Electric Air Cleaner)와 강한 자장을 만들고 있는 하전부와 대전한 입자의 반발력과 흡인력을 이용하는 집진부로 된 2단형 전기 집진기(Ionizing Type Electronic Air Cleaner)가 있다.

④ 2단형 전기집진기 : 압력 손실이 낮고 담배 연기 등을 제거하는 효과가 있다.

㈎ 1단 : 이온화부 (방전부, 전리부) → 직류전압 10~13 kV로 하전된다.

㈏ 2단 : 집진부 (직류전압 약 5~6 kV로 하전된 전극판)

⑤ 효율 : 비색법으로 85~90 % 수준이다.

⑥ 세정법

㈎ 자동 세정형 : 하부에 기름탱크를 설치하고, 체인으로 회전한다.

㈏ 여재 병용형(자동 갱신형) : 분진 침적 → 분진응괴 발생 → 기류에 의해 이탈 → 여재에 포착

㈐ 정기 세정형 : 노즐로 세정수 분사 등

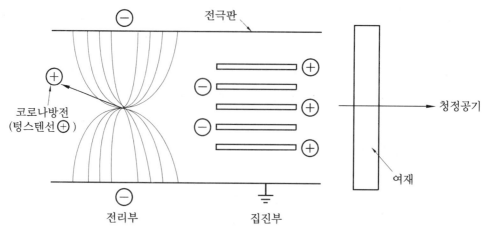

전기집진식 필터

(4) 활성탄 흡착식(Carbon Filter, 활성탄 필터)

① 유해가스, 냄새 등을 제거하는 것이 목적이다.

② 냄새 농도의 제거 정도로 효율을 나타낸다.

③ 필터에 먼지, 분진 등이 많이 끼면 제거효율이 떨어지므로 전방에 프리필터를 설치하는 것이 좋다.

3-7   환기효율 및 공기연령

(1) 개요

① 실내 공간에서 발생한 오염공기는 신선 급기의 유동과 확산에 의해 희석되고, 이 혼합공기는 환기설비에 의해 배출 제거됨으로써 이용자들에게 보다 적합한 공기환경을 제공한다.

② 실내환기에 대한 효과는 공기의 교환율뿐만 아니라 실내 기류분포에 의한 환기효율에 의하여 결정된다.

③ 환기 대상공간에서는 급·배기구의 위치, 환기형태, 풍속 등에 따라 실내의 기류분포가 달라진다. 이로 인하여 실내환경에 많은 영향을 미친다.

④ 환기효율은 농도비, 농도감소율, 공기연령 등에 의해 정의할 수 있다.

(2) 환기효율의 정의

① 농도비에 의한 정의

㈎ 주로 실내의 오염 정도를 나타내는 용어이다.

㈏ 배기구에서의 오염농도에 대한 실내 오염농도 비율을 말한다.

㈐ 실내의 기류상태나 오염원의 위치에 따라 달라지는 단점이 있다.

② 농도감소율에 따른 정의

㈎ 환기횟수를 표시하는 데 적합한 용어이다.

㈏ 완전 혼합 시의 농도감소율에 대한 실내 오염농도의 감소율 비율을 말한다.

㈐ 농도 감소 초기에는 감소율이 시간에 따라 변화한다 (비정상 상태에서의 농도 측정이 필요하다).

㈑ 일정시간이 경과한 후에는 농도감소율이 위치와 관계없이 거의 일정해진다.

③ 공기연령(Age of Air)에 의한 정의

㈎ 명목시간상수에 대한 공기연령의 비율이다.

㈏ 이 방법 역시 비정상상태에서의 농도 측정이 필요하다.

㈐ 계산절차가 다소 복잡하다.

㈑ 오염원의 위치와 무관하게 실내의 기류상태에 의해 환기효율을 결정할 수 있다.

㈒ ASAE 및 AIVC 등이 국내·외에 걸쳐 사용되고 있다.

㈓ 주로 실내로 급기되는 신선외기의 실내 분배능력(급기효율)을 나타내며, 실내 발생 오염물질의 제거능력을 표기하는 용어로서는 적합하지 못하다.

④ 바람직한 환기효율의 정의 : 급기효율의 개념과 배기효율 개념을 접목해야 한다. 즉 앞에서 말한 공기연령에 의한 정의(급기효율)와 더불어 실내에서 발생하는 오염물질을 제거하는 능력(배기효율)으로서 정의되어야 한다.

(3) 공기연령, 잔여체류시간, 환기횟수, 명목시간상수

① 공기연령

㈎ 유입된 공기가 실내의 어떤 한 지점에 도달할 때까지 소요된 시간이다 (다음 그림 참조).

㈏ 각 공기입자의 평균 연령값을 국소평균연령(LMA : Local Mean Age)이라 한다.

㈐ 각 국소평균연령을 실(室) 전체 평균한 값을 실평균연령(RMA : Room Mean Age)이라 한다.

㈑ 실내로 급기되는 신선외기의 실내 분배능력을 정량화하는 데 사용된다.

② 잔여체류시간

(개) 실내의 어떤 한 지점에서 배기구로 빠져나갈 때까지 소요된 시간이다 (다음 그림 참조).

(내) 각 공기입자의 평균 잔여체류시간을 국소평균 잔여체류시간 (LMR : Local Mean Residual Life Time)이라 한다.

(대) 각 국소평균 잔여체류시간을 실 전체 평균한 값을 실평균 잔여체류시간 (RMR : Room Mean Residual Life Time)이라 한다.

(래) 오염물질을 배기하는 능력을 정량화하는 데 사용된다.

③ 환기횟수

(개) 1시간 동안 그 실의 용적만큼의 공기가 교환되는 것을 환기횟수 1회라고 정의 한다.

(내) 일반적인 생활공간의 환기횟수는 1회 정도이며, 환기연령은 1시간이다 (화장실 이나 주방의 환기횟수는 10회 정도가 바람직하다).

④ 공칭(명목)시간상수 (Nominal Time Constant)

(개) 공칭시간상수는 시간당 환기횟수에 반비례한다 (환기횟수의 역수로서 시간의 차 원을 가진다).

(내) 공칭시간상수 계산식

$$\tau = \frac{V}{Q}$$

여기서, τ : 공칭시간상수
V : 실의 체적
Q : 풍량 (환기량)

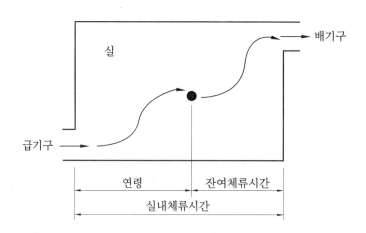

(4) 국소 급기효율과 국소 배기효율

① **국소 급기효율**(국소 급기지수) : 명목시간상수에 대한 국소평균 연령의 비율(100 % 이상 가능)

$$국소\ 급기효율 = \frac{\tau}{LMA} = \frac{V}{Q \cdot LMA}$$

② **국소 배기효율**(국소 배기지수) : 명목시간상수에 대한 국소평균 잔여체류시간의 비율 (100 % 이상 가능)

$$국소\ 배기효율 = \frac{\tau}{LMR} = \frac{V}{Q \cdot LMR}$$

(5) 환기효율 (공기연령에 의한 급기효율 및 배기효율에 의한 정의)

① **실평균 급기효율** : 상기 국소 급기효율을 실 전체 공간에 대하여 평균한 값
② **실평균 배기효율** : 상기 국소 배기효율을 실 전체 공간에 대하여 평균한 값
③ 실평균 급기효율은 실평균 배기효율과 동일하므로 합쳐서 실평균 환기효율 혹은 환기효율이라고 한다.

$$환기효율 = 실평균\ 급기효율 = 실평균\ 배기효율$$

(6) 환기효율 및 공기연령의 응용

① 바닥분출 공조시스템은 냉방인 경우 실내의 온도분포가 성층화되어 변위환기가 이루어 지므로 실 전체의 환기효율이 좋게 나타난다(국소평균연령도 전체적으로 감소된다).
② 일반적으로 환기량이 증가할수록 평균연령은 감소하나 환기효율은 크게 변화하지 않는다.
③ 효과적인 환기시스템을 설계하기 위해서는 정확한 환기설비의 효율평가에 의한 채택이 요구된다.

3-8 PM 10 (미세분진)

(1) 정의

PM 10 (미세분진)은 'Particulate Matter less than 10 μm'의 약어이다. 따라서 PM 10 (미세분진)은 '입자 크기가 10 μm 이하인 미세먼지'를 의미한다.

(2) 영향 및 적용

① 호흡기, 눈질환, 코질환, 진폐증, 폐암을 유발할 수 있는 것으로 보고됨에 따라 고 성능 필터를 이용한 필터링이 필요하다.

② 가정용으로 사용되는 청소기의 경우 성능이 좋지 않은 것은 배출되는 공기 중 PM 10이 상당량 포함되어 있어 오히려 가족 구성원의 건강을 해칠 수 있으므로 구입할 때 주의해야 한다는 보고가 있다.

③ 국가 대기환경기준으로는 연평균 $50\,\mu g/m^3$ 이하, 24시간 평균 $100\,\mu g/m^3$ 이하를 기준으로 하고 있다 (WHO의 권고 기준은 연평균 $20\,\mu g/m^3$ 이하, 24시간 평균 $50\,\mu g/m^3$ 이하이다).

④ TSP (Total Suspended Particles) : 총부유분진이라고 하며 입경에 관계없이 부유하는 모든 먼지를 말하는 용어이다 ($10\,\mu m$ 이상에서는 인체에 미치는 영향이 적다고 하여 1990년대 후반부터 TSP에서 PM 10으로 환경기준을 변경하였다).

칼럼   PM 2.5 (초미세 분진)

1. '입자 크기가 $2.5\,\mu m$ 이하인 미세먼지'를 의미한다.
2. 건강에 미치는 영향이 PM 10보다 커질 수 있다.
3. 선진국에서는 1990년대 초부터 이 규제를 이미 도입하고 있으나, 국내에서는 2015년 부터 관련법이 적용되고 있다.
4. 국내 환경기준은 연평균 $25\,\mu g/m^3$ 이하, 24시간 평균 $50\,\mu g/m^3$ 이하이다.
5. WHO의 권고기준은 연평균 $10\,\mu g/m^3$ 이하, 24시간 평균 $25\,\mu g/m^3$ 이하로 훨씬 더 엄격하다.

3-9   코안다 효과 (Coanda Effect)

(1) 정의 및 특징

① 벽면이나 천장면에 접근하여 분출된 기류는 그 면에 빨려 들어가 부착하여 흐르는 경향이 있는 것을 말한다 (압력이 낮은 쪽으로 기류가 유도되는 원리를 이용).

② 이 경우 주로 벽측으로 확산되므로 자유분출 (난류 형성)에 비해 속도 감쇠가 작고 도달거리가 커진다.

③ 이로 인해 천장, 벽면 등에 먼지가 많이 부착될 수 있다.

(2) 응용사례

① **복류형 디퓨저** : 아래 그림처럼 유인성능이 큰 복류형 디퓨저 등에서 토출되는 바람이
천장 및 벽면을 타고 멀리 유동하는 현상을 이용하여 방 깊숙이 공조를 할 수 있는
방법이다.

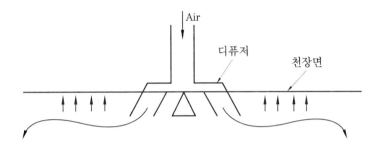

② **주방 레인지 후드** : 음식을 조리할 때 생기는 냄새와 오염가스, 잉여열 등을 바깥으로
내보내는 기능을 원활히 하기 위해 주거공간 내부 벽을 따라 공기를 외부로 배출시
키는 '코안다' 효과를 이용하는 경우도 있다 ('코안다형 주방용 후드'라고 한다).

③ FCU (Fan Coil Unit ; 팬코일유닛) : 아래 그림에서와 같이 팬코일유닛에서 토출되는 바
람이 멀리까지 조달할 수 있게 해준다.

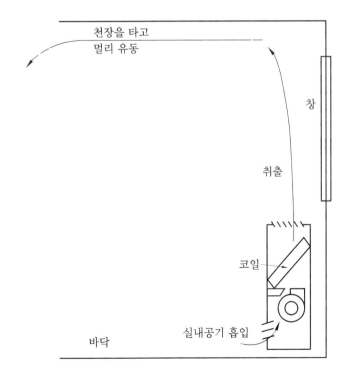

④ **Bypass형 VAV Unit에서의 On/Off 제어** : 아래 그림에서 파일럿 댐퍼 A를 열면 급기 측으로 공기가 유도되고, 파일럿 댐퍼 B를 열면 Bypass 쪽으로 공기가 유도된다 (압력이 낮은 쪽으로 유도되는 원리이다).

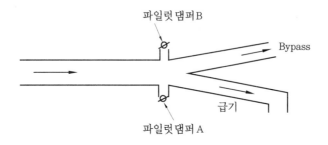

```
                        파일럿 댐퍼 B
                                              Bypass

                      ───▶

                                          급기
                        파일럿 댐퍼 A
```

칼럼 **코안다 효과의 물리학적 측면에서의 정의**

1. 흐르는 유체에 휘어진 물체를 놓으면 유체도 따라 휘면서 흐르는 현상을 말한다.
2. 간단히 말하면 유체가 흐르면서 앞으로 어떤 방향으로 흐르게 될지를 아는 것이다 (만약 곡관을 흐른다면 유체는 곡관을 따라 휘면서 흐르게 된다).
3. 유체는 자기의 에너지가 가장 덜 소비되는 쪽으로 흐르는데, 이를 코안다 효과라고 한다 (즉 유체는 자기가 앞으로 흐르게 되는 경로를 정확하게 파악하고 그에 따라서 흐르게 되는 것이다. 이렇게 정보를 전달하는 속도가 마하 1이다).
4. 유체가 이보다 더 빨리 흐르는 경우 (마하 1이 넘는 경우, 즉 초음속인 경우)에는 이를 알지 못한다 (정보가 전달되기 전에 유체가 흘러 버리니까 처음 흐르던 대로 흐르게 된다).

3-10 HACCP (식품위해요소 중점관리기준)

(1) 정의와 의의

① HACCP은 Hazard Analysis and Critical Control Point의 약자로 '해썹'이라고 하며 식품위해요소 (Risks to Food Safety)를 예측 및 분석하는 방법이다.
② HACCP은 위해분석 (HA)과 중요관리점 (CCP)으로 구성되어 있으며, HA는 위해가능성이 있는 요소를 찾아 분석·평가하는 것이고, CCP는 해당 위해요소를 방지·제거하여 안전성을 확보하기 위해 중점적으로 다루어야 할 관리점을 말한다.
③ 종합적으로 HACCP이란 식품의 원재료 생산에서부터 제조, 가공, 보존, 유통 단계를 거쳐 최종 소비자가 섭취하기 이전까지의 각 단계에서 발생할 우려가 있는 위

해요소를 규명하고, 이를 중점적으로 관리하기 위한 중요관리점을 결정하여 자주적
이고 체계적이며 효율적인 관리로 식품의 안전성(Safety)을 확보하기 위한 과학적인
위생관리체계라 할 수 있다.

④ 식품 구역의 환경 여건을 관리하는 단계나 절차와 GMP(Good Manufacturing
Practice ; 적정제조기준) 및 SSOP(Sanitation Standard Operating Procedures ;
위생관리절차) 등을 전체적으로 포함하는 식품 안전성 보장을 위한 예방적 시스템이다.

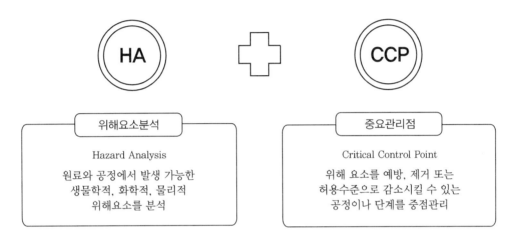

(2) 역사

① HACCP의 원리가 식품에 응용되기 시작한 것은, 1960년대 초 NASA(미 항공우
주국)가 미생물학적으로 100 % 안전한 우주식량을 제조하기 위해 Pillsbury회사,
미 육군 NATICK 연구소와 공동으로 실시한 것이 최초이다.

② 1973년 미국 FDA에 의해 저산성 통조림 식품의 GMP에 도입되었으며 이후 전 미
국의 식품업계에서 신중하게 그 도입이 논의되기 시작하였다.

③ 우리나라는 1995년 12월 29일 식품위생법에 HACCP 제도를 도입하여 식품의 안
전성을 확보하고, 식품업체의 자율적이고 과학적인 위생관리 방식의 정착과 국제기준
및 규격과의 조화를 도모하고자 식품위생법 제32조에 위해요소중점관리기준에 대한
조항을 신설하였다.

(3) HACCP 도입의 필요성

① 최근 수입식육이나 냉동식품, 아이스크림류 등에서 살모넬라, 병원성 대장균 O-157,
식중독 세균이 빈번하게 검출되고 있다.

② 농약이나 잔류수의약품, 항생물질, 중금속 및 화학물질, 다이옥신 등에 의한 위해
발생도 광역화되고 있다.

③ 이들 위해요소를 효과적으로 제어할 수 있는 HACCP의 법적 근거를 점차 강화해 나갈 필요가 있다.

④ 더욱이 EU, 미국 등 각국에서는 이미 자국 내로 수입되는 대부분의 식품에 대하여 HACCP을 적용하도록 요구하고 있으므로 수출경쟁력 확보를 위해서도 HACCP의 강화가 필요하다 하겠다.

(4) 일반적인 위해의 구분

① 생물학적 위해

(개) 생물, 미생물들로 사람의 건강에 영향을 미칠 수 있는 것을 말한다.

(내) 보통 Bacteria는 식품에 넓게 분포하고 있으며 대다수는 무해하나 일부 병원성을 가진 종에 있어서 문제시된다.

(대) 또한 식육 및 가금육의 생산에서 가장 일반적인 생물학적 위해요인은 미생물학적 요인이라 할 수 있다.

② 화학적 위해

(개) 화학적 위해는 오염된 식품이 광범위한 질병 발현을 일으키기 때문에 큰 주목을 받고 있다.

(내) 화학적 위해는 비록 일반적으로 영향을 미치는 원인은 더 적으나 치명적 질병을 일으킬 수 있다.

(대) 화학적 위해는 일반적으로 다음 3가지 오염원에서 기인한다.

　㉮ 비의도적(우발적)으로 첨가된 화학물질

　　㉠ 농업용 화학물질 : 농약, 제초제, 동물약품, 비료 등

　　㉡ 공장용 화학물질 : 세정제, 소독제, 오일 및 윤활유, 페인트, 살충제 등

　　㉢ 환경적 오염물질 : 납, 카드뮴, 수은, 비소, PCBs 등

　㉯ 천연적으로 발생하는 화학적 위해 : 아플라톡신, 마이코톡신 등과 같은 식물, 동물 또는 미생물의 대사산물 등

　㉰ 의도적으로 첨가된 화학물질 : 보존료, 산미료, 식품첨가물, 아황산염 제재, 가공보조제 등

③ 물리적 위해

(개) 물리적 위해에는 외부로부터의 모든 물질이나 이물에 해당하는 여러 가지 것들이 포함된다.

(내) 물리적 위해요소는 제품을 소비하는 사람에게 질병이나 상해를 발생시킬 수 있는, 식품 중에 정상적으로는 존재할 수 없는 모든 물리적 이물로 정의될 수 있다.

㈐ 최종 제품 중에서 물리적 위해요소는 오염된 원재료, 잘못 설계되었거나 유지 관리된 설비 및 장비, 가공공정 중의 잘못된 조작 및 부적절한 종업원 훈련 및 관행과 같은 여러 가지 원인에 의해 발생할 수 있다.

칼럼 HACCP의 7원칙

1. 위해분석의 실시단계
   ① 위해요소의 파악(Identification)
   ② 위험률 평가(Risk Evaluation)
2. 중요관리점 설정 : 파악된 위해요소별로 의사결정수를 통과시켜 결정
3. 각 중요관리점별 허용한계치 설정
   ① 허용한계치를 벗어나면 해당 공정이 관리상태를 이탈한 것
   ② 허용한계치는 신중하게 설정해야 함
4. 감시활동 절차 설정 : 감시활동이란 중요관리점이 관리상태를 유지하는지의 여부를 평가하고, 향후 검증활동에 사용할 수 있는 기록을 작성하기 위한 일련의 계획적인 관측 또는 계측활동
5. 개선조치 방법 설정 : 감시활동 결과가 설정된 허용한계치를 이탈하였음을 나타낼 경우에 취해야 하는 개선조치 방법의 설정
6. 검증방법의 설정 : 다음 사항을 평가하기 위한 감시활동 이외의 모든 활동의 설정
   ① HACCP Plan의 유효성
   ② HACCP 관리체제가 Plan에 따라 운영되는지의 여부
7. 기록관리(Record Keeping) : 개별 업체의 HACCP Plan에 따른 적합성을 문서화함

3-11 HACCP의 공조설비

(1) 공조설비(환기 포함)

① 공기관리는 위생적인 실(室)을 확보하기 위한 것으로, 이를 위해서는 청정도 확보, 온·습도 유지, 환기 등을 위한 설비를 정확히 구비해야 한다.

② 주변 공기에 의한 교차 오염 방지를 위해서는 수직 층류형 혹은 수평 층류형의 공기흐름이 유리하다. 단, 수평 층류형의 경우에는 공기 흐름이 청정도가 높은 구역에서 낮은 구역으로 흐르도록 급·배기 조절이 필요하다.

③ 실내압 유지 측면에서는 보통 '양압 유지'가 원칙이다 (청정도가 가장 높은 구역을 가장 높은 양압으로 하고 점차 청정도가 낮은 구역으로 공기흐름이 향하게 한다).

④ 필요에 따라 온도, 습도, 청정도, 실내압 등을 계측하기 위한 다양한 계측장치 설치와 검토가 필요하다.

⑤ 실내에서 악취, 가열증기, 유해가스, 매연 등이 발생한다면 이를 환기시키는 데 충분한 시설을 구비해야 한다.

⑥ 신선공기의 급기구는 냉각탑 등 미생물의 발생 요인이 되는 기기와 분리하여 배치해야 한다.

⑦ 무균 작업구역의 급기는 제균필터나 살균장치 등을 붙인 덕트를 통해 청정공기를 도입해야 한다.

⑧ 국소배기를 할 경우에는 실내에 음압이 걸리고 압력 밸런스가 깨져 외부로부터 오염된 공기가 인입될 가능성이 많으므로, 설계압력에 해당하는 압력을 항시 맞출 수 있도록 자동제어 측면에서 고려되어야 한다.

⑨ 공조설비에는 자외선램프 등 살균장치의 부착을 고려해야 한다.

⑩ **기타 분진 및 미생물의 관리원칙**

   ㉮ **침투 방지** : 작업장의 양압화, 건물의 기밀구조, 필터 설치, 출입구 에어록 설치 등

   ㉯ **발생 방지** : 분진이 발생하는 작업실의 한정화, 발진이 적은 내장재 사용 등

   ㉰ **집적 방지** : 정전기 방지, 창틀/방화셔터 등의 아랫부분은 45°로 경사, 기타 배관/전선/덕트 등은 노출 금지, 모퉁이 부분은 곡면구조로 하여 청소가 용이할 것 등

   ㉱ **신속배출** : 환기량, 필터링, 적절한 기류분포 등 확보

   ㉲ **기타** : 바닥의 건조화, 외부 미생물의 침입 방지(동선계획), 정기적인 청소 및 소독 필요

(2) 온도 관리

① 미생물의 증식을 억제하기 위해 실내온도를 너무 낮추면 냉방비 과다 혹은 작업환경의 악화(Cold Draft 등) 등이 있을 수 있으므로 주의가 필요하다.

② **설정온도** : 작업 공정상 필요 온도에 따라야 한다(원료 및 제품의 온도, 품질유지, 작업환경 등).

③ **세정 시 발생하는 열과 증기** : 단시간에 배출 가능한 환기량을 확보해야 한다.

④ 가열공정 시 차단벽을 설치하고(복사 열전달 방지) 출입구에 에어록을 설치하여 급·배기공정 밸런스 조절 등에 의한 다른 공정으로의 영향을 최소화해야 한다.

⑤ 외부 혹은 설정온도가 다른 구역 간에 작업자 이동, 대차 이동이 빈번하여 문의 개방이 잦아지면 온도 관리가 어려울 수 있으므로 주의가 필요하다.

(3) 습도 관리

높은 습도는 환경미생물이 증식하기 좋은 조건이므로 아래 사항들에 주의한다.

① 여러 작업 중에 발생할 수 있는 증기를 확실히 배출하는 환기설비가 필요하다.

② 증기의 배출이 불충분하면 천장, 벽면에 결로가 발생하여 미생물이 급격히 증식하고 물방울 낙하 등으로 제품의 오염이 우려된다.

③ 제어실 혹은 벽면에 습도계를 부착하고, 항상 적정한 습도 관리가 필요하다 (필요시 항온항습 기능의 냉방설비 도입 필요).

(4) 덕트설비

① **덕트의 재질** : 공조덕트 재질 자체가 내부식성일 것 (스테인리스, 알루미늄 등)

② 덕트 보온재 등에 의한 2차 오염의 발생 방지(무해, 친환경 보온재가 유리)

③ **덕트 연결 부위 혹은 플랜지 부위** : 에어 누설의 최소화, 기밀상태 유지

④ 고속덕트보다 저속덕트 (15 m/s 이하)가 유리(보온재 박리나 분진 유출 등 방지)

(5) 결로 방지 대책

① 미생물 증식의 억제를 위한 작업장 내 저온화, 제조 공정에서의 증기 발생, 세정을 위한 온수 혹은 스팀 사용 등으로 결로 우려 상존

② 결로는 실내의 온도조건, 외부공기의 조건, 건축물 구성부의 재질, 환기상태, 실내의 증기발생량 등의 수많은 요인에 의해 발생 가능

③ 설계단계에서부터 내부결로, 표면결로를 잘 평가하여 적절한 단열설계, 방습조치 필요

④ **실내공기 정체 방지** : 실내공기가 체류하지 않는 기류계획 실행 필요 (특히 천장 안쪽은 방화구획 등에 의한 공기의 정체가 일어나지 않도록 환기계획 철저)

⑤ 고온·다습한 조건의 작업장에는 국소배기장치를 설치하여 작업구역에서 열과 습기의 확산을 방지하고, 공기 흡·취출구 등에서의 결로에 의한 응축수 낙하를 방지해야 한다.

⑥ **내습성 재료 등** : 곰팡이와 균의 발생원인이 되는 결로를 방지할 수 있도록 내습성 재질이나 단열재 등을 사용하고, 공기가 정체되지 않도록 공간을 설계한다.

3-12 GMP (Good Manufacturing Practice)

(1) 정의

① 의약품의 안정성과 유효성을 품질 면에서 보증하는 기본조건으로서의 우수의약품 제조관리 기준이다.

② 품질이 고도화된 우수의약품을 제조하기 위한 여러 요건을 구체화한 것으로, 원료 입고에서부터 출고에 이르기까지 품질관리 전반에 걸쳐 지켜야 할 규범이다.

③ KGMP (Good Manufacturing Practice for Pharmaceutical Products in Korea) : 의약품의 제조업 및 소분업이 준수해야 할 우리나라 기준이다.

(2) 목적

현대화, 자동화된 제조시설과 엄격한 공정관리로 의약품 제조공정상 발생할 수 있는 인위적인 착오를 없애고 오염을 최소화함으로써 안정성이 높은 고품질 의약품을 제조하는 데 목적이 있다.

(3) 운영 단계

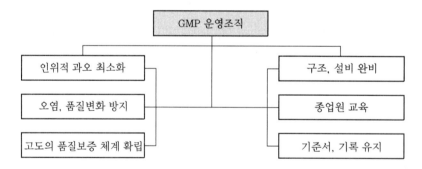

(4) 기술의 동향

① GMP 제도는 미국이 1963년 제정하여 1964년에 처음으로 실시하였다.

② 1968년 세계보건기구 (WHO)가 그 제정을 결의하여 이듬해 각국에 권고하였다.

③ 독일은 1978년, 일본은 1980년부터 실시하였다.

④ 한국은 1977년에 제정하여 업계의 자율적 실시 및 규제화를 점차 진행하고 있다.

⑤ 2007년 이후부터 의료기기에 대한 GMP 지정 전면시행을 시작으로, 의약품에 대해서는 2008년 신약에 적용한 것을 비롯해 단계적으로 GMP 제도를 확대 실시해오고 있다.

3-13 휘발성 유기화합물질(VOC : Volatile Organic Compounds)

(1) 정의

휘발성 유기화합물질이란 대기 중에서 질소산화물과 공존하면 햇빛의 작용으로 광화학반응을 일으켜 오존 및 팬(PAN ; Peroxyacetyl Nitrate, 퍼옥시아세틸 나이트레이트) 등의 광화학 산화성 물질을 생성시켜 광화학스모그를 유발하는 물질을 통틀어 일컫는 말이다.

(2) 영향

① 대기오염물질이며 발암성을 가진 독성 화학물질이다.
② 광화학산화물의 전구물질이기도 하다.
③ 지구온난화와 성층권 오존층 파괴의 원인물질이다.
④ 악취를 일으키기도 한다.

(3) 법규

① 국내의 대기환경보전법시행령 제39조 제1항에서는 석유화학제품유기용제 또는 기타 물질로 정의한다.
② 해당 부처에의 고시에 따라 벤젠, 아세틸렌, 휘발유 등 31개 물질 및 제품이 규제대상이다.
③ 끓는점이 낮은 액체연료, 파라핀, 올레핀, 방향족화합물 등 생활 주변에서 흔히 사용하는 탄화수소류가 거의 해당된다.

(4) 천연 VOC

목재(소나무, 낙엽송 등) 등에서 천연적으로 발생하는 휘발성 유기화합물질로, 인체에 해가 없다.

(5) 배출원

① VOC의 배출오염원은 인위적인(Anthropogenic) 배출원과 자연적인(Biogenic) 배출원으로 분류된다. 자연적인 배출원 또한 VOC 배출에 상당량 기여하는 것으로 알려져 있으나 자료 부족으로 보통 인위적인 배출원이 관리대상으로 고려되고 있다.
② 인위적인 VOC의 배출원은 종류와 크기가 매우 다양하며 SO_x, NO_x 등의 일반적인 오염물질과 달리 누출 등의 불특정 배출과 같이 배출구가 산재해 있는 특징이 있어

시설관리에 어려움이 있다.

③ 지금까지 알려진 인위적인 VOC의 주요 배출원으로는 비중의 차이는 있으나 자동차 배기가스와 유류용제의 제조·사용처 등으로 알려져 있다.

(6) 조절방법

① 고온산화 (열소각)법(Thermal Oxidation)

(가) VOC를 함유한 공기를 포집해서 예열하고 잘 혼합한 후 고온으로 태우는 방법이다.

(나) 분해효율에 영향을 미치는 요인 : 온도, 체류시간, 혼합 정도, 열을 회수하는 방법, 열교환방법, 재생방법 등이 있다.

② 촉매산화법(Catalytic Thermal Oxidation)

(가) 촉매가 연소에 필요한 활성화 에너지를 낮춘다.

(나) 비교적 저온에서 연소가 가능하다.

(다) 사용되는 촉매 : 백금과 팔라듐, 그리고 Cr_2O_3/Al_2O_3, Co_3O_4 등의 금속산화물

(라) 촉매의 평균수명은 2~5년 정도이다.

(마) 장점 : 낮은 온도에서 처리되어 경제적이고 유지 관리가 용이하며 현장부지 여건에 따라 수평형 또는 수직형으로 설치할 수 있다.

(바) 단점 : 촉매교체비가 비싸고, 촉매독을 야기하는 물질의 유입 시 별도의 전처리가 필요하다.

③ 흡착법

(가) 고체 흡착제와 접촉하여 약한 분자 간의 인력에 의해 분리되는 공정이다.

(나) 흡착제의 종류와 특징

(가) 활성탄 : VOC를 제거하기 위해 현재 가장 널리 사용되고 있는 흡착제이다.

ㄱ 제조원료 : 탄소함유 물질 등

ㄴ 종류 : 분말탄, 입상탄, 섬유상 활성탄 등

(나) 탄소 흡착제에는 휘발성이 높은 VOC (분자량 40 이하)는 흡착이 잘되지 않고 비휘발성 물질(분자량이 130 이상이거나 비점이 150℃보다 큰 경우)은 탈착이 잘되지 않기 때문에 비효율적이다.

④ 축열식 연소장치(RTO, RCO)

(가) 배기가스로 버려지는 열을 재회수하여 사용하는 방식으로, 대표적으로는 RTO (Regenerative Thermal Oxidizer), RCO(Regenerative Catalytic Oxidizer) 등이 있다.

㈏ 휘발성 화합물을 사용하는 사업장에서 발생되는 배출가스를 축열연소방식으로 연소시켜 청정공기를 대기 중으로 배출하는 시설로, VOC 처리에 수반되는 열을 회수 공급하므로 약 95 % 이상의 열을 회수할 수 있으며, 저농도로도 무연료 운전이 가능한 에너지절약형 기술이다.

㈐ 2개 이상의 축열실을 갖는 기존의 축열방식(Bed Type ; VOC 가스의 흐름을 Timer에 의해 변화시킴)보다 Rotary Wing에 의한 풍향 전환형 축열설비 형태로 많이 개발 및 보급되고 있는 실정이다.

⑤ **기타 방법**

㈎ 흡수법 : VOC 함유 기체와 액상 흡수제(물, 가성소다 용액, 암모니아 등)가 향류 또는 병류 형태로 접촉하여 물질전달을 한다 (VOC 함유 기체와 액상 흡수제 간의 VOC 농도 구배 이용).

㈏ 냉각 응축법 : 냉매(냉수, 브라인, HFC 등)와 VOC 함유 기체를 직접 혹은 간접적으로 열교환시켜 비응축가스로부터 VOC를 응축시켜 분리시킨다.

㈐ 생물학적 처리법 : 미생물을 이용하여 VOC를 무기질, CO_2, H_2O 등으로 변환한다 (생물막법이 많이 사용됨).

㈑ 증기 재생법 : 오염물질을 흡착제에 흡착하여 260℃ 정도의 수증기로 탈착시킨 후 고온의 증발기를 통과시켜 VOC가 H_2, CO_2 등으로 전환하게 한다.

㈒ 막분리법 : 진공펌프를 이용해 막모듈 내의 압력을 낮게 유지하면, VOC만 막을 통과하고 공기는 통과하지 못한다.

㈓ 코로나 방전법 : 코로나 방전에 의해 이탈된 전자가 촉매로 작용하여 VOC를 산화시킨다.

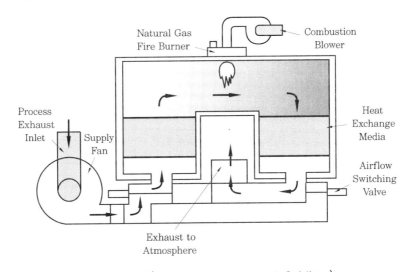

축열식 RTO (Regenerative Thermal Oxidizer)

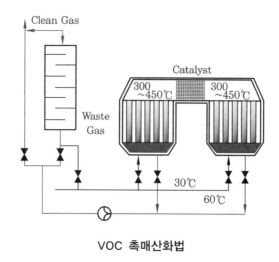

VOC 촉매산화법

3-14 공기질 관련 용어해설

(1) 실내공기질 관리

① 재실인원의 건강과 쾌적함을 위해 중요하게 관리되어야 할 실내공기 중 물질 인자에 대한 체계적 측정 및 관리를 의미한다.

② 오염에 대한 대책으로는 원인물질 관리(가장 확실), 환기(가장 중요 ; 욕실, 베란다, 주방 등의 환풍기 활용 등), 공기청정기 사용(기체성 오염물질 제거에는 부족) 등이 있다.

(2) 하이브리드 환기방식

① 자연환기 및 기계환기를 적절히 조화시켜 에너지를 절감할 수 있는 방식이다.

② 하이브리드 환기방식의 종류

㈎ 자연환기+기계환기(독립방식) : 전환에 초점

㈏ 자연환기+보조팬(보조팬방식) : 자연환기 부족 시 저압의 보조팬을 사용하여 환기량 증가

㈐ 연돌효과+기계환기(연돌방식) : 자연환기의 구동력을 최대한 그리고 항상 활용할 수 있게 고안된 시스템

(3) 코안다 효과(Coanda Effect)

① 코안다 효과는 벽면이나 천장 면에 접근하여 분출된 기류가 압력이 낮은 쪽으로 유도

(벽면, 천장 면에 부착)되어 흐르는 현상을 말한다.

② 코안다 효과는 천장이나 벽면 등에 먼지가 많이 부착하는 원인이 되기도 한다.

(4) 해썹(HACCP : Hazard Analysis Critical Control Points)

① 해썹은 식품의 원재료 생산에서부터 제조, 가공, 보존, 유통단계를 거쳐 최종 소비자가 섭취하기 전까지의 각 단계에서 발생할 우려가 있는 위해요소 (생물학적 위해, 물리학적 위해, 화학적 위해 등)를 규명하고, 이를 중점적으로 관리하여 식품의 안전성을 높이기 위한 과학적이고 체계적인 위생관리방법이다.

② HACCP은 위해분석(HA)과 중요관리점(CCP)으로 구성되어 있으며, HA는 위해가능성이 있는 요소를 찾아 분석·평가하는 것이고, CCP는 해당 위해요소를 방지·제거하여 안전성을 확보하기 위해 중점적으로 다루어야 할 관리점을 말한다.

(5) 휘발성 유기화합물질(VOC : Volatile Organic Compounds)

① 휘발성 유기화합물질은 대기 중에서 질소산화물과 공존하면 햇빛 작용으로 광화학 반응을 일으켜 오존 및 팬 (PAN ; 퍼옥시아세틸 나이트레이트) 등 광화학 산화성 물질을 생성시켜 광화학스모그를 유발하는 물질을 통틀어 일컫는 말이다.

② 휘발성 유기화합물질은 대부분 발암성을 가진 독성 화학물질(주로 탄화수소류)이다.

③ 목재(소나무, 낙엽송 등) 등에서 천연적으로 발생하는 휘발성 유기화합물질은 인체에 해가 없다고 알려져 있다.

(6) Good Ozone (이로운 오존)

① 오존은 성층권의 오존층에 밀집되어 있으며 태양광 중의 자외선을 거의 95~99 % 차단 (흡수)하여 피부암, 안질환, 돌연변이 등을 방지하는 역할을 한다.

② **오존발생기** : 살균작용 (풀장의 살균 등), 정화작용 등의 효과가 있다.

③ **오존 치료 요법** : 인체에 산소를 공급하는 치료 기구에 활용된다.

④ 기타 산림지역, 숲 등의 자연상태에서 자연적으로 발생하는 오존 (산림지역에서 발생한 산소가 강한 자외선을 받아 높은 농도의 오존 발생)은 해가 적고, 오히려 인체의 건강에 도움을 주는 것으로 알려져 있다.

(7) Bad Ozone (해로운 오존)

① **자동차 매연에 의해 발생한 오존** : 오존보다 각종 매연 그 자체가 오히려 더 큰 문제이다 (오존은 살균, 청정 작용 후 바로 산소로 환원).

② 밀폐된 공간에서 오존을 장시간 접촉하거나 직접 호기하면 눈·호흡기·폐 질환 등을 유발할 수 있다고 알려져 있다.

제**4**장 | 에너지 반송시스템

4-1 덕트의 취출구 및 흡입구

(1) 개요

① 조화된 공기를 실내에 공급하는 개구부를 취출구 (토출구)라고 하고, 그 설치위치와 형식에 따라 실내로의 기류 방향과 온도분포, 환기성능 등이 많이 변한다.

② 취출구 (토출구)는 크게 복류형, 면형, 선형, 축류형, 격자형 등으로 분류된다.

(2) 취출구 (吹出口)

① **복류형**

(개) 아네모스탯 (Anemostat)

㉮ 확산형으로, 유인성능이 좋아 아주 널리 사용된다.

㉯ 외곽 형상에 따라 원형과 각형이 있다.

(내) 팬형(Pan Type) : 상하로 움직이는 둥근 Pan을 이용하여 풍향과 풍속을 조절할 수 있다.

(대) 웨이형(Way Type) : 한 방향에서 네 방향까지 특정 방향으로 고정되어 취출된다.

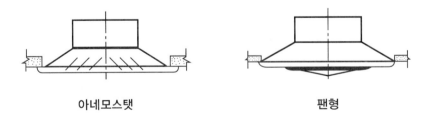

아네모스탯   팬형

② **면형** : 다공판형(多孔板形 ; Multi Vent Type)으로, 다수의 원형 홈을 만들어 제작한다.

③ **선형(라인형)**

(개) 라인 디퓨저(Line Diffuser) : Breeze Line, Calm Line, T-Line 등

(내) 라이트 트로퍼(Light-troffer) : 형광등의 등기구에 숨겨져 토출된다.

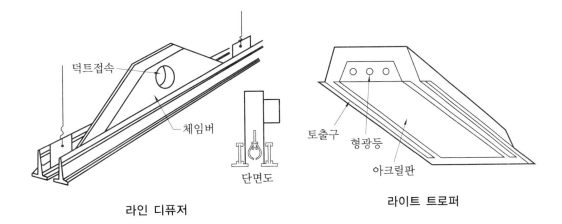

라인 디퓨저   라이트 트로퍼

④ **축류형**

   (가) 노즐형(Nozzle Type) : 취출구 형상이 노즐 형태로 되어 있어 취출공기를 멀리

      보낼 수 있다.

   (나) 펑커루버(Punkah Louver) : 취출공기를 멀리 보낼 수 있게 취출구 단면적의 크기

      조절이 가능하고, 또한 국소냉방(Spot Cooling)에도 유용하게 적용할 수 있다.

노즐형   펑커루버

⑤ **격자(날개)형 : 베인형의 격자형태**

   (가) 그릴(Grille) : 풍량 조절용 셔터(Shutter)가 없다.

      ㉮ H형 : 수평 루버형

      ㉯ V형 : 수직 루버형

      ㉰ H-V형 : 수평 및 수직 루버형

   (나) 레지스터(Register) : 풍량 조절용 셔터가 있다.

      ㉮ H-S형 : 수평 루버+셔터

      ㉯ V-S형 : 수직 루버+셔터

      ㉰ H-V-S형 : 수평 및 수직 루버+셔터

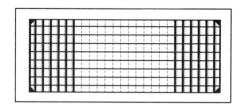

H-V형 그릴

⑥ VAV 시스템용 디퓨저

  ㉮ 주로 VAV(유닛) 시스템의 말단부 취출구에서 높은 유인비를 얻을 목적으로 채
    용되는 디퓨저이다.

  ㉯ 형상 면에서는 아네모스탯과 유사하지만, 콘의 형태가 길고 낮게 형성되어 유
    인비가 커질 수 있게 특별히 제작된다.

  ㉰ 취출구의 풍량이 많이 변해도 유인비가 큰 일정 패턴의 취출풍량을 얻을 수 있다.

⑦ VAV 디퓨저

  ㉮ 보통 VAV 유닛시스템은 급기덕트상에 하나의 유닛마다 여러 개(보통 3~7개)의
    취출구를 연결하여 사용하며, 실내 측에 별도로 설치된 실내온도센서의 신호를
    받아 풍량을 제어하는 시스템이지만, VAV 디퓨저는 디퓨저에 일체화된 온도센
    서에 의해 각각의 디퓨저마다 별도의 풍량이 제어될 수 있다.

  ㉯ VAV 디퓨저는 개별 작은 공간마다의 간편형 변풍량 제어가 용이하다.

  ㉰ VAV 유닛시스템 대비 장비가격, 시공비 등이 절감되며 간단형 VAV 시스템이
    라고 할 수 있다.

  ㉱ 사용공간 상부에서 직접 급기풍량이 변하므로 이상소음 발생에 특별히 주의하
    여야 한다.

⑧ 가변 선회형 디퓨저

  ㉮ 개념

    ㉠ 기류의 토출방향을 조절할 수 있는 가변형 취출구는 취출특성에 따라 축류형과
      선회류형이 있고, 도달거리에 따라 일반형과 고소형이 있다.

    ㉡ 축류형은 유인비와 확산반경이 작아서, 도달점에서 실내온도와 취출온도의 편
      차가 약 3~4℃ 정도로 심해져 불쾌감을 유발하기 때문에 많이 사용되지 않는다.

  ㉯ 일반형 가변선회 취출구

    ㉠ 천정고가 약 4~12 m 높이에 사용되는 취출구이다.

    ㉡ 경사진 블레이드를 통과한 기류는 강력한 선회류(Swirl)를 발생시켜, 기류확
      산이 매우 신속하게 이루어진다.

ⓒ 유인비가 높아 2차 실내공기의 유동을 촉진하여 정체공간을 해소한다.

ⓓ 실온과 가까운 공기가 재실자에 유입되는 특징이 있다.

(다) 고소형 가변선회 취출구

ⓐ 천정고가 약 10~25 m 높이에 사용되는 취출구이다.

ⓑ 일반적인 특성은 '일반형 가변선회 취출구'와 동일하나, 난방 시 확산각이 일반형에 비해 감소되는 차이가 있다.

(3) 흡입구 (吸入口)

① 실내공기를 조화 (Air conditioning)할 목적으로 공기조화기 쪽으로 보내기 위해 흡입하는 개구부를 흡입구라고 한다.

② 덕트에 사용되는 대부분의 취출구들은 흡입구로도 사용할 수 있다 (단, 취출구를 흡입구로 사용하기 위해서는 보통 불필요한 풍향 및 풍량 조절장치를 떼어내고 흡입구로 적용한다).

③ 기타 흡입구 전용으로 사용할 수 있는 장치들은 아래와 같다.

(가) Slit형 : 긴 홈 모양으로 철판 등을 펀칭하여 만듦

(나) Punching Metal형 : 금속판에 작은 홈들을 펀칭하여 만듦

(다) 화장실 배기용 : 화장실의 배기 전용으로 제작

(라) Mush Room형 : 바닥 취출을 위한 형태 (버섯 모양)

가변선회 취출구

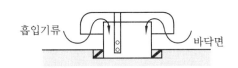

Mush Room형 흡입구

| 4-2 | **덕트 최적 기류특성** |

(1) 덕트 설계 시 에너지절약을 위한 고려사항

① 가능한 저속덕트를 사용한다.

② VAV 형식으로 에너지를 절감한다.

③ 덕트를 배치할 때 굴곡부를 최소화한다.

④ 덕트 내 압력손실을 최소화한다.

⑤ 취출구 배치 및 형식을 최적화(냉/난방 모두 고려)한다.

(2) 토출기류의 특성과 풍속

① 토출구 퍼짐각 : 약 $18{\sim}20°$

② 계산식

$$Q_1 V_1 + Q_2 V_2 = (Q_1 + Q_2) V_m$$

여기서, Q_1, Q_2 : 취출, 유인풍량

V_1, V_2 : 취출, 유인풍속

V_m : 혼합공기의 풍속

③ **토출기류 4역** : 임의의 x지점에서의 기류의 중심속도를 V_x라고 하고, 디퓨저 초기 분출 시의 속도를 V_0라고 하면 아래와 같다.

㈎ 1역($V_x = V_0$) : 보통 취출구 직경의 2~6배까지를 1역으로 본다.

㈏ 2역($V_x \propto \dfrac{1}{\sqrt{x}}$) ⇒ 천이영역(유인작용) : Aspect Ratio가 큰 디퓨저일수록 이 구간이 길다.

㈐ 3역($V_x \propto \dfrac{1}{x}$) ⇒ 한계영역(유인작용) : 주위 공기와 가장 활발하게 혼합되는 영역으로, 일반적으로 가장 긴 영역이다.

㈑ 4역($V_x \leq 0.25\,\text{m/s}$) ⇒ 확산영역 : 취출기류속도가 급격히 감소하며 유인작용은 없다.

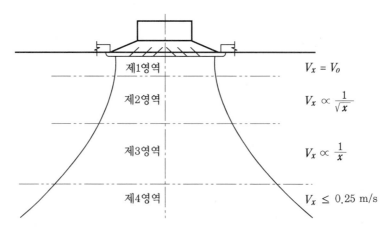

토출기류 4역

④ 확산반경(최대 확산반경, 최소 확산반경)

(개) 최대 확산반경 : 천정취출구에서 기류가 취출되는 경우 드리프트 (Drift ; 편류현상)가 일어나지 않는 상태로 하향 취출했을 때 거주영역에서 평균 풍속이 0.1~0.125 m/s로 되는 최대 단면적의 반경을 말한다.

(내) 최소 확산반경 : 천정취출구에서 기류가 취출되는 경우 드리프트가 일어나지 않는 상태로 하향 취출했을 때 거주영역에서 평균 풍속이 0.125~0.25 m/s로 되는 최대 단면적의 반경을 말한다.

(대) 확산반경 설계요령

㉮ 최소 확산반경 내에 보나 벽 등의 장애물이 있거나, 인접한 취출구의 최소 확산반경이 겹치면 드리프트 현상이 발생한다.

㉯ 따라서 취출구의 배치는 최소 확산반경이 겹치지 않도록 하고, 거주 영역에 최대 확산반경이 미치지 않는 영역이 없도록 천장을 장방형으로 적절히 나누어 배치한다.

㉰ 이때 보통 분할된 천장의 장변은 단변의 1.5배 이하로 하고, 또 거주영역에서는 취출 높이의 3배 이하로 한다.

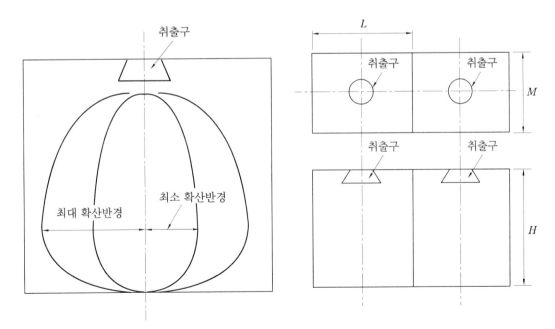

M : 천정 단변, L : 천정 장변, H : 취출구의 높이

1. 장변(L) ≤ 1.5×M일 것

2. 장변(L) ≤ 3×H일 것

4-3 VAV 시스템의 종류별 특징

(1) 개요

① 실내로 공급되는 풍량의 공급방식에는 CAV(정풍량 방식)와 VAV(변풍량 방식)가 있다.

② CAV(정풍량 방식)는 실내로 공급되는 송풍량이 일정하므로 급기의 온도와 습도를 조절하여 공조할 실의 상태를 제어한다. 반면에 VAV(변풍량 방식)는 송풍량 자체를 조절하여 공조할 실의 상태(온도 및 습도)를 제어한다.

③ 흔히 바이패스형, 교축형(Throttling Type), 유인형 등으로 대별되며 바이패스 타입은 3방밸브에, 교축형은 2방밸브에 비유되기도 한다.

④ VAV는 정풍량특성이 좋고, 공기량을 부하변동에 따라 통과시키므로 온도조절, 정압조정이 가능하고 제어성이 양호하다.

(2) 교축형(Throttle Type) VAV

① 특징

㉮ 가장 널리 보편화된 형태(Bypass Type, 유인형 등의 방법보다는 교축형이 일반적)로, 댐퍼 Actuator를 조절하여 실내 부하조건에 일치하는 풍량을 제어하는 방식이다.

㉯ 동력 절감이 확실하고 소음·정압 손실이 높으며 저부하 운전 시 환기량 부족이 우려될 수 있다.

㉰ 동작은 실내의 변동부하 추정동작인 Step 제어(전기식), 덕트 내 정압변동 감지동작으로 구분되며 댐퍼식, 벤튜리식 등이 있다.

② 구분

㉮ 압력 종속형(Pressure Dependent Type) : 실내온도에 따른 교축작용으로 풍량 제어를 하며, 덕트 내 압력변동을 흡수할 수는 없다.

㉯ 압력 독립형(Pressure Independent Type) : 실내온도에 따른 교축(1차 구동), 덕트 내 압력변동을 스프링, 벨로즈 등이 흡수한다(2차 구동, 정풍량특성).

㉠ 스프링내장형 : 스프링에 의해 압력변동을 흡수한다.

㉡ 벨로즈형(Bellows Type) : 공기의 온도에 따라 수축·팽창하여 공기량을 조절하는 방법이다.

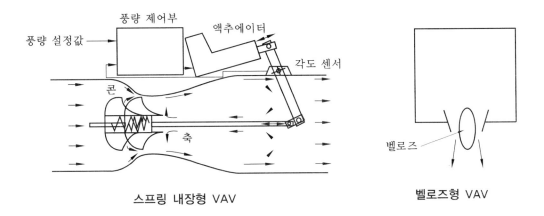

스프링 내장형 VAV **벨로즈형 VAV**

③ 유닛 제어순서 : 풍량 인입 → 온도센서 → PI 조작기 → 모터 → 댐퍼 또는 벤튜리 조정
→ 변풍량 송풍

(3) 바이패스형(Bypass Type) VAV

① 실내 부하 조건이 요구하는 필요한 풍량만 실내로 급기하고 나머지 풍량은 천장 내로
바이패스하여 리턴으로 순환시키는 방법이다. 따라서 엄밀한 의미에서는 VAV라 할
수 없다.

② 저부하 운전 시 동력 절감이 안 되나 정압 손실이 거의 없고, 저부하 운전 시 환기량
부족 문제도 없다.

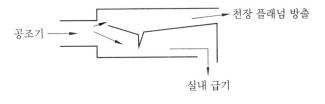

바이패스형 VAV

(4) 댐퍼형(Damper Type) VAV

① 버터플라이형 댐퍼를 주로 사용한다.

② 댐퍼 하단부 '압력 Drop'에 의한 소음에 주의해야 한다.

③ Pressure Independent Type으로 사용할 시에는 '속도 감지기'를 내장하여 댐퍼를
조작하게 한다 (압력 변동 흡수).

(5) 유인형(Induction Type) VAV

① 실내 부하가 감소하여 1차 공기의 풍량이 실내 설정온도점 이하부터는 천장 내의

2차 공기를 유인하여 실내로 급기하는 방식이다.

② 덕트 치수가 작아지고 환기량은 거의 일정하나 덕트 길이의 한계가 존재한다.

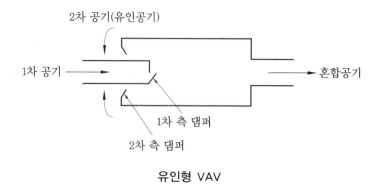

유인형 VAV

(6) 팬부착형(Fan Powered Type) VAV

① 주로 교축형 VAV에 Fan 및 Heater가 내장되어 있는 형태이다.

② VAV는 냉방 및 환기 전용으로 작동되고 실내 부하가 감소하여 1차 공기의 풍량이 설계치의 최소 풍량일 때 실내 온도가 계속(Dead Band 이하로) 내려가면 Fan이 동작되고 Reheat Coil의 밸브가 열려 천장 내의 2차 공기를 가열하여 실내로 급기 (난방)하는 방식이다.

(7) 교축형과 바이패스형 VAV에서의 습공기선도상 표현

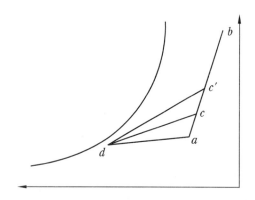

a : 실내공기
b : 외기(외기도입량 일정의 경우)
c : 공조기 입구상태(부하 100%)
c' : 공조기 입구상태(부분부하)
d : 공조기 출구상태

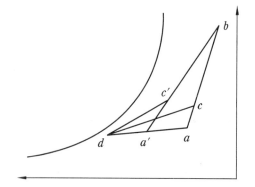

a' : 실내공기
b : 외기(외기도입량 일정의 경우)
c : 공조기 입구상태(부하 100%)
c' : 공조기 입구상태(부분부하)
d : 공조기 출구상태

> 칼럼 **정풍량 특성**
>
> 1. 풍량을 가변할 수 있는 VAV 혹은 CAV 유닛에서 풍속센서 등을 설치하여 정압의
>   일정한도 내에서는 풍량을 동일하게 자동으로 조절해주는 특성을 말한다.
> 2. 풍속센서 대신 기계식 장치(스프링, 벨로즈 등)를 이용하여 덕트 내 정압변동을 흡수
>   하여 정풍량을 유지시키는 방법도 있다.
> 3. 아래 그림에서 정압이 일정한도 (a~b) 내에서 변할 때 풍량은 같다.

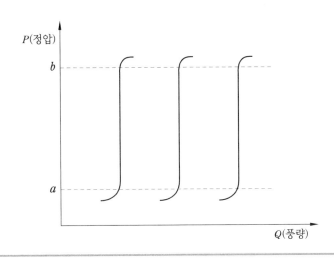

4-4 실링 리턴 방식(Ceiling Plenum Return)

(1) 개요

① 공기조화에서 'Ceiling Plenum Return 방식'을 그냥 '실링 리턴 방식'이라고 하는데, 일반적으로 그 기능과 목적에 대해 오해하는 경우가 많다.

② 즉 그 공사의 간단함과 편리성 때문에 오히려 대부분의 경우에는 공사비를 줄이고 부실공사로 생각하는 경향이 있다.

③ Ceiling Plenum Return 방식의 목적은 완전히 다른데 에너지절약에 주안점을 둔다는 것이 가장 크다.

(2) 원리

① 리턴 덕트를 연결하지 않고 리턴 측에는 공 디퓨저로 천장 공조를 한다.

② 설치방법은 공급 덕트만 있고, 리턴 덕트가 없이 리턴 공기를 입상 덕트로 이동할 수 있는 구조이다.

③ 우선 천장에 있는 형광등의 조명 열량을 제거하기 위한 것으로, 노출형이 아닌 매입형 조명에 대하여 열을 실링 위로 유도하여, 조명열을 실내 부하로 처리하지 않고 개선하여 조명열을 절감하는 것이다. 결국 조명열은 천장 위로 이동하여 입상 리턴 덕트로 들어간다.

④ 또 공조기의 리턴 덕트가 없어 기외정압이 적게 걸리므로, 송풍모터 소비전력을 줄일 수 있어 경제적이다.

(3) 장점

① 조명부하가 실내로 전파되지 않으므로 냉방부하 절감이 가능하다.

② 덕트 내 기외정압이 적게 걸리므로 저정압 모터를 채용하여 소음을 대폭적으로 줄일 수 있다.

③ 덕트용 함석 등 재료비 및 설치 인건비가 감소된다.

④ 덕트설비를 절반 수준으로 줄일 수 있으므로 층고를 낮출 수 있다.

⑤ 송풍량 감소로 팬용량이 감소해 당연히 에너지도 감소할 수 있다.

(4) 적용 시 주의점

① **조명으로 인한 냉방부하 절감** : 매입형 조명이 50 % 이상 천장 내에 매립되어야 한다.

② 리턴 덕트와 같이 천장에도 오물 등이 없게 청결해야 한다 (공조기에서 재순환).

(5) 검토

① 취기가 발생하는 부분 및 최상층 등 외기에 면해 있는 부분은 적용을 제외한다.

② 취기가 발생하는 부분은 천장 내에서 구획한다.

③ 천장재·단열재·마감재의 발진이 최소가 되도록 재료를 선택한다 (건축과 협의).

④ 간벽에 의해 환기가 편중되지 않도록 덕트를 배치한다.

⑤ 천장 내 충분한 공기통로가 확보되도록 보 밑 등에 공간을 확보한다 (200 mm 이상).

⑥ 환기구를 충분히 확보한다 (급기의 1.5배, 통과풍속은 1 m/s 이하가 바람직).

⑦ 외주부의 Cold Draft를 방지한다 (FCU와 SA의 중복).

⑧ 평면에서 Duct가 길지 않도록 계획한다(평면상 50m 이하).

(6) 응용

① 유사 시스템으로 천정 다공판 취출 시스템(CPCS : Ceiling Plenum Chamber System)을 이용하여 실내의 공기 교란을 최소로 유지하면서 급기할 수 있는 시스템도 있다.

② 항온항습시스템, 클린룸 등과 같이 하루 24시간을 1년 내내 운전해야 하는 특성상 운전비용 절감, 특히 에너지비용을 특별히 고려해야 하는 경우 효과가 크다 (소비전력이 적은 모터의 채용).

4-5 송풍기의 분류 및 특징

(1) 개요

① 송풍기는 공기의 유동을 일으키는 기계장치로, 유동을 일으키는 날개차 (Impeller), 날개차로 들어가고 나오는 유동을 안내하는 케이싱(Casing) 등으로 이루어진다.

② 송풍기는 대부분의 건축물이나 산업시설 등의 기계설비 일부로 주요하게 포함되는 것으로 열원에서 만들어낸 에너지를 사용처까지 공급하는 장치이므로 그 중요성이 매우 크다.

(2) 흡입구 형상에 의한 분류

① **편흡입** : 팬의 어느 한쪽으로 공기를 흡입하여 압축하는 형상이다.

② **양흡입** : 팬의 양쪽으로 공기를 흡입하여 압축하는 형상이다.

(3) 압력에 의한 분류

① Fan : 압력이 0.01 MPa 미만일 경우

② Blower (송풍기) : 압력이 0.01 MPa 이상~0.1 MPa 미만일 경우

③ Air Compressor : 압력이 0.1 MPa 이상일 경우

(4) 날개(Blade)에 의한 분류

① 전곡형(다익형, Sirocco 팬)

㉮ 최초로 전곡형 다익팬을 판매한 회사 이름을 따서 Sirocco Fan이라 불린다.

㉯ 바람 방향으로 오목하게 날개(Blade)의 각도가 휘어 효율이 좋아 저속형 덕트에서 가장 많이 사용하는 형태이다 (동일 용량 대비 회전수 및 모터 용량이 적다).

㈐ 풍량이 증가하면 축동력이 급격히 증가하여 Overload가 발생된다 (풍량과 동력의 변화가 크다).

㈑ 회전수가 적고 크기에 비해 풍량이 많으며, 운전이 조용한 편이다.

㈒ 일반적으로 정압이 최고인 지점에서 정압효율이 최대가 된다.

㈓ 압력곡선에 오목부가 존재해 서징위험이 있다.

㈔ 물질 이동용으로는 부적합하다 (부하 증가 시 대응 곤란).

㈕ 용도 : 저속 덕트 공조용, 광산터널 등의 주급배기용, 건조로/열풍로의 송풍용, 공동주택 등의 지하주차장 환기팬 (급배기) 등

㈖ 보통 날개폭은 외경의 1/2 정도로 하며, 크기(외경)는 150 mm 단위로 한다.

② **후곡형(Turbo형)**

㈎ 효율이 가장 좋은 형태이고, 압력 상승이 크다.

㈏ 바람의 반대 방향으로 오목하게 날개(Blade)의 각도가 휘어졌으며, 소요동력의 급상승이 없고 풍량에 비해 저소음형이다.

㈐ 용도 : 고속 덕트 공조용, 보일러 각종 로의 연도 통기 유인용, 광산·터널 등의 주 급기용

전곡형   후곡형

③ **익형(Air Foil형, Limit Load Fan)**

㈎ Limit Load Fan (LLF)

㉮ 전곡형이 부하의 증가에 따라 급격히 특성이 변하는 현상 (Over Load 현상)을 개선한 형태이다.

㉯ 날개가 S자 형상을 이루어 오버로드를 방지할 수 있다.

㈏ Air Foil형

㉮ 날개 모양은 후곡형과 유사하나, 박판을 접어서 비행기 날개처럼 유선형(Airfoil형) 날개를 형성한 형태이다.

㉯ 유선형의 날개를 가진 후곡형(Backward)이고 Non-Overload 특성이 있으며, 기본 특성은 터보형과 같고 높은 압력까지 사용할 수 있다.

㉰ 고속회전이 가능하며 특별히 소음이 적다.

㈑ 정압효율이 86 % 정도로 원심송풍기 중 가장 높다.

㈐ 용도

㉮ 고속 덕트 공조용, 고정압용

㉯ 공장용 환기 급배기용

㉰ 광산, 터널 등의 주 급기용

㈒ 공조용으로는 보통 80 mmAq 이상의 고정압에 적용할 시에는 에어포일팬 (익형 팬)을 많이 선호하고, 80 mmAq 이하에는 시로코팬 (다익형 팬)을 많이 사용한다.

④ **방사형**(Plate Fan, Self Cleaning, Radial형, 자기청소형)

㈎ 효율이나 소음 면에서는 다른 송풍기에 비해 좋지 못하다.

㈏ 용도 : 분진의 누적이 심한 공장용 송풍기 등

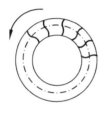

Limit Load Fan   방사형

⑤ **축류형**(Axial Fan) : 공기를 임펠러의 축 방향과 같은 방향으로 이송시키는 송풍기로, 임펠러의 깃 (Blade)은 익형으로 되어 있다.

㈎ 프로펠러 송풍기

㉮ 프로펠러 송풍기는 튜브가 없는 송풍기로, 축류송풍기 중 가장 간단한 구조이다.

㉯ 낮은 압력하에서 많은 공기량을 이송할 때 주로 사용된다.

㉰ 용도 : 실내환기용 및 냉각탑, 콘덴싱 유닛용 팬 등

㈏ 튜브형 축류송풍기

㉮ 튜브형 축류송풍기는 임펠러가 튜브 안에 설치되어 있는 송풍기이다.

㉯ 용도 : 국소통풍이나 터널의 환기, 선박/지하실 등의 주 급배기용 등

㈐ 베인형 축류송풍기

㉮ 베인형 축류송풍기는 튜브형 축류송풍기에 베인 (안내깃, Guide Vane)을 장착한 송풍기로, 베인을 제외하면 튜브형 축류송풍기와 동일하다.

㉯ 베인은 임펠러 후류의 선회유동을 방지하여 줌으로써 튜브형 축류송풍기보다 효율이 높으며 더 높은 압력을 발생시킨다.

㉰ 용도 : 튜브형 축류송풍기와 동일하다 (국소통풍이나 터널의 환기 등).

⑥ **관류형 팬(管流形-;Tubular Fan)** : 날개가 후곡형을 이루어 원심력에 의해 빠져나간 공기가 다시 축 방향으로 유도되어 나간다(옥상용 환기팬으로 많이 사용).

⑦ **횡류형 팬(橫流形-, 貫流形-;Cross Flow Fan)**

㉮ 날개가 전곡형을 이루어 효율이 좋다(에어컨 실내기, 팬코일 유닛, 에어커튼 등 으로 많이 사용된다).

㉯ 기체가 원통형 날개열을 횡단하여 흐르는 길이가 길고 지름이 작은 팬이다.

(5) 벨트 구동방식에 의한 분류

① **전동기 직결식** : 모터에 팬을 직결시켜 운전한다.

② **구동벨트 방식** : 벨트를 통해 모터의 구동력을 팬에 전달시켜 운전한다.

(6) 송풍기 특성곡선

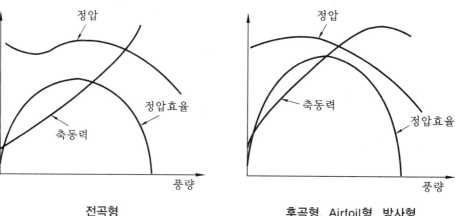

전곡형   후곡형, Airfoil형, 방사형

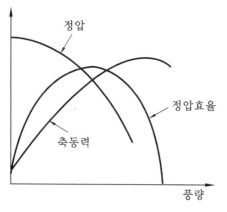

Limit Load Fan

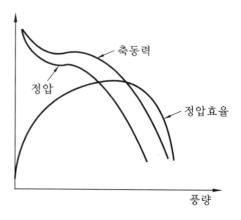

축류형

(7) Fan 선정 시 주의점

① 서징으로 인한 소음과 파손을 방지해야 한다.

　㉮ 우하향 특성이 있는 Limit Load Fan을 사용한다.

　㉯ 토출댐퍼 대신 흡입댐퍼 또는 흡입 볼륨 댐퍼로 용량 제어 등

② 무엇보다 필요 풍량 및 필요 기외정압에 부합하여야 한다.

③ 타 공정과 크로스체크 (건축, 전기, 통신, 소방 등)

④ 유량이 너무 적으면 Surging이 발생하기 쉽고, 유량이 너무 많으면 축동력이 과다해져 Overload를 초래하기 쉽다 (Overload가 발생하면 과전류가 유발되어 송풍기의 정지 혹은 고장 등을 초래할 가능성이 있다).

4-6　송풍기의 풍량 제어 방법

(1) 개요

송풍기의 풍량 제어 방법으로는 토출댐퍼(스크롤댐퍼) 제어, 흡입댐퍼 제어, 흡입베인 제어, 가변피치 제어, 회전수 제어, 바이패스 제어 등의 여러 가지가 있으나, 그 풍량 조절에 따른 에너지 저감률을 가장 중요하게 따져 선정하여야 한다.

(2) 토출댐퍼(스크롤댐퍼) 제어

토출 측의 댐퍼를 조절하여 풍량을 제어하는 방법으로, 토출압력이 상승한다.

(3) 흡입댐퍼 제어

흡입 측 댐퍼를 조절하여 풍량을 제어하는 방법으로, 토출압력이 하락한다.

(4) 흡입베인 제어

① 송풍기 흡입 측에 가동 흡입베인을 부착하여 Vane의 각도를 조절(교축)하는 방법으로, 토출압력이 하락한다.

② '흡입댐퍼 제어'와 유사한 방법이나, 동력은 더 절감된다.

(5) 가변피치 제어

Blade 각도를 변환하는 방법으로 (축류송풍기에 주로 사용) 장치가 다소 복잡하다.

(6) 회전수 제어

① 모터의 회전수 제어로 풍량을 제어한다 (가장 성능이 우수).

② 극수 변환, Pulley 직경 변환, SSR 제어, 가변속 직류모터, 교류 정류자 모터, VVVF (Variable Voltage Variable Frequency) 등

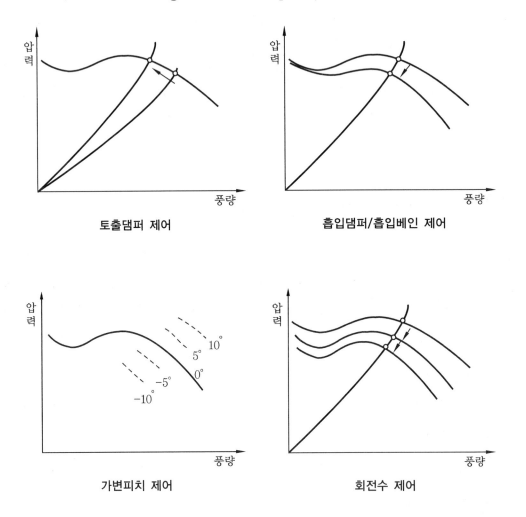

토출댐퍼 제어 흡입댐퍼/흡입베인 제어

가변피치 제어 회전수 제어

(7) 바이패스 제어(Bypass Control)

바이패스 댐퍼를 열면, 토출압력이 줄어들어 토출 측 알짜 풍량 (사용처로 보내지는 풍량)을 줄이는 제어를 할 수 있으나, 동력절감에는 도움이 되지 않는다 (아래 그림 참조).

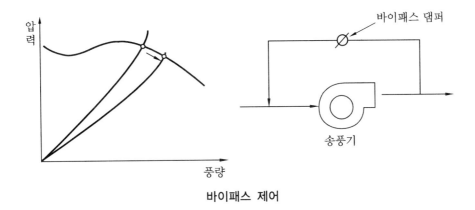

바이패스 제어

(8) 각 풍량 제어 방식별 소요동력 비교

풍량 제어 시의 소요동력 측면으로 보면, 다음 그림과 같이 토출댐퍼 제어 및 스크롤댐퍼 제어가 가장 불리하고, 회전수 제어가 가장 유리하다.

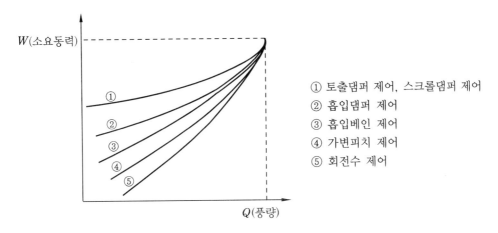

① 토출댐퍼 제어, 스크롤댐퍼 제어
② 흡입댐퍼 제어
③ 흡입베인 제어
④ 가변피치 제어
⑤ 회전수 제어

송풍기의 풍량 제어방식별 소요동력 곡선

4-7 송풍기나 펌프의 서징(Surging) 현상

(1) 개요

① 송풍기나 펌프와 같은 반송기기를 저유량 영역에서 사용 시 유량과 압력이 주기적으로 변하며 불안정 운전상태로 되는 것을 서징이라고 한다.

② 큰 압력 변동, 소음, 진동의 지속적 발생으로 장치나 배관이 파손되기 쉽다.

③ 배관의 저항특성과 유체의 압송특성이 맞지 않을 때 주로 발생한다.

④ 서징이란 자려운동 [일정한 방향으로만 외력이 가해지고, 진동적인 여진력(勵振力) 이 작용하지 않더라도 발생하는 진동, 대형사고 유발가능]으로 인한 진동현상 (외부 의 가진이 전혀 없어도, 또는 가진 원인이 불분명한 상태에서 발생)을 말한다.

(2) 원인

① 특성이 양정 측 산고곡선의 상승부 (왼쪽)에서 운전 시

② 한계치 이하의 유량으로 운전 시

③ 한계치 이상의 토출 측 댐퍼 교축 시

④ 펌프 1차 측의 배관 중 수조나 공기실이 있을 때(펌프)

⑤ 수조나 공기실의 1차 측 밸브가 있고 그것으로 유량 조절 시(펌프)

⑥ 임펠러를 가지는 펌프를 사용 시

⑦ 서징은 펌프에서는 잘 일어나지 않음 (물이 비압축성 유체이기 때문)

(3) 현상

① 유량이 짧은 주기로 변화하여 마치 밀려왔다 물러가는 파도 같은 소리를 낸다. 서징이라는 이름은 여기에서 유래되었다.

② 심한 소음/진동, 베어링 마모, 불안정 운전

③ 블레이드의 파손 등

(4) 송풍기의 Surging 주파수 (Hz)

서징 발생 시의 토출압력이나 유량이 변화하는 주파수를 말하며, 아래 식으로 근사 치를 구할 수 있다.

$$f = \frac{a}{2\pi} \sqrt{\frac{S}{LV}}$$

여기서, a : 음속 (m/s)

S : Fan의 송출구 면적(m^2)

L : 접속관의 길이(m) : 송풍기–덕트의 목 부분

V : 접속덕트의 용적(m^3)

(5) Surging 대책

① 송풍기의 경우

㈎ 송풍기 특성곡선의 우측 (우하향) 영역에서 운전되게 할 것

(나) 우하향 특성곡선의 팬(Limit Load Fan 등) 채용

(다) 풍량 조절 필요시 가능하면 토출댐퍼 대신 흡입댐퍼 채용

(라) 송풍기의 풍량 중 일부 풍량은 대기로 방출시킴(Bypass법)

(마) 동익, 정익의 각도 변화

(바) 조임 댐퍼를 송풍기에 근접해서 설치

(사) 회전차나 안내깃의 형상치수 변경 등 팬의 운전특성을 변화시킬 것

② **펌프의 경우**

(가) 회전차, 안내깃의 각도를 가능한 적게 변경시킬 것

(나) 방출밸브와 무단변속기로 회전수(양수량)를 변경할 것

(다) 관로의 단면적, 유속, 저항 변경(개선)

(라) 관로나 공기탱크의 잔류공기 제어

(마) 서징 발생이 없는 특성의 펌프를 사용

(바) 성능곡선이 우하향인 펌프를 사용

(사) 서징 존 범위 외에서 운전할 것

(아) 유량조절 밸브는 펌프 출구에 설치

(자) 필요시 바이패스 밸브를 사용

(차) 관경을 바꾸어 유속을 변화시킬 것

(카) 배수량을 늘리거나 임펠러 회전수를 바꾸는 방식 등을 선정할 것(펌프의 운전 작동점 변경)

4-8 펌프(Pump)의 분류별 특징

(1) 개요

① 펌프는 송풍기와 마찬가지로 유체(액체)의 유동을 일으키는 기계장치로서, 유동을 일으키는 날개차(Impeller), 날개차로 들어가고 나오는 유동을 안내하는 케이싱(Casing) 등으로 이루어진다.

② 대부분 건축물이나 산업시설 등에서 기계설비의 일부로 주요하게 포함되는 것이며, 열원에서 만들어낸 에너지를 사용처까지 공급하는 장치이므로 그 중요성은 매우 크다.

(2) 원심 펌프 (회전 펌프, 와권 펌프)

① 흡입구 형상에 의한 분류

(개) 편흡입 : 펌프의 어느 한쪽 면으로 물을 흡입하여 압력을 가한 후 내보내는 형상

(내) 양흡입 : 펌프의 양쪽으로 물을 흡입하여 압력을 가한 후 내보내는 형상

② 안내깃/단수에 의한 분류

(개) 벌류트 펌프 (Volute Pump) : 임펠러와 스파이럴 케이싱 사이에 안내깃 (가이드베인)이 없음, 보통 20 m 이하의 저양정에 주로 사용

(내) 터빈 펌프 (Turbine Pump) : 임펠러와 스파이럴 케이싱 사이에 안내깃 (가이드베인)이 있음, 보통 20 m 이상의 고양정에 주로 사용

> 칼럼) 1. 일반적으로 양정이 낮은 곳에는 벌류트 펌프를 사용하고 양정이 높은 곳에는 터빈 펌프를 사용한다.
> 2. 안내깃 (Guide Vane) : 회전차 출구의 흐름을 감속하여 속도에너지를 압력 에너지로 변환시키는 역할을 한다.

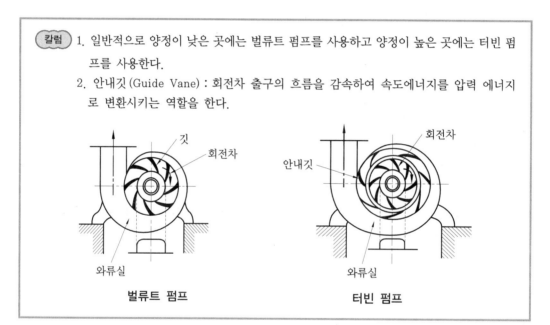

벌류트 펌프   **터빈 펌프**

③ 단수 (Stage)에 따른 분류

(개) 단단 펌프 (Single Stage Pump) : 하나의 축에 회전차 (임펠러) 하나가 있는 펌프 (보통 50 m 이하의 양정용)

(내) 다단 펌프 (Multi Stage Pump) : 하나의 축에 여러 개의 임펠러를 부착하여 순차적으로 압력을 증가시키는 펌프 (보통 50 m 이상의 초고양정용)

④ 유체의 흐름방향에 의한 분류

(개) 축류 펌프 : 유체가 축 방향으로 흐르게 함

(내) 반경류 펌프 : 유체가 반경 방향으로 흐르게 함

(대) 사류 (혼류) 펌프 : 유체가 일정 경사 방향으로 흐르게 함

(3) 왕복 펌프

수량조절이 어렵고, 주로 양수량이 적고 양정만 클 때 적합하며, 송수압 변동이 심하고, 고속회전 시 용적효율이 저하된다.

① **피스톤 펌프**(Piston Pump) : 저압 급수용

② **버킷 펌프**(Bucket Pump) : 피스톤에 밸브가 설치된 것을 말한다.

③ **플런저 펌프**(Plunger Pump) : 플런저를 왕복동시켜 실린더 내부의 물을 높은 압력으로 송출하는 것으로, 고압펌프로 수압이 높고 (고압) 유량이 적은 곳에 주로 사용하며, 피스톤이 봉 모양으로 된 것이 특징이다.

④ **증기 직동 펌프** : 발생 증기의 힘을 구동력(직동식)으로 회수하는 왕복동식 펌프로, 증기 측 실린더와 물 측 실린더가 각각 1개인 것을 단식 펌프 (Simplex Pump, Weir Pump 등)라 하고 증기 측 및 물 측 실린더가 각각 2개인 것을 복식 펌프 (Duplex Pump, Worthington Pump 등)라 하며, 보일러 내의 급수 등에 활용한다.

(4) 특수 펌프

① **웨스코 펌프(마찰 펌프, Westco Pump)** : 임펠러 외륜에 이중 날개(Vane)를 절삭하여 유체가 Casing 내의 홈(Channel)에 따라 회전하여 고에너지를 가지고 토출구로 토출되는 펌프이다.

② **응축수 펌프** : 고압 보일러 급수용 펌프, 펌프와 응축수탱크가 일체로 되어 있는 펌프이다.

③ **인젝터 펌프**(Injector Pump) : 고압 보일러 급수용 펌프로, 예비용 (정전 대비용)으로 일부 적용한다.

④ **심정 펌프**

  (가) 보어홀 펌프

    ㉮ 7 m 이상 깊은 우물에 사용한다 [전동기(모터)는 지상에 위치].

    ㉯ 긴 회전축으로 물속의 날개차를 회전시킨다.

    ㉰ 설치나 수리가 어려운 결점이 있다.

  (나) 수중 모터 펌프

    ㉮ 우물, 호수 등에 일반적으로 많이 사용한다.

    ㉯ 펌프 밑에 전동기를 직결/일체화하여 세로로 긴 용기 속에 넣은 형태이다.

    ㉰ 완전한 방수성 및 절연성을 가진 소형 단상전동기가 주로 사용된다.

  (다) 기포 펌프 (에어리프트 펌프) : 깊은 우물용 (10 m 이상)으로 가동부위가 없다 (구조가 간단함).

  (라) 제트 펌프

㉮ 깊은 우물 (25 m)이나 소화용 등에 많이 사용한다.

㉯ 노즐을 이용하여 고속으로 1차 유체를 분출시키고, 주변 2차 유체를 유인하여 디퓨저에서 감속 및 증압이 이루어지면서 확산/송출된다.

㉰ 효율은 낮은 편이지만, 구동부가 없어 부식성 유체나 고장이 쉬운 곳에 사용하기 편리하다.

⑤ 넌클로그 펌프 (특수회전 펌프)

㉮ 오물 펌프 (오수 펌프)라고도 불린다.

㉯ 1~3개 혹은 그 이상의 날개 사이의 공간이 특히 넓어 오물의 반송에도 막히는 일이 적다 (날개의 수가 적을수록 고형물이 많은 유체에 사용 가능).

㉰ 비교적 고형물이 많은 배수, 수세식 변소, 제지 펄프액, 섬유고형물 함유 액체 등에도 사용 가능하다.

⑥ 기어 펌프

㉮ 기름 반송용 오일 펌프로 많이 사용된다.

㉯ 두 개의 기어 사이에 고인 유체를 기어의 회전에 따라 배출하는 형태이다.

㉰ 기어의 물림구조에 따라 내측 기어 펌프와 외측 기어 펌프가 있다.

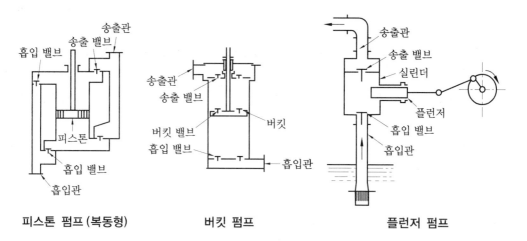

피스톤 펌프 (복동형)   버킷 펌프   플런저 펌프

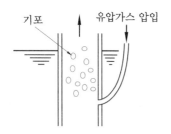

기포 펌프

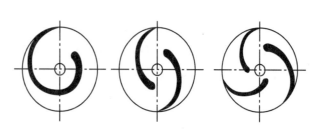

넌클로그 펌프 (One Vane/Two Vanes/Three Vanes)

내측 기어 펌프

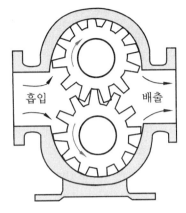

외측 기어 펌프

칼럼 1. 펌프의 동력(kW)

① 수동력(Hydraulic Horse Power) : 펌프에 의해 액체에 실제로 공급되는 동력

$$L_w = \gamma \cdot Q \cdot H$$

② 축동력(Shaft Horse Power) : 원동기에 의해 펌프를 운전하는 데 필요한 동력

$$L = \frac{\gamma \cdot Q \cdot H}{\eta_P}$$

③ 펌프의 출력

$$\frac{\gamma \cdot Q \cdot H \cdot k}{\eta_P}$$

여기서, γ : 비중량 (kN/m^3, 물 : 9.807 kN/m^3)

Q : 수량 (m^3/s)

H : 양정(m)

η_P : 펌프의 효율 (전효율)

k : 전달계수 (약 1.1~1.15)

2. 펌프의 효율 (전효율) $= \dfrac{수동력}{축동력} =$ 약 60~90 %

① 체적효율 (Volumetric Efficiency ; η_v)

$$\eta_v = \frac{Q}{Q_r} = \frac{Q}{Q + Q_l} \fallingdotseq 0.9 \sim 0.95$$

여기서, Q : 펌프 송출유량

Q_r : 회전차속을 지나는 유량

Q_l : 누설유량

② 기계효율 (Mechanical Efficiency ; η_m)

$$\eta_m = \frac{L - \Delta L}{L} ≒ 0.9 \sim 0.97$$

여기서, L : 축동력

ΔL : 마찰 손실동력

③ 수력효율 (Hydraulic Efficiency ; η_h)

$$\eta_h = \frac{H}{H_{th}} ≒ 0.8 \sim 0.96$$

여기서, H : 펌프의 실제양정(펌프의 기수 유한, 불균일 흐름 등으로 인해 이론양정보다 적음)

H_{th} : 펌프의 이론양정

④ 펌프의 전효율 (Total Efficiency ; η_P)

$$\eta_P = \eta_v \times \eta_m \times \eta_h = 체적효율 \times 기계효율 \times 수력효율$$

3. 펌프의 소비입력(전동기의 손실 포함) : 펌프의 소비입력을 구하기 위해서, 상기 '펌프의 출력' 식에서 전동기효율 (η_M)을 추가하여,

$$펌프의 소비입력 = \frac{\gamma \cdot Q \cdot H \cdot k}{\eta_P \cdot \eta_M}$$

4-9 유효흡입양정(NPSH : Net Positive Suction Head)

(1) 정의

① 유효흡입양정이란 캐비테이션 (Cavitation)이 일어나지 않는 흡입양정을 수주(水柱)로 표시한 것을 말하며, 펌프의 설치상태 및 유체온도 등에 따라 달라진다.

② 펌프 설비의 실제 NPSH는 펌프의 필요 NPSH보다 커야 캐비테이션이 일어나지 않는다.

(2) 이용 가능한 유효흡입양정

$$NPSH_{av} \geq 1.3 \, NPSH_{re}$$

여기서, $NPSH_{re}$: 필요 (요구) 유효흡입양정(회전차 입구 부근까지 유입되는 액체는 회전차에서 가압되기 전에 일시적으로 급격한 압력강하가 발생하는데, 이러한 압력강하에 해당하는 수두를 $NPSH_{re}$ 라고 한다. 각 펌프에는 보통 펌프회사에서 제공되는 고유한 값이 존재한다.

$NPSH_{av}$: 이용 가능한 유효흡입양정

(3) 계산식

$$H_{av} = \frac{P_a}{\gamma} - \left(\frac{P_{vp}}{\gamma} \pm H_a + H_{fs} \right)$$

여기서, H_{av} : 이용 가능한 유효흡입양정(Available NPSH : m)

P_a : 흡수면 절대압력(Pa)

P_{vp} : 유체온도 상당포화증기 압력(Pa)

γ : 유체비중량(＝ 밀도×중력가속도)

H_a : 흡입양정(m, 흡상 시 (＋), 압입 시 (－))

H_{fs} : 흡입손실수두(m)

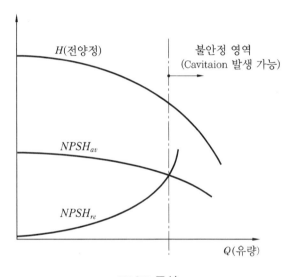

NPSH 곡선

4-10 펌프의 Cavitation(공동현상)

(1) 개요

① 펌프의 이론적 흡입양정은 10.332 m, 관마찰 등을 고려한 실질적인 양정은 6~7 m 정도이다.

② 캐비테이션은 펌프의 흡입양정이 6~7 m를 초과할 시, 물이 비교적 고온일 시, 해 발고도가 높을 시에 잘 발생한다.

③ 펌프는 액체를 빨아올리는데 대기의 압력을 이용하여 펌프 내에서 진공을 만들고 (저압부를 만듦) 빨아올린 액체를 높은 곳에 밀어 올리는 기계이다.

④ 만일 펌프 내부 어느 곳이든지 그 액체가 기화되는 압력까지 압력이 저하되는 부분이 발생되면 그 액체는 기화되어 기포가 발생하고 액체 속에 공동 (기체의 거품)이 생기게 되는데, 이를 캐비테이션이라 하며 임펠러(Impeller) 입구의 가장 가까운 날개 표면에서 압력은 크게 떨어진다.

⑤ 이 공동현상은 압력의 강하로 물속에 포함된 공기나 다른 기체가 물에서부터 유리되어 생기는 것으로, 이것이 소음, 진동, 부식의 원인이 되어 재료에 치명적인 손상을 입힌다.

(2) 발생 과정

① 1단계 : 흡입 측이 양정 과다, 수온 상승 등 여러 요인으로 인하여 압력강하가 심할 경우 증발 및 기포가 발생한다.

② 2단계 : 이 기포는 결국 펌프의 출구 쪽으로 넘어간다.

③ 3단계 : 출구 측에서 압력의 급상승으로 기포가 갑자기 사라진다.

④ 4단계 : 이 순간 급격한 진동, 소음, 관부식 등이 발생한다.

(3) 발생조건 (원인)

① 흡입양정이 큰 경우

② 액체의 온도가 높거나 혹은 포화증기압 이하인 경우

③ 날개차의 원주속도가 큰 경우 (임펠러가 고속)

④ 날개차의 모양이 적당하지 않은 경우

⑤ 휘발성 유체인 경우

⑥ 대기압이 낮은 경우 (해발이 높은 고지역)

⑦ 소용량 흡입펌프를 사용할 시(양흡입형으로 변경 필요)

(4) 방지법

① 흡수 실양정을 될 수 있는 한 작게 한다.

② 흡수관의 손실수두를 작게 한다 (즉, 흡수관의 관경은 펌프 구경보다 큰 것을 사용하며, 관내면의 액체에 대한 마찰저항이 보다 작은 파이프를 사용하는 것이 좋다).

③ 흡수관 배관은 가능한 간단하게 한다. 휨을 적게 하고 엘보 (Elbow) 대신에 벤드 (Bend)를 사용하고, 밸브로는 슬루스 밸브 (Sluice Valve)를 사용한다.

④ 스트레이너(Strainer)는 통수면적으로 크게 한다.

⑤ 계획 이상의 토출량을 내지 않도록 한다. 양수량을 감소하고, 규정 이상으로 회전 수를 높이지 않도록 주의한다.

⑥ 양정에 필요 이상의 여유를 계산하지 않는다.

⑦ 흡입배관 측 유속은 가능한 한 $1\,\text{m/s}$ 이하로 하며, 흡입수위를 정(+)압 상태로 하되 불가피한 경우 직선 단독거리를 펌프유효흡입수두보다 1.3배 이상 유지한다 (즉 $NPSH_{av} \geq 1.3 \times NPSH_{re}$ 가 되도록 한다).

⑧ 펌프의 설치위치를 가능한 한 낮게 하고, 흡입손실수두를 최소로 하기 위하여 흡입관을 가능한 한 짧게 한다. 관내 유속을 작게 하여 $NPSH_{av}$ 를 충분히 크게 한다.

⑨ 횡축 또는 사축인 펌프에서 회전차 입구의 직경이 큰 경우에는 캐비테이션의 발생 위치와 NPSH 계산 위치상의 기준면과의 차이를 보정해야 하므로 $NPSH_{av}$ 에서 흡 입배관 직경의 1/2을 공제한 값으로 계산한다.

⑩ 흡입수조의 형상과 치수는 흐름에 과도한 편류 또는 와류가 생기지 않도록 계획하여야 한다.

⑪ 편흡입 펌프로 $NPSH_{re}$ 가 만족되지 않는 경우에는 양흡입 펌프로 하기도 한다.

⑫ 대용량 펌프 또는 흡상이 불가능한 펌프는 흡수면보다 펌프를 낮게 설치하거나 압 축펌프로 선택하여 회전차의 위치를 낮게 하고, Booster 펌프를 이용하여 흡입조 건을 개선한다.

⑬ 펌프의 흡입 측 밸브에서는 절대로 유량조절을 하지 말아야 한다.

⑭ 펌프의 전양정에 과대한 여유를 주면 사용 상태에서는 시방양정보다 낮은 과대 토 출량 범위에서 운전되어 캐비테이션 성능이 나쁜 점에서 운전하게 되므로, 전양정 의 결정에 있어서는 실제에 적합하도록 계획한다.

⑮ 계획토출량보다 현저하게 벗어나는 범위에서의 운전은 피해야 한다. 양정 변화 가 큰 경우에는 저양정 영역에서의 $NPSH_{re}$ 가 커지므로 캐비테이션에 주의해야 한다.

⑯ 외적 조건으로 보아 도저히 캐비테이션을 피할 수 없을 때에는 임펠러의 재질을 캐 비테이션 괴식에 대하여 강한 재질을 택한다.

⑰ 이미 캐비테이션이 생긴 펌프에 대해서는 소량의 공기를 흡입 측에 넣어서 소음과 진동을 적게 할 수도 있다.

(5) Cavitation 방지를 위한 펌프의 설치 및 배관상의 주의

① 펌프는 기초 볼트를 사용하여 기초 콘크리트 위에 설치 고정한다.

② 펌프와 모터의 축 중심을 일직선상에 정확하게 일치시키고 볼트로 죈다.

③ 펌프의 설치 위치를 되도록 낮춰 흡입양정을 낮게 한다.

④ 흡입양정은 짧게 하고, 굴곡배관을 되도록 피한다.

⑤ 흡입관의 횡관은 펌프 쪽으로 상향구배로 배관하고, 횡관의 관경을 변경할 시에는 편심 이음쇠를 사용하여 관내에 공기가 유입되지 않도록 한다.

⑥ 풋밸브 (Foot Valve) 등 모든 관의 이음은 수밀, 기밀을 유지할 수 있도록 시공한다.

⑦ 흡입구는 수위면에서부터 관경의 2배 이상이 물속으로 들어가게 한다.

⑧ 토출 쪽 횡관은 상향구배로 배관하며, 공기가 괼 우려가 있는 곳은 에어밸브를 설치한다 (공기 정체 방지).

⑨ 펌프 및 원동기의 회전방향에 주의한다 (역회전 방지).

⑩ 양정이 높은 경우에는 펌프 토출구와 게이트 밸브의 사이에 역지밸브를 장착한다.

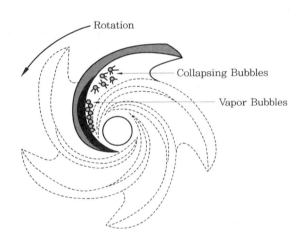

캐비테이션 발생

캐비테이션으로 파손된 임펠러

4-11 펌프의 특성곡선과 비속도

(1) 개요

① 펌프의 특성곡선이란 배출량을 가로축으로 하고, 양정 및 축마력과 효율을 세로축으로 하여 그린 곡선으로서, 펌프의 특성을 한눈에 알아 볼 수 있도록 한 것이다.

② 펌프는 최고 효율에서 작동할 때 가장 경제적이고, 수명을 길게 할 수 있다.

(2) 펌프의 특성곡선

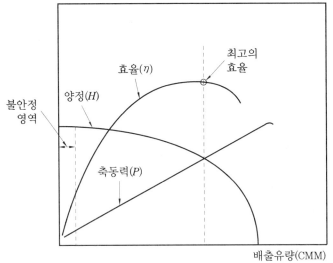

※ 운전범위

1. 토출량 다(多)
   → 전양정 감소

2. 토출량 소(少)
   → 전양정 증가

3. 토출량 0(zero)
   → 유효일 0
   (열로 낭비, 과열 현상 발생)

4. 최고효율점(설계점)
   → 운전이 합리적임

(3) 토출량 다(多)와 토출량 소(少)일 경우의 영향과 대책

① **토출량 다 → 전양정 감소**

　㉮ 영향 : 배관 내 유량 증가, 과부하 초래, 축동력 증가, 원동기의 과열 초래, 전원 측으로부터 과도한 전류(혹은 전압) 인입

　㉯ 대책 : 유량의 적절한 제어(감소시킴), 배관상 유량제어 밸브를 설치하고 적절히 조절함(유량을 줄임), 인버터의 경우 회전수 제어(회전수 증가), 허용 전압 및 전류에 대한 제어, 펌프의 재선정(비교회전수가 큰 펌프로 선정)

② **토출량 소 → 전양정 증가**

　㉮ 영향 : 배관 내 유량 감소, 축동력 감소, 원동기의 과열 초래, 서징 등의 불안정 영역 돌입 가능, 전원 측으로부터 허용치 이하의 전류(혹은 전압) 인입

　㉯ 대책 : 유량의 적절한 제어(증가시킴), 배관상 유량제어 밸브를 설치하고 적절히 조절(유량을 늘림), 인버터의 경우 회전수 제어(회전수 증가), 허용 전압 및 전류에 대한 제어, 펌프의 재선정(비교회전수가 적은 펌프로 선정)

(4) 펌프의 비속도(Specific Speed) : 송풍기에서도 동일 개념

① 펌프의 특성에 대한 연구나 설계를 할 때에는 펌프의 형식, 구조, 성능(전양정, 배출량 및 회전속도)을 일정한 표준으로 고쳐서 비교 검토해야 한다. 보통 그 표준으로는 비속도(비교회전수)가 사용된다.

② 회전차의 형태에 따라 펌프 크기와 무관하게 일정한 특성을 가진다 (상사법칙 적용 가능).

③ 비속도라 함은 한 펌프와 기하학적으로 상사인 다른 하나의 펌프가 전양정 $H = 1$ m, 배출량 $Q = 1$ m^3/min으로 운전될 때의 회전속도 N_s를 말하며 다음 식으로 나타낸다.

$$N_s = N \frac{Q^{1/2}}{H^{3/4}}$$

여기서, Q : 수량 (CMM) H : 양정(m)

④ 앞의 공식에서 배출량 Q는 양쪽 흡입일 때에는 $\frac{Q}{2}$로 하고, 전양정 H는 다단 펌프일 때에는 1단에 대한 양정을 적용한다. 따라서 비속도 N_s는 펌프의 크기와는 관계가 없으며, 날개차의 모양에 따라 변하는 값이다.

⑤ 기타 특징

　㈎ 펌프가 대유량 및 저양정이면 비속도는 크고, 소유량/고양정이면 비속도는 작아진다.

　㈏ 터빈 펌프<벌류트 펌프<사류 펌프<축류 펌프 순서로 비교회전수는 증가하지만 양정은 감소된다.

　㈐ 비교회전도가 작은 펌프 (터빈 펌프)는 양수량이 변해도 양정의 변화가 적다.

　㈑ 최고 양정의 증가 비율은 비교회전도가 증가함에 따라 커진다.

　㈒ 비교회전도가 작은 펌프는 유량변화가 큰 용도에 적합하다.

　㈓ 비교회전도가 큰 펌프는 양정변화가 큰 용도에 적합하다.

　㈔ 비교회전도가 지나치게 크거나 작으면 효율변화의 비율이 높다 (효율이 급격하게 나빠진다).

4-12 　배관저항의 균형

(1) 개요

① 건물이 점차 고층화, 대형화되면서 그 기계설비에 적용되는 펌프 등의 유량 불균형이 심해질 수 있다.

② 따라서 관경의 조정, 오리피스의 사용, 밸런싱 밸브 (Balancing Valve)의 설치 등으로 유량을 제어해야 한다.

③ 배관저항의 균형(Balance)이 맞으면 유체의 온도가 균일해지고 에너지 소비가 최소화되어 관리비용을 절감한다.

④ Balance 기구의 적정설계, 정확한 시공, 시운전 시 TAB의 실시를 통하여 열적 평형이라는 목적 달성이 필요하다.

(2) 방법

① Reverse Return 방식

② 관경 조정에 의한 방법

③ Balancing 밸브에 의한 방법

④ Booster Pump에 의한 방법

⑤ 오리피스에 의한 방법(Balancing Valve)

(3) 밸런싱 밸브 (Balancing Valve)

① 정유량식 밸런싱 밸브(Limiting Flow Valve)

   ㈎ 배관 내의 유체가 두 방향으로 분리되어 흐르거나 또는 주관에서 여러 개로 나뉠 경우 각각의 분리된 부분에 일정 유량이 흐를 수 있도록 유량을 조정하는 작업을 수행한다.

   ㈏ 오리피스의 단면적이 자동적으로 변경되어 유량을 조절하는 방법이다.

   ㈐ 압력이 높을 시에는 통과단면적을 축소시키고, 압력이 낮을 시에는 통과단면적을 확대시켜 일정유량을 공급한다.

   ㈑ 기타 스프링의 탄성력과 복원력을 이용 (차압이 커지면 압력판에 의해 오리피스의 통과면적이 축소되고 차압이 낮아지면 스프링의 복원력에 의해 통과면적이 커짐)하는 방법도 있다.

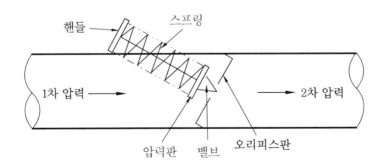

정유량식 밸런싱 밸브

② 가변유량식 밸런싱 밸브

㈎ 수동식 : 유량 측정 장치가 별도로 장착되어 현재 유량과 설정 유량이 차이가 있는 경우 밸브를 열거나 닫아 수동으로 조절한 후, 더 이상 변경되지 않도록 봉인까지 할 수 있다 (보통 밸브개도 표시 눈금이 있다).

㈏ 자동식 : 배관 내 유량 감시 센서가 장착되어 DDC 제어 등의 자동 프로그래밍 기법으로 현재 유량과 목표 유량을 비교하여 자동으로 밸브를 열고 닫아 항상 일정한 유량이 흐르게 한다.

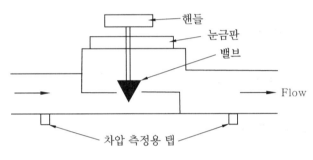

가변유량식 밸런싱 밸브 (수동식)

4-13 에너지 반송시스템 관련 용어해설

(1) 종횡비

① 종횡비(Aspect Ratio)란 사각 덕트에서 가로 및 세로의 비율 ('가로 : 세로'로 표기함)을 말한다.

② 그림에서, 종횡비 = $a : b$

③ 표준 종횡비(Aspect Ratio) = 4 : 1 이하

④ 종횡비의 한계치 = 8 : 1 이하일 것

⑤ 덕트의 애스펙트비가 커지면 공사비와 운전비가 증가하므로, 적정 애스펙트비의 적용이 필요하다.

⑥ 원형 덕트의 크기와 각형 덕트의 크기의 변환관계

$$D = 1.3 \times \left[\frac{(a \times b)^5}{(a + b)^2} \right]^{1/8}$$

여기서, D : 원형 덕트의 직경, a : 사각 덕트의 장변의 길이, b : 사각 덕트의 단변의 길이

(2) 유인비

① 공기조화에서 1차 공기량과 2차 공기량의 비율을 말한다.

② 계산식

$$유인비 = \frac{1차 공기량 + 2차 공기량}{1차 공기량}$$

(3) 실링 리턴 방식(Ceiling Plenum Return)

① 실링 리턴 방식은 공조기의 리턴 덕트가 거의 없어 기외정압이 적게 걸리므로 송풍 모터의 소비전력을 줄이고, 조명부하가 실내에 적용되지 않으므로 공조부하를 절감할 수 있어 경제적으로 운용할 수 있는 방식의 일환이다.

② 실내에 정압이 적게 걸리므로 소음도 저감 가능하다. 다만 천정 내 분진, 오물 등이 있으면 실내를 오염시킬 수 있어 주의가 필요한 방식이다.

(4) 서징(Surging) 현상

① 서징 현상은 송풍기 및 펌프 모두에 발생할 수 있는 자려운동이며 기계의 파손 등의 주요 원인이 될 수 있다.

② 송풍기 서징은 기계를 최소유량 이하의 저유량 영역에서 사용할 시 운전상태가 불안정해져서(소음/진동 수반) 주로 발생하는 현상이다.

③ 펌프에서의 서징은 펌프의 1차 측에 공기가 침투하거나 비등 발생 시에 주로 나타난다 (Cavitation을 동반할 수 있다).

(5) 공동현상(Cavitation)

① 공동현상은 펌프의 흡입 측에 양정 과다, 수온 상승 등의 요인이 발생하여 압력이 강하하고 기포가 발생하게 되는데, 이 기포가 결국 펌프의 출구 쪽으로 넘어간 후, 출구 측 압력의 급상승으로 인하여 갑자기 사라지면서 급격한 진동 및 소음 등이 발생하는 현상을 말한다.

② 서징 현상처럼 기계의 파손이나 망실을 가져올 수 있는 주요 원인이 되기도 한다.

(6) 직독식 정유량밸브

① 정유량밸브에 유량계를 설치하여 현장에서 눈으로 직접 유량을 읽은 다음, 적절히 필요한 유량으로 맞출 수 있는 형태의 정유량밸브이다.

② 현장에서 유량의 확인 및 직접 눈으로 확인할 수 있다는 점에서 다루기가 편하고, 정확도 또한 우수한 편이다.

(7) 펌프의 효율

① 펌프의 효율은 '펌프의 전효율'이라고도 하며, 이는 체적효율(Volumetric Efficiency), 기계효율(Mechanical Efficiency), 수력효율(Hydraulic Efficiency)을 모두 감안한 값이다.

> 펌프의 전효율(Total Efficiency) = 체적효율×기계효율×수력효율

② 펌프의 효율은 펌프의 수동력(Hydraulic horse power ; 펌프에 의해 액체에 실제로 공급되는 동력)을 축동력(Shaft horse power ; 원동기에 의해 펌프를 운전하는 데 필요한 동력)으로 나누어 계산한다.

제**5**장 | 소음과 진동

5-1 소음(dB)의 개념과 표현

(1) 개요

① Bel : 알렉산더 그레이엄 벨의 이름에서 유래한 것으로, 전기적, 음향적 혹은 다른 전력비의 상용로그 값이다.

② 데시벨(dB) : Bel 값이 너무 작아 사용편의상 10배를 한 것이다.

③ 원래 dB는 전화회선에서 송신 측과 수신 측 사이의 전력손실을 표시하기 위해 고안된 것이다.

④ 사람의 청각이나 시각은 물리량(빛과 소리의 세기)이 어떤 규정레벨의 2배가 되면 약 3 dB(10 log2) 증가, 10배가 되면 10 dB(10 log10) 증가, 100배가 되면 20 dB (10 log10^2)이 증가한 것으로 나타난다.

⑤ 여기서 알 수 있는 것은 입력되는 물리량이 10배일 때 10 dB이지만, 100배가 되면 20 dB로 dB값은 단지 2배가 증가한다는 점이다. 이는 입력되는 물리량이 기하학적으로 늘어날 때, 사람이 느끼는 감각은 대수적으로 늘어난다는 것을 말한다. 따라서 대수의 값은 인간에게 있어, 소리의 세기를 표현하는 데 대단히 편리한 값으로 사용되고 있다.

(2) SIL(Sound Intensity Level)

$$SIL = 10 \log \frac{I}{I_o}$$

여기서, I : Sound intensity (W/m^2)
I_o : Reference Sound Intensity (10^{-12} W/m^2)
(귀의 감각으로 1,000 Hz 부근의 최소가청치)

(3) SPL(Sound Pressure Level)

$$SPL = 20 \log \frac{P}{P_o}$$

여기서, P : Sound Pressure (Pa)

P_o : Reference Sound Pressure (2×10^{-5} Pa)

(귀의 감각으로 1,000 Hz 부근의 최소가청치)

$\rightarrow I \propto P^2$ (압력의 제곱이 강도 및 에너지에 비례)

(4) PWL (Power Level)

$$\text{PWL} = 10 \log \frac{W}{W_o}$$

여기서, W : Sound Power (W)

W_o : Reference Sound Power (10^{-12} W)

(귀의 감각으로 1,000 Hz 부근의 최소가청치)

5-2 음의 성질(흡음과 차음)과 방음 대책

(1) 흡음

① 흡음이란 실내 표면에서 반사되는 소리에너지를 감소시키는 것을 말한다 (흡음재는 흡음률이 높을 것).

$$\text{흡음률} = 1 - \frac{\text{음의 반사에너지}}{\text{음의 입사에너지}} = \frac{\text{음의 흡수에너지} + \text{음의 투과에너지}}{\text{음의 입사에너지}}$$

② 반사율과 투과율

$$\text{반사율} = \frac{\text{음의 반사에너지}}{\text{음의 입사에너지}} \qquad \text{투과율} = \frac{\text{음의 투과에너지}}{\text{음의 입사에너지}}$$

③ 흡음재의 종류 및 특성

㉮ 다공질형 흡음재 : 구멍이 많은 흡음재로서 흡음과 관련된 주요인자들은 밀도, 두께, 기공률, 구조계수 및 흐름저항 등이며, 벽과의 마찰 또는 점성저항 및 작은 섬유들의 진동에 의하여 소리에너지의 일부가 기계적 에너지인 열로 소비됨으로써 소음도가 감쇠된다.

㉯ 판 (막)진동형 흡음재

㉮ 판진동하기가 쉬운 얇은 것일수록 흡음률이 높아지고, 흡음률의 최대치는 200~300 Hz 내외에서 일어난다. 또한 재료의 중량이 크거나 배후공기층이 클

수록 저음역이 좋아지고, 배후공기층에 다공질형 흡음재를 조합하면 흡음률이 높아지게 되며, 판진동에 영향이 없는 한 표면을 칠하는 것은 무방하다.

　㉯ 밀착 시공하는 것보다는 진동하기 쉽게 못, 철물 등으로 고정하는 것이 흡음에 유리하다.

　(다) 공명형 흡음재

　　㉮ 구멍 뚫린 공명기에 소리가 입사될 때, 공명주파수 부근에서 구멍 부분의 공기가 심하게 진동하여 마찰열로 소리에너지가 감쇠되는 현상을 이용한 것이다.

　　㉯ 단일 공동 공명기, 목재 슬리트 공명기, 천공판 공명기 등이 이에 속한다.

④ **흡음 성능의 표시** : 실내에서의 흡음률(α) 값에 따라 통상 다음과 같은 용어를 사용하기도 한다.

　(가) $\alpha = 0.01$: 반사가 많음(Very Live Room)

　(나) $\alpha = 0.1$: 적절한 반사(Medium Live Room)

　(다) $\alpha = 0.5$: 흡음이 많음(Dead Room)

　(라) $\alpha = 0.99$: 무향공간(Virtually Anechoic)

　(마) 일반적으로 흡음률이 0.3 이상이면 흡음재료로 본다.

⑤ **흡음재 선정 요령**

　(가) 요구되는 흡음요구량을 이론적으로 판단한다.

　(나) 현장설치 요건(내화성, 내구성, 강도, 밀도, 색상)을 점검한다.

　(다) 경제성을 비교·검토한다.

　(라) 납기를 고려한다.

⑥ **흡음 성능 표시**

　(가) 소음감쇠계수(NRC : Noise Reduction Coefficient)

$$NRC = \frac{1}{4} \times (\alpha 250 + \alpha 500 + \alpha 1{,}000 + \alpha 2{,}000)$$

여기서, $\alpha 250 + \alpha 500 + \alpha 1{,}000 + \alpha 2{,}000$: 250~2,000 Hz 대역에서의 흡음률의 합

　(나) 소음감쇠량

　　㉮ $10 \log\left(\dfrac{A_2}{A_1}\right)$

　　여기서, A_1 : 대책 전 흡음력, A_2 : 대책 후 흡음력

　　㉯ $10 \log\left(\dfrac{R_2}{R_1}\right)$

　　여기서, R_1 : 대책 전 잔향시간, R_2 : 대책 후 잔향시간

(2) 차음

① 흡음률이 낮을 것
② 중량이 무겁고 (콘크리트, 벽돌, 돌 등) 통기성이 적을 것
③ 외벽, 이중벽 쌓기 등이 효과적인 차음방법
④ 반사율이 높고, 투과율은 낮고 균일할 것 (이때 틈새, 크랙 등으로 인한 투과율의 불균일은 차음성능에 치명적임)

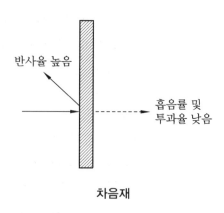

반사율 높음

흡음률 및 투과율 낮음

차음재

(3) 방음 대책(건축물 및 덕트시스템)

방음 대책으로는 흡음과 차음이 있는데, 흡음은 소리에너지가 반사하는 것을 감소시키는 방법(주로 다공성 · 판진동형 · 공명형 흡음재료 사용)이고, 차음은 흡음률이 낮아 음을 차단시켜주는 방법(주로 통기성이 적고, 중량이 무거운 재료 사용)이다.

① 공조기를 설치할 때는 음향 절연 저항이 큰 재료를 이용한다.
② 재료는 밀실하고 무거운 것을 사용한다.
③ 공조기실, 송풍기실, 기계실 등에는 원칙적으로 차음벽 혹은 이중벽체 시공을 고려한다.
④ 공기 누출이 없도록 한다.
⑤ 안벽은 바름벽(모르타르, 회반죽, 흙칠 바름 등)으로 한다.
⑥ 벽체는 가급적 흡음률이 낮은 재료를 사용한다.
⑦ 주 소음원 쪽에 건물 뒤쪽이 향하도록 한다.
⑧ 수목을 식재하고 건축물 간에 각도를 주는 배치 형태를 유지한다.
⑨ 덕트에는 소음엘보, 소음상자, 내장 소음재 등을 사용한다.
⑩ 주덕트는 거실 천장 내에 설치하면 안 된다 (부득이한 경우 철판두께를 한 치수 높이고, 보온재 위에 모르타르를 발라 중량을 크게 하면 차음 효과를 크게 할 수 있다).
⑪ 공조기 출구에는 플래넘 체임버(급기체임버)를 설치한다.
⑫ 덕트가 바닥이나 벽체를 관통할 때는 슬리브와의 간격을 암면 등으로 완전히 절연한다.

5-3 소음기(Sound Absorber)

(1) 개요

① 소음기란 덕트 내 유체(공기)의 흐름에 의해 유발되는 소음을 방지하기 위한 흡음 장치이다.

② 덕트 내에 특정 모양의 체임버를 만들거나 유체의 방향을 조절하여 유속을 부분적으로 둔화시키는 것이 특징이다.

(2) 종류

① Splitter형 혹은 Cell형 : 덕트 내부의 접촉 단면적을 크게 하여 흡음한다.

② 공명형(머플러형 ; Muffler Type) : 소음기 내부 Pipe에 여러 개의 구멍을 형성해 놓은 것으로, 특정 주파수에 대한 방음이 필요한 경우 효과적인 방법이다 (특히 저주파 영역의 소음 감쇠에 효과적이다).

③ 공동형(소음상자) : 소음기 내부에 공동을 형성하고, 내부에 흡음재를 부착하여 음의 흡수 및 확산작용을 이용하여 소음을 감쇠한다.

④ 흡음체임버 : 송풍기 출구 측 혹은 분기점에 주로 설치하며 입·출구 덕트끼리의 방향이 서로 어긋나게 형성되어 있다.

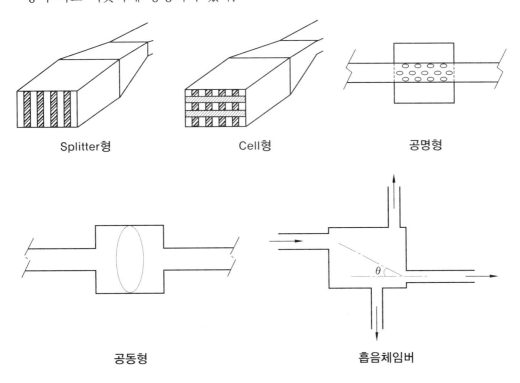

Splitter형   Cell형   공명형

공동형   흡음체임버

⑤ **흡음덕트**(Lined Duct)

㉮ 덕트를 통과하는 소음을 줄이기 위하여 흡음재를 설치한 덕트이다.

㉯ 흡음덕트의 성능은 덕트의 단면적, 흡음재의 흡음률 및 두께, 설치면적 등에 의해 결정되나, 유속이 빠를 때는 유속의 영향도 받는다.

㉰ 전 주파수대역에서 흡음 성능을 나타내나 흡음재의 흡음률은 저주파보다 고주파에서 높으므로 고주파음에 대하여 특히 효과적이다.

㉱ 공명형 소음기에 비해 유동저항이 적고 광대역 주파수 특성을 나타내는 특성이 있다.

㉲ 덕트의 단면적을 변화시키면서 흡음재를 부착하면 반사효과와 공명에 의한 흡음률의 상승으로 인하여 소음 성능을 크게 높일 수 있다.

㉳ 통과 유속이 높은 경우에는 흡음재를 지탱하기 위한 천공판 등에 의한 표면처리가 필요하며, 이로 인한 흡음률의 변화 및 기류에 의한 자생소음과 소음특성의 변화에 관해서 고려하여야 한다.

㉴ 또한 주파수가 높은 음은 벽면의 영향을 받지 않고 통과하는 'Beam 효과'가 있기 때문에 방사단, 출구에서 음원이 보이지 않도록 하는 것이 바람직하다.

㉵ 흡음성능은 음파가 접선방향으로 지날 때보다 수직으로 입사할 때가 훨씬 높아진다.

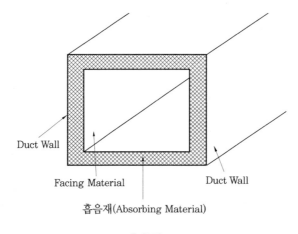

흡음덕트

5-4 공조시스템의 소음 및 진동의 전달

(1) 공조시스템 내 소음 및 진동의 전달 경로

① 공기 전달음 (Air-Borne Noise)

(가) 벽체를 투과하여 전달되는 소음을 말한다.

(나) 공기를 통해 직접 전파되는 소음으로 이중벽, 이중문, 차음재, 흡음재 등에 의해 저감이 가능하다.

② 고체 전달음 (Structure-Borne Noise)

(가) 고체 구조물을 타고 전파되는 소음을 말한다.

(나) 장비 연결배관, 건축 구조물, 기타 진동원과의 연결 구조물을 타고 전달되는 소음으로 뜬바닥 구조, 방진재 등에 의해 저감이 가능하다.

③ 덕트 전달음 (Duct-Borne Noise)

(가) 기계실의 기기, 덕트설비 등으로부터 덕트 내 Air Flow를 타고 실내로 취출되는 소음을 말한다.

(나) 덕트 관로상에 소음기, 소음체임버 등을 설치하여 덕트 내 전달 소음을 줄일 수 있다.

④ 공진 (Resonance)

(가) 진동계가 그 고유진동수와 같은 진동수의 외력(外力)을 주기적으로 받아 진폭이 뚜렷하게 증가하는 현상이다.

(나) 기계실의 기기, 송풍기, 펌프 등의 진원에 의해 공진 발생으로 소음 및 진동이 실내로 전파될 수 있다.

(2) 소음 및 진동 방지 대책

① **건축계획 시 고려사항** : 기계실 이격, 기계실의 방진, 흡음 및 차음, 저속 덕트 채용, 덕트의 정압관리, 취출구의 풍속관리 등

② **설비계획 시 고려사항** : 저소음형 기기 선정 및 소음기 설치, Pad/방진가대 설치, 플렉시블이음, 수격작용 및 스팀해머 현상 방지, 증기트랩 설치, 신축이음, 송풍기의 서징 현상 방지 등

칼럼 **백화점 중간층 기계실에 설치된 공조기의 소음 발생원 및 전달경로**

1. 중간층 기계실의 경우 소음대책은 중요하며 설계와 사고의 관점에서 인식 및 시공 시 소음조사가 필요하다.
2. 일반 소음발생원
   ① 옥탑층 : 냉각탑, 송풍기 등의 소음 및 진동
   ② 사무실 : PAC, 취출구, 흡입구 등의 소음
   ③ 샤프트 : PS 소음, 덕트, 배관 등의 투과소음
   ④ 기계실
   　㉮ 공조기, 송풍기, 냉동기, 펌프, 구조체 등의 진동
   　㉯ 기계실 투과 소음
3. 소음 전달경로
   ① 바닥 구조체를 통한 실내전달 : Floating 구조(Jack Up 방진)
   ② 벽 구조체를 통한 실내로의 전달 : 중량벽 구조, 흡음재 설치
   ③ 흡입구, 배기구를 통한 실내외 전달 : 단면적 크게, 흡음 체임버 설치
   ④ 덕트와 건축물 틈새 전달 : 밀실 코킹 실시
   ⑤ 덕트를 통한 전달 : 덕트 흡음재, 에어 체임버, 소음기, 소음엘보 등 설치

5-5 소음의 합성법

(1) 대표 합성소음 방식

① 개별 음원을 합성하여 다수의 음원을 대표하는 합성소음을 만드는 방식이다.
② 전체 기계의 합성소음

$$SPL_o = 10 \log \left(10^{\frac{L_1}{10}} + 10^{\frac{L_2}{10}} + \cdots + 10^{\frac{L_n}{10}} \right)$$

여기서, SPL_o : 합성소음
　　　　$L_1, \ L_2, \ \cdots, \ L_n$: 개별음원의 소음

(2) 거리감쇠 적용방식

① 수음점에서의 합성소음을 계산하기 위해 거리감쇠를 적용하는 수식이다.
② 수음점에서의 합성소음

$$SPL = SPL_o - 20 \log \frac{r}{r_0}$$

여기서, SPL : 알고자 하는 수음점에서의 합성소음

　　　　SPL_o : 이미 알고 있는 어떤 수음점의 합성소음

　　　　r : 음원 (SPL_o)과 알고자 하는 수음 간의 거리(m)

　　　　r_0 : 음원 (SPL_o)과 이미 알고 있는 수음 간의 거리(m)

> **칼럼** 동일한 장소에 디퓨저 4개를 설치(각 디퓨저의 소음은 40 dB)하여 소음을 측정할 경우 '합성 소음 레벨' 계산
> '대표 합성소음 방식'에 의거하여 아래와 같이 계산할 수 있다.
>
> $$합성\ 소음레벨(L) = 10 \log\left(10^{\frac{40}{10}} + 10^{\frac{40}{10}} + 10^{\frac{40}{10}} + 10^{\frac{40}{10}}\right) = 46\ dB$$

5-6 건축기계설비의 소음발생 원인과 대책

(1) 개요

건물과 설비의 대형화로 열원기기, 반송장치 등 장비용량이 커지고 소음 발생이 높아짐에 따라 건축대책도 함께 요구된다.

(2) 소음발생원

① **열원장치** : 보일러, 냉동기, 냉각탑 등

② **열원 수송장치** : 펌프, 수배관, 증기배관 등

③ **공기 반송장치** : 송풍기, 덕트, 흡입구, 취출구 등

④ **말단 유닛** : 공조기, FCU, 방열기 등

(3) 방음 대책

① **열원장치**

㉮ 보일러 : 저소음형 버너 및 송풍기 채택, 소음기 설치 등

㉯ 냉동기, 냉각탑 : Pad, 방진가대 설치 등

② **열원수송장치**

㉮ 펌프 : 콘크리트가대, 플렉서블, 방진행거, Cavitation 방지 등

㉯ 수배관 : 적정유속, Air 처리, 신축이음, 앵카, 수격방지기 등

　　(다) 증기배관 : 스팀해머 방지, 주관 30 m마다 증기트랩 설치 등

　③ 공기반송장치 및 말단 유닛

　　(가) 송풍기 : 방진고무, 스프링, 사운드 트랩, 흡음 체임버, 차음, 저소음 송풍기, 서징 방지 등

　　(나) 덕트 : 차음 엘보, 와류 방지, 흡음 체임버, 방진행거, 소음기 등

　　(다) 흡입구 · 취출구 : 흡음 취출구, VAV 기구 등

　④ 건축대책

　　(가) 기계실 : 기계실 이격, 기계실 내벽의 중량벽 구조, 흡음재(Glass Wool + 석고보드) 설치

　　(나) 거실 인접 시 이중벽 구조, 바닥 Floating Slab 구조 처리 등

　⑤ 전기적 대책

　　(가) 회전수 제어, 용량가변 제어, 저소음형 모터를 채용

　　(나) 전동기기류에 전기적 과부하가 걸리지 않게 전압 및 전류의 안정화

5-7　고층아파트 배수설비에 의해 발생되는 소음

(1) 개요

　① 아파트 건물의 배수설비 주요 소음원으로는 화장실 소음 (샤워기, 세면기, 양변기 등), 배수소음 등을 예로 들 수 있다.

　② 소음전달 경로(틈새)를 밀실코킹 처리하고, 건축은 화장실 천장을 흡음재질로 시공하고, 양변기구조의 자체소음을 감소하는 방안 등을 고려해야 한다.

　③ 배수 초기음은 주로 저주파음이며, 후기 발생 소음은 주로 고주파 영역(낙수소음 등)이다.

(2) 배수음의 원인 및 대책

　① **양변기(로우탱크 급수소음, 배수관 소음)** : 슬리브 코킹, 흡음재, 입상 연결부 Sextia 시공 등

　② **세면기(단관통기로 배수 시 사이펀 작용, 봉수유입 소음 등)** : 각 개통기, P트랩과 입상관 이격 등

　③ **수격현상 방지** : 유속 감소, 수격방지기 설치 등

④ 배관상의 흐름

㈎ 이중 엘보 적용

㈏ 굴곡부를 줄여 충격파 감소

㈐ 배수배관을 스핀 이중관 혹은 스핀 삼중관으로 설치

㈑ 배관 외부에 흡음재 시공 (동시에 결로 방지도 가능)

㈒ 차음효과가 있는 배관재료 : 주철관 적용 등

5-8 급배수설비의 소음 측정

(1) 개요

① 급수전에서 발생하는 소음에 대해 유럽과 미국에서는 실험실 측정방법인 "ISO 3822/1"을 제정하여 판매되는 급수전 등에 발생소음의 등급기준까지 제시하여 사용하고 있다.

② 일본에서는 1983년 "ISO 3822/1"을 참조하여 급수기구 발생소음의 실험실 측정방법인 "JIS A 1424"를 제정하여 각 급수기구 제품의 소음비교 및 현장설치 시 급·배수설비 소음 예측에 활용하고 있다.

③ 한편 건축물 현장에서의 급·배수설비 소음 측정방법으로는 일본건축학회에서 제안한 "건축물 현장에서 실내소음의 측정방법", "한국산업표준 (KS)" 등을 들 수 있다.

(2) 급배수음 측정방법(KS기준)

① **측정대상실의 선정** : 급배수설비의 소음 측정은 각종 수전, 수세식 변기 등의 사용으로 발생하는 인접실의 소음이 가장 커지는 층 (수압이 가장 큰 층인 경우가 많다)에서 음원실을 선정하고, 소음이 문제시되는 인접실(자기 세대 포함)을 수음실로 정하여 실시한다.

② 급수음에 대해서는 KS F 2870 (공동주택 욕실 급수음의 현장 측정방법)을 기준으로 하고, 배수음에 대해서는 KS F 2871 (공동주택 욕실 배수음의 현장 측정방법)을 기준으로 한다.

③ **급수음 측정조건**

㈎ 측정하는 실의 상태는 통상의 사용 가능한 상태에서 측정하는 것을 원칙으로 한다.

㈏ 각종 수전의 사용 시에 발생하는 소음의 측정은 핸들을 완전히 개방하여 측정하는 것으로 한다.

㈐ 수세식 변기의 급수음 측정 : 물탱크의 물을 완전히 배수한 상태에서 다시 급수전을 최대로 개방한 후부터 물탱크에 물이 찰 때까지 측정한다.

㈑ 욕조 급수음 측정 : 욕조 내의 배수구를 막은 후 급수전을 최대로 개방한 상태에서 물이 욕조의 최대 높이에 도달할 때까지 측정하며, 샤워기 측정 시에도 동일하나, 샤워기 높이는 거치대의 최고높이로 한다.

㈒ 세면대 급수음 측정 : 배수구를 막은 후 급수전을 최대 개방상태로 하여 물이 급수전 최대높이에 도달할 때까지 측정한다.

④ 배수음 측정조건

㈎ 측정하는 실의 상태는 통상의 사용 가능한 상태에서 측정하는 것을 원칙으로 한다.

㈏ 수세식 변기의 배수음 측정 : 물탱크에 물을 가득 채운 후 완전히 배수될 때까지 측정한다.

㈐ 욕조 배수음 측정 : 욕조 내의 배수구를 막고 물이 욕조의 최대 높이에 도달한 뒤에, 배수구 마개를 열어 배수가 완전히 이루어질 때까지 측정한다.

㈑ 세면대 배수음 측정 : 배수구를 막은 후 물이 세면대 최대높이에 도달하게 하고 배수구 마개를 열어 배수가 완전히 이루어질 때까지 측정한다.

⑤ 측정방법

㈎ 침실 : 측정점은 수음실 내 벽면 등에서 0.5 m 이상 떨어지고, 마이크로폰 사이는 0.7 m 이상 떨어지며, 3~5점을 고르게 분포시켜 선정한다. 마이크로폰의 높이는 1.2~1.5 m 범위로 한다.

㈏ 거실 및 기타 공간 : 욕실 문으로부터 거실이나 복도 등 기타 공간 쪽으로 1 m 이격된 지점에서, 출입문의 중앙지점을 포함하여 총 2개 지점 이상에서 실시하고, 마이크로폰의 높이는 1.2~1.5 m 범위로 한다.

㈐ 욕실 : 중앙점에서 측정하며, 마이크로폰의 높이는 1.2~1.5 m 범위로 한다.

⑥ 측정량

㈎ A가중 음압레벨 혹은 등가 A가중 음압레벨 측정 : A가중 음압의 제곱을 기준음압의 제곱으로 나눈 값의 상용로그의 10배로 표현한다. 즉, 아래와 같은 식으로 계산된다.

$$LP_A = 10 \log \left(\frac{P_A}{P_0} \right)^2$$

여기서, LP_A : A가중 음압레벨(dB)

P_A : 대상으로 하는 음의 순시 A가중 음압 (Pa)

P_0 : 기준 음압 (20 μPa)

㈏ 등가 A가중 음압레벨은 시간에 따라 변동하는 음의 A가중 음압레벨을 평균한 값이다 (급수음은 대부분 정상소음에 가까우므로 A가중 음압레벨로 측정한다).

㈐ 옥타브밴드 음압레벨 또는 옥타브밴드 등가 음압레벨(발생 소음에 대해 주파수 분석이 필요하거나 NC 곡선 등을 이용하는 경우) : 측정의 중심주파수를 63, 125, 250, 500, 1,000, 2,000, 4,000 Hz의 7개 대역으로 구분하여 측정한다.

㈑ 최대소음레벨 : 소음계의 A특성을 이용하여 대상음이 지속되는 동안의 최대 음압레벨을 측정한다.

㈒ 배경소음의 영향에 대한 보정 : 배경소음이 3 dB 이상인 경우에는 반드시 다음 식으로 보정한다.

$$L_B = 10 \log \left(10^{\frac{L_a}{10}} - 10^{\frac{L_b}{10}} \right)$$

여기서, L_B : 보정된 소음레벨(dB)

L_a : 배경소음의 영향을 포함한 소음레벨(dB)

L_b : 배경 소음레벨(dB)

⑦ **표시방법**

㈎ A가중 음압레벨 또는 등가 A가중 음압레벨의 표시

$$L = 10 \log \left(\frac{1}{n} \times \left(10^{\frac{L_1}{10}} + 10^{\frac{L_2}{10}} + 10^{\frac{L_3}{10}} + 10^{\frac{L_4}{10}} \cdots \right) \right)$$

여기서, L : 대표 음압레벨

$L_1,\ L_2,\ L_3,\ L_4$: 개별 측정점의 음압레벨

㈏ 옥타브밴드 음압레벨 표시 : 상기와 같은 방법으로 주파수를 대역별로 측정하여 그림으로 나타낸다.

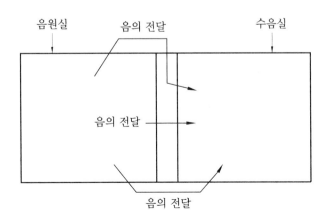

㈐ 측정값은 소수점 이하 1자리까지 구하여 표시한다.

5-9   배관 진동의 원인과 방진대책

(1) 개요

① 배관의 진동은 수력적인 원인과 기계적인 원인으로 크게 분류할 수 있다.

② 이들 원인은 설계와 제작시점에서 대책이 세워지는데 펌프 등 원동기가, 설계점 부근에서 운전 시에는 발생빈도가 낮지만 설계점에서 멀어지면 진동 발생의 가능성 도 높아진다.

(2) 수력적 원인

항 목	원 인	대 책
캐비테이션	• $NPSH_{av}$의 과소 • 회전속도 과대 • 펌프흡입구 편류 • 과대 토출량에서의 사용 • 흡입스트레이너의 막힘	• 유효압력을 크게 한다. • 계획단계에서 원인을 해소한다. • 유량을 조절/제어한다. • 관로상 막힌 찌꺼기를 제거한다.
서징	• 토출량이 극히 적은 경우 • 펌프의 양정곡선이 우상향의 기울기일 때 • 배관 중에 공기조, 혹은 공기가 모이는 곳이 있을 때 • 토출량 조정변이 공기조 뒤에 있을 때	• 펌프 성능을 개량한다 (계획단계). • 배관 내 공기가 모이는 곳을 없앤다. • 펌프 직후의 밸브로 토출량을 조절한다. • 유량을 변경하여 서징 영역을 피한다.
수충격	• 과도현상의 일종으로 밸브의 급폐쇄 등의 경우 발생 • 펌프의 기동/정지 및 정전 등에 의한 동력 차단 시 등	• 계획단계에서 미리 검토하여 해결한다. • 기동/정지의 Sequence를 제어한다.

(3) 기계적 원인

항 목	원 인	대 책
회전체의 불평형	• 회전체의 평형 불량 • 로터의 열적 굽힘 발생 • 이물질 부착 • 회전체의 마모 및 부식 • 과대 토출량에서의 사용 • 회전체의 변형이나 파손 • 각부의 헐거움	• 회전체의 평형 수정(Balancing) • 고온 유체를 사용하는 기기는 회전체 별도 설계 • 마모 및 부식의 수리 • 이물질 제거 및 부착 방지 • 조임 및 부품 교환
센터링 불량	• 센터링 혹은 면센터링 불량 • 열적 Alignment의 변화 • 원동기 기초 침하	• 센터링 수정 • 열센터링에 대해서도 수정
커플링의 불량	• 커플링의 정도 불량 • 체결볼트의 조임 불량 • 기어 커플링의 기어와의 접촉 불량	• 커플링 교환 • 볼트 및 고무 슬리브 교체 • 기어의 이빨 접촉 수정
회전축의 위험속도 (공진)	• 위험속도로 운전 • 축의 회전수와 구조체의 고유진동수가 일치하거나 배속의 진동수	• 계획설계 시 미리 검토 • 상용운전 속도는 위험속도로부터 25 % 정도 낮게 하는 것이 바람직함
Oil Whip 혹은 Oil Wheel	• 미끄럼베어링을 사용하는 고속회전 기계에서 많이 발생하며, 축수의 유막에 의한 자력운동	• 계획설계 미리 검토 • 축수의 중앙에 홈을 파서 축수의 면압을 증가
기초의 불량	• 설치 레벨 불량 • 기초볼트 체결 불량 • 기초의 강성 부족	• 라이너를 이용하여 바로잡음 • 기초를 보강하거나, 체결을 강하게 함

5-10 소음 관련 용어

(1) 음의 감소지수 (Sound Reduction Index)

① 정의

㈎ 임의의 계를 통과하면서 감소하는 음향에너지의 척도이다.

㈏ 음압 P_i인 음파가 어떠한 계에 입사하여 음압 P_t로 투과되었을 때, 음의 감소지수 R은 다음의 식과 같이 정의된다.

$$음의\ 감소지수(R) = 10\log\left(\frac{P_i}{P_t}\right)^2$$

② 적용상 주의사항

(가) 소음기의 성능지수로서 음의 감소지수를 사용할 수 있다.

(나) 계에 종속적이므로 일반적인 성능평가 방법으로는 부적합하다.

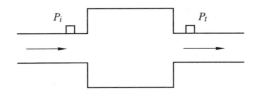

(2) 잔향시간 (RT : Reverberation Time)

① 정의

(가) 음원에서 음을 끊었을 때 음이 바로 그치지 않고 서서히 감소하는 현상

(나) 음향레벨이 정상레벨에서 −60 dB이 되는 지점까지의 시간

② 계산공식

$$잔향시간\ RT = 0.16\ V/A\ (초)$$

여기서, V : 실의 용적(m^3)

   A : 실내 표면의 총 흡음력($= \Sigma(a \times s)$)

   a : 표면 마감재의 흡음률

   s : 표면 마감재의 면적

③ 적용상 주의사항

(가) 흡음재의 설치 위치가 바뀌어도 RT는 동일함

(나) 무향실 : 높은 흡수면에 음파가 대부분 흡수되어 잔향이 없는 실

(다) 잔향실 : 경질 반사표면에 음파가 대부분 고르게 반사되어 실 전체에 음이 분포하는 확산장

(3) NC 곡선 (Noise Criterion Curve)

① 공기조화를 하는 실내의 소음도를 평가하는 양으로서 1957년 Beranek이 제안한 이래 미국을 위시한 세계 각국에서 널리 사용되고 있다.

② 실내 소음의 평가 곡선군으로, 소음을 옥타브로 분석하여 어떤 장소에서도 그 곡

선을 상회하지 않는 최저 수치의 곡선을 선택하여 NC값으로 하면 방의 용도에 따라 추천치와 비교할 수 있다.

③ **평가방법** : 옥타브대역별 소음 레벨을 측정하여 NC 곡선과 만나는 최대 NC값이 그 실내의 NC값이 된다.

④ **응용**

㉮ 주파수별 소음 대책량을 구할 수 있어 폭넓게 이용되고 있다.

㉯ 회화방해(청력허용도) 기준의 실내의 소음평가에 사용, 즉 SIL(Speech Inter-ference Level)을 확대한 곡선이다.

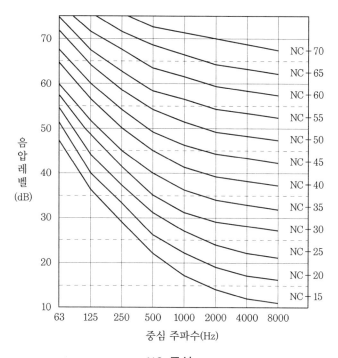

NC 곡선

⑤ **NC값 (추천치)**

실 명	NC값
음악실, 녹음실	20~25
주택, 극장	25~35
아파트, 호텔객실	30~40
병원, 병실	30~40
교실, 도서관, 회의실	30~40
데파트, 레스토랑	35~45

(4) 소음평가지수(NRN : Noise Rating Number) 혹은 NR

① 실내소음을 평가하는 하나의 척도로서 NC 곡선과 같은 방법으로 NR(Noise Rating) 곡선에서 NR값을 구한 후 소음의 원인, 특성 및 조건에 따른 보정을 하여 얻는 값을 말한다.

② 소음을 청력장애, 회화장애, 시끄러움의 3가지 관점에서 평가하는 것이다.

③ 옥타브밴드로 분석한 음압레벨을 NR-Chart에 표기하여 가장 높은 NR 곡선에 접하는 것을 판독한 NR값에 보정치를 가감한 것이다.

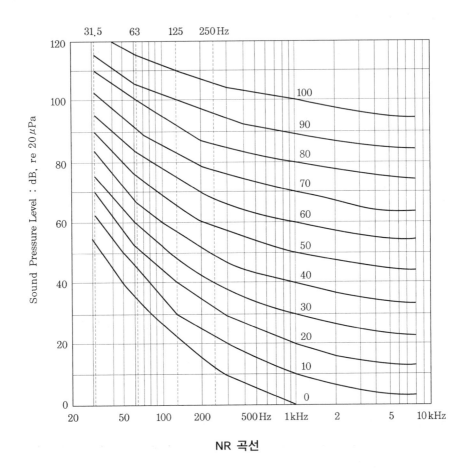

NR 곡선

④ NR 보정치

소음 구분			NR 보정값 (dB(A))
피크음	충격성 (해머음 등)		+5
스펙트럼 성질	순음성분 (개 짖는 소리 등)		
문제가 되는 소음 레벨의 지속시간 (%)	56~100		0
	18~56		-5
	6~18		-10
	1.8~6		-15
	0.6~1.8		-20
	0.2~0.6		-25
	0.2 이하		-30

(5) 대화 간섭 레벨(SIL : Speech Interference Level)

① 소음으로 인해 대화가 방해받는 정도를 표기하기 위하여 사용한다.

② 대화를 나누는 데 있어서 주변 소음의 영향을 고려할 필요가 있으며, SIL은 그 평가를 위한 것이다.

③ 평가방법

㈎ 우선 대화 간섭 레벨(PSIL : Preferred Speech Interference Level)로 판단한다.

㈏ PSIL (단위 ; Pa) 계산공식

$$우선 \ 대화 \ 간섭 \ 레벨(PSIL) = \frac{LP_{500} + LP_{1,000} + LP_{2,000}}{3}$$

㈐ 위 공식에서 $(LP_{500} + LP_{1,000} + LP_{2,000})$은 각각 500 Hz, 1,000 Hz, 2,000 Hz 의 중심 주파수를 갖는 옥타브 대역에서의 음압레벨을 의미한다.

④ 해당 주파수 대역의 주변 소음 (Background Noise)이 클수록 PSIL값이 커지므로 대화에 많은 간섭을 받게 된다.

(6) 감각 소음 레벨(PNL : Perceived Noise Level)

① 소음의 시끄러운 정도를 나타내는 하나의 방법으로 다음과 같은 과정으로 계산한다 (단위는 dB을 PNdB로 표기).

② 소음을 0.5초 이내의 간격으로 1/1 또는 1/3 옥타브 대역 분석을 하여 각 대역별 음압레벨을 구한다.

③ 옥타브 대역 분석 데이터를 감각 소음 곡선(Perceived Noisiness Contours)을
이용하여 노이(Noy)값으로 바꾼다.

④ 총 노이값 계산식

$$N_t = 0.3 \, \Sigma N_i + 0.7 \, N_{\max} \quad (1/1 \ \text{옥타브})$$
$$N_t = 0.15 \, \Sigma N_i + 0.85 \, N_{\max} \quad (1/3 \ \text{옥타브})$$

여기서, N_i : 각 대역별 노이값

$N_{\max}$: 각 대역별 노이값 중 최댓값

⑤ PNL 계산식

$$\text{PNL} = 33.3 \log N_t + 40 \ (\text{PNdB})$$

⑥ 그래프를 이용한 계산법

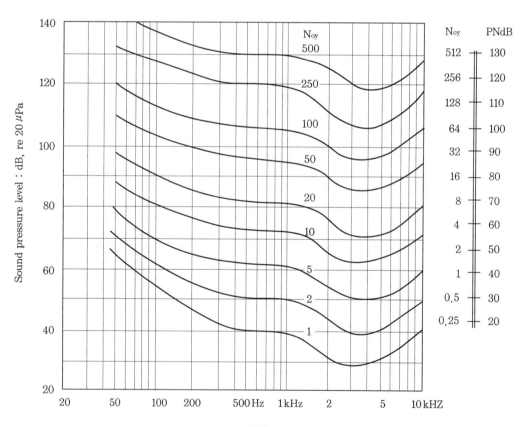

PNL

(7) 교통소음지수

① TNI (Traffic Noise Index)라고도 한다.

② 영국의 BRS (Building Research Station)에서 제안된 자동차 교통소음 평가치로, 도로교통소음에 대한 ISO의 제안이기도 하다 (채택됨).

③ **측정방법** : 도로교통소음을 1시간마다 100초씩 24시간 측정하고, 소음레벨 dB (A)의 L_{10}, L_{90}을 구하여 각각의 24시간 평균치를 구한다.

④ 계산

$$\text{TNI} = 4(L_{10} - L_{90}) + L_{90} - 30$$

여기서, L_{10} : 측정시간 중에서 적산하여 10 %의 시간이 이 값을 넘는 레벨

L_{90} : 측정시간 중에서 적산하여 90 %가 이 값을 넘는 레벨

⑤ 평가

㈎ $4(L_{10} - L_{90})$: 소음변동의 크기에 대한 효과

㈏ L_{90} : 배경소음

㈐ -30 : 밸런싱 계수

㈑ TNI 값이 74 이상 : 주민의 50 % 이상이 불만을 토로

(8) 흡음엘보

① 흡음재를 덕트 등 공기 유로 내부의 굴곡부에 부착하여 접촉에 의해 흡음효과를 내게 하는 덕트 재료이다 (소음저감 및 난류 억제).

② 흡음재의 비산 및 박리에 주의해야 한다.

③ 비교적 넓은 주파수 범위에서 효과가 있다.

④ 내장 두께는 보통 덕트 폭의 10 % 이상이 되도록 하며, 일반적으로 저음역대보다는 중·고음역대에서 감음도가 좋다.

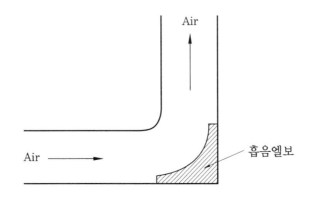

제 4 편

친환경 열에너지 & 냉동에너지

제 1 장 | 냉동에너지효율

친환경 대체냉매 개발

(1) 세계 각국 협의 역사

① **몬트리올 의정서** : 오존층 파괴를 막기 위한 CFC계 및 HCFC계의 냉매사용 금지 관련 협의로 1987년 몬트리올에서 개최되었다.

　㈎ CFC계 냉매 금지 : 1996년

　㈏ HCFC계 냉매 금지 : 2030년 (개도국은 2040년)

　㈐ HCFC계 냉매 금지 관련 EU의 실제 움직임 : 2010년 Phase Out → 실제로는 2000년대 초부터 금지하기 시작했다.

② **교토 기후변화협약 (The Kyoto Protocol)**

　㈎ 1995년 3월 독일 베를린에서 개최된 기후변화협약 제1차 당사국총회에서 협약의 구체적 이행을 위한 방안으로 2000년 이후의 온실가스 감축목표에 관한 의정서 논의 시작 (온실가스 감축과 관련하여 처음으로 논의가 이루어진 1992~1995년 당시 한국은 개도국으로 분류되어 1차 감축대상국에서 제외됨)

　㈏ 1997년 12월 일본 교토에서 개최된 지구온난화 물질 감축 관련 3차 총회(지구온난화를 인류의 생존을 위협하는 중요한 문제로 인식) → 2005년 2월 16일부터 발효

　㈐ 대상가스는 이산화탄소 (CO_2), 메탄 (CH_4), 아산화질소 (N_2O), 불화탄소 (PFC), 수소화불화탄소 (HFC), 불화유황 (SF_6) 등이다.

　㈑ 선진국가들에게 구속력 있는 온실가스 배출의 감축목표 및 대상 (QELROs ; Quantified Emission Limitation & Reduction Objects)을 설정하고, 5년 단위의 공약기간을 정해 2008~2012년까지 38개 선진국 전체의 배출량을 1990년 대비 평균 5.2 %까지 감축할 것을 규정하였다 (1차 의무 감축 대상국).

(2) 대체냉매 개발 동향

① **낮은 증기압의 냉매(HCFC123, HFC134A)**

　㈎ 원심식 칠러 등 : CFC11 → HCFC123(DuPont사 등)

(나) 왕복동식 칠러, 냉장고, 자동차 등 : CFC12 → HFC134A (DuPont사 등)

(다) 특징 : 순수냉매라서 기존 냉매와 Cycle 온도 및 압력이 유사하여 비교적 간편하게 대체가 가능하다.

② 높은 증기압의 냉매

(가) 가정용, 일반 냉동용 (R404A, R407C, R410A, R410B)

  ⑦ HCFC22 → R404A, R407C, R410A, R410B로 대체

  ⑪ 비공비 혼합냉매(비등점이 다른 냉매끼리의 혼합)

    ㉠ R404A : HFC-125/134A/143A가 44/4/52 wt%로 혼합

    ㉡ R407C : HFC-32/125/134A가 23/25/52 wt%로 혼합

    ㉢ R410A : HFC-32/125가 50/50 wt% 혼합 (유사 공비 혼합냉매)

    ㉣ R410B : HFC-32/125가 45/55 wt% 혼합 (유사 공비 혼합냉매)

  ⑪ 기존 냉매 대비 성적계수(COP), GWP 등이 다소 문제

  ⑭ 압력이 다소 높음(R407C/404A는 HCFC22 대비 약 7~10%가 상승되며, R410A는 HCFC22 대비 약 60%가 상승됨)

  ⑮ 서비스성이 다소 나쁨(누설 시에는 주로 끓는점이 높은 HFC-32가 빠져 혼합비가 변해버리기 때문에 냉매 계통을 재진공 후 재차징을 해야 하는 경우가 많음)

(나) 일반 냉동용 (R507A)

  ⑦ CFC502 (R115/R22가 51.2/48.8 wt%로 혼합됨) → R507A로 대체

  ⑪ R507A는 유사공비 혼합냉매(엄격히는 비공비 혼합냉매)로 HFC-125와 HFC-143A가 50/50 wt%로 혼합됨

  ⑮ 저온, 중온, 상업용 냉장/냉동 시스템 등에 사용

  ⑭ R22의 특성 개선 (토출온도 감소, 능력 개선 등)

(3) 차세대 냉매(천연 자연냉매)

인공 화합물이 아닌 자연상태로 존재하여 추가적인 악영향이 없다.

① CO_2 : 체적용량 크고, 열교환기용 튜브로는 내압성이 높은 세관을 많이 사용, NO-Drop In이 어려움(냉매 대체가 용이하지 않음)

② **부탄 (LPG), 이소부탄, C_3H_8 (R290 ; 프로판)** : 냉장고, 냉방기 등의 분야에서 많이 적용되고 있음

③ **하이드로 카본(HCS)** : Discharge Temperature 다소 하락, Drop-in 용이, 일부 특정 조건에서는 가연성 가짐(다중 안전장치 구비 필수)

④ **기타의 천연 자연냉매** : H_2O, NH_3, AIR 등

1-2 R-1234yf (Low-GWP 냉매)

(1) 배경

① 현재 자동차용 에어컨 냉매로 많이 사용되는 R134a는 오존층 파괴지수(Ozone Depletion Potential, ODP)가 전혀 없는 CFC계의 대체냉매로 사용되어 왔으나, 최근에는 지구온난화(GWP) 문제로 인하여 점차 사용이 규제되고 있다.

② R134a는 HFC계열 냉매이므로 지구온난화방지 관련 교토의정서의 규제 대상가스에 속한다(교토의정서의 6대 규제 대상가스 : CO_2, CH_4, N_2O, HFC, PFC, SF_6).

③ 유럽 연합은 자동차용 에어컨 시스템에서 지구온난화지수(Global Warming Potential, GWP)가 150 이상인 냉매를 사용하는 자동차에 대하여 적용을 제한하는 법안을 발효중이다.

④ 따라서 현재 생산되는 차량에 적용중인 냉매 R134a에 대한 적용이 불가하게 되므로 지구온난화지수가 150 이하인 대체냉매 적용 및 연구가 활발하다.

⑤ R-1234yf 냉매는 오존층 파괴지수가 '0'이고, 지구온난화지수가 매우 적어, 자동차용 카에어컨, 냉동탑차용 냉동기, 냉장고, 기타 유럽수출 냉동 품목 등에 많이 사용되고 있다.

(2) R-1234yf 냉매의 특성

① R-1234yf 냉매는 미국의 냉매 제조업체인 하니웰(Honeywell)과 듀폰(Dupont)이 R134a를 대체하기 위해 개발한 냉매이다.

② 이성질체의 구분 표기상, y는 중심 탄소가 -F(불소)로 치환됨을 의미하고, f는 말단 탄소가 $=CH_2$로 치환됨을 의미한다.

첫 번째 첨자 (중심 탄소 치환)		두 번째 첨자 (말단 탄소 치환)	
문자	치환그룹	문자	치환그룹
x	-CL	a	$=CCL_2$
y	-F	b	$=CCLF$
z	-H	c	$=CF_2$
		d	$=CHCL$
		e	$=CHF$
		f	$=CH_2$

③ R-1234yf는 지구온난화지수가 3~4정도이고 오존층 파괴지수도 0이므로 유럽 환경법규에서 요구하는 GWP 150 이하를 충족시키는 환경 친화적인 냉매에 속하며, 독성이 없고 대기 중에서 분해되는 속도가 기존 R134a 냉매보다 훨씬 빠른 시간에 분해되어 없어진다.

④ R-1234yf 냉매는 R134a 냉매와 비교적 비슷한 열역학적 특성을 가지고 있으나, 증발잠열 구간이 작기 때문에 동일 에어컨 시스템으로 Drop-in 성능을 평가할 시에 냉방 성능의 저하가 발생하며, 아직 냉매의 생산량이 매우 적어 가격이 비싸다는 단점이 있다.

⑤ 현재 Low-GWP 냉매로 R-1234yf 외에도 R-1234ze, HCFO-1234zd, AC5 등 다양한 냉매드이 개발되어지고 있다.

(3) R-1234yf의 물성 특성표 (R-134a와 비교)

비교항목	R-134a	R-1234yf
화학식	CH_2FCF_3	$CH_3CF=CH_2$ $(C_3H_2F_4)$
냉매 계열	HFC	HFO
냉동유	POE (Polyolester), PAG (Poly Alkylene Glycol)	POE (Polyolester), PAG (Poly Alkylene Glycol)
ASHRAE 안전등급	A1(불연성 및 무독성)	A2L (약가연성 및 무독성)
끓는점	$-26℃$	$-29℃$
임계온도	102℃	95℃
임계압력(절대압)	41 bar	34 bar
ODP	0	0
GWP	1430	4 (R-134a의 약 0.3%)

1-3 PCM (상변화물질)

(1) 정의

① PCM은 Phase Change Materials의 약자로, 상변화물질을 말한다.

② PCM은 잠열을 이용하므로 일반적으로 고효율 운전이 가능하고 비교적 콤팩트한 장치 설계가 가능하다.

(2) 이용사례

① 태양열 상변화형 온수급탕기

(가) 상변화물질을 열전달 매체로 하고 열교환기를 사용하여 온수를 가열하는 방식이다.

(나) 상변화물질은 배관 내에서 부식, 스케일 등을 일으키지 않는 물질이어야 한다.

(다) 원리 : 집열기가 태양열에 의해 가열되어 액체 상태의 상변화물질이 증기상태로 변환되고, 이것이 다시 비중차에 의한 상승으로 집열기 상부에 설치된 축열탱크 내의 열교환기를 통과하면서 상변화물질의 잠열로 물을 데우는 열교환이 일어난다. 이 증기 상태의 상변화물질은 응축되기 시작하고 응축된 상변화물질은 중력에 의해 집열기 하부로 다시 돌아가는 순환을 계속한다.

② PCM Balls을 이용한 태양열 온수시스템

(가) 태양열 온수시스템을 이용한 난방 혹은 급탕 등이 이루어지는 장소에서 축열조에 저장 열량을 증가시키기 위해 태양열시스템을 이용하여, 가열 시에는 고체에서 액체로 변화하고 냉각 시에는 액체에서 고체로 변화하는 상변화물질을 이용하는 방식이다.

(나) 보통 상변화물질을 캡슐(Capsule) 혹은 볼(Ball) 형태로 된 얇은 케이스 내부에 넣어, 열교환을 하는 1차유체 및 2차유체 간의 혼합을 방지한다.

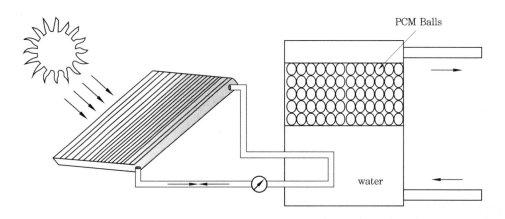

PCM Balls을 이용한 태양열 온수시스템

③ Cold Chain System

(가) 저온의 얼음, 드라이아이스, 기한제 등을 이용하여 식품의 유통 전 단계의 신선도를 유지하는 시스템이다.

(나) 냉동차량, 쇼케이스, 소포장용 냉동 Box 등에 적용한다.

1-4 열교환기의 파울링계수

(1) 열교환기 파울링 현상

① 열교환기가 먼지, 유체 용해성분, 오일, 물때, 녹 등으로 인해 오염되는 현상을 파울링(Fouling)이라고 한다.

② 열교환기는 이러한 오염으로 인하여 그 전열성능이 점차 방해를 받게 된다.

(2) 파울링계수 (Fouling Factor, 오염계수)

① 냉동기 등에서 열교환기의 오염으로 인한 냉동능력의 하강치를 고려하기 위한 계수이다.

② 실제 냉동기 설계 시에 이 파울링계수만큼 여유있게 선정한다.

(3) 파울링계수 (오염도계수)의 계산

① 운전 전후 전열계수의 변화를 이용한 계산

$$\gamma \, (오염도계수) = \frac{1}{\alpha_2} - \frac{1}{\alpha_1}$$

여기서, γ : 오염도계수 $(m^2 \cdot K/W)$

α_2 : 일정시간 운전 후의 전열계수 $(W/m^2 \cdot K)$

α_1 : 운전 초기의 설계 전열계수 $(W/m^2 \cdot K)$

② 부착물의 두께와 열전도율을 이용한 계산

$$\gamma \, (오염도계수) = \frac{d_1}{\lambda_1} + \frac{d_2}{\lambda_2}$$

여기서, d_1 : 공정 측 오염물질 두께(m)

d_2 : 냉각수 측 오염물질 두께(m)

λ_1 : 공정 측 오염물질의 열전도율 $(W/m \cdot K)$

λ_2 : 냉각수 측 오염물질의 열전도율 $(W/m \cdot K)$

1-5 압축비(압력비)

(1) 개요

① 고효율 냉동장치를 구현하기 위해서는 해당 장치의 압축비를 좌우하는 인자에 대해 면밀하게 고찰하여, 압축비 저감방법을 찾아내는 것이 아주 중요한 숙제이다.

② 고압 (압축)압력과 저압 (증발)압력의 비를 압축비라 한다. 이때의 압력은 모두 절대압력(MPa abs)을 사용한다.

③ 더 구체적으로는 압축기 흡입 측과 출구 측의 '절대압력 비율'을 말한다.

> 절대압력 = 게이지압력 + 대기압 (0.10132 MPa)

④ 압축비에는 단위가 없다 (무차원).

(2) 계산식

$$압력비(압축비) = \frac{P_2}{P_1} = \frac{압축기\ 토출구\ 절대압력}{압축기\ 흡입구\ 절대압력}$$

여기서, P_2 : 고압압력(MPa abs)　　P_1 : 저압압력[MPa abs]

(3) 압축기의 압축비 측면 고려사항

① 압축기의 필요 압축비는 압축기의 형태와 방식에 따라 차이가 있으나, 일반적으로 프레온계 냉매를 사용하는 경우에는 약 5 이하가 적당하다 (냉매 Cycle 설계의 기준).

② 압축기를 냉동시스템에 적용할 때 일반적으로 일정한 압축비를 유지해 주어야 하며, 이 압축비를 많이 벗어나면 효율의 급격한 하락 혹은 오일의 탄화, 압축기 밸브의 파손 등을 초래할 수 있다.

③ 저온 냉동창고, 저온 시험설비 등에서는 압축비가 필요 압축비 이상으로 초과될 수 있는데 이 경우 2단 압축, 이원냉동, 냉매 변경 등을 고려하여야 한다.

(4) 응용(왕복동식 압축기의 경우)

① 압축행정에서 저압 가스를 고압 가스로 압축하여 토출하는 것인데 고압 가스가 실린더 상부의 틈새(톱 클리어런스)에 잔류할 수 있다.

② 이 고압의 잔류가스는 피스톤이 하강함에 따라 팽창하므로 실린더 내의 압력이 저압 압력보다 낮아질 때까지 흡입밸브가 열리지 않아 냉매가스를 흡입할 수 없다.

③ 따라서 압축비가 클수록 냉매의 순환량 감소로 능력(열량)이 감소할 우려가 있다.

1-6 히트펌프의 성적계수 (COP)

(1) 개념

① **정의** : COP는 성적계수로서 Coefficient Of Performance의 약자이다.

② 소비에너지와 냉동능력의 비를 뜻하고 단위는 무차원이다.

③ **계산식**

$$COP = \frac{냉동능력}{소비에너지}$$

④ 히트펌프의 Carnot Cycle의 경우 동일 온도조건에서 비교할 시 난방 COP가 냉방 COP보다 1이 크다. 즉 다음 식과 같다.

$$COP_h = 1 + COP_c$$

(2) $P-V$ 선도 및 $T-S$ 선도상 해석(Reverse Carnot Cycle)

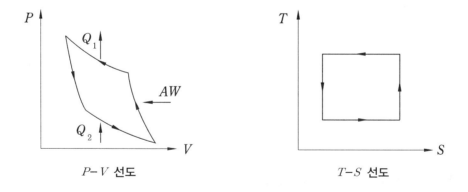

$P-V$ 선도 $T-S$ 선도

$$냉방효율(COP_c) = \frac{Q_2}{AW} = \frac{Q_2}{Q_1 - Q_2} = \frac{T_2}{T_1 - T_2}$$

$$난방효율(COP_h) = \frac{Q_1}{AW} = \frac{Q_1}{Q_1 - Q_2} = \frac{T_1}{T_1 - T_2} = 1 + COP_c$$

여기서, Q_1 : 고열원에 버린 열

Q_2 : 저열원에서 얻은 열

AW : 계에 한 일

1-7 IPLV와 SEER (기간 에너지효율)

(1) 개요

① IPLV와 SEER은 냉·난방 기간에너지 효율을 나타내는 지표이며, 기본적으로는 장치의 연간 냉방능력 혹은 난방능력을 연간 소비전력으로 나누어 계산한다.

② EER이나 COP가 정격치(표준 온·습도 조건, 정격부하 운전)를 이용하는 데 반해 부분부하 운전, 몇 개의 연간 대표 온도조건 등을 기준으로 하기 때문에 보다 더 실제상황에 가깝다.

(2) IPLV (Integrated Part Load Value)

① 1986년 미국에서 개발되어 칠러 등의 효율평가법으로 주로 많이 사용되어 왔다 [1992년과 1998년 두 차례에 걸친 수정(부분부하 효율의 가중치 등)이 이루어졌다].

② **적용** : 한국과 같이 연간 비교적 짧은 시간 냉·난방을 운전할 시 적합한 방법이다.

③ 아래 표와 같이 부분부하별 EER (효율)을 측정한 후 가중치를 두어 적산한다.

LOAD (운전율, 부분부하율)	100 % 운전	75 % 운전	50 % 운전	25 % 운전
EER (효율 ; 시험값)	A	B	C	D
Weighting (가중치)	1%	42%	45 %	12 %

④ **가중치 적산방법**

$$IPLV = 0.01\,A + 0.42\,B + 0.45\,C + 0.12\,D$$

(3) SEER (Seasonal Energy Efficiency Ratio)

① 미국에서 개발되어 유니터리 제품에 주로 적용되는 방법이다.

② **적용** : 일본처럼 온도 및 습도가 높아 연중 운전기간이 비교적 긴 경우에 적합한 방법이다.

③ 실내외 온습도 조건별, 부하별 EER (효율)을 측정하고 발생빈도수를 가중하여 적산하는 방법이다.

④ **국내기준** (KS C 9306)

㈎ 고정용량형, 2단가변형, 가변용량형과 같이 세 가지로 분류하여 시험항목을 차별화 적용한다.

㈏ 용량가변형은 냉·난방모드에서의 최소/중간/정격/저온 능력시험 및 난방모드에서의 제상/제상 무착상/최대운전 시의 능력시험을 진행한다.

㈐ SEER은 CSPF(냉방 시)와 HSPF(난방 시)의 두 가지 종류가 있는데 주로 CSPF 위주로 많이 평가된다.

1-8 열전반도체(열전기 발전기 ; Thermoelectric Generator) 기술

(1) 정의

① 열전반도체란 배기가스 등의 폐열을 이용하여 전기를 생산하는 반도체 시스템을 의미한다.

② 한쪽은 배기가스(약 80~100℃ 이상), 다른 한쪽은 상온의 공기를 이용하여 전기를 생산하는 시스템이다.

③ 열전기쌍과 같은 원리인 제베크효과에 의한 열에너지가 전기적 에너지로 변환하는 일체의 장치이다.

(2) 원리

① 종류가 다른 두 금속(전자 전도체)의 한쪽 접점을 고온에 두고, 다른 쪽을 저온에 두면 기전력이 발생한다. 이 원리를 이용하여 고온부에 가한 열을 저온부에서 직접 전력으로 꺼내는 방식이다.

② 기전부분(起電部分)에 사용되는 전도체로는 열의 불량도체이면서 동시에 전기의 양도체인 것이 유리하다. 따라서 기전부분을 금속 조합만으로 만들기는 어렵고, 비스무트-텔루르, 납-텔루르 등과 같이 적당한 반도체를 조합하여 많이 사용한다.

(3) 적용 분야

① 구소련 '우주항공 분야'가 최초이다[인공위성, 무인기상대(無人氣象臺) 등].

② 국내에서도 연구 및 개발이 활발하게 이루어지고 있다.

③ 열효율이 좋지 않은 것이 흠이다(약 5~10 %에 불과).

④ 재료 개발에 따른 동작온도가 향상됨에 따라 용도 범위 또한 점차 확대되고 있다.

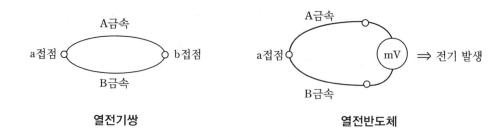

열전기쌍

열전반도체

1-9 2단 압축 Cycle

(1) 의의

① 일반적인 1단 압축기로 약 −35℃ 이하의 저온을 얻고자 할 때에는 증발압력이 낮아져 압축비가 상승하고 압축기의 토출온도 상승, 윤활유의 열화, 냉매의 열분해, 체적효율 및 성적계수(COP) 하락 등 여러 부작용이 야기될 수 있다.

② 따라서 이렇게 증발온도가 과도하게 낮은 경우에는 '2단 압축 시스템' 등을 적극 고려해야 하며, 이때 저단 측의 압축 Cycle을 부스터 Cycle이라 한다.

③ 단단(1단) 압축 대비 2단 압축의 장점으로는 저단 압축기 및 고단 압축기가 각각 최적의 압축비 설계영역에서 운전 가능(고효율화로 에너지절약 가능), 압축기의 열화 방지(수명연장 가능), 압축기 토출온도 과열 방지, 압축기의 꿀음 발생 방지, 기타 안정적 저온 냉매 사이클 구현 등이 있다.

④ 단단(1단) 압축 대비 단점으로는 장치의 복잡성, 냉동장치의 제작비 상승, 팽창장치의 최적 유량 제어의 어려움 등이 있다.

(2) 용도

① 압축비가 7 이상인 경우

② 증발온도가 약 −35℃ 이하(암모니아 냉매), 약 −50℃ 이하(프레온 냉매)

(3) 장치(2단 압축 1단 팽창)

다음 그림과 같이 저단 압축기(Booster)에서, 증발기를 통과한 기체냉매(1번 point)가 한 차례 압축되어 흘러나오면 그 냉매(2번 point)가 중간냉각기에서 냉각된 후 고단 압축기에서 한 번 더 압축됨으로써 1개의 압축기에서 해주어야 할 압축량을 두 개의 압축기가 나누어 행하여 단일 압축기에 가해지는 부하를 줄이고, 무리한 압축 운전영역을 피해 운전함으로써 에너지효율이 좋은 압축비를 유지할 수 있다. 이때 Bypass 팽창변은 응축기와 수액기를 거쳐 나오는 액냉매(5번 point)의 일부를 증발시켜 중간냉각기를 냉각시키는 역할을 한다.

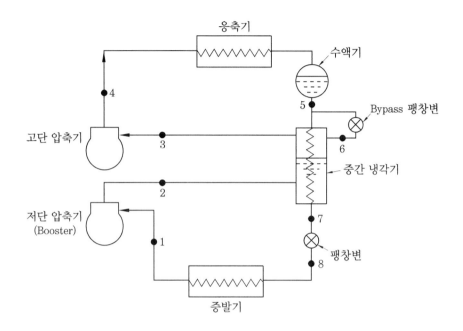

1-10 2단 압축 2단 팽창 Cycle

(1) 개요

2단 압축 2단 팽창 Cycle 역시 2단 압축 1단 팽창 Cycle처럼 압축기로 약 −35℃ 이하(암모니아 냉매) 혹은 −50℃ 이하(프레온 냉매)의 저온냉동을 효율적으로 행하기 위해 사용된다.

(2) 장치

다음 그림과 같이 2단 압축 1단 팽창에서처럼 저단 압축기에서 나온 냉매(2번 point)를 중간 냉각기에서 냉각시킨 후 고단 압축기에서 한 번 더 압축해줌으로써 1개의 압축기에서 해주어야 할 압축량을 두 개의 압축기가 나누어 행하여 단일 압축기에 가해지는 부하를 줄이고, 무리한 압축 운전영역을 피해 운전함으로써 에너지효율이 좋은 압축비를 유지할 수 있다. 이때 1차 팽창변은 응축기 및 수액기로부터 나오는 액냉매(5번 point)를

1차로 감압하여 중간 냉각기를 냉각시키는 역할을 하며, 2차 팽창변은 증발기에서 증발하기에 좋은 온도까지 냉매가 완전하게 팽창할 수 있도록 한 번 더 감압시키는 역할을 한다.

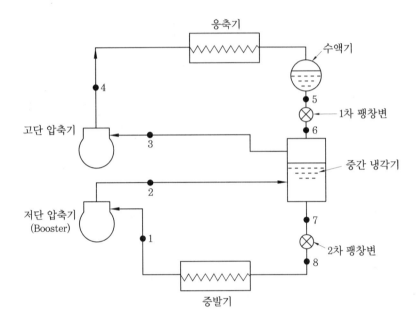

1-11 2원 냉동시스템

(1) 개요

① 냉동시스템에서 초저온을 얻기 위해 기존 R-22 등을 사용한 방법으로는, 2단 압축방식으로 약 −65℃까지 사용할 수 있으나 압축비가 지나치게 증가하여 비합리적이다.

② 초저온도대(−50℃ 이하)에서는 R-22의 압력이 급격히 고진공으로 되고 이에 따른 냉매증기의 비체적이 매우 커지면서 압축기가 대형으로 바뀌고, 설비비의 증가와 부가적 설비금액이 발생하게 된다.

③ 작동압력이 고진공으로 됨에 따라 저압부에는 수분의 침입에 의한 악영향이 발생하게 된다.

(2) 특징

① 저원 측 응축기와 고원 측 증발기가 서로 조합된 상태이므로 이를 복합 응축기(Cascade Condenser)라고 부른다.

② 저원 측 냉매가 저온에서도 고압을 유지하여 운전 휴지 시 시스템 내 압력을 적정 압력으로 유지하도록 해야 하고, 추가적으로 팽창탱크를 설치해야 한다.

③ 저원 측 냉매로는 R-13이나 R-23, 에틸렌, 메탄, 프로판 등이 사용되고 특수용도를 위한 초저온 냉매를 사용하기도 한다.

④ 저원 측 냉매가 상대적으로 고압냉매이므로 초저온에서도 압축비 증가가 적어 고효율 운전이 가능하다.

(3) 적용 분야

① 냉장고 내 온도가 −70℃ 이하인 경우

② Tunnel Freezer에서 식품의 동결시간을 단축해야 하는 경우

③ Box 포장 동결 시 중심온도가 −30℃ 이하로 요구되는 식품동결인 경우

④ 진공동결건조장치의 냉동시스템

⑤ 동결 처리량이 증대되는 경우

⑥ 육제품의 I.Q.F(개체동결)를 신설, 변경하는 경우

⑦ 폐타이어 재활용을 위해 폐타이어 파쇄를 할 때 급속 냉각장치의 경우 (−120℃)

⑧ 초저온 시스템에서 효율적인 에너지소비를 실현해야 할 때[초저온영역(−60℃ 이하)에는 2단 압축이라 하더라도 매우 큰 압축비를 나타냄에 따라 압축기의 압축효율의 감소가 매우 커지므로 2원 냉동시스템을 채택하는 것이 유리함]

(4) 응용

① 다원냉동(多元冷凍)은 일반적으로 2원 냉동, 3원 냉동, 4원 냉동 등으로 나눌 수 있다.

　㉮ 2원 냉동 : 약 −70~−100℃ 정도의 저온을 얻을 때 사용

　㉯ 3원 냉동 : 약 −100~−120℃ 정도의 저온을 얻을 때 사용

　㉰ 4원 냉동 : 약 −120℃ 이하 정도의 극저온을 얻을 때 사용

② 2원 냉동이나 3원 냉동, 4원 냉동 등은 증발압력이 극도로 낮아져 압축비가 상승하고, 압축기의 토출온도 상승, 윤활유의 열화, 냉매의 열분해, 체적효율 및 성적계수 하락 등 여러 가지 부작용을 방지하기 위해 사용하는 방식이다.

③ 2단 압축 시스템보다 증발온도가 과도하게 낮은 경우 이러한 다원냉동 시스템을 적극 고려해야 한다.

(5) 적용 방법

① 보통 1원 측(저온 측) 냉매는 비등점이 낮은 냉매(R13, R14, 에틸렌, 메탄, 프로판 등)를 사용한다.

② 2원 측(고온 측) 냉매로는 비등점이 상대적으로 높은 R22, NH₃ 등을 사용하는 것이 좋다.

③ 1원 측 응축기와 2원 측 증발기를 열교환하여 2원 측의 증발기를 승온시켜주는 Cycle을 구성한다.

(6) Cycle 구성

다음 그림과 같이 증발기를 통과한 기체냉매(1번 point)를 압축하는 1원 압축기에서 흘러나온 냉매(2번 point)가 복합응축기 내부에서 1원 측 응축기와 2원 측 증발기가 조합된 상태로 서로 열교환을 행함으로써 전체 시스템은 고효율 운전이 가능하다. 이때 1원 측과 2원 측의 냉매 Cycle은 전혀 혼합되지 않고 분리된 독립 Cycle을 이룬다.

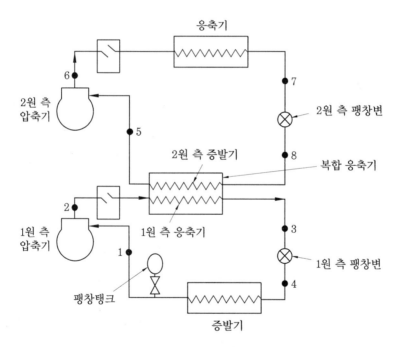

칼럼 **팽창탱크**

저온 측 냉동기가 정지 시, 초저온 냉매가 전체적으로 증발하여 증발기 내의 압력이 과상승하게 된다. 이때 증발기나 주변 배관이 파괴되지 않게 일정량의 가스를 저장해주는 역할을 하는 장치이다.

1-12 　다효압축(Multi Effect Refrigeration)

(1) 개요

① 다효압축은 1903년 미국의 Gardne T. Voorhees가 발명했으며 그의 이름을 따서 'Voorhees Cycle'이라고도 한다.

② 증발온도가 서로 다른 2대 이상의 증발기를 1대의 압축기로 압축하여 효과(증발효과)를 다각화할 수 있는 방식이다.

③ 보통의 단단 압축 대비 냉동효율의 증가가 가능하다(동력 절감).

(2) 적용 방법

① 원하는 증발압력이 서로 다른 증발기의 압력(저압)을 압축기 두 곳으로 흡입한다.

② 피스톤 상부는 저온 증발기의 저압증기를 흡입하고, 피스톤 하부는 고온 증발기의 저압증기를 흡입한다.

(3) 종류

① **1단 팽창 다효압축** : 1단으로 팽창 실시

② **2단 팽창 다효압축** : 2단으로 팽창 실시(다음 그림 참조)

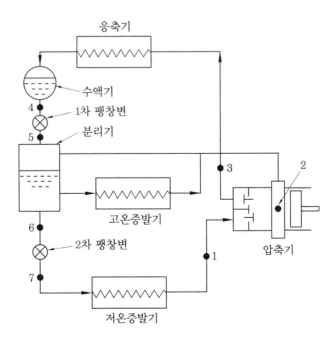

(4) Cycle 구성

압축기가 저온증발기에서 나온 초저압의 냉매(1번 point)를 먼저 흡입한 후 다시 고온증발기에서 나온 저압의 냉매(2번 ponint)를 흡입하여 동시에 압축시키고, 이 냉매들은 응축기를 거쳐 수액기, 1차 팽창변, 분리기, 2차 팽창변 순서로 순환 및 계속적 사이클을 이룬다. 이렇게 하여 증발온도가 서로 다른 두 가지 이상의 냉동 혹은 냉장을 동시에 이룰 수 있는 것이다.

1-13 냉동에너지효율 관련 용어해설

(1) 압축비(압력비)

① 냉매압축기 등의 기기에서 압축비(압력비)는 '토출 측 고압 ÷ 흡입 측 저압'으로 계산한다.

② 계산할 때 게이지 압력 기준이 아니라 반드시 절대압력으로 계산해야 한다는 점에 주의한다.

(2) 기준 냉동 Cycle

① 냉동기는 설치장소, 운전조건 등에 따라 증발온도, 응축온도, 소요동력 등이 모두 다르기 때문에 냉동기의 성능을 비교할 때 일정한 조건을 정할 필요가 있다. 이때 사용되는 기준이 '기준 냉동 Cycle'이다 (응축온도 = 30℃, 증발온도 = -15℃, 과냉각도 = 5℃).

② 고온형이든 (초)저온형이든 획일적이므로 실제 값과는 차이가 많이 발생할 수 있다.

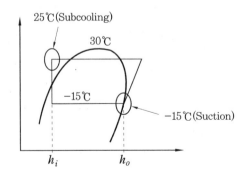

(3) 냉동효과(냉동력 혹은 냉동량 ; kcal/kg, kJ/kg)

상기 그림에서 냉동효과$(q) = h_o - h_i$이다. 즉 '증발기 출구의 엔탈피 – 증발기 입구의 엔탈피'를 의미한다.

(4) 체적냉동효과(kcal/m³, kJ/m³)

상기 그림에서 체적냉동효과 $(q_v) = \dfrac{h_o - h_i}{v}$ 이다. 여기서 v는 압축기 흡입 측 냉매의 비체적을 말한다.

(5) 냉동능력(kcal/h, W)

상기 그림에서 냉동능력$(Q) = G(h_o - h_i)$이다. 여기서 G는 냉매유량(kg/h, kg/s)을 말한다.

(6) 냉동톤 (RT ; Ton of Refrigeration)

① 국제 냉동톤(JRT, RT, CGS 냉동톤, CGSRT) = 3,320 kcal/h≒3.86 kW

　(가) 0℃의 순수한 물 1 Ton (1,000 kg)을 1일 (24시간) 동안에 0℃의 얼음으로 만들 때 제거해야 하는 열량이다.

　(나) 얼음의 융해열이 79.7 kcal/kg이므로, 1국제 냉동톤 (JRT, RT) = 79.68 kcal/kg×1,000 kg/24 h = 3,320 kcal/h≒3.86 kW

② USRT(미국 냉동톤, 영국 냉동톤) = 3,024 kcal/h≒3.52 kW

　(가) 32°F의 순수한 물 1 Ton (2,000 Ib)을 1일(24시간) 동안에 32°F의 얼음으로 만들 때 제거해야 하는 열량이다.

　(나) 얼음의 융해열이 144 Btu/Ib이므로

　　1 USRT = 144 Btu/Ib×2,000 Ib/24 h = 12,000 Btu/h = 3,024 kcal/h≒3.52 kW

(7) 제빙톤

25℃의 물 1 Ton (1,000 kg)을 1일 (24시간) 동안에 −9℃의 얼음으로 만들 때 제거(외부손실 20 % 감안)해야 할 열량 (1제빙톤 = 1.65 RT≒6.39 kW)이다.

(8) 법정냉동능력

① 기준 냉동사이클 (표준 냉동사이클)에서의 능력을 말한다.

② 법정냉동능력 계산법

(가) 물리적 계산법

$$R = \frac{\text{피스톤 압출량}(V) \times \text{냉동효과}}{\text{비체적}(-15℃ \text{의 건조포화증기}) \times 3,320} \times \text{체적효율}$$

여기서, 체적효율 : 압축기 1개 기통 체적이 $5,000\,cm^3$ 이하인 경우 0.75, $5,000\,cm^3$ 초과인 경우 0.8을 각각 적용한다.

(나) 고압가스 안전관리법에서의 계산법

$$R = \frac{V}{C}$$

여기서, R : 법정냉동능력(법정냉동톤, RT)

V : 피스톤 압출(토출)량 (m^3/h)

C : 기체상수 (고압가스 안전관리법에 냉매 종류별로 정해져 있음)

- 일반적으로 1개의 기통체적 $5,000\,cm^3$ 이하의 실린더에서는 기체상수값이 R-22는 8.5, R407C는 9.8, R410A는 5.7, NH_3는 8.4이다.

(9) 열전반도체

① 열전반도체는 일종의 Seebeck 효과 (두 개의 이종금속이 폐회로를 구성할 때 양접점의 온도차가 다르면 기전력 발생)를 이용한 폐열회수 방법이다.

② 기전부분 (起電部分)에 사용되는 전도체로는 열의 불량도체이면서 동시에 전기의 양도체인 것이 유리하다. 따라서 기전부분을 금속 조합만으로 만들기는 어렵고 비스무트−텔루르, 납−텔루르 등과 같이 적당한 반도체를 조합하여 많이 사용한다.

(10) 열교환기의 파울링계수

① 열교환기의 파울링계수 (오염계수)란 열교환기가 스케일, 먼지, 오일, 물때, 녹 등으로 인해 오염되는 정도를 말한다.

② 냉동시스템의 열교환장치 등을 설계할 때 미리 그 열교환기의 파울링계수를 반드시 고려하여야 냉동시스템의 경년 변화로 인한 성능감소 문제에 대비할 수 있다.

(11) PCM

① 상변화물질(PCM : Phase Change Materials)은 문자 그대로 '상변화형 물질'을 의미하며 물질의 잠열을 이용할 수 있다는 것이 큰 장점이다.

② 상변화물질을 이용한 냉동방식은 보통 적은 무게에도 열용량이 크고 고효율 운전이 가능한 방식이다.

제2장 | 열교환시스템

2-1 판형(Plate Type) 열교환기

(1) 개요

① 판형 열교환기는 타 형식의 열교환기에 비하여 열전달계수가 높고 비교적 고온에도 잘 견딜 뿐만 아니라 유지관리성이 뛰어나고 부식 및 오염도가 낮아 고효율 운전이 가능하기 때문에 공조용 이외의 타 산업분야에까지 널리 적용되고 있다.

② 판형 열교환기는 Herringbone Pattern 개념 도입으로 Herringbone 무늬의 방향을 위아래로 엇갈리게 교대로 배치하여 열전달효율이 크게 향상되고 콤팩트한 설계가 가능하다는 점이 가장 큰 특징이다.

(2) 특징

① 소형에 경량으로, 유지보수가 간편하다.

② 내용적이 적어 시스템의 냉매 충진량이 절감된다.

③ 제조과정의 자동화가 가능하여 가격이 저렴하다.

(3) 조립 부품

① **배관 연결구** : 나사, 플랜지, 스터드 볼트 등

② 개스킷(밀봉), 열판(S형, L형, R형 Plate 등) 등으로 구성된다.

(4) 구조도

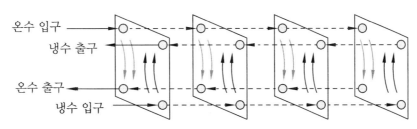

(5) 고려사항

Plate 재질(스테인리스, 니켈 이외), 개스킷 재질, 유량, 압력과 온도의 사용한계, 압력손실, 부식, 오염, 유지관리 및 용량증설 등

(6) 판형과 쉘앤튜브형(Shell & Tube Type) 열교환기의 비교

구분	판형 열교환기	Shell&Tube 열교환기
열교환성능	우수	보통
설치공간	유리	불리
오염도	동등	동등
동파, 누수	불리	적음
사용압력	불리	유리
용량	소용량~대용량	대용량
강도	다소 불리	유리
경제성	유리	불리
외형	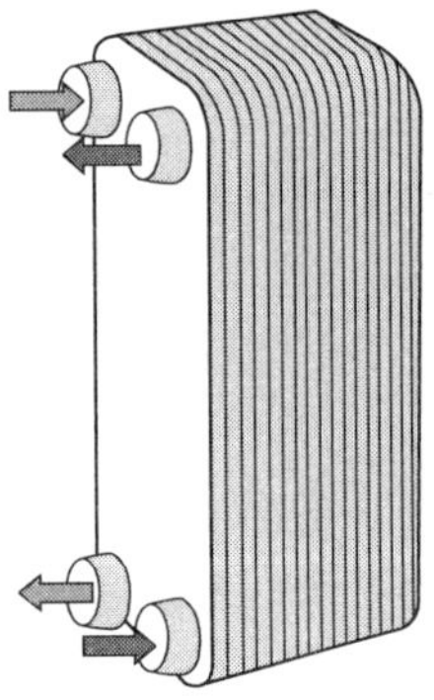	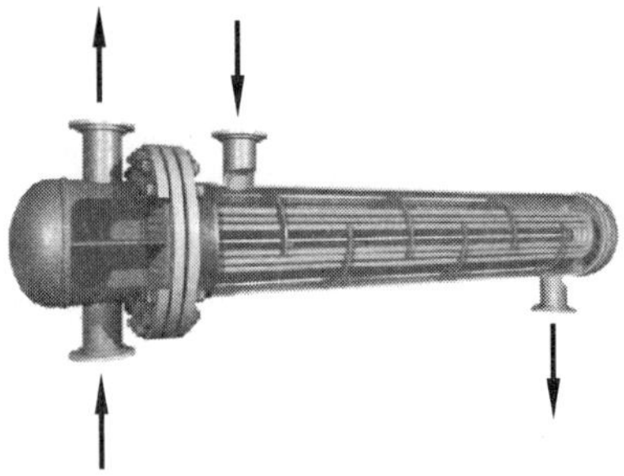

2-2 액-가스 열교환기와 중간 냉각기

(1) 액-가스 열교환기

① 개요

(가) 각종 열교환시스템 혹은 냉동장치에서 액-가스 열교환기나 중간 냉각기가 성능에 미치는 영향은 상당히 큰 편이다. 각 설계단계에서 열교환효율이나 압축비 등을 고려하여 이에 대한 필요성을 면밀히 검토한 후 적용해야 한다.

(나) 압축기로 흡입되는 기체 냉매와 응축기에서 나오는 액체 냉매 간의 열교환을 통하여 과열도와 과냉각도를 동시에 적절히 유지해준다 (냉동능력 향상).

(다) 과열도를 적절히 높여 압축기 보호역할 (액압축 방지)을 한다.

(라) 과냉각도를 높여 플래시가스 (Flash Gas)의 발생을 방지한다.

② 구조

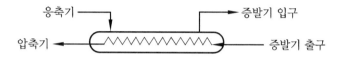

(2) 중간 냉각기

① 개요

(가) 중간 냉각기는 저단 압축기의 토출가스가 과열되지 않게 냉각하는 역할을 한다.

(나) 증발온도가 과도하게 낮아서 '2단 압축 시스템' 등의 고압축비 운전을 적용할 시 적극 고려되어야 한다.

② 용도

(가) 압축기 토출가스의 과열을 방지하는 역할을 한다.

(나) 고압 액냉매를 과냉각하여 냉동효과를 증대한다.

(다) 고압 측 압축기를 위해 '기액 분리' 역할을 한다.

③ 구조

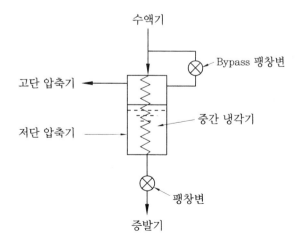

2-3 막상 응축과 적상 응축

(1) 열교환기의 막상 응축 (Film Condensation)

① '막상 응축'이란 응축성 증기와 접하고 있는 수직 평판의 온도가 증기의 포화온도 보다 낮으면, 표면에서 증기의 응축이 일어나고 응축된 액체는 중력 작용에 의해 평 판상을 흘러 떨어지게 된다.

② 이때 액체가 평판 표면을 적시는 경우, 응축된 액체는 매끈한 액막을 형성하며 평 판을 따라 흘러내리게 된다. 이것을 막상 응축이라 한다.

③ 액막 두께가 평판 밑으로 내려갈수록 증가하는데, 액막 내에는 온도 구배가 존재 하므로, 따라서 그 액막은 전열 저항이 되어 열교환기의 효율을 떨어뜨린다.

(2) 열교환기의 적상 응축 (Drop-wise Condensation ; 액적 응축)

① 만일 액체가 평판 표면을 적시기 어려운 경우에는 응축된 액체가 평판 표면에 액적 형태로 부착되며, 각각의 액적은 불규칙하게 떨어진다 (액적이 굴러 떨어지면 또 다 른 냉각면이 생김). 이것을 '적상 응축'이라고 한다.

② 적상 응축의 경우에는 평판상이 대부분 증기와 접하고 있으며, 증기에서 평판으로 의 전열에 대한 액막의 열저항은 존재하지 않으므로 높은 전열량을 얻을 수 있는데, 전열량이 막상 응축에 비해 약 7배 정도로 평가된다.

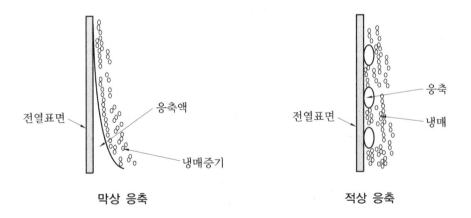

막상 응축   적상 응축

(3) 응축 열전달의 개선방법

① 적상 응축을 장시간 유지하기 위해 고체 표면에 코팅 처리를 하거나 증기에 대한 첨가제(添加劑)를 사용하는 방법이 있다 (실제 현업에서는 적절한 효과가 나타나지 않는 경우가 많으니 주의한다).

② 응축(열전달)이 좋지 않은 쪽에 핀(Fin)을 부착한다.

③ 핀을 가늘고 뾰족하게 만들어 열전달을 촉진한다.

(4) 결론

① 열전달 관점에서는 이러한 적상 응축이 바람직하나, 대부분의 고체 표면은 응축성 증기에 노출되면 쉽게 젖고 액상 응축을 장시간 유지하기도 어렵다.

② 적상 응축 대비 응축효율이 떨어지지만, 실제 응축은 막상 응축에 가까우므로 막상 응축을 기준으로 설계하는 것이 바람직하다.

칼럼 **핀-관 열교환기를 응축기로 사용 시 열교환량이 증가하는 이유**

1. 의미 : 핀-관 열교환기를 증발기로 사용할 때보다 응축기로 사용할 때 열교환량이 더 증가한다.

2. 이유

① 증발기로 사용할 때에는 응축수가 생겨 열저항이 증가하고, 풍량이 감소하여 열교환량이 감소한다(응축기로 사용할 때에는 응축수가 생기지 않아 열교환량이 증가한다).

② 응축기로 사용할 때 관내 냉매의 압력(밀도)이 높아 열전달 계수가 증가한다.

③ 일반적으로 응축기가 증발기보다 열교환하는 냉매-유체 사이의 온도차가 더 크기 때문에 열교환량도 증가한다.

④ '응축기 방열량 = 증발기 흡수열량 + 압축기 일량'이라는 관계가 성립되어 필히 '응축기 열교환량 > 증발기 열교환량'이 성립될 수밖에 없다.

2-4 대수평균 온도차 (LMTD)

(1) 개요

① 열교환기에서 프레온냉매-물 혹은 프레온냉매-공기의 열전달에서처럼 냉매의 열교환온도(증발온도)가 거의 일정한 경우에는, 산술평균 온도차를 이용하여 성능을 구한다. 물론 이때 열교환기의 성능은 산술평균 온도차와 유량과 비열의 곱으로 계산된다.

② 반면에 냉수-공기 혹은 브라인-공기의 열전달에서처럼 냉수나 브라인의 열교환온도가 일정하지 않은 경우에는 보통 대수평균 온도차(LMTD : Logarithmic Mean Temperature Difference)를 이용하여 성능을 구한다.

③ 열교환기 등에서 두 열전달매체가 열교환하는 흐름의 형식은 평행류(병류)와 역류(대향류) 방식으로 크게 구분된다.

(2) 특징

① 동일한 공기와 수온의 조건에서는 평행류 대비 대향류의 LMTD 값이 크다.

② LMTD 값이 큰 경우 코일의 전열면적 및 열수를 줄일 수 있어 경제적이다.

③ 실제 열교환기에서는 Tube Pass와 Shell Type에 의한 보정, Baffle의 유무를 비롯해 직교류 열교환 형태 등을 고려해야 한다.

④ 일반적으로 공조기 등의 코일에서는 대수평균온도차 (LMTD)를 크게 하여 열교환력을 증가시키기 위해 유속은 느리고 풍속은 빠르게 한다.

(3) 대향류 (Counter Flow)

평행류와 비교해 열교환에 유리하다 (비교적 가역적 열교환).

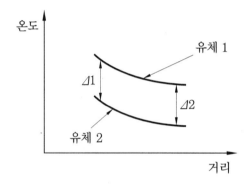

(4) 평행류 (Parallel Flow)

비가역적 열교환이 증대한다.

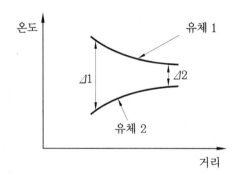

(5) 상관 관계식

$$LMTD = \frac{\Delta 1 - \Delta 2}{\ln(\Delta 1 / \Delta 2)}$$

〈식의 가정〉

① 유체의 비열이 온도에 따라 변하지 않는다.

② '열전달계수'가 열교환기 전체적으로 일정하다.

2-5 냉동부하에 따른 $P-h$ 선도의 변화

냉동 Cycle 시스템에서 압축기 흡입가스의 과열도 변화, 증발기 및 응축기의 온도 변화 등에 따라서 다음과 같이 $P-h$ 선도가 변화하며, 이러한 변화는 압축기의 축동력, 성적계수, 냉동능력, 냉동효율 등에도 많은 영향을 준다.

(1) 냉동 Cycle의 흡입가스 (과열도)의 영향

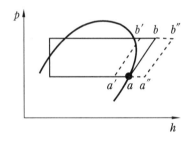

① $a \sim b$ (과열도 = 0) : 표준 냉동 Cycle

② $a' \sim b'$ (과열도 < 0) : 습압축 (습한 상태인 압축과정). 토출가스 온도 하락, 액압축 우려

③ $a'' \sim b''$ (과열도 > 0) : 건압축 (과열압축). 지나친 과열압축은 토출가스 온도의 과열 및 성능의 급속 하락을 초래한다.

(2) 응축온도 상승 시

① P-h 선도 (과열도 동일 가정)

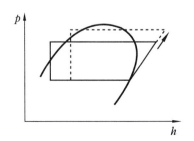

② 결과

㉮ 플래시 가스 증가, 축동력 증가, 성적계수 감소, 냉동능력 감소 등이 나타난다.

㉯ 냉매의 과충전 시에는 응축기 내 액냉매 증가로 인한 기체 냉매의 응축 유효면적 감소로 인하여 응축온도가 상승하고, 냉동능력이 감소한다.

(3) 증발온도 저하 시

① P-h 선도 (과열도 동일 가정)

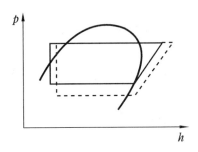

② 결과 : 플래시 가스 증가, 축동력 증가, 성적계수 감소, 냉동능력 감소, 압축기 과열 등이 발생한다.

2-6 압축기의 흡입압력과 토출압력 문제

냉동 Cycle 시스템에서 압축기의 흡입압력이나 토출압력이 너무 높거나 낮아지는 이유는 다음과 같이 정리할 수 있다. 이는 냉동시스템을 진단하고 점검하는 데 아주 중요한 관점이 된다.

(1) 압축기의 흡입압력 관련

① 흡입압력이 너무 높은 이유

㉮ 냉동부하가 지나치게 증대한 경우

㉯ 팽창밸브를 너무 연 경우 (제어부 고장이나 Setting 불량)

㉰ 흡입밸브, 밸브시트, 피스톤링 등이 파손되거나 언로더기구가 고장 난 경우

㉱ 유분리기의 반유장치가 고장 난 경우

㉲ 언로더 제어 장치의 설정치가 너무 높은 경우

㉳ Bypass Valve가 열려서 압축기 토출가스의 일부가 바이패스된 경우

⑷ 증발기 측의 온도나 습도가 지나치게 높은 경우

⑻ 증발기 측의 풍량이 냉동능력 대비 지나치게 높은 경우

② 흡입압력이 너무 낮은 이유

㉮ 냉동부하가 지나치게 감소한 경우

㉯ 흡입 스트레이너나 서비스용 밸브가 막힌 경우

㉰ 냉매액 통과량이 제한되어 있는 경우

㉱ 냉매 충전량이 부족하거나 냉매가 누설된 경우

㉲ 언로더, 제어장치의 설정치가 너무 낮은 경우

㉳ 팽창밸브를 너무 잠갔거나 팽창밸브에 수분이 동결한 경우

㉴ 증발기 측의 온도나 습도가 지나치게 낮은 경우

㉵ 증발기 측의 풍량이 냉동능력 대비 지나치게 낮은 경우

㉶ 콘덴싱유닛의 경우 유닛쿨러와 거리가 지나치게 멀어지거나 고낙차 설치로 인해 냉매의 압력 저하가 심하게 발생하여 유량이 저하되었을 때

(2) 압축기의 토출압력 관련

① 토출압력이 너무 높은 이유

㉮ 공기, 염소가스 등 불응축성 가스가 냉매계통에 혼입된 경우

㉯ 냉각수 온도가 높거나 유량이 부족한 경우

㉰ 응축기 내부에 물때가 많이 끼었거나 부식 및 스케일이 발생한 경우

㉱ 냉매의 과충전으로 응축기의 냉각관이 냉매액에 담겨 유효 전열면적이 감소된 경우

㉲ 토출배관의 밸브가 약간 잠겨 있어 저항이 증가한 경우

㉳ 공랭식 응축기의 경우 실외 열교환기가 심하게 오염되거나 풍량이 어떤 방해물에 의해 차단된 경우

㉴ 냉동장치로 인입되는 전압이 지나치게 과전압 혹은 저전압이 되어 압축비가 과상승하거나 Cycle의 균형이 깨진 경우

㉵ 냉각탑 주변의 온도나 습도가 지나치게 상승한 경우

② 토출압력이 너무 낮은 이유

㉮ 냉각 수량이 너무 많거나 수온이 너무 낮은 경우

㉯ Liquid Back으로 인해 냉매액이 넘어오고 있어 압축기 출구 측 과열이 이루어지지 않는 경우

㉰ 냉매 충전량이 지나치게 부족한 경우

⒜ 토출밸브에서 누설이 발생한 경우

⒨ 냉각탑 주변의 온도나 습도가 지나치게 낮은 경우

⒝ 공랭식 응축기의 경우 실외 열교환기 주변에 자연풍량이 증가하여 응축이 과다 해진 경우

⒮ 유분리기 측으로 Bypass되는 냉매량이 증가했을 때

⒪ 콘덴싱유닛의 경우 유닛쿨러와의 거리가 지나치게 멀거나 고낙차 설치로 인해 냉매의 압력 저하가 심하게 발생하여 유량이 저하했을 때

⒥ 팽창밸브를 너무 잠가 유량이 감소했을 때

⒯ 냉매 Cycle상 막힘현상 발생으로 유량이 저하했을 때

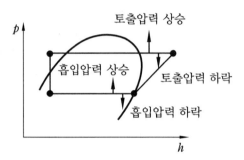

2-7 실제의 P-h 선도 해석

(1) 냉동기 혹은 히트펌프의 P-h 선도 비교

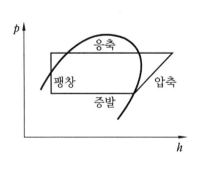

이상적 P-h 선도

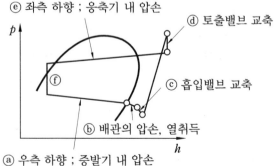

실제의 P-h 선도

(2) 실제 P-h 선도에 대한 해석

① ⓐ : 이상적으로는 그림상 수평선이어야 하는 증발과정이 증발기 내부에서 직관부, 곡관부에서의 유체의 흐름에 의한 압손(압력손실 ; 증발기 내부 관의 내경, Path 수 등과 관련됨)이 발생하여 우측하향으로 기울어진다.

② ⓑ : 증발기와 압축기 사이의 저압배관에서의 압력손실(유속, 밀도, 마찰계수 등)과 열 취득에 기인한다.

③ ⓒ, ⓓ : 압축기 내부의 흡입밸브 및 토출밸브의 교축에 의한 압력손실이 발생한다.

④ ⓔ : 이상적으로는 그림상 수평선이어야 하는 응축과정이 응축기 내부에서 직관부, 곡관부에서의 유체의 흐름에 의한 압력손실(응축기 내부 관의 내경, Path 수 등과 관련됨)이 발생하여 좌측하향으로 기울어진다.

(3) 기타

① 압축과정에서는 압축이 등엔트로피 과정이 아니며 마찰과 열손실로 인해 비효율적(폴리트로픽 과정)이다.

② 팽창과정에서는 비가역 등엔탈피 과정이다 (상기 오른쪽 그림의 ⓕ과정).

③ 응축기와 증발기에서는 압력강하 뿐만 아니라, 증발기 출구에서의 과열과 응축기 출구에서의 과랭이 발생한다.

2-8 압축효율과 체적효율

(1) 압축효율(壓縮效率, Compression Efficiency)

① 정의 : 압축효율이란 압축기를 구동하는 데 필요한 실제동력과 이론적인 소요동력의 비를 말하며, 등엔트로피 효율(Isentropic Efficiency)이라고도 한다.

$$\eta_c = \frac{\text{이론적으로 가스를 압축하는 데 소요되는 동력(이론동력)}}{\text{실제로 가스를 압축하는 데 소요되는 동력(실제 지시동력)}}$$

② 개념

㈎ 압축기의 실린더로 흡입된 냉매는 가열단열압축되는 것이 아니라 실린더벽과의 열교환으로 인하여 엔트로피가 변화한다. 그리고 또 밸브나 배관에서의 저항으로 인해 흡입압력은 증발압력보다 낮아지고 배출압력은 응축압력보다 높아져 압축기의 실제 소요동력이 이론적인 소요동력보다 커진다.

(내) 압축효율은 압축기의 종류, 회전속도, 냉매의 종류 및 온도 등의 영향을 받고 그 대략치는 약 0.6~0.85이다.

③ **$P{-}h$ 선도상 해석**

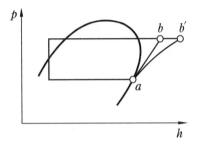

$a{\sim}b$ 과정 : 단열 과정

$a{\sim}b'$ 과정 : 폴리트로픽 과정

〈압축효율 계산〉

압축효율 $\eta_c = \dfrac{h_b - h_a}{h_{b'} - h_a}$

(2) 체적효율(Volumetric Efficiency)

① **정의** : 주로 왕복펌프나 왕복압축기 등의 성능을 나타내는 것으로, 유체의 실제 배출량과 이론상 배출량의 비율을 말한다. 온도의 변화나 밸브, 피스톤에서의 누설, 극간체적 등의 크기에 영향을 받는다. 일반적으로 용적이 작고 고속이며 압축비가 높을수록 나빠진다.

② **체적효율의 결정요소**

(개) 극간 체적 효율 : Clearance에 의한 잔류가스의 재팽창에 의한 효율

(내) 열 체적 효율 : 고온의 실린더벽에 의한 흡입가스의 체적팽창과 실린더 흡입 시 흡입밸브를 통과할 때의 교축작용에 의한 효율

(대) 누설 체적 효율 : 흡입밸브, 토출밸브, 피스톤링 등의 누설에 의한 효율

③ **체적효율 감소 원인**

(개) Clearance가 클 때

(내) 압축비가 클 때

(대) 실린더 체적이 작을 때

(라) 회전수가 클 때

④ **계산식**

$$\eta_v = \frac{\text{유체의 실제배출량}}{\text{이론상의 배출량}}$$

2-9 비등 (沸騰) 열전달

(1) 열교환기의 핵비등 (Nucleate Boiling)

열교환장치처럼 열전달 과정에서 포화온도보다 약간 높은 온도에서 기포가 독립적으로 발생하는 상태를 '핵비등'이라고 한다.

(2) 열교환기의 막비등 (Film Boiling)

① 면 모양의 증기거품으로 발생한다.
② 전열면의 과열도가 클 때 주로 발생한다.

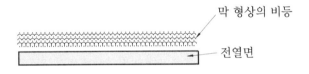

(3) 열교환기의 천이비등

① 핵비등과 막비등 사이에 존재한다.
② 천이비등은 일종의 불안정 상태의 비등이라고 할 수 있다.

(4) 비등 열전달의 개선방법

① 비등 열전달에서는 기포 발생점이 액체에 완전히 묻히면 증발이 잘 이루어지지 않을 수 있으므로, 액체에 완전히 잠기지 않도록 주의해야 한다.
② 그루브 튜브 (Grooved Tube) 등을 적용해 액을 교란시켜 증발능력을 개선할 수 있다.

> **칼럼** DNB (Departure from Nucleate Boiling)

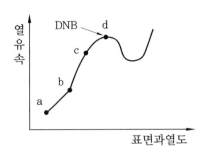

1. a~b (초기 가열 시의 전열표면 과열도가 낮은 구간) : 보통의 자연대류 상태의 열전 달이 이루어지고, 기포의 발생과 소멸이 반복된다 (Subcool Boiling).
2. b~c (핵비등) : 기체의 대부분이 포화온도에 도달하여 기포가 더 이상 소멸되지 않고 열유속이 급격히 증가하는 구간이다 (공조냉동 분야에서 주로 많이 사용하는 구간).
3. c~d (핵비등) : 다소 액면이 불안정한 구간이다.
4. d (최대의 열유속 지점) : DNB (Departure from Nucleate Boiling) 혹은 Burn Out이 라고 한다.
5. d를 지난 구간
   ① 전열면상의 기상부가 많아지고 전열면이 심하게 과열된다.
   ② 기포가 일정량 이상 발생할 때 표면 열전달이 방해를 받아 오히려 열유속이 감소하고 이후 막비등 상태로 이어진다.

2-10   열파이프 (히트파이프 ; Heat Pipe)

(1) 개요

① 열파이프는 에너지절약적 관점에서 기존의 열회수 장치의 결점을 보완할 목적으로 미국에서 처음 개발되었다.

② 밀폐된 관내에 작동유체라 불리는 기상과 액상으로 상호 변화하기 쉬운 매체를 봉입 하고 그 매체의 상변화 시의 잠열을 이용하여 유동으로 열을 수송하는 장치이다.

③ 관 내부에 물이나 암모니아, 냉매(프레온) 등의 증발성 액체를 밀봉하고 관의 양단 에 온도차가 있으면 그 액이 고온부에서 증발하고 저온부로 흘러 여기에서 방열하 여 액화되고, 모세관 현상으로 다시 고온부로 순환하는 장치로서 적은 온도차라도 대량의 열을 이송할 수 있다.

(2) 구조

밀봉용기와 Wick 구조체 및 작동유체의 증기공간으로 구성되어 있으며, 길이방향으로는 증발부, 단열부, 응축부로 각각 구분한다.

① **증발부** : 열에너지를 용기 안 작동유체에 전달하는 작동유체의 증발 부분

② **단열부** : 작동유체의 통로로 열교환이 없는 부분

③ **응축부** : 열에너지를 용기 밖 외부로 방출하는 작동유체의 증기 응축 부분

④ **구조개요도**

　㉮ 밀봉용기의 기능 구분 : 증발, 단열, 응축

　㉯ Wick : 액체 환류부

　㉰ 내부 코어 : 작동유체(증기)

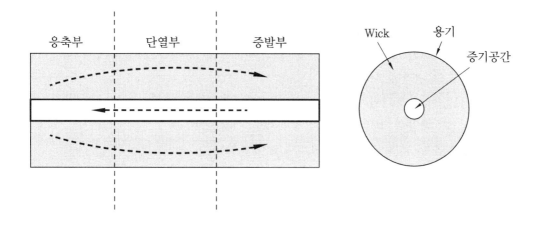

(3) 작용원리

① 외부열원으로 증발부가 가열되면 용기 내 위크 속 액온도가 상승한다.

② 액온도가 상승하면 작동유체(극저온, 상온, 고온)는 포화압까지 증발이 촉진된다.

③ 증발부에서 증발한 냉매는 증기공간(코어부)을 타고 낮은 온도인 응축부로 이동한다(고압 → 저압).

④ 증기는 응축부에서 응축되고 잠열이 발생한다.

⑤ 관표면 용기를 통해 흡열원에 방출한다.

⑥ 응축부에서 응축한 냉매는 다공성 Wick의 모세관 현상에 의해 다시 증발부로 이동하여 Cycle을 이룬다(구동력 ; 액체의 모세관력).

(4) 장점

① 무동력, 무공해, 경량, 반영구적이다.

② 소용량에서부터 대용량까지 다양하게 응용할 수 있다.

(5) 단점

① **길이 규제** : 길이가 길면 열교환성능이 많이 하락된다.

② 2차 유체가 현열교환만 가능하므로 열용량이 적다.

(6) 응용

① **액체금속 히트파이프** : 방사성 동위원소 냉각, 가스 화학공장 열회수에 사용된다.

② **상온형 히트파이프**

㈎ 공조용 : 쾌적 공조기용 열교환기, 폐열회수용 열교환기 등에 사용된다.

㈏ 공업용 : 전기소자, 기계부품, 공업로, 보일러, 건조기, 간이 오일쿨러, 대용량 모터 등의 냉각에 사용된다.

㈐ 복사난방 : 복사난방의 패널 코일, 조리용 등에 사용된다.

㈑ 태양열 : 태양열 집열기의 열전달매체로 사용된다.

㈒ 지열 : 융설 등의 지열이용 시스템에 응용된다.

㈓ 과학 : 측정기기의 온도조절, 우주과학 등에 사용된다.

③ **극저온 히트파이프** : 레이저 냉각용, 의료기구 (냉동수술), 동결 수축용, 기타 극저온 장치에 사용된다.

(7) 작동유체의 온도범위

분류	온도범위(K)	작동유체
극저온용	0~150	헬륨, 아르곤, 질소 등
저온용	150~750	물, 에탄올, 메탄올, 아세톤, 암모니아, 프레온 등
고온용	750~3,000	세슘, 나트륨, 리튬 등

> **칼럼** Compact 열교환기와 히트사이펀(Heat Siphon)

1. Compact 열교환기
   ① 기존 방식에서 탈피하여 공기 흐름의 길이를 절반 정도로 줄인 통풍저항이 적은 저통풍저항형 열교환기이다.
   ② 먼지, 기름 등의 장애 가능성이 있다.
   ③ 이슬 맺힘, 착상에 의한 유동 손실 증대로 풍량 손실의 가능성이 있다.

2. 히트사이펀(Heat Siphon)
   ① 구동력 : 중력을 이용한다 (주의 : Heat Pipe의 구동력은 모세관력이다).
   ② 보통 열매체로 물 혹은 PCM(Phase Change Materials)을 사용하며 펌프류는 사용하지 않는다.
   ③ 자연력(중력)을 이용하므로 소용량은 효율 측면에서 곤란하다.
   ④ 히트사이펀의 개략도

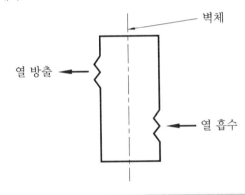

2-11 와류 튜브(Vortex Tube)

(1) 원리

① 공기압축기로부터의 압축공기를 이용한 히트펌프의 일종이다.
② 압축공기가 제너레이터(Generator ; 고정형 와류 발생 장치)에 들어가 Vortex(와류)가 발생하여 Tube의 외측 공기가 압축 및 가열되고, 내측은 저압으로 단열팽창(냉각)된다.
③ 냉각용량을 증가시키기 위해서는 Vortex Tube를 병렬로 여러 개 연결하여 사용할 수 있다.

(2) 구조

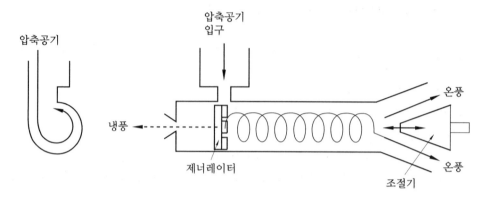

(3) 응용

① 공작기계류 절삭면을 냉각하기 위해 사용된다.

② 고온작업자 주변을 국소냉방으로 온도를 낮추기 위해 사용된다.

③ 전자부품의 급속냉각, 납땜부의 냉각에 사용된다.

④ 각종 전기패널, 제어반 등의 냉각에 사용된다.

⑤ 유리, 주물, 제철공장에서 급속냉각에 사용된다.

⑥ 보석, 귀금속, 치과기공 등에서 냉각에 사용된다.

(4) 특징

① 냉매, 전기, 화학약품 등을 사용하지 않아 근본적으로 안전하다고 할 수 있다.

② 압축공기를 투입한 즉시 초저온(−65℃)이 발생할 수 있다(보통 냉각용량은 32∼ 2,500 kcal/h).

③ 작고 가벼우며 동작부위가 없고 고장이 거의 없다(수명이 반영구적이다).

④ 초저온 용기의 사용량, 희망온도에 따라 조절이 가능하다.

⑤ 설치비와 운영비가 저렴하다.

2-12 전열교환기(HRV, ERV)

(1) 정의

① 전열교환기는 HRV [Heat Recovery (Reclaim) Ventilator] 혹은 ERV [Energy Recovery (Reclaim) Ventilator]라고도 한다.

② 전열교환기는 배기되는 공기와 도입 외기 사이에 열교환을 통하여 배기 열량을 회수하거나 도입 외기의 열량을 제거하여 도입 외기부하를 줄이는 장치로서 이른바 '공기 대 공기 열교환기'이다.

(2) 특징

① 공기 대 공기 열교환기의 일종이며, 외기 Peak 부하 감소로 열원기기 용량이 감소하고, 설비비 상쇄와 운전비 절약이라는 장점이 있다.
② 배기의 열과 습기를 회수하여 급기 측으로 옮겨주는 원리이다.
③ 에너지를 절감하고자 하는 일반건물, 고급 빌라, 고층 아파트 등에 적용된다.
④ 열회수 환기방식 종류에는 현열교환기와 전열교환기가 있으며 전열교환기에는 고정식과 회전식이 있다.
⑤ 약 70 % 이상의 에너지를 회수할 수 있어 운전비 절감에 크게 기여한다.

(3) 종류

① 회전식 전열교환기

㈎ 흡착제(제올라이트, 실리카겔 등)를 침착시킨 로터(허니콤상 로터)의 저속회전에 의해 현열 및 잠열 교환이 이루어진다.
㈏ 흡습제(염화리튬 침투판)를 사용한다.
㈐ 구동방식에 따라서는 벨트구동과 체인구동 방식이 있다.

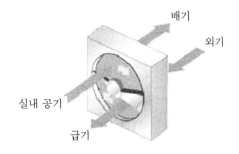

회전식 전열교환기

② 고정식 전열교환기

㈎ 펄프 재질 등의 특수가공지로 만들어진 필터에서는 대향류 혹은 직교류 형태로 현열교환과 물질교환이 이루어진다.
㈏ 잠열효율이 떨어져 주로 소용량으로 사용한다.
㈐ 박판 소재의 흡습제로 염화리튬을 사용하기도 한다.

㈜ 교대 배열 방법으로 열교환 효율을 높인다.

고정식 전열교환기

③ **계통도** : 전열교환기의 위치에 따라서는 공조기 내장형와 외장형 이 두 가지 형태가
있다 (계통도는 동일하다).

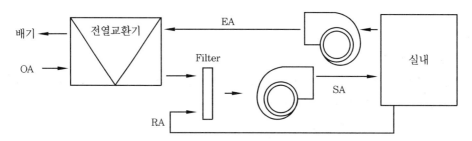

전열교환기 공조계통도 (공조기 내장형 혹은 외장형)

(4) 효율

① 겨울철(난방)

$$\eta_h = \frac{\Delta h_o}{\Delta h_e} = \frac{(h_{o2} - h_{o1})}{(h_{e1} - h_{o1})}$$

② 여름철(냉방)

$$\eta_c = \frac{\Delta h_o}{\Delta h_e} = \frac{(h_{o1} - h_{o2})}{(h_{o1} - h_{e1})}$$

(5) 겨울철 사용 시 개요도

① 겨울철

(실내)배기 $h_{e1} \rightarrow h_{c2}$: 열손실

(실외)외기 $h_{o1} \rightarrow h_{o2}$: Heating (열취득)

② **여름철**

(실외)외기 $h_{o1} \rightarrow h_{o2}$: Cooling (냉각)

(실내)배기 $h_{e1} \rightarrow h_{e2}$: 열취득

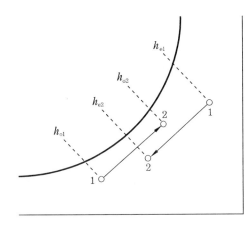

겨울철

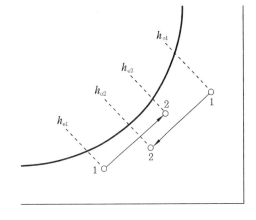

여름철

(6) 설치 시 유의사항

① 전열교환기와 급기, 배기 Fan과의 운전은 Inter-lock하여 Motor 정지 중에는 통풍시키지 않도록 한다.

② 외기 및 환기에는 Filter를 설치한다.

③ Gallery로부터 침입한 빗방울이 Motor까지 비산하지 않도록 하며, 외기 흡입구에는 큰 먼지나 빗방울이 유입되는 것을 방지하기 위해 유입속도를 2 m/s 이하로 한다.

④ Motor 점검을 위하여 전열교환기 전후에 점검구를 설치한다.

⑤ Rotor면의 풍속 조절은 가능한 작게 되도록 한다.

⑥ 급기, 배기에서 바람의 흐름은 대향류(Counter Flow)가 되도록 한다.

⑦ 중간기용으로 Bypass Duct를 설치한 경우에는 급기, 배기 Duct를 모두 시공한다.

⑧ Casing은 가급적 수직으로 설치한다. 수평으로 설치할 때에는 하중이 걸리지 않도록 하고 하부 받침대는 하중분포가 일정하게 분산되도록 한다.

⑨ Bearing 받침대에는 최대휨이 1 mm 이하가 되도록 보강대를 설치해야 한다.

❿ **전동기의 주위 온도** : 전동기에는 과열 방지장치가 내장되어 주로 40℃ 이하(공기온도)에서 운전하게 제작되어 있으나, 전열교환기의 급기나 배기 가운데 어느 한쪽이 40℃ 이상인 경우 차가운 쪽에 전동기를 위치시켜 열기가 침입하지 않도록 한다.

⑪ 급기, 배기 온도가 모두 40℃ 이상인 특수한 경우에는 별도의 전동기 냉각용 송풍

기를 설치하거나 또는 전동기를 전열기 Casing 외부에 설치한다.

⑫ **전열교환기의 동결 방지**: 한랭지에서는 전열교환기가 결빙될 수 있으므로 예열히터 등을 사용해야 하는데, 이때 예열히터는 외기가 전열교환기로 들어가는 입구에 주로 설치한다.

(7) 중간기 운전방법

① 봄, 가을에는 외기 냉방 시 전열교환기를 운전하면, 실온보다 낮은 외기가 전열교환기에서 실내 배기와 열교환하여 데워진 후 실내에 급기된다 (따라서 제대로 된 냉방을 할 수 없다).

② 이 문제를 해결하기 위해 전열교환기를 운전정지하거나 Bypass Duct를 설치하여 열교환을 하지 못하게 한다.

③ 이때 회전형 전열교환기에서는 장시간 운전정지 시 통풍으로 인해 모터의 회전부에 먼지가 쌓여 막힐 수 있으므로 타이머로 간헐운전 (On/Off 제어)을 해주는 것이 좋다.

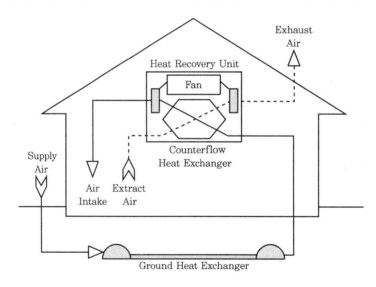

지열을 이용한 전열교환기 사례

2-13 에어커튼 (Air Curtain)

(1) 발달 배경

① 경제와 문화의 발달로 생활의 대부분을 실내에서 보내는 현대인들은, 조금이라도

더 쾌적한 실내환경에 대한 요구로 계절에 관계없이 최적의 환경을 유지하기 위해 엄청난 에너지비용을 부담하게 되었다.

② 산업발전에 따른 대기 오염으로부터 생활환경을 보호하고, 동시에 에너지를 절감하기 위한 방법 중 하나가 '에어커튼'이다.

(2) 사용 목적

① 문이 열려 있어도 보이지 않는 공기막을 형성하여 실내공기가 바깥으로 빠져나가는 것을 막아 필요 이상 낭비되는 에너지비용을 절감할 수 있다.

② 오염된 바깥 공기가 안으로 들어오는 것을 막아 쾌적한 실내환경을 유지할 수 있다.

(3) 원리

① 개방되어 있거나 사람의 출입이 빈번한 출입구의 상단에 장치하여 안과 밖을 통과하는 공기의 속도보다 더 강한 풍속의 공기를 쏘아 출입구에 보이지 않는 막을 형성한다.

② 문이 열려 있어도 닫혀 있는 것처럼 실내·외의 공기가 서로 유통하지 못하도록 하는 것이 에어커튼의 본질적인 기능이다.

(4) 효과

① **실내기온 (온기/냉기) 유출 방지로 에너지 비용 절약** : 외부 공기가 들어오지 못하기 때문에 문이 열릴 때마다 추위나 더위를 느끼던 불쾌감이 해결되고, 지속적인 온도 유지로 에너지 효율이 높아짐으로써 과다한 에너지 낭비를 막을 수 있다.

② **오염된 외부공기를 막아 실내 청결 유지** : 공기를 통해 들어오는 먼지, 연기, 냄새 등의 오염물질을 원천적으로 막아줌으로써 위생적인 실내공간을 만들고 나아가 장비나 기계의 고장발생률을 낮출 수 있다.

③ **신선도 유지와 업무효율 향상** : 냉동실 또는 냉장창고의 경우 급격한 온도 상승을 막아 저장제품의 신선도를 유지하고, 번번이 문을 개폐할 필요가 없으므로 사람과 장비 등의 출입이 자유로워 문을 개폐하는 데 걸리는 시간을 절약할 수 있다.

(5) 적용

① **사람의 출입이 잦으면서도 쾌적한 환경을 유지해야 하는 곳** : 은행, 우체국, 대합실, 상가, 백화점, 공항 등

② **외부의 오염과 철저히 격리되어야 하는 곳** : 병원, 식당, 식품의약품 관련 공장 등

③ **온도손실 또는 오염이 제품에 크게 영향을 끼치는 곳** : 냉동냉장창고, 기타 저장창고 등

④ **오염물을 처리하는 산업현장** : 위생처리장 (쓰레기 소각장, 분뇨처리장), 각종 공장 등

(6) 에어 방출 두께 계산 시 주의사항

① 에어커튼의 높이가 높으면 두께(폭)가 두꺼워져야 한다.

② 실내 온도가 낮으면 두께(폭)가 두꺼워져야 한다.

③ 고체는 열전도율이 높은 반면 기체는 열전도율이 낮다.

④ 에어커튼은 주위의 공기를 유인, 혼합하여 주로 대류에 의한 열전달이 지배적으로 이루어진다.

⑤ 실내외 온도차에 의한 열전도는 상대적으로 시간이 많이 걸린다.

(7) 종류

① 흡출형

㈎ 에어커튼 장치에 분출구만 있고 흡입구는 따로 없다.

㈏ 분출 풍속 : 옥외에 설치하는 경우에는 10~15 m/s, 옥내에 설치 시에는 5~10 m/s 정도가 적당하다.

② 분출·흡입형

㈎ 분출구와 흡입구가 모두 설치되어 있는 형태이다.

㈏ 흡출형에 비해 보다 확실한 성능을 발휘할 수 있다.

㈐ 분출 풍속 설계 : 흡출형과 동일하다.

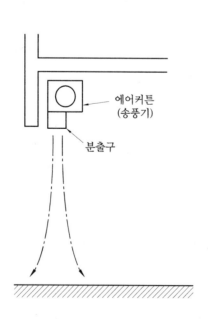

흡출형

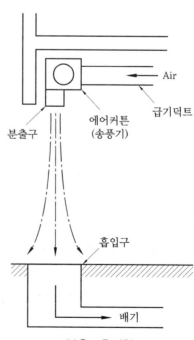

분출·흡입형

2-14 이중 응축기 (Double Bundle Condenser)

(1) 하기 운전방식

  냉방 시 버려지는 응축기의 폐열량을 동시에 회수하여 재열, 난방 등의 열원으로 사용하고, 나머지 응축열량은 냉각탑을 통해 대기로 버린다(이중 응축기의 가장 기본적인 기능이다).

(2) 중간기 운전방식

① 난방부하 발생 개시
② 냉방 시 혹은 난방 후 냉각탑으로 버려지는 열량을 축열조에 회수한 후 재활용이 가능하다.
③ 통상 여름철이나 겨울철보다 압축비가 낮아 열원의 운전동력은 감소된다.

(3) 동기 운전방식

① 주간에 난방운전 후 남은 45℃ 정도의 온수를 야간 난방운전에 사용할 수 있다.
② 공조기를 통해 난방(온수) 사용 시 냉각탑으로 버려지는 냉열량을 저장 후 냉방 필요처에 사용할 수 있다.
③ 저렴한 심야전력으로 심야 온축열 후 주간에 난방용 혹은 급탕용으로 사용할 수 있다.

(4) 장치 구성(예)

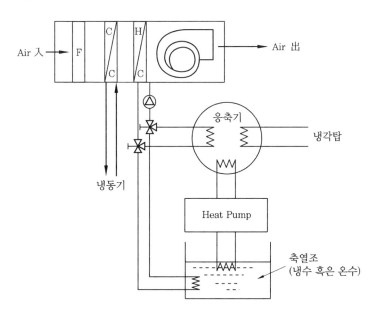

2-15   열교환시스템 관련 용어해설

(1) 열기관

① 히트펌프의 원리와는 반대 의미라고 할 수 있으며, 고열원에서 저열원으로 열을 전달할 때 그 차이만큼 일을 하는 기계장치이다.

② 엔진, 증기터빈 등이 열기관에 해당한다.

(2) 히트펌프

① 열기관과는 반대로 저열원에서 고열원으로 열을 전달할 때 그 차이만큼 일을 가해 주어야 한다.

② 에어컨, 냉장고, 냉동기, 히트펌프(냉·난방 겸용, 난방 전용) 등이 히트펌프에 해당한다.

(3) 냉동효율

① 실제의 냉매 사이클이나 시스템이 이상적인 가역 냉동사이클에 얼마나 접근하는지를 표현하는 지표이다.

② 이때 '가역 냉동사이클'은 손실이 없는 이상적 '카르노사이클'을 의미한다.

(4) 플래시가스 (Flash Gas, Flash Vapor)

① 플래시가스는 냉동 Cycle 시스템 계통 중 증발기가 아닌 곳에서 불필요하게 증발한 냉매가스를 말한다.

② 플래시가스의 원인은 냉매 계통 중에 압력손실이 있거나 주위 온도에 의해 가열되는 경우 등 다양하다.

③ 플래시가스의 지표는, 증발기 등으로 공급되는 냉매 유량이 줄어들어 냉동능력의 손실을 야기하는 주요원인이 될 수 있으므로 긴요하게 관리되어야 한다.

(5) 불응축성 가스

① 불응축성 가스는 냉동 Cycle 계통 내부에 불필요하게 혼입된 공기, 수증기, 염소와 오일의 증기 등으로, 응축기나 수액기의 상부에 모여 액화되지 않고 남아있는 가스를 말한다.

② 냉동 Cycle 계통 내부로 냉매를 충전할 때의 공기 혼입, 윤활유를 충전할 때의 공기 혼입, 불완전한 진공, 오일 탄화 등이 원인이 될 수 있다.

③ 냉매 과차징의 경우와 동일하게 응축온도(압력)를 상승시켜 성능 및 성적계수를 하락시킬 수 있다.

(6) 팬파워유닛(FPU)

① **병렬식 FPU** : VAV에서 외주부 공조에 사용되는 Terminal Unit으로, 공조부하가 아주 작아질 때 1차 공기만으로 실내온도 조절이 되지 않아 천장플래넘 공기가 인입할 때 사용한다(1차 공기 + 천장플래넘 공기).

② **직렬식 FPU** : CAV에서 저온급기(빙축열 등)에 사용되는 Terminal Unit이다(1차 공기 + 천장플래넘 공기).

(7) 개별(천장형) 분산형 공조기(Ceiling Type Separated Air Handling Unit)

① 건물 전체를 중앙집중적으로 제어하는 기존 방식에서 임대면적별 혹은 사무 구획별로 분산하여 행할 수 있도록 건물에 분산 설치하는 공조기를 말한다.

② 자동제어기술 등이 진보함에 따라 일반적으로는 각 장소별 온도, 풍량, 풍속, 스케줄운전 등에 대해 개별제어가 가능한 분산형 공조기가 많이 보급되고 있다.

(8) 패키지형 공조기(Packaged Air Conditioner)

① 패키지형 공조기는 공조기에 냉동기를 동시에 장착하여 유닛화한 것으로, 보통 공조기의 냉온수 코일 대신에 직팽코일(Direct Expantion Coil)이 채용된다.

② 종류는 일체형, 분리형, 멀티형, 냉·난방 겸용 등 다양한 형태로 발전되고 있다.

(9) 히트파이프

① 히트파이프는 다공성 Wick의 모세관력을 구동력으로 하여 냉각, 폐열회수 등 열교환을 가능하게 하는 장치이다.

② 히트파이프는 길이가 길면 열교환성능이 많이 감소되고, 열교환을 현열교환에만 의존하여 열용량이 적은 단점이 있다.

(10) 콤팩트 열교환기

① 콤팩트 (Compact) 열교환기는 동일 냉동능력 기준 공기의 흐름 길이를 절반 정도로 줄인 열교환기를 말한다.

② 열교환기를 통과하는 유체의 저항력을 감소하여 시스템의 효율을 증가시키기 위해 개발된 열교환기이다.

③ 먼지, 기름 등에 의한 장애 가능성이 있고, 이슬 맺힘이나 착상에 의한 유동 손실 증대로 풍량 손실의 가능성도 있다.

(11) 와류 튜브 (Vortex Tube)

① 와류 튜브는 공기압축기를 이용한 히트펌프로, 주로 산업현장 (공작기계 냉각, 고온작업자 냉방 등)에서 사용된다.

② 압축공기가 제너레이터(Generator ; 고정형 와류 발생 장치)에 들어가 Vortex (와류)가 발생하여 Tube의 외측 공기가 압축 및 가열되고, 내측은 저압으로 단열팽창 (냉각)되는 원리를 이용한다.

(12) 히트사이펀 (Heat Siphon)

① 중력을 구동력으로 이용하는 열교환 장치이다 (주의 : 히트파이프의 구동력은 모세관력이다).

② 보통 열매체로 물 혹은 PCM (Phase Change Materials)을 사용하며, 펌프류는 사용하지 않는다.

③ 자연력(중력)을 이용하므로 소용량은 효율 측면에서 곤란하다.

제**3**장 | 냉열원기기 시스템

고효율 히트펌프시스템

(1) 개요

① 히트펌프(Heat Pump)란 저열원에서 고열원으로 열을 전달할 수 있게 고안된 장치를 말한다.

② 히트펌프는 원래 높은 성적계수(COP)로 에너지를 효율적으로 이용하는 방법의 일환으로 연구되어왔다.

③ 히트펌프는 하계 냉방 시에는 일반 냉동기와 같지만, 동계 난방 시에는 냉동사이클을 이용하여 응축기에서 버리는 열을 난방용으로 사용하고 양열원을 겸하므로 보일러실이나 굴뚝 등 공간절약이 가능하다.

④ 열원의 종류는 공기(대기), 물, 태양열, 지열 등 다양하며(사용의 편의상 공기와 물이 주로 사용됨) 온도가 높고 시간적 변화가 적은 열원일수록 좋다.

⑤ **시스템의 종류(열원/열매)** : 공기 대 공기 방식, 공기 대 물 방식, 물 대 공기 방식, 물 대 물 방식, 태양열 대 물 방식, 지열 대 물 방식, 이중 응축기 방식 등이 있다.

(2) 장·단점

① **장점**

㉮ 대부분의 사용영역에서 성적계수(COP)가 높다.

㉯ 1대로 냉·난방을 동시에 할 수 있다.

㉰ 일반 냉동기보다 압축비를 높여 고온의 물이나 공기도 얻을 수 있고, 연소가 없으므로 대기오염이나 오염물질의 배출이 거의 없다.

㉱ 저온 발열의 '재생 이용'에 효과적이다 (폐열회수).

㉲ 난방 시의 열량 및 열효율을 냉방 시보다 높일 수 있는 가능성이 있다.

⑦ 성능 측면

> **응축열량 = 증발열량 + 압축기 소요동력**

④ $COP_h = 1 + COP_c$

㉳ 신재생에너지와 연계가 용이하다 (자연에너지 승온 및 냉각).

② 단점

(가) 성적계수 (COP)가 외부 기후조건 (TAC 위험률 초과 온습도 시, 눈, 비, 바람 등)에 따라 매우 유동적일 수 있다.

(나) 난방 운전 시 주기적인 제상운전이 필요 : 난방의 간헐적 중단, 평균 용량 저하, 과잉 액체처리 등이 문제가 될 수 있다.

(다) 냉·난방을 겸할 수 있으나, 외기 저온 난방 시에는 높은 압축비가 필요하므로 열효율이 많이 떨어진다.

(라) 비교적 부품이 많고, 제어가 복잡하다 (냉매회로 절환, 혹은 공기/수회로 절환).

(마) 보일러와 달리 많은 열을 동시에 얻기 어렵다.

(바) 따라서 히트펌프는 난방 시 보조열원으로 많이 응용된다. 다만 보일러, 지열 등의 기후조건에 변하지 않는 고정열원을 확보한다면 위 단점들을 극복할 수 있다.

(3) 히트펌프의 분류 및 각 특징

구 분	열원 측	가열(냉각 측)	변환 방식	특 징
ASHP	공기	공기	냉매회로 변환 방식	• 장치구조가 간단하다. • 중소형 히트펌프에 많이 사용된다.
			공기회로 변환 방식	• 덕트구조 복잡하여 Space가 커진다. • 거의 사용이 적다.
	공기	물	냉매회로 변환 방식	• 구조가 간단하다 (축열조 이용이 용이함). • 기존의 중앙공조시스템의 대체용으로 적용이 용이하다.
			수회로 변환 방식	• 수회로구조가 복잡하다. • 브라인 교체 등 관리가 복잡하다. • 현재 거의 사용이 적다.
WSHP	물	공기	냉매회로 변환 방식	• 장치구조가 간단하다. • 중소형 히트펌프에 많이 사용된다.
			수회로 변환 방식	• 수회로구조가 복잡하다. • 현재 거의 사용이 적다.
	물	물	냉매회로 변환 방식	• 중형 이상의 히트펌프 시스템에 적합하다. • 냉·온수를 모두 이용하는 열회수 시스템 적용이 용이하다.
			수회로 변환 방식	• 수회로구조가 복잡하다. • 대형시스템에 적합하다.
			변환 없는 방식	• 일명 Double Bundle Condenser

				• 냉·온수를 동시에 이용할 수 있다 (실내기 2대 설치 등).
SSHP	태양열 (물)	공기 혹은 물	냉매회로 변환 방식	• 태양열을 이용해 열원을 확보한다. • 냉·난방 모두 안정된 열원이다 (냉각탑과 연계 운전).
GSHP	지열 (물)	공기 혹은 물	냉매회로 변환 방식	• 지열, 강물, 해수 등의 열을 회수하여 히트펌프의 열원으로 사용한다. • 냉·난방 모두 비교적 안정된 열원이다.
폐수 열원 히트 펌프	폐수 (물)	공기 혹은 물	냉매회로/수회로 변환 방식	• 폐수열을 회수하여 히트펌프의 열원으로 재사용하는 방식이다.
EHP	물 혹은 공기	공기	냉매회로 변환 방식	• 수랭식 혹은 공랭식 열교환이다. • 실내기 측은 멀티 실내기 형태 혹은 공조기(AHU) 연결이 가능하다.
GHP	물 혹은 공기	공기	냉매회로 변환 방식	• 보통 공랭식 열교환이다. • 실내기 측은 멀티 실내기 형태 혹은 공조기(AHU) 연결이 가능하다.
HR	물 혹은 공기	공기	냉매회로 변환 방식	• 수랭식 혹은 공랭식 열교환이다. • 실내기 측은 주로 멀티 형태로 다중 연결된다. • 동시운전멀티 : 한 대의 실외기로 냉·난방을 동시에 행할 수 있다.
흡수식 히트 펌프	물 혹은 공기	물	수회로 변환 방식	• 증기구동방식, 가스구동방식, 온수구동방식 등이 있다. • 높은 열효율, 고온 승온이 용이하다.

㈜ • ASHP (Air Source Heat Pump) : 실외공기를 열원으로 하는 히트펌프
  • WSHP (Water Source Heat Pump) : 물을 열원으로 하는 히트펌프
  • SSHP (Solar Source Heat Pump) : 태양열을 열원으로 하는 히트펌프
  • GSHP (Ground Source Heat Pump) : 땅속의 지열을 열원으로 하는 히트펌프
  • EHP (Electric Heat Pump) : 전기로 구동되는 히트펌프의 총칭
  • GHP (Gas driven Heat Pump) : 가스엔진을 사용하여 냉매압축기를 구동함
  • HR (Heat Recovery) : 한 대의 실외기로 냉방과 난방을 동시에 구현 가능함

(4) 열원방식별 특징

① ASHP

㈎ 공기-공기 방식 : 간단한 패키지형 공조기, 에어컨 종류 등에 많이 적용된다.

㈏ 공기-물 방식 : 공랭식 칠러 방식, 실내 측은 공조기 혹은 FCU 방식이 대표적이다.

② WSHP

   (개) 물-공기 방식 : 수랭식(냉각탑 사용), 실내 측은 직팽식 공조기, 패키지형 공조기 등을 많이 적용한다.

   (내) 물-물 방식: 수랭식(냉각탑 사용), 실내 측은 공조기 혹은 FCU 방식이 대표적이다.

③ 기타 내용은 앞에서 설명한 (1), (2)에 나와 있는 내용(히트펌프 전체적 공통사항)과 동일하다.

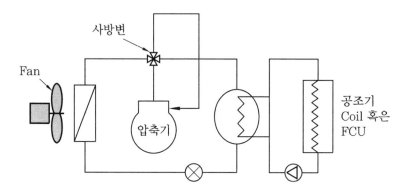

공기-물 히트펌프(냉매회로 변환 방식)

3-2　공기-공기 히트펌프 (Air to Air Heat Pump)

(1) 개요

① 공기-공기 히트펌프는 대기를 열원으로 하며 냉매 코일에 의해 직접 대기로부터 흡열(혹은 방열)해 송출하여 공기를 가열(혹은 냉각)하는 방식이다.

② 중소형 히트펌프 (패키지형 공조기, Window Cooler형 공조기 등)에 적합한 방식이다 (비교적 장치구조가 간단하다). 단, 요즘은 시스템 혹은 장치의 대형화 작업이 많이 이루어지고 있다.

③ 여름철 냉방과 겨울철 난방의 균형상, 전열기 등의 보조 열원이 필요한 경우가 많다.

④ 냉매회로 변환방식과 공기회로 변환방식이 있으나, 주로 냉매회로 변환방식이 많이 사용된다.

(2) 작동방식

① 겨울철(난방 시)

㈎ 압축기에서 나오는 고온고압의 가스는 실내 측으로 흘러들어가 난방을 실시한다.

㈏ 실내 응축기에서 난방을 실시한 후 팽창변을 거쳐 증발기로 흡입되어 대기의 열을 흡수한다.

㈐ 증발기에서 나온 냉매는 사방변을 거쳐 다시 압축기로 흡입된다.

② 여름철(냉방 시)

㈎ 압축기에서 나오는 고온고압의 가스는 실외 측 응축기로 흘러들어가 방열을 실시한다.

㈏ 실외 응축기에서 방열을 실시한 후 팽창변을 거쳐 실내 측 증발기로 흡입되어 냉방을 실시한다.

㈐ 실내 측 증발기에서 나온 냉매는 사방변을 거쳐 다시 압축기로 흡입된다.

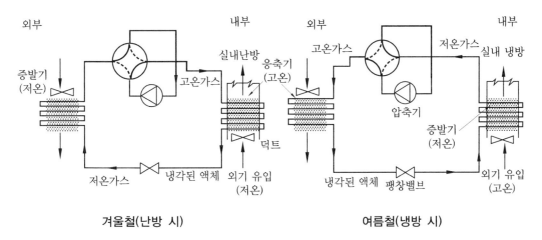

겨울철(난방 시)   여름철(냉방 시)

(3) 성적계수(COP)의 계산

① 냉방 시의 성적계수

$$COP_c = \frac{증발능력}{소요동력} = \frac{(h_1 - h_4)}{(h_2 - h_1)}$$

② 난방 시의 성적계수

$$COP_h = \frac{응축능력}{소요동력} = \frac{(h_2 - h_3)}{(h_2 - h_1)}$$

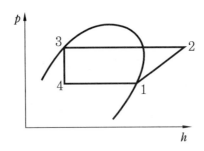

$P-h$ 선도 (냉 · 난방 시 동일)

| 3-3 | 공기-물 히트펌프 (Air to Air Water Heat Pump) |

(1) 개요

① 공기-물 히트펌프는 공기열원 히트펌프의 일종이다. 공기열원이라는 말은 실외 측의 열교환기에서 냉방 시에는 열을 방출하고, 난방 시에는 열을 흡수하기 위한 열원이 공기라는 뜻이다.

② 공기-물 히트펌프는 사용처(부하 측)의 유체(열전달매체)가 물이다. 사용처가 물이라는 의미는 2차 냉매로 물이나 브라인 등의 액체를 이용한다는 뜻으로 볼 수 있다.

(2) 적용사례(개방식 수축열조를 이용한 공기-물 히트펌프)

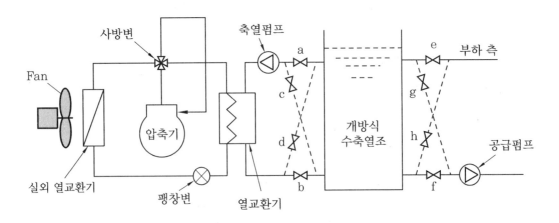

① 난방 시 운전방법

㈎ 압축기에서 나오는 고온고압의 냉매가스는 열교환기를 통하여 간접적으로 개방형 수축열조 내부의 물을 데운다 (약 45~55℃ 수준).

㈏ 이때 밸브 a와 b가 닫히고, c와 d가 열리게 하여 수축열조 하부의 비교적 찬 물을 열교환기 측으로 운반해서 데운 후에 수축열조 상부로 다시 공급해 준다.

㈐ 이후 냉매는 팽창변과 공랭식 응축기를 거쳐 압축기로 다시 돌아간다.

㈑ 한편 수축열조에서 데워진 물은 공급펌프에 의해 부하 측으로 운반되어 공조기, FCU, 바닥코일 등의 열교환기를 가열하여 난방이나 급탕에 이용된다.

㈒ 이때 밸브 e와 f는 닫히고, g와 h는 열리게 하여 수축열조 상부의 비교적 뜨거운 물을 부하 측으로 공급한 후, 환수되는 물은 축열조 하부로 다시 넣어준다 (이때 수축열조 내부 물의 성층화를 위해 특수한 형태의 디퓨저 장치를 통하여 물을 공급 및 환수시키는 것이 유리하다).

② 냉방 시 운전방법

㈎ 압축기에서 나오는 고온고압의 냉매가스는 실외 측 공랭식 응축기로 흘러들어가 방열한다.

㈏ 실외 공랭식 응축기에서 방열하고 팽창밸브를 거친 후 열교환기를 통하여 간접적으로 개방형 수축열조 내부의 물을 냉각한다 (약 5~7℃ 수준).

㈐ 개방형 수축열조의 냉각된 물은 공급펌프에 의해 부하 측으로 운반되어 공조기, FCU 등의 열교환기를 냉각하여 냉방한다.

㈑ 이때 밸브 a~h는 '난방 시 운전방법'과는 반대로 열리거나 닫힌다 (즉 a, b, e, f는 열리고 c, d, g, h는 닫힌다).

㈒ 이후 열교환기에서 나온 냉매는 사방변을 거쳐 다시 압축기로 흡입된다 (재순환).

③ 장·단점

㈎ 장점 : 저렴한 심야전력을 이용할 수 있고, 냉방·난방·급탕을 동시에 이용할 수 있으며, 전력의 수요관리가 가능하고, 안정된 열원이라는 것이 장점이다.

㈏ 단점 : 개방식 축열조 내에 오염·부식·스케일 생성의 우려가 있고, 장치가 복잡하다는 점이 있다.

3-4   수열원 천정형 히트펌프방식

(1) 개요

① 각층 천장에 여러 대의 소형 히트펌프를 설치하여 실내공기를 열교환기 측과 열교 환시켜서 냉방 및 난방을 행하는 시스템이다.

② 유닛 내에 응축기, 증발기, 팽창변, 압축기, 사방변 등의 전체 냉동부속품이 일체 화된 방식이다.

③ 압축기, 열교환기 등의 무게 때문에 보통 소형으로 제작하여 실내부하량에 따라 필요한 곳에 병렬로 여러 대를 설치한다.

(2) 특장점(냉동기/보일러를 이용하는 중앙공조 대비)

① **고효율** : 일부 보일러를 사용하는 경우도 있으나, 보일러를 생략하는 히트펌프시스 템의 형태로 구축할 경우 상당한 고효율 실현이 가능하다 (보통 냉·난방 모두 COP 3.0 이상을 구현할 수 있다).

② **개별제어 용이** : 필요한 유닛을 따로 편리하게 조작하여 냉·난방 운전을 할 수 있다 (유닛의 대수제어가 용이하다).

③ **기계실 불필요** : 천장 안 매입형으로 설치가 가능하다.

④ **냉수라인 불필요** : 냉동기와 달리 FCU로 연결되는 냉수라인이 필요하지 않아 설비비 를 절약할 수 있다 (냉매 직팽식 형태이므로 FCU가 필요하지 않다).

(3) 단점

① 압축기, 팬모터 등의 진동원이 천장에 매달리게 되므로 주기적으로 소음진동이 거 주역으로 쉽게 전파된다.

② 겨울철 외기온도가 많이 저하될 시 난방능력이 급속하게 하락할 가능성이 있다.

③ 난방 시 냉각수의 동결을 방지하기 위해 에틸렌글리콜 등의 부동액을 사용해야 한다.

④ **설치시공 난이** : 유닛의 하중 때문에 천장 내 설치시공 및 사후 서비스에 어려움이 있다.

⑤ **냉각수의 불균형 우려** : 냉각수의 층별 불균일이 발생했을 때 각 층별의 성능 차이가 심해질 수 있다 (정유량밸브, 가변유량밸브 등의 활용으로 해결이 가능하다).

(4) 응용

① 중앙공조와 크게 구별되는 천정 분산형 공조기 형태로 사용할 수 있다.

② 공사 범위가 비교적 작고 간단하여 신축건물뿐만 아니라 건물의 리모델링 시에도 편리하게 설치하여 사용할 수 있다.

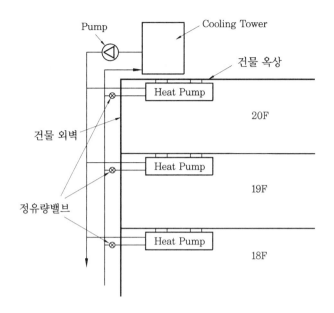

수열원 천정형 히트펌프 설치사례

3-5 태양열원 히트펌프 (SSHP : Solar Source Heat Pump)

(1) 개요

① 태양열은 기상조건에 따라 성능이 많이 좌우되므로 축열조를 만들어 일사가 풍부할 때 축열운전을 진행하고, 축열된 에너지는 필요시 언제라도 사용하게 한다.

② 흐린 날, 장마철 등 일사가 부족할 때 비상운전을 위해 보일러 등의 대체열원이 필요한 경우가 많다.

(2) 집열기의 분류 및 특징

① **평판형 집열기**(Flat Plate Collector)

㈎ 집광장치가 없는 평판형의 집열기로 가격이 저렴하여 일반적으로 많이 사용된다.

㈏ 집열매체는 공기 또는 액체로 주로 부동액을 이용한 액체식이 일반적이다.

㈐ 열교환기의 구조에 따라 관−판, 관−핀, 히트파이프식 집열기 등이 있다.

㈑ 지붕의 경사면 (40~60°)을 이용하고 구조가 간단하여 가정 등에서 많이 적용한다.

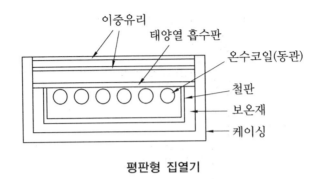

평판형 집열기

② **진공관형 집열기** : 보온병 같이 생긴 진공관식 유리튜브에 집열판과 온수 파이프를 넣어서 만든 것으로, 단위 모듈의 크기(용량)가 작기 때문에 적절한 열량을 얻기 위해서는 단위 모듈을 여러 개 연결하여 사용한다.

㉮ 단일 진공관형 집열기 : 히트파이프, 흡수판 및 콘덴서를 이용한 열전달

㉯ 이중 진공관형 집열기 : 진공관 내부를 열매체가 직접 왕복하면서 열교환한 후 열매체 수송관으로 빠져나간다.

③ **집광형 집열기**(Concentrating Solar Collector)

㉮ 반사경, 렌즈 혹은 그 밖의 광학기구를 이용하여 집열기 전체 면적(Collector Aperture)에 입사되는 태양광을 그보다 적은 수열부 면적(Absorber Surface)에 집광이 되도록 고안된 장치이다.

㉯ 직달일사를 이용하며 고온을 얻을 수 있다 (태양열 추적장치가 필요함).

(3) 장치 및 원리

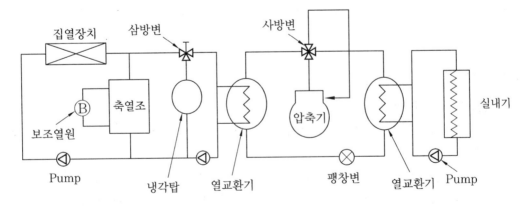

① 여름철 냉방 시에는 태양열 및 응축기의 열로 축열조를 데운 후 급탕 등에 사용하고, 남는 열은 냉각탑을 이용하여 배출할 수 있다.

② 겨울철 난방 시에는 열교환기(증발기)의 열원으로 태양열을 사용할 수 있다.

③ **보조열원** : 장마철, 흐린 날, 기타 열악한 기후 조건에서는 태양열원이 약하기 때문에 보일러 등의 보조열원이 시스템상 필요하다.

(4) 특징

① 일종의 설비형(능동형) 태양열 시스템이다 (자연형 태양열 시스템과는 대조적이다).

② 보조열원이 필요하다 (장시간 흐린 날씨에 대비한다).

③ **집열기에 선택흡수막 처리 필요** : 흡수열량 증가를 위한 Selective Coating (장파장에 대한 방사율을 줄여줌)이 필요하다.

3-6 지열원 히트펌프 (GSHP : Ground Source Heat Pump)

(1) 개요

① 지중열을 열원으로하여 무한한 땅속 에너지를 이용할 수 있고, 태양열 대비 열원 온도가 일정하여(연중 약 15±5℃) 기후의 영향을 적게 받기 때문에 보조열원이 거의 필요하지 않은 무제상 히트펌프의 일종이다.

② 대규모로 설치할 때 지중 열교환 파이프상의 압력손실이 증가하여 반송동력 비용이 증가할 수 있고, 초기 설치의 까다로움 등으로 투자비가 증대된다.

③ 지열원 히트펌프에는 폐회로 방식(수평형, 수직형)과 개방회로 방식 등이 있다.

(2) 종류

① 폐회로 (Closed Loop) 방식(밀폐형 방식)

(개) 일반적으로 적용되는 폐회로방식은 파이프가 폐회로로 구성되어 있는데, 파이프 내에는 지열을 회수(열교환)하기 위한 열매가 순환되며, 파이프의 재질은 주로 고밀도 폴리에틸렌 등이 사용된다.

(내) 폐회로시스템(폐쇄형)은 루프의 형태에 따라 수직, 수평루프시스템으로 구분되는데 수직으로 약 100~300 m, 수평으로는 약 1.2~2.5 m 깊이로 묻히게 되며, 수평루프시스템은 상대적으로 냉난방부하가 적은 곳에 쓰인다.

(대) 수평루프시스템은 관(지열 열교환기)의 설치형태에 따라 1단 매설방식, 2단 매설방식, 3단 매설방식, 4단 매설방식 등으로 나뉜다.

설치형태	지열 열교환기 호칭경	설치깊이(m)	USRT당 필요 길이(m)	USRT당 필요 굴토길이(m)
1단 매설방식	30~50 A	1.2~1.8	110~150	110~150
2단 매설방식	30~50 A	1.2~1.8	130~185	65~95
3단 매설방식	20~25 A	1.8 기준	140~220	50~80
4단 매설방식	20~25 A	1.8 기준	150~250	35~65

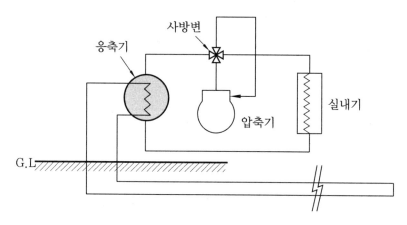

밀폐형 수평 루프시스템

㈃ 수직루프시스템은 관(지열 열교환기)의 설치형태에 따라 병렬매설방식, 직렬매
설방식 등으로 나뉜다.

설치형태	지열 열교환기 호칭경	USRT당 필요 길이(m)	USRT당 필요 굴토길이(m)
병렬매설방식	25~50 A	70~140	35~70
직렬매설방식	25~50 A	100~120	50~60

㈄ 연못 폐회로형 : 연못, 호수 등에 폐회로의 열교환용 코일을 집어넣어 열교환하
는 방식이다.

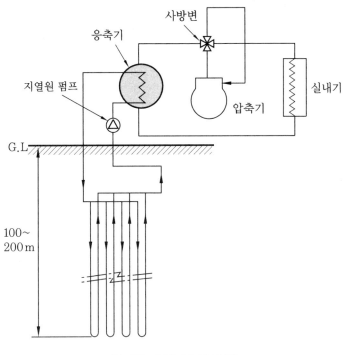

밀폐형 수직 루프시스템

② **개방회로(Open Loop) 방식(설비 및 장치에 의해 더워지거나 차가워진 물은 수원에 다시 버려짐)**

　㈎ 개방회로는 수원지, 호수, 강, 우물(단일정형, 양정형, 게오힐형 등) 등에서 공급받은 물을 운반하는 파이프가 개방되어 있는 것으로, 풍부한 수원지가 있는 곳에 주로 적용될 수 있다.

　㈏ 폐회로 방식이 파이프 내의 열매(물 또는 부동액)와 지열원이 간접적으로 열교환되는 것에 비해 개방회로 방식은 파이프 내로 직접 지열원이 회수되므로 열전달 효과가 높고 설치비용이 저렴하다는 장점이 있다.

　㈐ 폐회로방식에 비해 수질, 장치 등에 대한 보수 및 관리가 많이 필요하다는 단점이 있다.

③ **간접 방식**

　㈎ 폐회로(Closed Loop) 방식과 개방회로 방식의 장점을 접목한 형태이다.

　㈏ 원칙적으로 개방회로 방식의 시스템을 취하지만, 중간에 열교환기를 두어 수원측의 물이 히트펌프 내부로 직접 들어가지 않고 중간 열교환기에서 열교환 하여 열만 전달하게 하는 방식이다.

④ **지열 하이브리드 방식**

　㈎ 히트펌프의 열원으로 지열과 기존의 냉각탑 혹은 태양열집열기 등을 유기적으로

결합하여 상호 보완하는 방식이다.

(나) 몇 가지 열원을 복합적으로 접목하여 하나의 열원이 부족할 때 또 다른 열원이 보조할 수 있도록 하는 방식이다.

(3) 장점

① 연중 땅속의 일정한 열원을 확보할 수 있다.

② 기후의 영향을 적게 받기 때문에 보조열원이 거의 필요하지 않은 무제상 히트펌프의 구현이 가능하다.

③ COP가 매우 높은 고효율 히트펌프의 운전이 가능하다.

④ 냉각탑이나 연소과정이 필요 없는 무공해 시스템이다.

⑤ 지중 열교환기는 수명이 매우 길다 (건물의 수명과 거의 동일).

⑥ 물-물, 물-공기 등 열원 측 및 부하 측의 열매체 변경이 용이하다.

(4) 단점

① 지중 천공비용이 많이 들어 초기투자비가 많다.

② 장기적으로 땅속 자원의 활용에 제한을 줄 수 있다 (재건축, 재개발 등).

③ 천공 중 혹은 하자가 발생했을 때 지하수 오염 등의 가능성이 있다.

④ 지중 열교환 파이프상의 압력손실 증가로 반송동력의 비용이 증가할 가능성이 있고, 초기 설치의 까다로움 등으로 투자비가 증대될 수 있다.

지열 히트펌프의 설치형태

| 3-7 | 가스구동 히트펌프 (GHP) |

(1) 개요

① 하절기에는 사용이 적은 액화가스를 이용하여 전력 피크부하를 줄일 수 있고, 동절기에는 엔진의 배열을 이용하여 난방 성능을 향상시킬 수 있다.

② 압축기를 가스엔진으로 구동하고 난방 시 엔진 배열을 이용하는 부분을 제외하면 일반 전동기로 구동하는 전기히트펌프 (EHP) 시스템과 유사하다.

(2) 특징

① EHP 대비 전기료가 약 10 % 이하에 불과하다.

② 한랭지형, 교단형 등 기존의 히트펌프가 대처하기 어려운 영역을 커버할 수 있다 (엔진의 배열을 이용하여 저온난방 필요시 증발력을 보상해줄 수 있는 시스템이다).

③ 겨울철 난방 운전 시 액-가스 열교환기(엔진의 폐열 이용)를 이용하여 제상 Cycle로 거의 진입하지 않아 난방운전율 및 운전효율을 높여준다.

④ 단, 냉방 시에는 활용도가 낮으며, 그냥 배열처리하는 경우도 있으나 온수/급탕 제조용으로 활용하는 경우도 있다.

⑤ EHP의 제상법으로는 대부분 역 Cycle 운전법(냉난방 절환밸브를 가동하여 냉매의 흐름을 반대로 바꾸어 Ice를 제거하는 방법)이 사용되나, GHP는 엔진의 폐열을 사용하므로 대개의 경우 제상 사이클로의 진입이 없다 (그러나 시판되는 일부 모델은 EHP 형태의 '역 Cycle 제상법'을 사용한다).

(3) 주요 부품의 특징

① 가스엔진

⑦ 4행정 수랭식 엔진이 주로 사용되며 40 % 이상의 고효율, 4만 시간 이상의 긴 수명이 요구된다.

⑭ 용량 제어가 용이하여 부분부하 효율이 우수해야 한다 (회전수 제어, 공연비 조절).

⑮ 폐열(마찰열과 배기가스)을 이용하기가 용이해야 한다.

② 압축기

⑦ 주로 개방형 스크롤압축기를 많이 사용한다.

⑭ 엔진과 구동벨트 혹은 직결방식으로 연결한다.

③ **배기가스 열교환기(GCX ; Exhaust Gas-Coolant Heat Exchanger)**

㈎ 가스엔진에서 발생하는 배기가스 열을 회수하여 유용하게 이용한다.

㈏ 배기다기관과 소음기 역할을 동시에 수행한다.

㈐ 내부식성이 우수해야 한다.

㈑ 배열회수 효율은 엔진 효율이 높을수록 좋아지므로 GHP 시스템의 성능 향상을 위해서는 엔진효율을 개선해야 한다.

㈒ 배열회수는 약 70 %이다.

㈓ 압력강하는 약 230 mmAq이다.

④ **운전 및 제어시스템**

㈎ 회전수를 조절한다.

㈏ 공연비를 조절한다.

㈐ 엔진 냉각수 및 엔진룸의 온도를 조절한다.

㈑ 엔진의 On/Off 횟수를 최소로 유지한다.

(4) 구조

아래는 실외기 1대에 실내기 4대를 연결한 멀티형 GHP의 한 예이다.

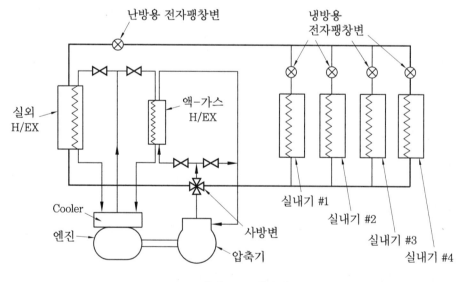

GHP 냉매 Cycle(사례)

(5) 작동원리

① 일반 '시스템멀티 에어컨'과 거의 동일하다.

② 다만 압축기 구동의 동력으로 전기에너지가 아닌 가스 (주로 도시가스 사용)를 이용한다는 점이 다르다.

③ 추가적인 차이점

㈎ 엔진의 배열을 상기 그림의 화살표 방향으로 보내어 한편으로는 실외열교환기의 증발력을 보상해준다 (저온 난방능력 개선).

㈏ 엔진의 배열을 상기 그림의 액-가스 열교환기 방향으로 보내어 한편으로는 저압을 보상시켜 제상 Cycle로 거의 진입하지 않게 하여 난방 운전율 및 운전효율을 높여준다.

④ 폐열회수 방법

㈎ 냉매 직접 가열형

㉮ 배기가스 열교환기 및 엔진냉각수로 난방 시 실외 증발기 자체 혹은 증발기에서 나온 냉매를 가열함으로써 증발열을 보상시켜 난방능력을 향상시킨다.

㉯ 냉방 시에는 엔진냉각수로 압축기 토출가스를 냉각할 수 있다.

㈏ 공기 예열 이용형

㉮ 배기가스 열교환기 및 엔진냉각수를 이용하여 난방 시 실외 증발기 입구 측 공기를 예열할 수 있다.

㉯ 냉방 기간에는 방열 혹은 급탕, 난방으로 사용할 수 있다.

㈐ 폐열 직접 이용형

㉮ 배기가스열이나 엔진냉각수의 열을 직접 다른 목적으로 사용할 수 있다.

㉯ 급탕이나 난방 등에 폐열을 활용할 수 있다.

(6) 단점

① 일반 '시스템멀티 에어컨' 대비 초기 투자비가 증가한다 (기기 가격이 높음).

② 엔진오일, 필터, 점화플러그 등의 소모품에 대한 교체와 관리가 번거롭다.

③ 도시가스 미도입 지역 등에서는 사용하기 어렵다 (가스 공급이 어려움).

④ 동일 마력의 EHP 대비 실외기의 크기 혹은 설치면적이 커진다.

⑤ 배기가스의 방출로 주변을 오염 및 부식시킬 수 있다.

개별공조를 위해 빌딩 옥상에 GHP를 설치 · 운전하는 모습

3-8 빙축열(공조) 시스템

(1) 정의

① 야간의 값싼 심야 전력을 이용하여 전기 에너지를 얼음 형태의 열에너지로 저장했다가 주간에 냉방용으로 사용하는 방식이다.

② 전력부하의 불균형 해소와 더불어 저렴하게 쾌적한 환경을 얻을 수 있는 방식이다.

(2) 장점

① 경제적 측면

(개) 열원 기기의 운전시간이 연장되므로 기기 용량 및 부속 설비가 대폭 축소된다.

(내) 심야전력 사용에 따른 냉방용 전력비용 (기본요금, 사용요금)이 대폭 절감된다.

(대) 정부의 금융지원 및 세제 혜택으로 설비투자 부담이 감소한다.

(래) 한전의 무상지원금 (최대 1억 원)을 받을 수 있어 투자비가 감소한다.

(매) 한전이 외선공사비를 전액 부담한다.

(배) 한전이 내선공사비의 일부액을 부담한다.

② 기술적 측면

(개) 전부하 연속 운전에 의한 효율 개선이 가능하다.

(내) 축열 능력의 상승 : 0℃ 물 1톤이 얼음으로 변할 경우 80 Mcal의 응고열이 발생하므로 12℃, 물 1톤이 얼음으로 상변화할 때는 92 Mcal (80 Mcal + 12 Mcal)의 이용 열량이 생기는 셈이며, 이는 동일한 경우의 수축열 생성과정에 비해 약 18배에 달하는 열량비이다.

㈐ 열원 기기의 고장 시 축열분 운전으로 신속성이 향상된다.

㈑ 부하변동이 심하거나 공조계통 시간대가 다양한 곳에도 안정된 열 공급이 가능하다.

㈒ 증설 또는 변경에 따른 미래부하 변화에서 적응성이 높다.

㈓ 시스템 자동제어반 채용으로 무인운전, 예측부하운전, 동일 장치에 의한 냉난방 이용으로 운전 보수관리가 용이하며, 자동제어 장치를 채용할 시에는 특히 야간의 자동제어 및 예측 축열이 효과적으로 행해질 수 있다.

㈔ 저온급기 방식 도입에 의해 설비투자비 감소 (미국, 일본의 경우 설치 적용사례가 점차적으로 증가하는 추세임)를 가져올 수 있다.

㈕ 부하설비 축소 : 빙축열의 이용온도가 0~15℃로 범위가 넓은 점을 활용하여 펌프용량 및 배관 크기가 축소되고, 이에 따른 반송 동력 및 설비투자비가 절감된다.

㈖ 다양한 건물 용도에 적용 : 다양한 운전방식을 응용하여 사용시간대나 부하 변동이 상이한 거의 모든 형태의 건물에 효율적인 대응이 가능하다.

㈗ 개축 용이 : 공조기, 냉온수 펌프, 냉온수 배관 등의 기존 2차 측 공조설비를 그대로 놔두고, 1차 측 열원설비를 개축 후 접속만 하면 되므로 설비 개선 시 매우 경제적이라 할 수 있다.

(3) 단점 및 문제점

① 축열조 공간 확보가 필요하다.

② **냉동기의 능력에 따른 효율 저하 :** 제빙을 위해 저온화하는 과정에 따른 냉동기의 능력, 즉 효율이 저하된다.

③ 축열조 및 단열 보냉공사로 인한 추가비용이 소요된다.

④ 축열조 내에 저온의 매체가 저장됨에 따른 열손실이 발생한다.

⑤ 수처리가 필요하다 (브라인의 농도관리).

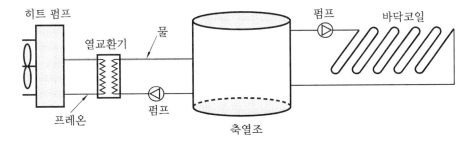

심야 수축열 히트펌프 보일러의 계통도(설치사례)

3-9 수축열 냉·난방 시스템

(1) 개요

① 수축열 냉·난방 시스템은 수축열 방식으로 물을 냉열 혹은 온열의 형태로 축열 후 공조기나 FCU 등에 공급하여 냉방과 난방을 행하는 방식이다.

② 수축열 방식은 '냉온수 겸용' 혹은 '냉수 전용'으로도 사용될 수 있다.

(2) 원리

① **축랭과정** : 아래 그림 (a)와 같이 축열조 상부의 15℃ 물과 히트펌프측 출구의 5℃ 물을 상단 배관의 삼방변에서 적정한 비율로 혼합하여 10℃ 수준으로 만들어 히트 펌프로 보내주면, 히트펌프에서는 이 10℃의 물을 5℃까지 냉각하여 축열조의 하부로 넣어준다. 이때 삼방변은 환수온도에 따른 개도율 제어를 적절히 행하여 히트펌프 출구온도를 항상 5℃로 자동제어해준다.

② **방랭과정** : 아래 그림 (b)와 같이 부하 측의 인버터 펌프가 운전되면 축열조 하부의 5℃의 물을 흡입하여 냉방을 위해 부하 측으로 공급해준다. 이때 인버터 펌프는 자동제어를 행하는데 부하 측에서 사용 후 물의 온도가 항상 15℃ 정도로 유지되도록 인버터 펌프의 회전수제어를 행하여 축열조 상부로 넣어준다.

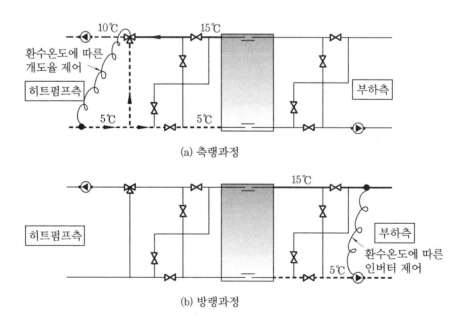

(a) 축랭과정

(b) 방랭과정

수축열 냉·난방시스템(냉방 시)

③ **축열과정** : 아래 그림 (a)와 같이 축열조 하부의 40℃ 물과 히트펌프측 출구의 50℃ 물을 상단 배관의 삼방변에서 적정한 비율로 혼합하여 45℃ 수준으로 만들어 히트펌프로 보내주면, 히트펌프에서는 이 45℃의 물을 50℃까지 가열하여 축열조의 상부로 넣어준다. 이때 삼방변은 환수온도에 따른 개도율 제어를 적절히 행하여 히프펌프 출구온도를 항상 50℃로 자동제어해준다.

④ **방열과정** : 아래 그림 (b)와 같이 부하 측의 인버터 펌프가 운전되면 축열조 상부 50℃의 물을 흡입하여 난방을 위해 부하 측으로 공급해준다. 이때 인버터 펌프는 자동제어가 이루어지는데 부하 측에서 사용 후 물의 온도가 항상 40℃ 정도로 유지되도록 인버터 펌프의 회전수제어를 행하여 축열조 하부로 넣어준다.

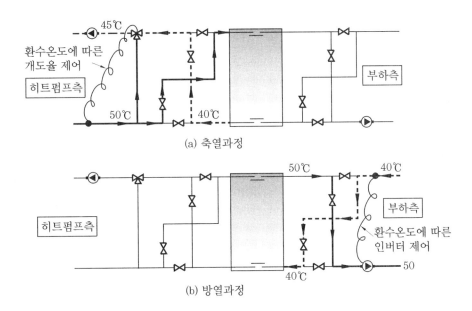

수축열 냉·난방시스템(난방 시)

(3) 장점

① 빙축열과 더불어 야간 심야전력 사용이 용이하다.
② 판형 열교환기 등의 특수 장비가 필요 없으므로 시스템이 간단하고 제어와 조작이 용이하다.
③ 기존 히트펌프에 수축열조만 추가하면 냉·난방 능력이 증가되어 건물 증축 시에도 유리하다.
④ 비상시에는 수축열조를 소방용수로 사용할 수 있어 전체 건축비용을 절감한다.
⑤ 냉방뿐만 아니라 겨울철 난방 및 급탕으로도 사용할 수 있다.

⑥ 빙축열과 달리 신재생에너지, 자연에너지 등과의 연결이 용이하다. 즉 축열조를 태양열, 지열 혹은 폐수열 히트펌프 등과 같이 연동하여 사용할 수 있다.

(4) 단점

① 잠열을 이용하지 못하고 현열에만 의존하므로 축열조의 크기가 커진다.
② 축열조 및 단열 보랭공사로 인해 많은 비용이 소요된다.
③ 축열조 내에 저온의 매체가 저장됨에 따른 열손실이 발생한다.
④ 수질관리가 필요하다 (경우에 따라서는 주기적 수처리가 필요함).

3-10 저냉수 · 저온공조 방식(저온 급기 방식)

(1) 의의

① 빙축열시스템에서 공조기나 FCU로 7℃ 정도의 냉수를 공급하는 대신 0℃에 가까운 낮은 온도의 냉수를 그대로 이용하면 빙축열의 부가가치(에너지 효율)를 높이는 데 결정적인 역할을 할 수 있다.
② 저냉수 · 저온공조 방식(저온 급기 방식)을 도입함으로써 냉방 시의 반송동력(펌프, 공조용 송풍기 등의 동력)을 약 40 % 이상 줄일 수 있다.
③ 이는 빙축열 시스템의 경제성 및 에너지절약의 가장 중요한 목표라고도 할 수 있다.

(2) 원리

① 빙축열 저온냉수 (0~4℃)의 사용으로 일반공조 시 15~16℃의 송풍온도보다 4~5℃ 낮은 온도 (10~12℃)의 공기 공급으로 송풍량을 45~50 % 절약하여 반송동력을 절감하는 방식이다.
② 공조기 코일 입 · 출구 공기의 온도차를, 일반 공조 시스템의 경우는 약 $\Delta t = 10℃$ 정도로 설계하나 저온공조는 약 $\Delta t = 15~20℃$ 정도로 설계하여 운전하는 공조시스템이다.
③ 저온 냉풍 공조방식은 공조기 용량, 덕트 축소, 배관경 축소 등으로 초기비용 절감과 공기 및 수 반송동력 절약에 의한 운전비용 절감, Cold Draft 방지를 위한 유인비가 큰 취출구, 결로 방지 취출구, 최소 환기량 확보 등을 고려해야 한다.

(3) 개략도

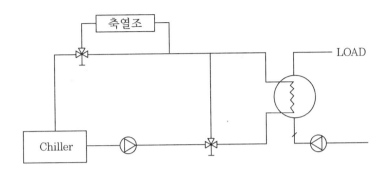

(4) 특징

① 열량 $q = G$ (유량) $\times C$ (비열) $\times dt$ (온도차)에서 dt (온도차)를 크게 취하여 송풍량을 줄임(취출온도차를 기존 약 10℃에서 15℃ 수준으로 증가시킴)

② 충고 축소, 설비비 절감, 낮은 습구온도로 인한 쾌적감 증가, 동력비 절감

③ **실내온도조건 :** 26℃, 35~40 %

④ **주의사항 :** 기밀 유지, 단열 강화, 천장리턴을 고려한다.

⑤ **취출구 선정 주의 :** 유인비가 큰 취출구 선정이 필요하다.

(5) 기대 효과

① 에너지 소비량이 감소한다.

② 실내공기의 질과 쾌적성이 향상된다.

③ 습도제어가 용이하다.

④ 덕트, 배관 사이즈가 축소된다.

⑤ 송풍기, 펌프, 공조기 사이즈가 축소된다.

⑥ 전기 수전설비의 용량이 축소된다.

⑦ 초기 투자비용 절감에 유리하다.

⑧ 건물 충고가 감소한다.

⑨ 쾌적한 근무환경 조성에 의한 생산성이 향상된다.

⑩ 기존 건물의 개보수에 적용하면, 낮은 비용으로 냉방능력을 쉽게 증감할 수 있다.

(6) 취출구 : 혼합이 잘 되는 구조 선택

① **복류형(다중 취출형) :** 팬형, WAY형, 아네모스탯 등

② **SLOT형 :** 유인비를 크게 하는 구조

③ 분사형 : Jet 기류

(7) 주의사항

① 저온급기로 실내 기류분포 불균형에 주의한다.

② 설치할 때에는 Cold Draft, Cold Shock가 발생하지 않게 유의한다.

③ 배관단열, 결로 등에 취약할 수 있으므로 주의가 필요하다.

3-11 흡수식 냉동기

(1) 단효용 흡수식 냉동기(Absorption Refrigeration)

① 냉매와 흡수제의 용해 및 유리작용을 이용한다.

② '증발 → 흡수 → 재생 → 응축 → 증발' 식으로 연속적으로 Cycle을 구성하여 냉동하는 방법이다.

③ '1중 효용 흡수식 냉동기'라고도 하며 재생기(발생기)가 1개뿐이다.

④ Body의 수량에 따라 단동형, 쌍동형(증발+흡수, 재생+응축) 등으로 나눈다.

⑤ 성적계수는 약 0.6~0.7 수준으로 매우 낮은 편이다.

⑥ 개략도

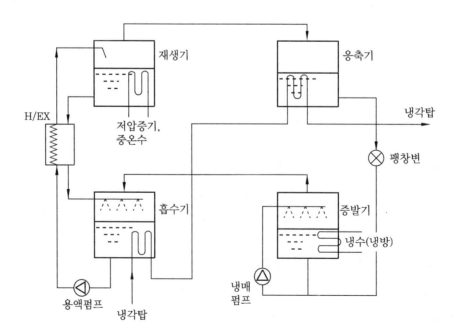

⑦ 운전온도

㉮ 구동 열원온도 약 80~140℃의 중온수 (약 80℃ 이하는 사용이 불가능함)

㉯ 증발기 압력/온도 : 약 6.1 mmHg/4.5℃

㉰ 흡수기 압력/온도 : 약 6.1 mmHg/70 → 40℃

㉱ 재생기 압력/온도 : 약 70 mmHg/66 → 100℃

㉲ 응축기 압력/온도 : 약 70 mmHg/45℃

㉳ 증발기 입/출구 2차 냉매(물)의 온도 : 약 12℃/7℃

㉴ 냉각탑 입/출구 냉각수의 온도 : 약 37℃/32℃

(2) 2중 효용 흡수식 냉동기

① '1중 효용 흡수식 냉동기' 대비 재생기가 1개 더 있어(고온재생기, 저온재생기) 응축기에서 버려지는 열을 재활용함으로써(저온 재생 시의 가열에 사용함) 훨씬 효율적으로 사용할 수 있다.

② 자세한 사항은 '3-12 2중 효용 흡수식 냉동기' 항목을 참조한다.

(3) 3중 효용 흡수식 냉동기

① '2중 효용 흡수식 냉동기' 대비 재생기가 1개 더 있어(고온재생기, 중간재생기, 저온재생기) 응축기에서 버려지는 열을 2회 재활용한다 (중간재생기 및 저온재생기의 가열에 사용하여 효율을 획기적으로 향상시킨다).

② 자세한 사항은 '3-13 3중 효용 흡수식 냉동기' 항목을 참조한다.

(4) 기타 흡수식 냉동기

① **저온수 흡수식 냉동기** : 태양열과 열병합 발전소의 발전기 냉각수를 이용한다.

② **배기가스 냉온수기** : 직화식 냉온수기의 고온재생기 내 연소실 대신 연관 (전열면적 크게)을 설치하는 것으로, 배기가스에 의한 부식에 주의해야 한다.

③ **소형 냉온수기** : 냉매액과 흡수액의 순환방식으로 기내의 저진공부와 고진공부의 압력차와 더불어 가열에 의해 발생하는 기포를 이용하는 방식이다.

(5) 흡수식 냉동기의 장·단점

① **장점** : 폐열회수가 용이하고, 여름철의 Peak 전력부하가 감소하며, 냉·난방과 급탕이 동시에 가능하고, 운전경비가 낮은 편이며, 소음과 진동이 없다.

② **단점** : 초기 투자비가 증기압축식 대비 높고 (빙축열 대비 낮음), 열효율이 낮으며, 결정 사고의 우려가 (운전정지 후에도 용액펌프를 일정시간 운전하여 용액을 균일화 해

야 한다)있다. 그리고 냉수온가 7℃ 이상이고 (이하 시에는 동결 주의), 냉각탑과 냉각
수용량이 압축식에 비해 크며, 진공도가 저하되었을 때 용량이 감소한다. 또한 수명이
짧은 편이고 (가스에 의한 부식 등), 굴뚝이 필요하다는 등의 단점이 있다.

(6) 흡수식 냉동기의 추기장치

① 고진공 유지를 위한 공기와 불응축가스의 배기장치이다.

② 진공도 확인용 마노미터, 안전장치(연소장치 소화 시 연료공급 중지) 등을 부착한다.

③ **추기펌프에 의한 방법** : '흡수기'에서 '불응축성 가스＋수증기'를 추기장치로 흡입하여
뽑아낸다.

④ **수액펌프의 토출압에 의한 방법** : 흡수액 펌프의 토출압에 의해 흡수액과 불응축성 가
스를 분리해낸 후 불응축성 가스를 배출한다.

3-12 2중 효용 흡수식 냉동기

(1) 특징

① 단효용 흡수식 냉동기 대비 재생기가 1개 더 있어(고온재생기＋저온재생기) 응축기
에서 버려지는 열을 재활용할 수 있다(응축기에서 버려지는 폐열을 저온재생기의 가
열에 다시 한 번 사용함).

② 폐열을 재활용함으로써 에너지절약 및 냉각탑 용량의 저감이 가능하다.

③ **열원방식** : 중압증기(7~8 atg), 고온수 (180~200℃) 등을 이용한다.

  * 단효용 (1중 효용)의 경우 주로 1~1.5 atg의 증기, 80~140℃의 온수를 이용한다.

④ 성적계수는 약 1.1로 단효용 (0.6~0.7)에 비해 향상되었다.

⑤ **효율 향상 대책** : 각 열교환기의 효율 향상, 흡수액 순환량 조절, 냉수·냉각수의 용
량 조절 등이 있다.

⑥ 2중 효용형의 경우 용액의 흐름 방식에 따라 직렬흐름, 병렬흐름, 리버스흐름 및
직병렬 병용 흐름 방식 등으로 구분된다.

(2) 직렬식 2중 효용 냉동기

① 직렬흐름 방식은 흡수기에서 나온 희용액이 용액펌프에 의해 저온 열교환기와 고
온 열교환기를 거쳐 고온재생기로 들어가고, 여기서 냉매를 발생시킨 후 중간농도
정도로 고온 열교환기에서 저온의 희용액과 열교환되고, 저온재생기에서 다시 냉매

를 발생시킨 후 농용액 상태가 되어 저온 열교환기를 거쳐 흡수기로 되돌아오는 방식이다. 이 경우 용액의 흐름이 단순하여 용액의 유량 제어가 비교적 쉽다.

② 직렬식 2중 효용 방식은 유량 제어성이 우수하고 효율이 좋기 때문에 병렬식 2중 효용 방식보다 더 많이 적용된다.

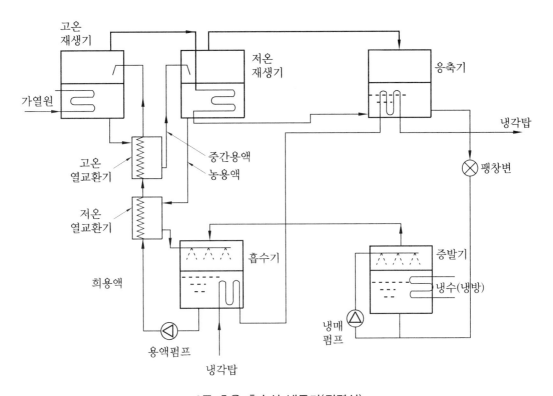

2중 효용 흡수식 냉동기(직렬식)

(3) 병렬식 2중 효용 냉동기

① 병렬흐름 방식은 흡수기에서 나온 희용액이 용액펌프에 의해 저온 열교환기를 거쳐 일부 용액은 고온 열교환기를 통해 고온재생기로, 또 다른 일부의 용액은 직접 저온 재생기로 가서 각각 냉매를 발생시킨 후 농용액과 중간용액으로 변환되어, 농용액은 고온 열교환기를 통하고, 저온재생기에서 생성된 중간용액은 직접 저온 열교환기로 와서 희용액과 열교환한 후 흡수기로 되돌아오는 방식이다.

② 병렬식 2중 효용 냉동기는 비교적 결정 방지에 유리하다는 장점이 있다.

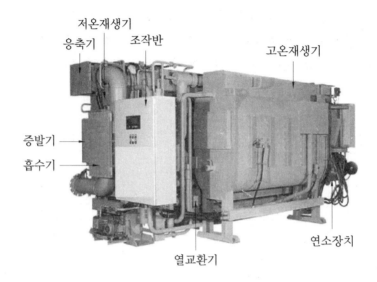

저온재생기
응축기
조작반
고온재생기
증발기
흡수기
연소장치
열교환기

2중 효용 흡수식 냉동기의 실제 형태

3-13 3중 효용 흡수식 냉동기

(1) 특징

① 재생기가 2중 효용 흡수식 냉동기 대비 1개 더 있어(고온재생기+중온재생기+저온재생기) 응축기에서 버려지는 열을 2회 재활용할 수 있다(응축기에서 버려지는 폐열을 중온재생기 및 저온재생기의 가열에 사용함).

② 다중 효과가 증가할수록 (2중<3중<4중<…) 효율은 향상되겠지만, 기기의 제작 비용 등을 감안할 때 현실적으로 3중 효용이 가장 경제성이 좋은 것으로 평가된다.

③ 성적계수는 약 1.4~1.6 이상으로 나오므로 장시간 냉방운전이 필요한 병원, 상가, 공장 등에서 에너지 절감이 획기적으로 이루어질 수 있다.

④ 흡수식 냉동기 COP 비교
   (가) 1중 효용 : 약 0.6~0.7
   (나) 2중 효용 : 약 1.1~1.3
   (다) 3중 효용 : 약 1.4~1.6

(2) 응용사례

일본의 '천중냉열공업', '일본가스협회' 등에서 기술을 개발하여 실용화 보급 중에 있다.

(3) 종류

열교환기에서 희용액(흡수기 → 재생기)과 농용액(재생기 → 흡수기) 간의 열교환방식 (회로 구성)에 따라 직렬식(아래 그림 참조)과 병렬식이 사용된다 (직렬식이 더 일반적 임).

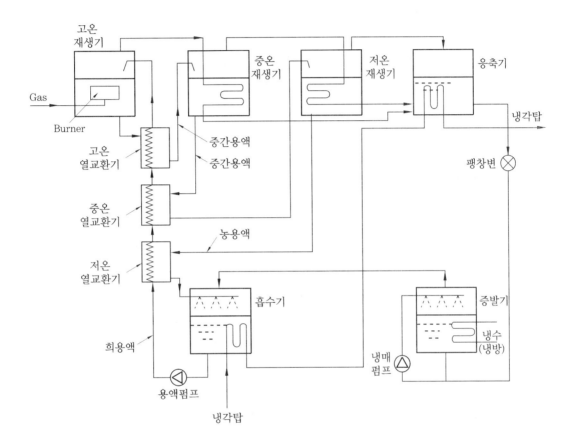

(4) 문제점

① 재생기를 3개(고온재생기, 중온재생기, 저온재생기) 배치하여야 하고, 흡수액 열교 환기도 3개(고온열교환기, 중온열교환기, 저온열교환기) 배치하여야 하는 등 설계 가 지나치게 복잡하고 난이도가 높다.

② 향후 에너지절약을 위한 3중 효용의 개발과 아울러 원가절감에 대한 노력이 이루 어져야 한다.

③ 응축온도가 많이 하락하여 흡수액 열교환기에 결정이 쉽게 석출되고 쉽게 막힌다.

④ 부품수가 많고 복잡하여 고장률이 증가할 수 있다.

3-14 흡수식 열펌프

(1) 개요

① 열펌프의 작동원리는 장치에 에너지를 투입하여 온도가 낮은 저열원으로부터 열을 흡수하여 온도가 높은 고열원에 열을 방출하는 것이다.

② 구동열원의 조건과 작동방법에 따라 제1종과 제2종으로 나눌 수 있다.

③ 흡수식 열펌프 사이클은 산업용으로 응용되어 폐열회수에 의한 온수 또는 증기의 제조 등에 많이 사용되고 있다.

(2) 종류 및 특징

① 제1종 흡수식 열펌프

(가) 개념(원리)

㉮ 증기, 고온수, 가스 등 고온의 구동열원을 이용하여 응축기와 흡수기를 통해 열을 얻거나, 증발기에서 열을 빼앗아 가는 것을 목적으로 한 것이다.

㉯ 그러므로 단효용, 2중 효용 흡수식 냉동기 및 직화식 냉온수기 모두 작동원리상 넓은 의미의 제1종 흡수식 열펌프에 속한다.

㉰ 제1종 흡수식 열펌프에서는, 온도가 가장 높은 고열원(증기, 고온수, 가스 등)의 열에 의해 온도가 낮은 저열원의 열에너지가 증발기에 흡수되고, 비교적 높은 온도(냉각수온도)인 고열원에 응축기와 흡수기를 통하여 열에너지가 방출된다.

㉱ 1종 흡수식 히트펌프는 흡수식 냉동사이클을 그대로 이용한 것이며, 흡수식 냉동기와 달리 재생기의 압력이 높다. 일반적으로 응축기의 응축온도는 60℃이며 내부압력은 150 mmHg 이상이다.

(나) 특징

㉮ 공급된 구동 열원의 열량에 비해 얻어지는 온수의 열량은 크지만, 승온 폭이 작아 온도가 낮다(즉 고효율 운전이 가능하나, 열매의 온도 상승에 한계가 있다).

㉯ 온수 발생 : 흡수기 방열(Q_a)+응축기의 방열(Q_c)

㉰ 외부에 폐열원이 없는 경우에 주로 사용된다.

(다) 성적계수(COP)

$$\text{제1종 } COP = \frac{Q_a + Q_c}{Q_g} = \frac{Q_g + Q_e}{Q_g} = 1 + \frac{Q_e}{Q_g} > 1$$

② **제2종 흡수식 히트펌프**

⑺ 개념(원리)

㉮ 중간 온도의 열이 시스템에 공급되어 공급열의 일부는 고온의 열로 변환되며, 다른 일부의 열은 저온의 열로 변환되어 주위로 방출된다.

㉯ 제2종 흡수식 히트펌프는 저급의 열을 구동에너지로 하여 고급 열로 변환시키는 것으로, 열변환기라고도 불리며 일반적으로 흡수식 냉방기와 반대의 작동사이클을 갖는다.

㉰ 산업현장에서 버려지는 폐열의 온도를 제2종 히트펌프를 통하여 사용 가능한 높은 온도까지 올려 에너지를 절약할 수 있다.

㉱ 2종 흡수식 히트펌프는 1중 효용 흡수냉동사이클을 역으로 이용한 방식으로, 일명 Heat Transformer라고도 한다.

㉲ 압력이 낮은 부분에 재생기와 응축기가 배치되고 높은 부분에 흡수기와 증발기가 배치되는 시스템이다.

㉳ 폐열회수가 용이한 시스템이다.

⑻ 냉매의 흐름 경로

㉮ 재생기에 있는 용액이 중간 온도의 폐온수 일부에 의해 가열되어 냉매증기를 발생시킨다.

㉯ 발생된 냉매증기는 응축기로 흘러가, 응축기에서 냉각수에 의해 응축되며, 응축된 냉매액은 냉매 펌프에 의해 증발기로 보내진다.

㉰ 증발기에서는 폐온수의 일부에 의해 냉매가 증발한다.

㉱ 냉매증기는 흡수기에서 흡수제에 흡수되며, 이 흡수과정 동안에 흡수열이 발생하고 흡수기를 지나는 폐온수가 고온으로 가열되어 고급의 사용 가능한 열로 변환된다.

⑼ 흡수제 용액의 흐름 경로

㉮ 흡수기에서 냉매증기를 흡수하여 희농도가 된 용액은 열교환기 및 팽창변을 거쳐 재생기로 흐른다.

㉯ 재생기에서 고농도가 된 용액은 용액펌프에 의해 흡수기로 보내진다.

⑽ 폐온수의 흐름 경로

㉮ 일부 폐온수는 재생기에서 냉매를 발생하는 데 사용된 후 온도가 낮아진 상태로 외부에 버려진다.

㉯ 나머지 폐온수는 다시 둘로 나뉘어 일부는 증발기를 통과한 후 역시 온도가 낮아진 채 외부로 버려진다.

ⓒ 흡수기를 통과하는 폐온수의 경우는 온도가 높아져 고급 열로 변환되어 산업 현장의 목적에 따라 사용된다.

(마) 특징

㉮ 흡수기 방열(Q_a)만 사용 : 흡수기에서 폐열보다 높은 온수 및 증기 발생이 가능하다.

㉯ 아래 그림의 Q_c는 입력(Q_e ; 폐열)보다 낮은 출력 때문에 사용하지 않는다.

㉰ 외부에 폐열원이 있는 경우에 주로 사용된다.

㉱ 효율 (COP)은 낮지만(약 0.5) 저급 폐열을 이용하여 고온의 증기 혹은 고온수가 발생할 수 있다.

(바) 성적계수(COP)

$$제2종\ COP = \frac{Q_a}{Q_g + Q_e} = \frac{Q_g + Q_e - Q_c}{Q_g + Q_e} = 1 - \frac{Q_c}{Q_g + Q_e} < 1$$

(3) 개략도

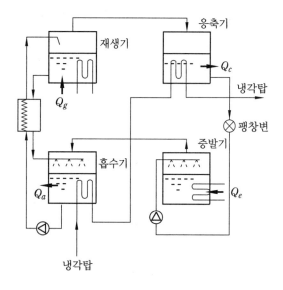

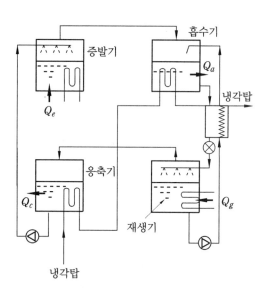

[제1종]   [제2종]

3-15 직화식 냉온수기

(1) 특징

① '2중 효용 흡수식 냉동기'의 고온재생기 내부에 버너를 설치하여 직접 가열하고, 주로 별도의 '온수 열교환기'를 설치하여 온수 생산을 가능하게 한다.

② **난방 사이클 흐름** : 고온발생기(버너에 의한 연료 가열로 물과 LiBr 농용액을 가열하면 분리된 냉매수증기가 발생함) → 수증기는 난방 전용 (온수) 열교환기를 통과함 → 난방용 온수를 가열한 후에 물로 응축되어 고온발생기로 돌아옴 → 순환

③ 온수와 냉수를 동시에 제조할 수 있다 (냉방+난방+급탕을 동시에 해결함).

④ 따라서 냉동기 및 보일러 두 대의 기능을 한 대로 대체할 수 있어 각광받고 있다.

⑤ **효율 향상 대책** : 고온재생기의 '연소효율' 향상, 배기가스의 열회수 가능

(2) 개략도

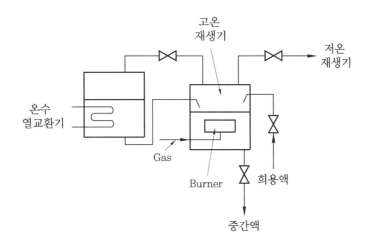

(3) 난방 이용방법

① **전용 '온수 열교환기' 사용** : 위 '개략도'에서 희용액, 중간액, 저온재생기 측 단속밸브를 모두 닫고, 온수 열교환기를 가열하면 난방용 혹은 급탕용 온수를 생산할 수 있다.

② **증발기 이용 방법**

㈎ 고온재생기의 냉매증기와 흡수액을 흡수기로 되돌려 보낸다.

㈏ 냉매증기가 증발기에서 응축 시 관 내부를 흐르는 온수가 가열된다.

㈐ 냉온수를 동일 장소에서 얻을 수 있는 장점이 있다 (외부배관 교체가 필요 없음).

㈑ 에너지 낭비가 심한 편이다.

③ 흡수기, 응축기 이용 방법

㈎ 1종 흡수식 히트펌프를 의미한다.

㈏ 이용 온도는 전용 온수 열교환기 방식에 비해 낮으나, 이용 열량 (효율)은 증가한다.

3-16   흡착식 냉동기

(1) 개요

① 패러데이(Michael Faraday)에 의해 처음 고안되었으나 그동안 프레온계 냉동장치에 밀려 많이 사용되지 않았다.

② 최근 프레온계 냉매가 환경문제(지구온난화 문제, 오존층 파괴 문제 등)로 대두되면서 다시 연구개발이 활발해지고 있다.

(2) 작동원리

① 다공석 흡착제(활성탄, 실리카겔, 제올라이트 등)의 가열 시 냉매 토출, 냉각 시 냉매 흡입되는 원리를 이용한 것이다.

② 냉매로는 주로 물, NH_3, 메탄올 등의 친환경 냉매가 사용된다.

③ 냉매 탈착 시에는 성능이 저하되므로 보통 2대 이상의 교번운전을 한다,

④ 2개의 흡착기가 약 6~7분 간격으로 Step 운전 (흡착과 탈착의 교번운전)을 한다.

(3) 특징

① 폐열(65~100℃)을 이용하기 때문에 에너지 사용비율이 일반 흡수식 대비 약 10배 절약된다.

② 흡수식에 비해 사용 열원온도가 다소 낮아도 되고, 유량 변동에도 안정적이다.

③ 초기 투자비가 비싸고 설치공간이 넓은 편이다.

(4) 에너지절약 대책

① 고효율 흡착제를 개발한다.

② 흡착기의 열전달 속도를 개선한다.

③ 고효율 열교환기를 개발한다.

(5) 개략도(장치도)

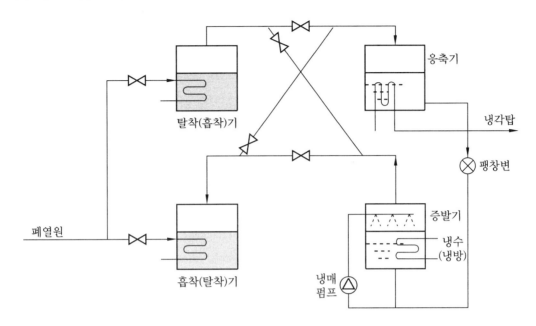

(6) 선도 및 해설

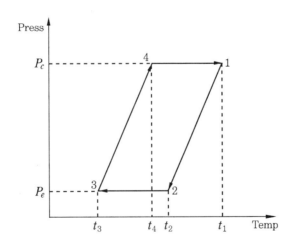

① **1~2과정(감압과정) :** 팽창변에 의해 압력이 떨어지고 증발기의 낮은 압력에 의해 온도가 떨어지면서 증발압력(P_e)에 도달한다.

② **2~3과정(증발 및 흡착과정) :** 냉수에 의해 흡착기 온도가 떨어지면서 증발기의 냉매증기를 흡착하여 증발기 내의 압력(P_e)을 일정하게 유지한다(이때 증발기 내부에서는 열교환을 통해 냉수를 생산한다).

③ 3~4과정(탈착과정) : 탈착기가 폐열원 등에 의해 가열되면서 온도와 압력이 상승한다.

④ 4~1과정(응축과정) : 응축기에서는 냉각수에 의해 냉매의 상 (Phase)이 기체에서 액체로 바뀐다.

> **칼럼** **흡착식 히트펌프**
>
> 앞쪽 그림(개략도)의 우측 상부의 응축기에서 냉각탑에 버려지는 열을 회수하여 난방 혹은 급탕에 활용할 수 있다 (이 경우에는 '흡착식 히트펌프'라고 한다).

3-17 GAX (Generator Absorber Exchange) 사이클

(1) 개요

① 흡수식 냉동기의 NH_3/H_2O (암모니아/물) 사이클에서 가능한 시스템으로, 암모니아 증기가 물에 흡수될 때 발생하는 반응열을 이용한 사이클이다.

② 흡수기 배열의 일부분을 재생기 가열에 사용함으로써 재생기의 가열량을 감소시키는 사이클이다 ('에너지 회수형'이라고 할 수 있다).

③ 단효용 흡수식과 같이 한 쌍의 재생기-흡수기 용액루프를 가지므로 적은 용적과 함께 공랭화가 용이하다.

(2) 원리

① 흡수기에서 암모니아가 물에 흡수될 때 발생하는 흡수반응열에 의해 흡수기와 발생기(재생기) 간에 온도중첩구간이 생기게 된다.

② 이때 흡수기 고온 부분의 열을 발생기의 저온 부분으로 공급해 내부열 회수효과를 얻는다.

(3) 특징

① 1중 효용 사이클로 한 쌍의 발생기-흡수기 루프를 가지면서 성능효과 향상은 2중 효용 사이클 이상이다.

② 재생기로 유입되어 재생이 시작되는 흡수용액의 온도보다 흡수기에서 유입되는 용액의 온도가 높으므로 흡수열의 이용비율이 증가하여 성적계수가 향상된다.

(4) 그림

재생기와 흡수기 사이의 점선으로 된 화살표 부분이 온도중첩 구간이다.

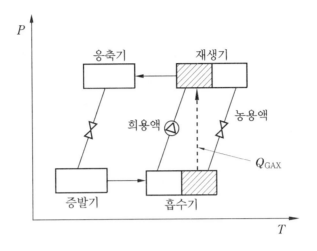

(5) 특수한 목적을 위하여 개발된 차세대 GAX 사이클

① WGAX : 폐열을 열원으로 하는 폐열구동 사이클

② LGAX : −50℃까지 증발온도를 얻을 수 있는 저온용 사이클

③ HGAX : 흡수식 사이클에 압축기를 추가하여 성능향상 및 고온과 저온을 얻을 수 있는 사이클

(6) GAX 사이클의 미해결 기술

① 고온, 고압과 압력 변화의 폭에 견디는 부수적인 '용액펌프'가 필요하다.

② 흡수기에서 각 온도레벨의 발생열이 재생기에서 가열되는 만큼 충분한 온도 레벨로 가열되지 못한다.

③ 부수적인 압력레벨은 재생기, 흡수기 압력레벨로 적용해야 한다.

④ 복잡한 용액흐름에 대한 설계와 제어방법이 요구된다.

⑤ 부수적인 열교환기 설계가 필요하다.

⑥ 냉매가 암모니아이므로 실내에서 사용할 시에는 이에 대한 안전대책이 필요하다.

⑦ 고온 작동 시 부식억제제의 불안전성이 해결되어야 한다.

3-18   대온도차 냉동기(냉동시스템)

(1) 개요

① 일반 냉동기는 냉수를 순환시켜 냉방운전을 할 경우 공조기에서 약 5℃의 온도차 가 발생한다 (약 7℃의 냉수가 공조기 코일에 들어가서 12℃로 상승되어 공조기 코 일을 빠져나간다). 그러나 대온도차 냉동기는 이러한 일반 냉동기 시스템의 공조기 코일에서보다 온도차를 크게 하여 열 반송동력(펌프, 송풍기 등의 소비동력)을 절감 하는 것을 가장 큰 목적으로 한다.

② 결국 펌프, 송풍기 등에 소요되는 반송동력을 약 30 % 이상 절감하여 에너지소비 를 줄일 수 있는 공조방식이다.

(2) 특징

① 냉수를 순환시켜 냉방 시 공조기에서 약 9℃의 온도차를 이용한다 (4℃ → 13℃).

② 공조기의 냉각코일에서 약 9℃의 온도차를 이용함으로써 순환 냉수량을 줄일 수 있다.

$$\text{냉각코일에서의 열교환량}\,(q) = G \times C \times \Delta T$$

여기서, q : 열량(kW)

G : 냉수량 (kg/s)

C : 물의 비열(4.1868 kJ/kg · K)

ΔT : 냉각코일 출구수온 − 입구수온 (K, ℃)

☞ 대온도차 냉동기에서는 위 식에서 ΔT가 증가하므로, 그만큼 냉수량(G)을 줄일 수 있다.

③ 이에 따라 냉수펌프의 용량이 적어도 되므로, 펌프의 동력 절감과 냉수배관 크기가 줄어드는 효과가 있다.

(3) 설계 시 고려사항

① 공조기 냉각코일의 크기가 증가한다 (동일한 냉동능력을 확보하기 위해서는 열교 환 효율을 증대시켜야 하기 때문).

② 냉수량이 적어지므로 코일의 패스를 재설계할 필요가 있다 (냉수량 감소에 따른 유 속 감소를 보완할 수 있게 패스 수를 줄인다).

③ 공조기용 송풍기 동력을 줄여 '저온급기방식'으로 적용 가능하다. 이 경우 실내환 기량이 부족해질 수 있으므로 주의한다.

④ 본 '대온도차 냉동기' 이론은 지금까지 기술한 냉수 부분(공조기 측)과 공조기 송풍기 측 이외에, 냉각수 부분(냉각탑 측)에도 동일하게 적용할 수 있다.

⑤ 공조기 코일로 공급되는 물의 온도가 다소 낮아질 수 있으므로, 결로 방지를 위해 단열을 강화하여야 한다.

⑥ 보통 취출공기의 온도가 낮아질 수 있으므로 유인비가 큰 디퓨저가 유리하다.

(4) 종류

① 냉수 측 대온도차 냉동기

(개) 아래 그림에서 냉수펌프의 유량을 줄여 냉수 측의 대온도차를 이용하는 방법이다.

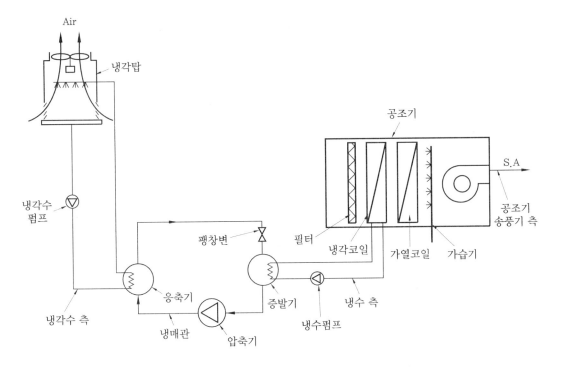

(내) 공조기 측 코일의 열교환량 $(q) = G$ (냉수량) $\times C$ (물의 비열) $\times \Delta T$에서 냉수유량이 줄어든 만큼 입·출구의 ΔT를 늘리는 방법이다.

(대) 이를 위해서는 일반적으로 공조기 코일의 크기 혹은 열수가 어느 정도 증가될 수 있어 코일 패스설계 등을 별도로 해주어야 한다.

② 공조기 송풍기 측 대온도차 냉동기

(개) 이른바 '저온급기방식'의 일종이다.

(내) 공조기용 송풍기의 풍량을 줄이고(송풍동력 감소) 온도차 $(t_i - t)$를 늘리는 방식이다.

㈐ 이 경우 열교환량 (q)

$$q = Q \cdot \rho \cdot C_p(t_i - t)$$

여기서, q : 열량 (kW)

Q : 공조기용 송풍기의 공급 공기량 (m^3/s)

t_i : 실내공기 온도 (K, ℃)

t : 송풍 급기 온도 (K, ℃)

C_p : 공기의 정압비열 (1.005 kJ/kg · K)

ρ : 공기의 밀도 (kg/m^3)

㈑ 위 식에서 풍량 (Q)을 줄이고 온도차 ($t_i - t$)를 늘리면 동등한 열교환량 (냉동능력)을 확보할 수 있다. 단, 이 경우 공조기 코일의 열수나 크기를 다소 증가시켜 주어야 한다. 코일 패스설계를 변경해야할 수도 있다.

③ 냉각수 측 대온도차 냉동기

㈎ 냉각수 측 (Condensing Water Side)이란 냉동기의 응축기라는 부품과 냉각탑과 연결되는 냉각수 배관라인을 의미한다.

㈏ 이 경우에도 앞에서 설명한 '냉수 측 대온도차 냉동기'와 거의 동일하게 적용된다. 즉 냉각수펌프의 유량을 감소시키고 대신 ΔT를 늘리는 방식이다.

(5) 기대 효과

① 에너지 소비량이 감소 (펌프 및 송풍기 동력 감소)된다.

② 유량 (냉수량 혹은 공기량) 감소로 인해 덕트, 배관 사이즈가 축소된다.

③ 실내공기의 질과 쾌적성이 향상된다.

④ 습도제어가 용이 (저온 급기 가능)해진다.

⑤ 송풍기, 펌프의 용량 및 사이즈 축소된다.

⑥ 전기 수전설비의 용량이 축소된다.

⑦ 초기 투자비용 절감에 유리하다.

⑧ 건물 층고의 감소가 가능하다.

⑨ 기존 건물의 개보수에 적용하면 낮은 비용으로 냉방능력을 쉽게 증감할 수 있다.

3-19 이산화탄소 냉동 사이클

(1) 개요

① CO_2 (R744)는 기존의 CFC 및 HCFC계를 대신하는 자연냉매 중 하나이며, ODP 가 0이고 GWP가 미미하여 가능성이 많은 자연냉매이다.

② CO_2는 체적용량이 크고 작동압력이 높다 (임계영역 초월).

③ 냉동기유 및 기기재료와 호환성이 좋다.

(2) 개략도 (사례)

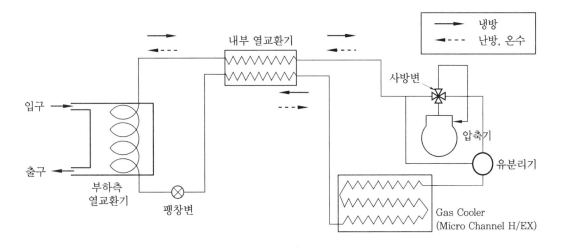

(3) Cycle 선도

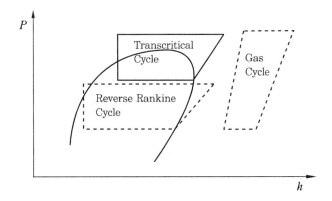

(4) 특징

① C.P (임계점 ; Critical Point)가 약 31℃ (7.4 MPa)로 냉방설계 외기온도 조건인 35℃보다 낮다 (즉 초월 임계 Cycle을 이룬다).

② 증발압력 = 약 3.5~5.0 MPa, 응축압력 = 약 12~15 MPa

③ 안전도 (설계압 기준) : 저압은 약 22 MPa, 고압은 약 32 MPa에 견딜 수 있게 한다.

④ 압축비 : 일반 냉동기에 비해 낮은 편이다 (압축비 = 약 2.5~3.5).

⑤ 압력 손실 : 고압 및 저압이 상당히 높아 (HCFC22 대비 약 7~10배 상승) 밀도가 커지고 압력 손실이 줄어들어 압력 손실에 의한 능력 하락은 적다.

⑥ 용량제어법

㉮ 인버터, 인버터 드라이버를 이용한 전자제어

㉯ 전자팽창변의 개도 조절을 통한 유량 조절

(5) 성능 향상 방법

① 흡입관 열교환기(Suction Line H/EX, Internal H/EX)를 설치하여 과냉각을 강화한다 (단, 압축기 흡입 가스의 과열을 주의함).

☞ 약 15~20 %의 성적계수 향상이 가능하다고 보고되었다.

② 2단 Cycle 구성 : 15~30 %의 성적계수 향상이 가능하다고 보고되었다.

③ Oil Separator를 설치하여 오일의 열교환기 내에서의 열교환 방해를 방지한다.

④ Micro Channel 열교환기(Gas Cooler)의 효율 증대로 열교환이 개선된다.

⑤ 높은 압력차로 인한 비가역성을 줄여줄 수 있게 팽창기(Expansion Device)를 사용하면, 부수적으로 기계적 에너지도 회수할 수 있다.

⑥ 팽창기에서 회수된 기계적 에너지를 압축기에 재공급하여 사용하거나 전기에너지로 변환하여 사용할 수 있다 (다만 팽창기의 경제성, 시스템의 크기 증대 등을 고려한다).

☞ 약 15~28 %의 성적계수 향상이 가능하다고 보고되었다.

3-20 냉각탑 (Cooling Tower)의 효율관리

(1) 개요

① 냉각탑은 크게 공업용과 공조용으로 구분되며, 냉동기의 응축기열을 냉각시키고,

물을 주위 공기와 직접 혹은 간접적으로 접촉 및 증발시켜 냉각하는 장치를 말한다.

② 가장 보편적으로 사용되는 개방식 냉각탑 중 강제 통풍식(기계 통풍식)은 송풍기를 사용하여 공기를 강제로 유통시킴으로써 냉각효과가 크다. 요즘은 송풍기의 동력을 줄이기 위해 무동력 냉각탑 등도 많이 대두되고 있다.

(2) 종류

① 개방식 냉각탑

(개) 대기식 : 냉각탑의 상부에서 분사하여 대기 중 냉각시킨다.

(내) 자연 통풍식 : 원통기둥의 굴뚝효과를 이용한다.

(대) 기계 통풍식

　㉮ 직교류형 : 저소음·저동력이고, 높이가 낮으며, 설치면적이 넓고 중량이 크다. 그리고 토출공기의 재순환 위험이 있고, 비산수량이 많으며, 가격이 고가이고, 유지관리가 편리하다는 점 등이 있다.

　㉯ 역류형(대향류형, 향류형) : '직교류형'과 반대이다.

　㉰ 평행류형 : 효율이 낮아 잘 사용하지 않는다.

② 밀폐식 냉각탑

(개) 냉각수가 밀폐된 관 내부로 흐르면서 열교환을 한다.

(내) 순환냉각수의 오염 방지를 위해 코일 내 냉각수를 통하고, 코일 표면에 물 살포(증발식)를 한다.

(대) 보통 설치면적이 상당히 커진다.

(래) 24시간 공조용, 혹은 프로세스형 냉각탑에 많이 적용된다.

(마) 가격이 고가이다.

(바) 종류

　㉮ 건식(Dry Cooler) : 공기와 열교환

　㉯ 증발식 : 공기 및 살수에 의해 열교환

③ 간접식 냉각탑 (개방식 냉각탑+중간 열교환기 사용)

(개) 앞에서 말한 밀폐식 냉각탑은 냉각수 오염 방지에는 상당히 유리하나, 개방식 대비 구매가격이 상당히 높으므로, 특수 목적을 제외하고는 택하기가 상당히 어렵다.

(내) 따라서 요즘은 냉각탑 가격이 어느 정도 낮고(밀폐식과 개방식의 중간 가격) 냉각수 오염 방지에도 효과적인 '간접식'이 많이 보급되고 있다.

(대) 개방식과 밀폐식이 직접 열교환 방식(응축기와 냉각탑이 직접 열교환)이라면, 간

접식은 응축기와 냉각탑 사이에 중간 열교환기를 설치(서비스 용이)하여 기계 측 오염을 미연에 방지해주는 시스템이다.

④ 무동력 냉각탑(Ejector C/T)

(개) 물을 노즐로 분무하여 수평 방향으로 무화시켜 현열 및 증발잠열을 방출한다.

(내) 실제 팬동력은 없지만, 노즐 분무동력이 많이 증가되기 때문에 무동력이라고 하기는 어렵다.

(대) 성능이 낮기 때문에 현재 많이 보급되어 있지는 않다.

(3) 연결 계통도 (병렬식)

① 냉각탑의 병렬 설치로 부분부하 운전 시 동력 저감, 소음 저감 등이 가능해진다.

② 병렬로 연결된 냉각탑끼리 유량의 균등 분배를 위해 연통관을 설치한다.

③ 기타 각 계통의 배관지름, 배관길이 등의 관로저항을 동일하게 해주면 균등 분배에 효과적이다.

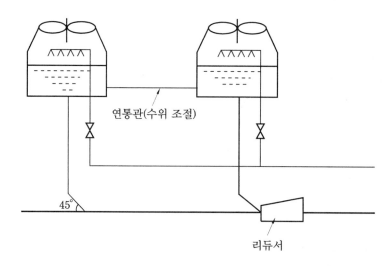

주 연통관 : 냉각탑을 병렬로 설치할 때 냉각수 분배의 불균형으로 순환량에 차이가 나서 한 쪽은 냉각수 부족현상, 다른 쪽은 넘침현상이 발생하므로, 연통관을 설치하여 균형을 잡고 병렬 분기관에 밸브 등을 설치하여 유량 조절기능을 부여하고 대수제어 운전을 대비해야 한다.

(4) 냉각톤

① 냉각탑의 공칭능력으로 사용된다 (37℃의 순수한 물 13 LPM을 1시간 동안에 32℃의 물로 만드는 데 필요한 냉각능력).

② 1냉각톤 (냉동기 1 RT당 방출해야 할 열량), 물의 비열은 4.1868 kJ/kg · K이므로

$$q_s = \frac{13}{60} \times 4.1868 \times (37 - 32) = 4.5357 \ \text{kW} = 3,900 \ \text{kcal/h} = 1.17 \ \text{RT}$$

(5) 냉각탑 효율 (KS표준)

① Range = 입구수온 – 출구수온

② Approach = 출구수온 – 입구공기 WB

③ 냉각탑 효율 $= \dfrac{\text{입구수온} - \text{출구수온}}{\text{입구수온} - \text{입구공기 WB}}$

$$= \frac{\text{Range}}{\text{Approach} + \text{Range}}$$

④ KS표준 온도조건

㉮ 입구수온 = 37℃

㉯ 출구수온 = 32℃

㉰ 입구공기 WB = 27℃

㉱ 출구공기 WB = 32℃

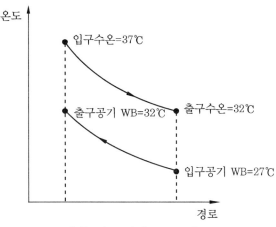

수온 및 공기의 WB 그래프

[주] 1. 냉각탑 입구공기의 습구온도가 같은 조건일 때 어프로치가 작은 냉각탑이 그만큼 많이 냉각되었다는 뜻으로 능력이 크다는 것이다.

2. 어프로치를 작게 하기 위해서는 물과 공기의 접촉을 보다 많이 할 수 있게 설계하여야 하며 일반적으로 3~5℃를 기준으로 한다.

칼럼 **냉각탑에서 외부공기의 절대습도가 높아질 경우 출구 수온의 변화**

1. 정답 : 상승한다.

2. 이유

① 물 (냉각수) → 외부 공기 측으로의 물질 이동량 (수증기 분압차 감소) 감소로 열교환량 (증발량, 잠열)이 감소한다.

② 일정한 Cooling Approach라면 냉각수 출구온도는 외부공기의 절대습도가 증가한 만큼 상승한다.

③ 공기와 물의 유량 등 다른 조건이 동일하다면, 열교환량 $\propto f$ (공기와 물의 온도차 및 습도차)이다.

→ 따라서, 외부공기의 절대습도가 높아지면 열교환량이 감소하여 출구수온은 높아진다.

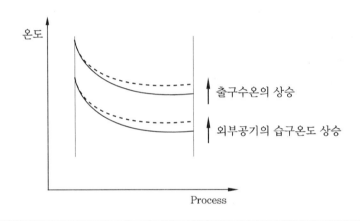

(6) 설치상 주의점

① 고온다습한 공기, 먼지 등의 영향을 고려한다.

② 백연현상 (냉각탑 유출공기가 냉각되고 과포화되어 발생한 수적이 흰 연기처럼 보이는 현상)의 영향을 고려한다.

③ 견고성(건물의 강도)을 고려한다.

④ 유효공간의 활용성을 고려한다.

⑤ **냉각 보급수량 [증발＋비산(Blow Out 포함)＋Blow Down 수량] 보충 필요** : 순환수량의 약 1~3 %

  * Blow Out : 비산수 중에서 냉각탑의 팬 측으로 튀겨나가는 물

⑥ 통풍이 원활한 장소에 설치한다.

⑦ 비산방지망, 겨울철에 사용할 때에는 동파방지용 히터(전기식)를 설치한다.

⑧ **소음과 진동대책 수립** : 이격, 팬 사일런서, Spring Type, 방진가대, 방진재, 차음벽, 저소음형 등을 이용한다.

⑨ **위치에 의한 경제성** : 냉각효율 높은 위치에 설치한다.

⑩ 냉각탑을 냉동기보다 낮은 위치에 설치할 때에는 반드시 아래 사항들을 고려하여 설치해야 한다.

  ㈎ 응축기 출구배관은 응축기보다 높은 위치에 세운다.

  ㈏ 냉각수 펌프 정지 시 사이펀 현상 방지 : 냉각탑의 입구 측에 Siphon Breaker, 벤트관 혹은 차단밸브를 설치해주어야 한다.

  ㈐ Cavitation 현상을 방지하기 위해 냉각수 펌프를 냉각탑의 출구 측 가까이에 혹은 동일 레벨로 설치하고, 펌프의 토출구에는 체크밸브를 설치하여 누설을 막는다.

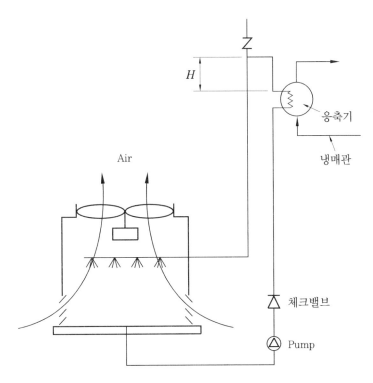

냉각탑을 냉동기보다 낮은 위치에 설치하는 방법

대용량 냉각탑의 백연현상 모습

칼럼 **백연현상**

1. 정의 : 실외온도가 저온다습한 경우 냉각탑 유출공기가 냉각되고 과포화되어 발생한 수적이 마치 흰 연기처럼 보이는 것을 말한다.

2. 주변 영향
 ① 냉각탑 주변에 결로가 발생할 수 있다.
 ② 낙수 등으로 냉각탑 주변에서 민원이 발생할 수 있다.
 ③ 주민들이 백연현상을 산업공해로 오인하여 환경적인 문제를 제기할 수 있다.
 ④ 동절기에 백연이 더욱 응축되어 도로, 인도 등을 결빙시킬 수 있다.
 ⑤ 냉각탑 주변에 공항시설이 있는 경우에는 항공기 이착륙을 방해할 수 있다.
 ⑥ 거주민들에게 시각적 방해를 줄 수 있다.
 ⑦ 동절기에 건물, 빌딩 등의 창유리를 결빙시킬 수 있다.
 ⑧ 도시환경에 대한 시각적 이미지가 실추될 수 있다.

3. 방지법
 ① 냉각탑 주변에 통풍이 잘될 수 있도록 고려한다.
 ② 냉각탑 설치 위치 : 백연현상이 발생해도 민원 발생이 적은 장소를 선택한다.
 ③ 다습한 토출공기를 재열하여 습기를 증발시켜 내보낸다.
 ④ 냉각탑에 '백연 방지 장치'를 장착한다.
 ⑤ 백연저감 냉각탑을 설치한다.
  * 백연저감 냉각탑 : 혼합냉각탑 혹은 Wet/Dry 냉각탑이라고도 하며, 건식 및 습식 (증발식) 냉각탑의 결합체이다 (냉각탑을 떠나는 공기의 상대습도를 낮추어준다).

---

(7) 백연저감 냉각탑의 종류

① 직렬 공기유동 방식

 ㈎ 습식부 전방 또는 후방에 건식부가 위치하는 직렬로 공기가 유동하는 방식이다.

(내) 이 배열은 건식부가 공기 유동선상에 있어 항상 흐름 저항을 증가시키고, 습식부로부터 물 비산으로 인하여 건식부가 쉽게 부식되는 단점이 있어 백연저감 냉각탑에 많이 적용하고 있지 않다.

② **병렬 공기유동방식**

(개) 공기가 냉각탑의 건식부와 습식부에 각각 들어가는 병렬방식의 공기유동이 이루어지는 방식이다.

(내) 일반적으로 백연저감 냉각탑에 많이 사용되고 있는 방식이며, 이 배열은 또한 물의 유동방식에 따라 아래와 같이 두 가지로 구분된다.

⑦ 병렬 냉각수 유동방식

㉠ 공정으로부터 가열된 냉각수를 건식부와 습식부로 보내어 냉각시킨 다음 하부수조에서 혼합이 되도록 한다.

㉡ 이 형식의 건식부는 습식부에 비하여 효율이 낮고 건식부를 떠나는 물의 온도가 비교적 높아서 열 성능에 영향을 미침으로 백연경감 냉각탑에 많이 사용되고 있지 않다.

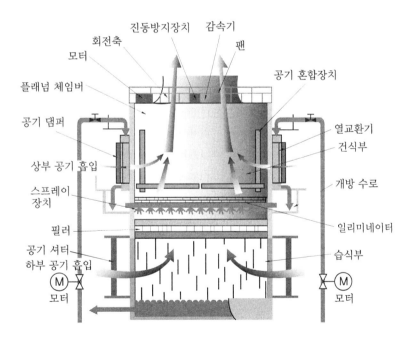

백연저감 냉각탑 (병렬 공기유동, 직렬 냉각수 유동방식)

⑭ 직렬 냉각수 유동방식

㉠ 백연경감 냉각탑에 일반적으로 적용하는 형식이며, 가열된 냉각수가 먼저 건식부를 통과한 다음 (열의 일부가 건식부에서 제거됨) 습식부를 통과하는 방식이다.

ⓒ 건식부에서 가열된 공기와 습식부를 통과한 포화공기가 공기 믹서에 의해 플래늄 체임버에서 혼합되어 냉각탑을 떠나기 전에 상대습도가 낮아짐으로 백연 형성이 거의 줄어들게 된다.

(8) 냉각탑의 용량 제어법

① **수량 변화법** : Bypass 수회로 등을 이용하여 냉각수량을 조절해준다.

② **공기유량 변화법** : 송풍기의 회전수 제어 등을 통하여 공기의 유량을 조절해 주는 방법이다.

③ **대수분할제어** : 냉각탑의 대수를 2대 이상으로 하거나, 혹은 냉각탑의 내부를 분할하여 분할제어를 해준다.

(9) 냉각탑의 순환펌프 양정계산

$$순환펌프의\ 양정(H) = h_1 + h_2 + h_3$$

여기서, h_1 : 낙차 수두

h_2 : 배관 및 밸브류 등의 마찰손실

h_3 : 노즐 살수압력 수두

(10) 한국과 미국의 냉각탑 용량관리 기준비교

비교항목	한국	미국
순환수량	13 LPM	11.36 LPM(3 GPM)
입구온도	37℃	35℃ (95℉)
출구온도	32℃	29.4℃ (85℉)
습구온도 (입구 측)	27℃	25.6℃ (78℉)
냉각열량	3,900 kcal/h	3,785 kcal/h
표준 냉각능력	1 CRT	1.414 CRT (1 Ton)

(11) 냉각탑의 수처리방안

① 블로 다운 (Blow Down)

② **냉각탑의 순환여과 (Side-Stream Filtration) 처리** : 역세식, 원심식 포함

③ 냉각탑의 약품처리(Chemical Dosing)

(12) 랭겔리어 지수(Langelier Index)

① 칼슘경도, 중탄산칼슘, pH, 온도 등에 의한 탄산칼슘의 수중 침전 정도를 나타내는 지수이다.

② 스케일의 부착량 혹은 부착속도를 직접 의미하는 것이 아니고, 물의 탄산칼슘 혹은 중탄산칼슘 함유량을 나타내는 수치이다.

③ 계산식

$$랭겔리어 \ 지수(L.I) = pH_r - pH_s$$

여기서, pH_r : 실측된 pH

pH_s : 포화 시의 pH

$pH_r - pH_s < 0$: 비스케일 경향

$pH_r - pH_s = 0$: 평형상태

$pH_r - pH_s > 0$: 스케일 경향($CaCO_3$ 과포화로 침전물 형성)

> **칼럼** 냉각탑의 성능에 영향을 미치는 인자
>
> 1. 냉각탑의 입출구 온도차 : 클수록 냉각탑의 성능에 유리한 조건이다.
> 2. 입구공기의 습구온도 : 낮을수록 냉각탑의 성능에 유리한 조건이다.
> 3. 냉각수량 : 수량이 증가할수록 냉각탑의 성능에 유리한 조건이다.
> 4. 기타 : 냉각탑 간의 간섭, 통풍이 좋지 않은 장소, 수질오염 등은 냉각탑의 성능에 불리한 조건이다.

3-21 외기냉수냉방(Free Cooling, Free Water Cooling)

(1) 개요

① 중간기의 냉방수단으로, 기존에는 외기냉방을 주로 사용했으나 심각한 대기오염, 소음, 필터의 빠른 훼손 등으로 '외기냉수냉방'이 등장하였다.

② 자연 기후조건을 최대한 이용하여 냉방할 수 있는 방식으로, 외기를 직접 실내로 송풍하는 외기냉방시스템에 비하여 항온항습이 필요한 공동 대상건물(전산센터 등)이나 습도에 민감한 OA 기기 사용 사무소 등에 채택하여 에너지를 절약할 수 있는 방식이다.

(2) 원리

① 냉각탑에 냉동장치(응축기)와 열교환기를 3방변 등을 이용해 병렬로 구성하여 교
   번동작이 가능하게 한다.

② 주로 제습부하가 있을 시에는 냉동기 가동, 제습부하가 없을 시에는 냉각탑과 열
   교환기가 직접 열교환하게 한다 (외기냉수냉방).

(3) 종류

① **개방식 냉수냉방** : 개방식 냉각탑을 사용한다.

  ㈎ 열교환기를 설치하지 않은 경우 (냉각수 직접순환방식)

   ㉮ 1차 측 냉각수 : C/T → 펌프 → 공조기, FCU (LOAD) → C/T로 순환한다.

   ㉯ 2차 측 냉수 : 1차 측 냉각수에 통합된다.

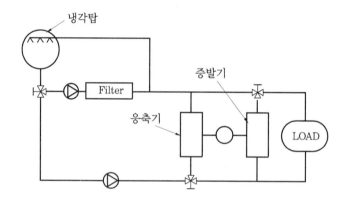

  ㈏ 열교환기를 설치한 경우 (냉수 열교환기방식)

   ㉮ 1차 측 냉각수 : C/T → 펌프 → 열교환기 → C/T로 순환한다.

   ㉯ 2차 측 냉수 : 열교환기 → 공조기, FCU (LOAD) → 펌프 → 열교환기 순서로 순환
     한다.

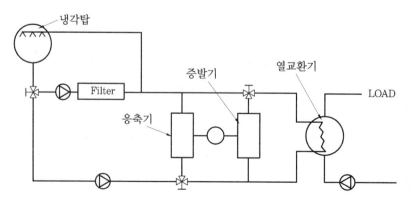

② **밀폐식 냉수냉방** : 밀폐식 냉각탑 사용

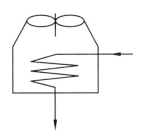

　(가) 앞의 개방식과 같은 수회로 계통이다 (열교환기방식 혹은 냉각수 직접 순환방식).

　(나) 장점 : 냉수가 외기에 노출되지 않아 부식이 없고 수처리장치가 필요하지 않다.

　(다) 단점 : 냉각탑이 커지고, 효율 저하의 우려가 있으며, 투자비가 상승하는 등의 단점이 있다.

(4) '외기냉방 ↔ 외기냉수냉방' 방식 비교

　① 외기 직접 도입 ↔ 전열 교환 실시

　② 댐퍼로 유량 조절 ↔ 밸브로 유량 조절

　③ OA (외기)의 질에 영향받음 ↔ OA의 질에 무관함

　④ 주로 16℃ 이하의 외기 사용 ↔ 주로 10℃ 이하의 냉수 사용

　⑤ 외기덕트의 100 % 외기량 기준으로 설계 ↔ 최소 외기량 기준으로 설계

　⑥ 시설유지비가 적게 소요됨 ↔ 시설유지비가 많이 소요됨

(5) 기술의 동향

　① 냉각탑의 오염 방지를 위해 가급적 밀폐식 혹은 간접식(열교환기 방식)을 사용하는 것이 좋다.

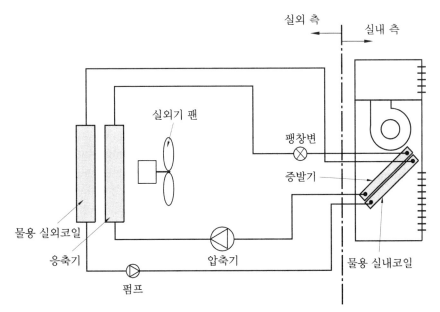

공랭식 외기냉수냉방의 적용사례

② 외기냉수냉방 시스템 도입은 초기설치비 측면에서 다소 상승하지만, 중간기 냉방 등에 사용할 수 있어 충분한 경제성이 있다.

③ 현재 냉각탑을 전혀 사용하지 않고, 콘덴싱유닛이나 에어컨 실외기를 활용하고 그 내부에 이중열교환기를 장착하여 하나의 실외기팬으로 물과 냉매를 동시에 냉각하는 '공랭식 외기냉수냉방'도 일부 개발 및 적용되고 있다.

3-22 냉열원기기 관련 용어해설

(1) 기한제(Freezing Mixture)

① 서로 다른 두 종류의 물질을 혼합하여 한 종류를 사용할 때보다 더 낮은 온도를 얻을 수 있는 물질을 말한다.

② 종류

  (개) 눈+소금 : -21℃ (2 : 1)

  (내) 눈+희염산 : -32℃ (8 : 5)

  (대) 눈+$CaCl_2$: -40℃ (4 : 5)

  (래) 눈+$CaCO_3$: -45℃ (3 : 4) 등

(2) 증기압축식 냉동

① '증발 → 압축 → 응축 → 팽창 → 증발' 순서로 연속적으로 Cycle을 구성하여 냉매증기를 압축하는 냉동방식이다.

② 냉매로는 프레온계 냉매, 암모니아 (NH_3), 이산화탄소 등이 많이 사용된다.

(3) 2중 효용 흡수식 냉동기

① '단효용 흡수식 냉동기'에 비해 재생기가 1개 더 있어(고온재생기, 저온재생기) 응축기에서 버려지는 열을 재활용하는 방식이다.

② 응축기에서 버려지는 열을 한 차례 더 재활용하여 저온재생기의 가열에 사용함으로써 훨씬 효율적으로 사용할 수 있는 방식이다.

(4) 증기분사식 냉동

① 보일러에 의해 생산된 고압의 수증기가 노즐을 통해 고속으로 분사될 때 증발기 내에 흡인력이 생겨서 증발기를 저압으로 유지하는 방식의 냉동방식이다.

② 고압 스팀이 다량 소모되며, 일부 선박용 냉동 등에서 한정적으로 사용된다.

(5) 공기 압축식 냉동

① 항공기 냉방에 주로 사용되며, 줄-톰슨(Joule-Thomson) 효과를 이용하여 단열팽창과 동시에 온도강하(냉방)가 이루어질 수 있게 고안된 냉동기이다.

② 모터에 의해 압축기가 운전(공기 압축)되면 냉각기에서는 고온·고압이 되어 열을 방출하며, 이때 반대편이 단열팽창되어 냉동부하 측 열교환기를 저압으로 유지해주는 방식이다.

(6) 흡착식 냉동

① 다공식 흡착제(활성탄, 실리카겔, 제올라이트 등)의 가열 시에 냉매가 토출되고, 냉각 시에 냉매가 흡입되는 원리를 이용하는 냉동방식이다.

② 최근 프레온계 냉매의 환경문제로 인하여 이와 같이 프레온가스, 냉매압축기 등을 사용하지 않는 연구개발이 활발해지고 있는 추세이다.

(7) 진공식 냉동

① 밀폐된 용기 내를 진공펌프를 이용하여 고진공으로 만들고, 고진공 상태에서 수분을 증발시켜 냉각시키는 원리이다.

② 대용량의 진공펌프를 사용해야 하므로 다소 비경제적일 수 있다.

(8) 전자식 냉동(Electronic Refrigeration ; 열전기식 냉동법)

① 펠티어(Peltier) 효과를 이용하여 종류가 다른 이종금속 간 접합 시 전류의 흐름에 따라 흡열부 및 방열부가 생기는 것을 이용하는 방식이다.

② 고온접합부에서는 방열하고, 저온접합부에서는 흡열하여 Cycle을 이룬다.

③ 전류의 방향을 반대로 바꾸어 흡열부와 방열부를 서로 교체할 수 있으므로 역 Cycle 운전도 가능하다.

(9) 물 에어컨

① 보통 제습(습기제거)장치를 바퀴 모양으로 만들어 실외에서 열이나 따뜻한 공기를 공급해 바퀴의 반쪽을 말리는 동안 다른 반쪽은 습한 공기를 건조시키도록 하는 방식을 주로 사용한다.

② 습기제거장치를 말리는 데 사용된 열이나 외부공기는 다시 실외로 배출되는데, 폐열을 사용하면 효율을 더 증가시킬 수 있다.

(10) 자기 냉동기

① 주로 1 K 이하의 극저온을 얻어야 할 때에 많이 사용되는 냉동기이다.

② 상자성체인 상자성염(Paramagnetic Salt)에 단열소자(Adiabatic Demagnetization) 방식을 적용하여 저온을 얻는다.

③ 상자성염에 자장을 걸면 방열되고, 자장을 없애면 흡열하는 성질을 이용한 냉동방식이다.

(11) 스크루 냉동기

① 스크루 냉동기는 스크루 압축기(정밀 가공된 나사 모양의 스크루를 회전시켜가며 압축하는 대표적인 회전식 용적형 압축기)를 장착하여 냉동하는 냉동기라고 정의할 수 있다.

② 주로 중·대용량 및 고압축비용의 압축기로 사용되며, 사이클 행정은 흡입/압축/토출이 동시에 연속적으로 이루어지는 방식이다.

(12) 원심식 냉동기(터보 냉동기)

① 원심식 압축기를 장착한 대용량의 냉수 생산용 냉동기이며, 미국에서는 주로 'Centrifugal Chiller'라고 부른다.

② 대용량형으로 주로 사용되며, 고압축비가 필요한 경우에는 부적당할 수 있다.

③ 원심식 고유의 부분부하 특성 및 냉동효율이 매우 우수한 냉동기이므로, 건물공조 부문에서 에너지절약형 냉동장치로 각광받고 있다.

스크루 냉동기

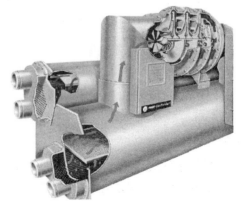

원심식 냉동기(터보 냉동기)

(13) IPF(Ice Packing Factor ; 제빙효율, 빙충전율, 얼음 충전율)

① 다음과 같은 계산식으로 정의된다.

$$IPF = \frac{빙중량}{수중량} \times 100 \%$$

② IPF가 크면 동일 공급 열매체 기준 '축열열량'이 크다.

(14) 축열효율

① 다음과 같은 계산식으로 정의된다.

$$축열효율 = \frac{방열량}{축열량} \times 100 \%$$

② "축열된 열량 중에서 얼마나 손실 없이 방열이 이루어질 수 있는가?"를 판단하는 개념이다(변환손실이 얼마나 적은지를 가늠하는 척도이다).

(15) 축열률

① 1일 냉방부하량에 대한 축열조에 축열된 얼음의 냉방부하 담당 비율을 말한다.
② 빙축열시스템은 축열률에 따라 '전부하 축열방식'과 '부분부하 축열방식'으로 나눌 수 있다.
③ **계산방식** : '축열률'이라 함은 통계적으로 최대냉방부하를 갖는 날을 기준으로 기타 시간에 필요한 냉방열량 중에서 이용이 가능한 냉열량이 차지하는 비율을 말하며, 다음과 같이 백분율(%)로 표시한다.

$$축열률 = \frac{이용\ 가능한\ 냉열량}{심야시간\ 이외의\ 시간에\ 필요한\ 냉방열량} \times 100 \%$$

> ㈜ '이용 가능한 냉열량'이라 함은 축열조에 저장된 냉열량 중에서 열손실 등을 차감하고 실제로 냉방에 이용할 수 있는 열량을 말한다.

(16) 빙축열(축랭설비)

① 냉동기를 이용하여 심야시간(23:00~09:00)대에 축열조에 얼음을 얼리고, 주간 시간대에 그 얼음을 이용하여 냉방하는 설비를 말한다.
② 빙축열 시스템은 물을 냉각하면 온도가 내려가 0℃가 되며 더 냉각하면 얼음으로 상변환될 때 얼음 1 kg에 대해서 응고열 334 kJ이 저장되며, 반대로 얼음이 물로 변할 때는 융해열 334 kJ이 방출되는 원리를 이용하는 시스템이다(즉 용이하게 많은 열량을 저장한 후 재사용함).

③ '건축물의 설비기준 등에 관한 규칙'에 의거하여 중앙집중 냉방설비를 설치할 때에는 해당 건축물에 소요되는 주간 최대냉방부하의 60% 이상을 수용할 수 있는 용량의 축랭식 또는 가스를 이용한 중앙집중 냉방방식으로 설치하여야 한다.

(17) 축열조

① 냉동기에서 생성된 냉열 혹은 온열을 얼음이나 혹은 물(냉수, 온수)의 형태로 저장하는 탱크를 말한다.

② 축열조는 축랭(축열) 및 방랭(방열) 운전을 반복적으로 수행하는 데 적합한 재질의 축랭제를 사용해야 하며, 내부 청소가 용이하고 부식되지 않는 재질을 사용하거나 방청 및 방식 처리를 하여야 한다.

③ 축열조의 용량은 전부하축열방식 또는 축열률이 40% 이상인 부분축열방식으로 설치할 수 있다.

④ 축열조는 보온을 철저히 하여 열손실과 결로를 방지해야 하며, 맨홀 등 점검을 위한 부분은 해체와 조립이 용이하도록 하여야 한다.

(18) 심야시간

① 심야시간은 한국전력공사에서 전기요금을 차등으로 부과하기 위해 정해 놓은 시간이다.

② 통상 매일 '23~09시'를 의미하며, 야간 축랭 혹은 축열을 진행하는 시간대이다.

제4장 | 온열원기기 시스템

4-1 보일러의 종류별 특장점

(1) 주철제 보일러(Cast Iron Sectional Boiler, 조합보일러)

① 사용압력은 보통 저압증기의 경우 약 0.1 MPa 이하, 온수의 경우 약 0.3 MPa (수두 약 30 m) 이하로 한다.

② 증기보일러에는 최고사용압력의 약 1.5~3배의 눈금이 있는 압력계를, 온수보일러에는 최고 사용압력의 약 1.5배의 눈금이 있는 압력계를 사용해야 한다.

③ 특징

㈎ 내식성이 우수하며 수명이 길고 경제적이다.

㈏ 현장조립이 간단하고 분할반입이 용이하다.

㈐ 용량의 증감이 용이하고 가격이 싸다.

㈑ 내압, 충격에 약하고 대용량, 고압에 부적당하다.

㈒ 구조가 복잡하여 청소, 검사, 수리가 어렵다.

㈓ 저압증기용으로 소규모 건축물에 주로 사용된다.

㈔ 열에 의한 부동팽창으로 균열이 쉽게 발생한다.

㈕ 고압에 대한 우려 때문에 주로 저용량으로 사용된다.

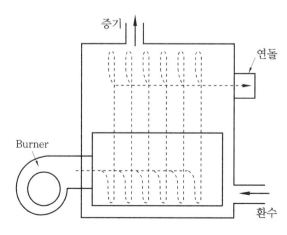

주철제 보일러

(2) 강판제 보일러

① 입형 보일러(Vertical Type Boiler, 수직형 보일러)

㈎ 소규모 패키지형으로, 일반 가정용 등에 사용된다 (수직으로 세운 드럼 내에 연관을 설치함).

㈏ 증기의 경우 약 0.05 MPa, 온수의 경우 약 0.3 MPa 이하이다.

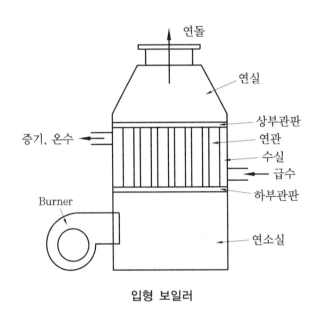

입형 보일러

② 노통연관식 보일러(Flue and Smoke Tube Boiler, Fire Tube Boiler, Smoke Tube Packaged Boiler) : 노통보일러(보일러 몸체 내부에 1~2개의 노통을 설치, 내압강도가 약하고 전열면적이 작음) + 연관보일러(파이프 내로 연소가스를 통과시켜 파이프 밖의 물을 가열하는 방식)

㈎ 보유수량이 많아 부하 변동에도 안전하고 급수 조절이 용이하며 급수 처리가 비교적 간단하다.

㈏ 열손실이 적고 설치면적이 작다.

㈐ 수관식보다 제작비가 저렴하다.

㈑ 설치가 간단하고 전열면적이 크나 수명이 짧고 고가이다.

㈒ 대용량에 적합하지 않고 (소용량) 스케일 생성이 빠르다.

㈓ 압력은 약 0.5~0.7 MPa로 학교, 사무실, 중대규모 아파트 등에 사용한다.

㈔ 청소가 용이하다.

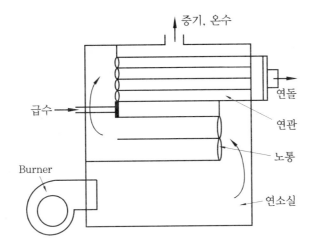

증기, 온수

급수 →

Burner

연돌

연관

노통

연소실

노통 연관식 보일러

③ **수관식 보일러(Water Tube Boiler)**
　㈎ 드럼 내 수관을 설치하여 복사열을 전달하며 가동시간이 짧고 효율이 좋으나 비싸다.
　㈏ 전열면적이 크고 온수, 증기 발생이 쉽고 빠르다.
　㈐ 고도의 물처리가 필요하다 (스케일 방지).
　㈑ 구조가 복잡하여 청소, 검사 등이 어렵다.
　㈒ 부하 변동에 따라 압력 변화가 크다.
　㈓ 압력은 약 1.0 MPa 이상으로 고압, 대용량에 적합하다.
　㈔ 설치면적이 넓고 가격(초기 투자비)이 비싸다.

④ **관류식 보일러(Through Flow Boiler, 증기 발생기)** : 수관식 보일러와 유사하나 드럼실(수실)이 없는 것이 특징이다.
　㈎ 관내로 순환하는 물이 예열, 증발, 과열되면서 증기를 발생한다.
　㈏ 보유수량이 적어 시동시간이 짧다 (증발속도가 빠르다).
　㈐ 급수 수질 처리에 주의해야 한다 (수처리가 복잡).
　㈑ 소음이 큰 편이다.
　㈒ 고압 중·대용량에 적합한 형태이다.
　㈓ 설치면적이 작다.
　㈔ 부하 변동에 따른 압력 변화가 크므로 자동제어가 필요하다.
　㈕ 가격이 고가이다 (초기투자비 증가).
　㈖ 스케일이 생성되므로 정기적인 Blow Down이 필요하다.

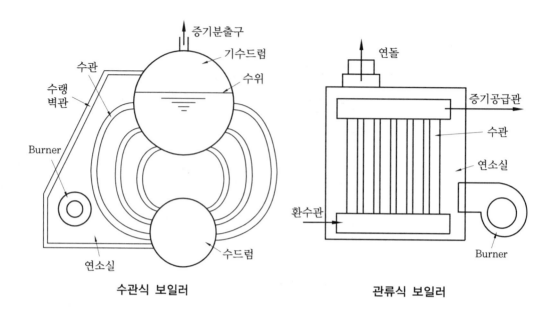

수관식 보일러   관류식 보일러

⑤ **소형 관류보일러(Small-type Multi Once-through Boiler)**

㉮ 관류보일러 중에서 최고사용압력이 1.0 MPa 이하이고, 전열면적은 $10\ m^2$ 이하 인 증기보일러를 말한다.

㉯ 특징

㉮ 안전성 : 관헤더 사이에 수관으로 구성되고 전열면적당 보유수량이 적으므로 폭발에 대해 안전하다.

㉯ 고효율 : 보통 이코노마이저(급수가열) 채용으로 보일러 효율은 95 % 이상이다.

㉰ 설치면적 : 고성능도 콤팩트하여 설치면적이 작다.

㉱ 용량제어 : 여러 대를 설치하여 부하 변동에 따라 대수제어를 하므로 부분부 하운전을 고효율로 할 수 있고, 보일러 운전 시 퍼지손실을 줄일 수 있다.

㉲ 경제성 : 공장에서 대량생산되어 가격이 저렴하고 원격제어 등 자동제어의 채 택으로 운전관리가 용이하다.

(3) 진공식 온수보일러

① 원리

㉮ 진공온수보일러는 진공상태(150~450 mmHg)의 용기에 충전된 열매수를 가열 하여 발생된 증기를 이용하여 열교환기 내에서 온수(100℃ 이하)를 발생시키는 일종의 온수보일러이다.

㉯ 즉, 100℃ 이하의 감압증기의 응축열을 이용한 것으로 일종의 Heat Pipe라고 말할 수 있다.

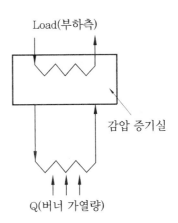

㈐ 난방 및 급탕수는 버너에 의해 직접 가열되는 것이 아니라, 진공으로 감압되어 있는 Boiler 관내에 봉입된 열매수를 버너로 가열하며, 이로써 발생된 감압증기(100℃ 이하의 증기)에 의해 난방 및 급탕수를 간접 가열하는 구조로 이루어져 있다.

㈑ 보일러 관내에서 발생한 감압증기는 감압증기실에 설치된 열교환기의 표면에 도달하여, 여기서 응축 열전달에 의해 열교환기의 파이프 속을 흐르는 난방용과 급탕용 온수에 열을 주고, 물방울로 응축되어 중력에 의해 다시 열매수로 되돌아온다.

② **특징**

㈎ 높은 안정성 : 보일러 관내는 항상 대기압보다 낮은 진공을 유지하고 있어 팽창, 파열, 파손의 위험성이 없다.

㈏ 관내 수량의 변화가 없음 : 감압증기실 내에서 열매수 → 감압증기 → 열교환 → 응축 → 열매수의 사이클을 반복하므로 열매수의 감량이 없고, 따라서 열매수의 추가량도 필요 없다.

㈐ 검사가 필요 없고 운전조절이 간단함 : 법정검사가 없으므로 취급자의 면허가 불필요하며, 관수 관리의 번거로움이 없고 첨단제어 장치를 설치하여 조작이 간편하다.

㈑ 부식이 없고 수명이 긺 : 진공식이므로 관수 이동이 없고 용존산소에 의한 부식이나 열응력에 의한 고장이 없으며, 연소실 내에 결로에 의한 부식도 거의 없다.

㈒ 콤팩트(Compact)화 가능 : 증기의 응축열 전달을 이용한 열교환 방식이므로 전열면적당 열교환량이 크기 때문에 열교환기를 콤팩트하게 할 수 있다.

㈓ 에너지절약 : 진공 온수보일러 내부에는 스케일 생성이 없고, 장시간 사용에 의한 효율저하가 없어 연료비가 절감된다.

③ **단점**

㈎ 90℃ 이상의 고온수 생산이 불가능하다.

㈏ 중·소용량 보일러 전용이다 (대용량 설치가 필요할 시 보일러를 여러 대 구성해야 한다).

㈐ 증기를 직접 필요로 하는 부하나 증기 가습에는 대응하기 어렵다.

㈑ 서비스 및 수리가 다소 어렵다.

④ **활용**

㈎ 급탕 : 샤워, 세면용 온수

(나) 난방 : 바닥 난방, 라디에이터, 팬코일유닛(Fan Coil Unit) 등

(다) 수영장 : 수영장 물에는 멸균을 목적으로 염소가 투입된다. 따라서 일반 온수보일러에서는 열교환기를 거쳐서 이를 가열해야 하지만 진공식을 이용하면 직접 가열할 수 있다.

(라) 온천수 가열

  ㉮ 저온의 온천수 및 냉천을 가열한다. 국내에는 많은 온천지가 있지만 거의 대부분이 추가적인 가열을 필요로 한다.

  ㉯ 온천의 수질은 유황과 염소를 비롯한 많은 황 물질이 포함되어 있어서, 일반적인 온수보일러로는 직접 가열할 수 없고, 반드시 별도의 열교환기를 거쳐야 한다.

  ㉰ 진공식 보일러를 이용하면 직접 가열할 수 있다.

(4) 열매체 보일러(Thermal Liquid Boiler)

① 특징

(가) 200~350℃(약 1~3기압) 정도의 액체 열매유 혹은 기체 열매유(온도 분포 균일)를 강제 순환으로 열교환한다.

(나) 설비 가격(초기 투자비)은 고가이나 유지비가 저렴하다.

(다) 낮은 압력으로 고온을 얻을 수 있다(크기의 콤팩트화가 가능함).

(라) 동파 우려가 적다(보일러 용수가 필요 없음) : 열매체의 빙점이 −15℃ 이하로 동파 우려가 거의 없다.

(마) 열매체가 지용성(기름류)이므로 보일러 부식이나 배관에 스케일이 낄 우려가 거의 없다.

(바) 산업용으로 주로 많이 보급되어 있으며, 주택용도 일부 보급되어 있다.

(사) 열매체 보일러의 열매체유는 비열이 0.52 정도로 물보다 훨씬 낮으므로, 에너지 절감 효과가 크다.

(아) 대개 폐기열 회수장치(연통으로 도망가는 열을 흡수하는 장치)가 달려 있어 물을 많이 쓰는 곳은 최대 50%까지 절약할 수 있다.

(자) 열매는 액상과 기상을 사용할 수 있다.

  ㉮ 액상 사용은 고온으로 가열시킨 열매유의 현열을 이용하여 가열 또는 냉각하는 방법으로 일정한 온도 분포가 요구되지 않을 시에 적용한다.

  ㉯ 기상 사용은 열매체유로 증기를 발생시켜 증발잠열을 이용하는 방법으로, 일정한 온도 분포가 요구될 때 사용한다.

② 단점

　　㉮ 열전도율 (λ)이 낮다.

　　㉯ 국부적 가열로 열화가 발생되기 쉽다.

　　㉰ '고온 산화' 방지가 필요하다.

　　㉱ 열매가 대개 인화성 물질이므로 안전에 특히 주의한다.

　　㉲ 가격이 비싸다.

　　㉳ 팽창탱크가 필요하다.

(5) 콘덴싱보일러(Condensing Boiler)

① 보일러의 배기가스 중에 포함된 수증기의 응축잠열을 회수하여 열효율을 높인 보일러이다.

② 연료용 가스는 연소될 때 배기가스가 발생하는데 배기가스 중에는 이산화탄소 (CO_2), 일산화탄소 (CO) 및 수증기(H_2O) 등이 생성된다.

③ 메탄 (CH_4)이 주성분인 도시가스 (LNG)가 완전연소되면 다음과 같이 반응한다.

$$CH_4 + 2O_2 \rightarrow CO_2 + 2H_2O$$

④ 이렇게 생성된 수증기는 보일러 열교환기나 배기통의 찬 부분과 닿아 응축, 즉 물로 변하는데 이때 열을 방출한다. 이 열을 응축열(또는 응축잠열)이라 하며, 열량은 539 Kcal/kg이다. 따라서 콘덴싱보일러는 일반 보일러와 달리 이 응축잠열을 효과적으로 회수 및 활용하는 구조의 보일러라고 볼 수 있다.

⑤ 콘덴싱은 물리학적으로 기체가 액체로 응축되는 과정을 의미한다. 가스가 연소되는 과정에서 발생하는 수증기는 저온의 물체나 공기와 접할 때, 물로 변하는 과정에서 열에너지가 생성된다.

⑥ '콘덴싱'은 배기가스의 뜨거운 기체가 차가운 물을 데운 뒤 액체로 응축되기 때문에 붙여진 이름이다.

⑦ 일반형 보일러의 배기통은 실외 쪽으로 하향 경사지게 설치해 혹시 발생할지 모르는 응축수가 밖으로 떨어지도록 보일러를 설치해야 한다. 반면 콘덴싱보일러는 응축수가 많이 발생하므로 배기통을 보일러 쪽으로 하향 경사지게 설치하여 응축수가 보일러 배출구로 배수가 이루어지도록 설계된다. 응축수를 회수하기 때문에 배기통 끝부분이 2~3° 상향으로 설치되는 것이다.

⑧ 따라서 보통 저위발열량 기준 100 % 이상, 고위 발열량 기준 90 % 이상의 열효율이 구현될 수 있다.

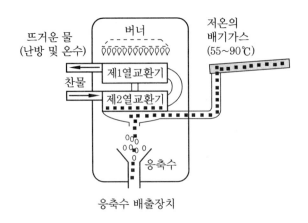

콘덴싱보일러의 원리도

4-2 보일러의 에너지절약 방안

(1) 설계 측면

① 고효율 기기를 선정한다 (부분부하 효율도 고려함).

② **대수 분할 운전** : 큰 보일러 한 대를 설치하는 것보다 보일러 여러 대로 분할 운전하는 것이 저부하 시의 에너지 소모를 줄일 수 있다.

③ 부분부하 운전의 비율이 매우 높은 경우 인버터 제어를 도입하여 연간 에너지 효율 (SEER)을 향상시킬 수 있다.

(2) 사용 측면

① 과열을 방지하기 위해 정기적으로 보일러의 세관을 실시한다.

② 블로 다운(Blow Down), 정기적 수질관리 및 보전관리를 실시한다.

③ 보일러의 증기온도를 조절한다.

④ 최적 기동/정지 제어 등을 활용한다.

(3) 배열회수 측면

① 보일러에서 배출되는 배기 열을 회수하여 여러 용도로 재활용하는 방법이 있으며, 이때 연소가스로 인한 금속의 부식 등을 주의해야 한다.

② 배열을 절탄기(Economizer)에 이용하거나, 절탄기를 통과한 연소가스의 남은 열을 이용하여 연소공기를 예열하는 방법 등이 있다.

(4) 기타

① 드레인 (Drain)과 블로 다운 (Blow Down) 밸브를 불필요하게 열지 않는다.

② 불량한 증기 트랩(Steam Trap)을 적기에 정비하여 증기 배출을 방지한다.

③ 보조증기를 낭비하지 않는다.

④ 증기와 물의 누설을 방지한다.

⑤ 연소공기와 연소가스의 누설을 방지한다.

⑥ 적정 공기비를 유지한다.

⑦ 스팀어큐뮬레이터를 활용한다.

4-3 급탕설비의 에너지 절감 대책

① **급탕 공급온도 조정** : 급탕이 공급되는 온도의 지나친 과열을 피하여 다소 낮은 온도 (40~50℃)로 공급하는 것이 에너지 절감에 유리하다.

② **전자식 감응 절수기구 이용** : 세면기, 샤워기, 소변기 등에 전자식 감응 장치를 설치하여 절수를 유도할 수 있다.

③ **철저한 보온** : 급탕이 공급되는 파이프 라인상 보온이 부실하면 많은 열량이 손실될 수 있으므로, 철저하게 보온을 실시하여 열손실을 최대한 줄인다.

④ **태양열, 지열 혹은 심야전력** : 급탕열원으로 태양열, 지열이나 심야전기를 적극 활용하는 것이 고유가 시대의 적극적인 에너지 절감 방안이다.

⑤ **절수 오리피스 사용** : 수전과 배관 중간에 설치하여 항상 일정한 유량을 흐르게 하는 일종의 정유량 장치이다 (특수한 형태의 작은 구멍을 낸 판상 형태).

⑥ **폐열 회수형 급탕** : 한 번 쓰고 난 후, 여전히 더운 열기가 남아있는 열을 재차 활용하여 급탕에 이용할 수 있다 (공장폐수, 열병합 폐수 등).

⑦ 중수도 설비 및 빗물 사용

⑧ 지하수 및 하천수 이용

⑨ **기타 열원설비 제어 및 관리**

　㈎ 대수제어를 실시한다.

　㈏ 수질을 관리한다 (부식방지제, 슬라임 조정제 등).

　㈐ 블로 다운을 자주 실시한다.

　㈑ 가급적 저위발열량이 큰 열원 (연료)을 사용한다.

칼럼 **고위발열량과 저위발열량의 차이**

1. 통상 고위발열량은 수증기의 잠열을 포함한 것이고, 저위발열량은 수증기의 잠열을 포함하지 않는 것으로 정의된다.
2. 천연가스의 경우 완전연소하면 최종반응물로 이산화탄소와 물이 생성되며 연소 시에 발생하는 열량은 모두 실제적인 열량으로 변환되어야 하나, 부산물로 발생하는 물까지 증발시켜야 하는데 이때 필요한 것이 증발잠열이다.
3. 증발잠열의 포함 여부에 따라 고위와 저위발열량으로 구분된다.
4. 저위발열량은 실제적인 열량으로서 진발열량(Net Calorific Value)이라고도 한다.
5. 천연가스의 열량은 통상 고위발열량으로 표시한다.

4-4 증기난방의 감압밸브 (Pressure Reducing Valve)

(1) 개요

① 감압밸브는 증기를 고압으로 사용처의 근처까지 인입하여 2차 측의 공급 압력을 필요에 따라 적당히 감압시켜 사용할 경우에 쓰인다.
② 공급되는 유량이 과도해 감압하여 사용해야 하거나 초고층인 경우에는 하부층의 압력을 줄여 액해머 등을 방지할 수 있다.

(2) 감압밸브의 요구 성능

① 1차 측의 압력 변동이 있어도 2차 측 압력의 변동이 없어야 한다.
② 감압밸브가 닫혀 있을 때 2차 측에 누설이 없어야 한다.
③ 2차 측의 증기소비량의 변화에 대한 응답속도가 빠르고, 압력변동이 적을 것 등이 요구된다.

(3) 감압밸브 종류

보통 아래의 3가지 형식을 이용하여 2차 측 압력이 크면 밸브가 닫히고, 2차 측 압력이 작아지면 다시 밸브가 열려 연속적으로 일정한 감압비를 유지할 수 있다.

① **파일럿 다이어프램식** : 감압범위가 넓고 정밀제어가 가능하다.
② **파일럿 피스톤식** : 감압범위가 좁고 비정밀하다.
③ **직동식** : 스프링제어, 감압범위가 넓고, 중간정밀도로 제어한다.

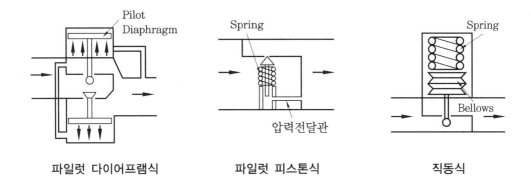

파일럿 다이어프램식   파일럿 피스톤식   직동식

(4) 설치 방법

① 사용처 근접 위치에 설치한다.

② 화살표 방향으로 설치한다.

③ 감압변전에 스트레이너를 설치한다.

④ 기수분리기 또는 스팀트랩에 의한 응축수 제거 기능

⑤ 편심 리듀서를 설치한다.

⑥ 바이패스관을 설치한다.

⑦ 전후 관경 선정에 주의한다.

⑧ 1, 2차 압력계 사이에는 바이패스관 (GV)을 설치한다.

⑨ 감압밸브와 안전밸브의 간격은 3 m 이상으로 한다.

(5) 설치 개요도

입구 → 1차 압력계 → 바이패스관 (분류) → GV → Strainer → 감압밸브 → GV → 바이패스관 (합류) → 안전밸브 → 2차 압력계 → 출구

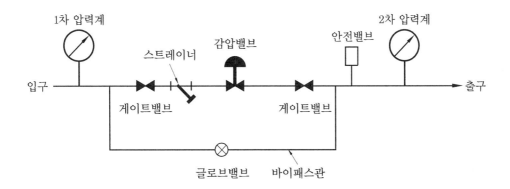

(6) 유량 특성도

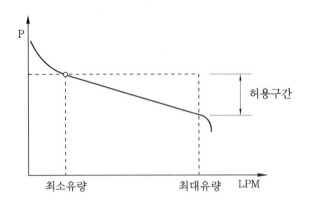

(7) 감압변 설치위치별 장점

① **열원(보일러 등) 근처에 설치 시** : 관경, 설비규모 등이 감소되어 초기설치비 절감이 가능하다.

② **사용처(방열기 등) 근처에 설치 시** : 제어성이 우수하며, 열손실 줄어들고, 트랩작용이 원활하다.

4-5   증기보일러에서의 과열의 목적 및 이점

(1) 목적

증기보일러에서 과열기 등을 이용하여 과열시키는 목적은 다음과 같다.

① 수분을 완전히 증발시키고 액화가 잘 되지 않게 하여 스팀해머를 방지한다.

② 엔탈피를 증가시켜 열효율을 증대한다.

(2) 이점

① 증기트랩의 용량을 축소할 수 있다.

② 열원에서 멀어질수록 공급스팀의 건도가 떨어지게 되어 스팀해머가 발생하는 현상을 방지한다 (스팀해머 방지).

③ 부식이 방지되어 관의 수명을 연장시킨다.

④ 액화가 방지되어 마찰손실이 줄어든다.

⑤ 동일 난방부하를 기준으로 유량이 감소하여 관경이 축소된다.

⑥ 마찰손실 등이 줄어들어 열효율이 증대된다.

⑦ 단열공사 불량이나 배관시공의 부적합 시에도 스팀해머 현상, 심각한 고장 등의 위험도가 줄어든다.

⑧ 방열기를 콤팩트화하여 설계할 수 있다.

⑨ 시스템의 안정도, 신뢰도, 수명이 증가한다.

⑩ 실(室)의 난방 불만에 대한 클레임이 줄어든다.

4-6 증기 어큐뮬레이터(Steam Accumulator, 축열기)

(1) 정의

① 주로 증기 보일러에서 남는 스팀을 저장해두었다가 필요시 재사용하기 위한 저장 탱크를 말한다.

② 큰 원통형 용기의 수중에 남은 증기를 불어 넣어 열수(熱水)의 형태로 열을 저장해 두었다가, 증기가 여분으로 필요할 때 밸브를 열고 꺼내어 사용하는 방식이다.

(2) 종류

① 변압식 증기 어큐뮬레이터

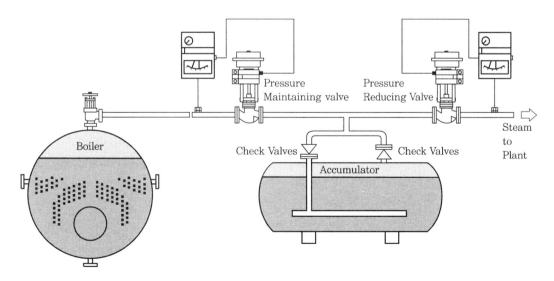

변압식 증기 어큐뮬레이터(적용사례)

(가) 물속에 포화수 상태로 응축액화해 두었다가 (저장) 필요할 때 사용한다.

(나) 필요시에는 감압하여 증기를 발생시켜 사용하는 방식이다.

(다) 보일러 출구 증기계통에 배치한다.

② 정압식 증기 어큐뮬레이터

(가) 현열증기로 급수를 가열하여 저장해두었다가 필요 시 저장해둔 열수를 보일러에 공급하여 증기 발생량이 많아지게 한다.

(나) 급수온도를 높이면 증기 발생량이 증가한다.

(다) 보일러 입구의 급수계통에 배치한다.

4-7 수격현상 (Water Hammering)

(1) 개요

① 수배관 내에서 유속과 압력이 급격히 변화하는 현상을 말하며 밸브 급폐쇄, 펌프 급정지, 체크밸브 급폐 시에 유속 14배 이상의 충격파가 발생하여 관파손 및 주변에 소음과 진동을 발생시킬 수 있다.

② Flush 밸브나 One Touch 수전류의 경우 기구 주위에 Air Chamber를 설치하여 수격현상을 방지하는 것이 좋고, 펌프의 경우에는 스모렌스키 체크밸브나 수격방지기(벨로즈형, 에어백형 등)를 설치하여 수격현상을 방지해야 한다.

(2) 원인

① 유속 급정지 시에 충격압에 의해 발생

(가) 밸브의 급개폐

(나) 펌프의 급정지

(다) 수전의 급개폐

(라) 체크밸브의 급속한 역류 차단

② 관경이 작을 때

③ 수압 과대, 빠른 유속

④ 밸브의 급조작 시(급속한 유량 제어 시)

⑤ 플러시 밸브, 콕 사용 시

⑥ 20 m 이상 고양정

⑦ 감압밸브 미사용 시

(3) 방지책

① 밸브류의 급폐쇄, 급시동, 급정지 등을 방지한다.

② 관지름을 크게 하여 유속을 저하한다.

③ 플라이 휠(Fly Wheel, 관성 바퀴)을 부착하여 유속의 급변을 방지한다.

④ 펌프 토출구에 바이패스 밸브 (도피밸브 등)를 달아 적절히 조절한다.

⑤ 기구류 가까이에 공기실(에어체임버 ; Water Hammer Cushion, Surge Tank) 을 설치한다.

⑥ **체크밸브 사용하여 역류 방지** : 역류 시 수격작용을 완화하는 스모렌스키 체크밸브를 설치한다.

⑦ 급수배관의 횡주관에 굴곡부가 생기지 않도록 직선배관으로 한다.

⑧ '수격방지기(벨로즈형, 에어백형 등)'를 설치한다.

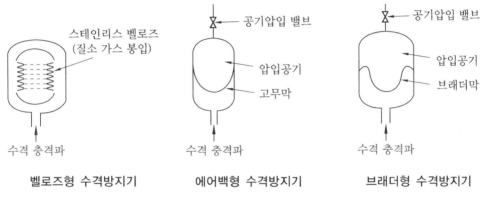

벨로즈형 수격방지기   에어백형 수격방지기   브래더형 수격방지기

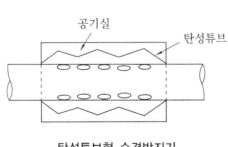

탄성튜브형 수격방지기

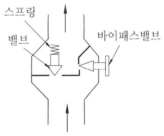

스모렌스키 체크밸브

⑨ **수격방지기의 설치 위치**

㈎ 펌프에서는 토출관 상단에 설치한다.

㈏ 스프링클러에서는 배관 관말부에 설치한다.

㈐ 위생기구에서는 말단 기구 앞에 설치한다.

⑩ 전자밸브보다는 전동밸브를 설치한다.

⑪ 펌프 송출 측을 수평배관을 통해 입상한다 (상향공급방식).

> **칼럼** 수격작용에 의한 충격압력 (P_r ; 상승압력) 계산방법
>
> $$P_r = \rho \cdot a \cdot V$$
>
> 여기서, 상승압력(P_r : Pascal)
>
> 　　　　유체의 밀도 (ρ : 물 $1,000 \, \text{kg/m}^3$)
>
> 　　　　압력파 전파속도 (a : 물 $1,200{\sim}1,500 \, \text{m/s}$ 평균)
>
> 　　　　유속 (V : m/s) : 관내유속은 $1{\sim}2 \, \text{m/s}$로 제한한다.

4-8　지역난방 시스템

(1) 특징

① 지역난방은 지역별로 열원 플랜트를 설치하여 수용가까지 배관을 통해 열매를 공급하고, 에너지의 효율적인 이용, 대기오염방지 및 인적 절약의 장점이 있는 집단에너지 공급방식이다.

② 증기난방은 배관구배, 응축수 회수 등의 문제가 있으므로 고온수방식이 주로 많이 사용된다.

③ 대기오염 방지, 에너지효율화 측면에서 대도시 외곽 신도시 건설 지역에 지역난방 시설을 설치하는 것이 유리하다.

④ 기타 화재 방지 등도 집약적 관리가 가능하다.

(2) 단점

① 초기 투자비가 많이 필요하다.

② 배관 열손실, 순환펌프 손실 등이 크다.

③ 배관 부설비용이 방대하여 전체 공사비의 $40{\sim}60\,\%$를 차지한다.

(3) 배관방식

① **단관식** : 공급관만 부설하여 설치비가 경제적이다.

② **복관식** : 공급관 및 환수관을 설치하는 방식으로, 여름철에 냉수와 급탕을 동시에 공급할 수 없다.

③ 3관식

   ㈎ 공급관 : 2개 (부하에 따라 대구경＋소구경 혹은 난방/급탕관＋냉수관)

   ㈏ 환수관 : 1개

④ 4관식

   ㈎ 난방/급탕관 : 공급관＋환수관

   ㈏ 냉수관 : 공급관＋환수관

⑤ 6관식

   ㈎ 냉수관 : 공급관＋환수관

   ㈏ 온수(난방/급탕)관 : 공급관＋환수관

   ㈐ 증기관 : 공급관＋환수관

(4) 배관망 구조 (아래 그림의 ⓑ : 보일러 설비)

① **격자형** : 가장 이상적인 구조로, 어떤 고장 시에도 공급이 가능하지만 공사비가 비싸다.

② **분기형** : 간단하고 공사비가 저렴하다.

③ **환상형(범용)** : 가장 보편적으로 사용되며 일부 고장 시에도 공급이 가능하다.

④ **방사형** : 소규모 공사에 많이 사용하며 열손실이 적은 편이다.

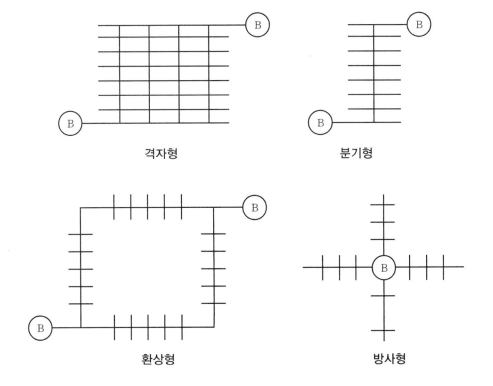

격자형   분기형

환상형   방사형

> **칼럼**   지역난방 방식과 CES의 비교
>
> 1. 소규모 (구역형) 집단에너지(CES : Community Energy System)는 소형 열병합 발전소를 이용해 냉방, 난방, 전기 등을 일괄 공급하는 시스템이다.
> 2. 일종의 '소규모 분산 투자'라고 할 수 있다.
> 3. 기존 지역난방 방식과 CES의 특징 비교
>
> | 비교항목 | 기존 지역난방 사업 | CES 사업 |
> |---|---|---|
> | 서비스 | 난방 위주, 제한적 전기, 냉방 | 냉방, 난방, 전기 모두 일괄 공급 |
> | 주요대상 | 신도시 택지지구의 대규모 아파트단지 | 업무 상업지역, 아파트, 병원 등 에너지 소비 밀집구역 |
> | 시스템 | 대형 열병합발전, 쓰레기 소각시설, 열 전용 보일러 사용 | 소형 열병합 발전 (가스엔진, 가스터빈 등), 냉동기 |
> | 투자형태 | 대규모 집중 투자 | 소규모 분산 투자 |

(5) 집단에너지 사업의 효과

① 에너지 이용효율 향상에 의한 대규모 에너지 절감 (20~30 %)
② 연료사용량 감소 및 집중적인 환경관리로 대기환경 개선 (30~40 %)
③ 집단에너지 공급에 의한 주거 및 산업부문의 편의 제공
④ **지역난방** : 24시간 연속난방에 의한 쾌적한 주거환경 조성
⑤ **산업단지 집단에너지** : 양질의 저렴한 에너지 공급으로 기업경쟁력 강화
⑥ 발전소 부지난 해소 및 송전손실 감소에 기여
⑦ '지역냉방'을 통한 하절기 전력 첨두부하 완화에 기여

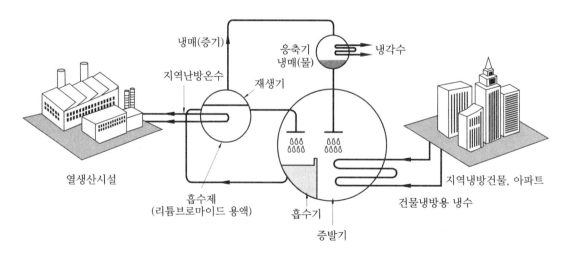

지역냉방의 설치사례

⑧ 연료 다원화에 의한 석유의존도 감소 및 미이용에너지의 활용 증대→유연탄, 폐열, 쓰레기, 매립가스(LFG) 등 사용 가능

4-9   열병합 발전 (Co-generation)

(1) 개요

① 열병합 발전은 TES(Total Energy System) 혹은 CHP(Combined Heat and Power Generation)라고도 한다.

② 보통 화력발전소나 원자력발전소에서는 전기를 생산할 때 발생되는 열을 버린다. 발전을 위해 들어간 에너지 중에서 전기로 바뀌는 것은 35 % 정도에 불과하고 나머지는 모두 쓰지 못하는 폐열이 되어 밖으로 버려진다.

③ 이렇게 버려지는 폐열은 에너지 낭비일 뿐만 아니라 바다로 들어가면 어장이나 바다 생태계를 망친다.

④ 열병합 발전은 버려지는 열을 유용하게 재사용할 수 있다는 것이 장점이다(효율이 70~80 %까지 상승할 수 있다).

⑤ 열병합 발전의 규모는 큰 것부터 작은 것까지 다양하다.

⑥ 한 가지 연료를 사용하여 유형이 다른 두 가지 에너지(전기 & 온수/증기)를 동시에 생산 가능하다.

⑦ 고온부에서는 동력(전기)을 생산하고, 저온부에서는 난방 혹은 급탕용 온수/증기를 생산한다.

(2) 원리

① 열병합 발전소 중에는 투입된 에너지의 대부분을 전기와 열로 이용하는 것도 있다(즉, 가스에 담겨 있는 에너지의 90 % 이상이 전기와 열로 바뀌어 이용되기도 한다).

② 가스 등을 연소하여 가스터빈을 통과시킴으로써 한 차례 전기를 생산한다.

③ 이때 터빈을 통과한 연소 가스는 온도가 여전히 높은데, 이 연소 가스는 물을 증기로 변환하여 증기터빈을 돌리는 데 한 번 더 이용한다. 이 과정에서 또 한 차례의 전기가 생산된다.

④ 증기터빈을 통과하고 나온 증기의 열은 여전히 100℃ 이상의 열을 지니고 있기 때문에 발전용으로 사용할 수는 없지만 난방용으로는 얼마든지 사용이 가능하다.

⑤ 이 증기를 다시 한 번 열교환기를 통과시켜 난방·온수용 물을 만들어 이용함으로써 서너 차례에 걸쳐 에너지를 최대한 이용할 수 있다.

⑥ 작은 규모의 열병합 발전기는 주택이나 작은 건물 한 곳의 전기와 난방용 열을 충분히 공급할 수 있다.

(3) 분류별 특징

① 회수열에 의한 분류

(개) 배기가스 열회수

㉮ 배기가스의 온도가 높으므로 회수 가능한 열량이 많다.

㉯ 배기가스의 온도는 '가스터빈 > 가스엔진 > 디젤엔진 > 증기터빈'의 순서이다.

㉰ 배기가스의 열회수방식으로는 배기가스 열교환기를 통한 고온수 및 고 (저)압 증기의 공급, 배기가스 보일러에 의한 고압증기 공급, 이중효용 흡수식 냉온수기를 통한 열회수 등의 방법을 이용한다.

(내) 엔진 냉각수 재킷 열회수

㉮ 가스엔진, 디젤엔진의 냉각수를 이용한 열회수 방법으로, 온도는 그다지 높지 않다 (주로 저온수 회수).

㉯ 회수 열매는 주로 온수이지만 '비등 냉각 엔진'의 경우에는 저압증기를 공급할 수 있다.

㉰ 재킷을 통과한 엔진 냉각수를 다시 배기가스 열교환기에 직렬로 통과시키면, 회수되는 온수의 온도가 올라가 성적계수를 높일 수 있다.

(대) 복수 터빈 (復水 Turbine, Condensing Turbine)의 복수기 냉각수 열회수 : 증기터빈 발전방식의 경우로 복수 터빈 출구의 복수기로부터 냉각수의 열을 저온수나 중온수 등의 형태로 회수한다.

(래) 배압 터빈 (背壓 Turbine, Back Pressure Turbine)의 배압증기 열회수 : 증기터빈 발전방식의 경우로 배압 터빈 출구의 증기를 직접 난방, 급탕 등에 사용하거나, 흡수식 냉동기의 가열원으로 사용한다.

② 회수열매에 의한 분류

(개) 온수 회수방식

㉮ 가스엔진, 디젤엔진의 냉각수 재킷과 열교환한 온수를 난방과 급탕에 이용하는 방식이다.

㉯ 냉방은 배기가스 열교환기를 재차 통과시켜 고온의 온수로 단효용 흡수식 냉동기를 구동하게 한다.

(나) 증기 회수방식

　㉮ 디젤엔진 및 가스엔진의 경우 비등 냉각엔진에서 발생하는 저압증기를 난방, 급탕, 단효용 흡수식 냉동기에 이용한다.

　㉯ 배기가스 열교환기에서 회수한 고압증기는 단효용 및 이중 효용 흡수식 냉동기의 가열원으로 사용하게 한다.

　㉰ 가스터빈의 경우에는 배기가스 열교환기를 이용하여 고압증기를 곧바로 난방, 급탕, 이중 효용 흡수식 냉동기의 열원으로 이용한다.

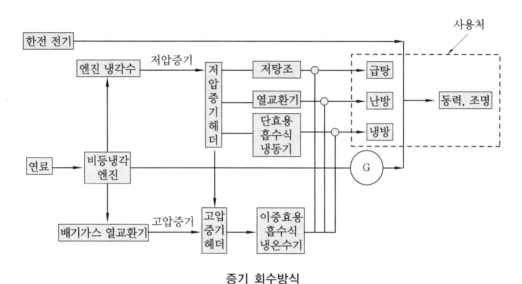

증기 회수방식

(다) 온수, 증기 회수방식

　㉮ 디젤엔진 및 가스엔진의 냉각수를 온수로 회수하여 난방 및 급탕에 이용한다.

　㉯ 배기가스 열교환기에서 회수된 중압증기로 이중 효용 흡수식 냉동기를 운전하는 방식이다.

(라) 냉수, 온수 회수방식

　㉮ 배기가스 열교환기를 이용하여 바로 급탕용 온수를 공급할 수 있다.

　㉯ 가스터빈 방식에서는 배기가스를 직접 '배기가스 이중 효용 흡수식 냉온수기'의 가열원으로 이용해 냉수 및 온수를 제조하여 냉·난방에 이용한다.

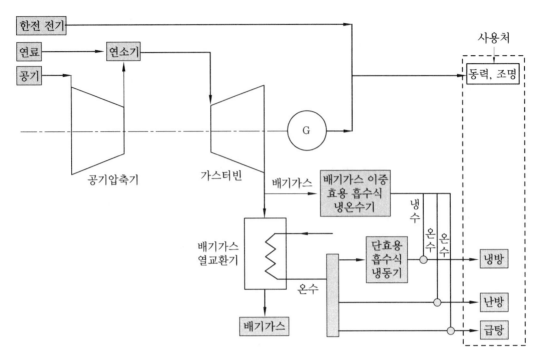

냉수, 온수 회수방식

4-10 **온열원기기 시스템 관련 용어해설**

(1) 보일러의 마력 및 톤

① **보일러 마력** : 1시간에 100℃의 물 15.65 kg을 전부 증기로 발생시키는 증발능력을 말한다.

> 1보일러 마력 = 보일러 1마력의 상당증발량×증발잠열
> = 15.65 kg/h×2,257 kJ/kg = 35,322 kJ/h≒8,435 kcal/h≒9.8 kW

② **보일러톤** : 1시간에 100℃의 물 1,000 L를 완전히 증발시킬 수 있는 능력

> 1보일러톤 = 2,257,000 kJ/h = 539,000 kcal/h≒64 B.H.P

(2) 기준 증발량

① **실제 증발량** : 단위시간에 발생하는 증기량

② **상당증발량 (환산증발량, 기준증발량 ; Equivalent Evaporator)**

㈎ 실제 증발량이 흡수한 전열량을 가지고 100℃ 온수에서 같은 온도의 증기로 할 수 있는 증발량을 말한다.

㈏ 증기보일러의 상대적인 용량을 나타내기 위하여 보일러의 출력, 즉 유효가열 능력을 100℃의 물에서 100℃의 수증기로의 증발량으로 환산한 것이다.

③ **기준증발량 계산식**

$$\text{기준증발량} \quad G_e = \frac{q}{2,257} = G_a \frac{h_2 - h_1}{2,257}$$

여기서, G_e : 기준증발량(kg/s)

G_a : 실제(Actual) 증발량(kg/s)

h_2 : 발생증기 엔탈피(kJ/kg)

h_1 : 급수 엔탈피(kJ/kg)

(3) 보일러 용량 (출력)

① **정격출력**

$$Q = \text{난방부하}\,(q_1) + \text{급탕부하}\,(q_2) + \text{배관부하}\,(q_3) + \text{예열부하}\,(q_4)$$

㈎ 난방부하$(q_1) = \alpha \cdot A$

여기서, a : 면적당 열손실계수 (kW/m^2)

A : 난방면적(m^2)

㈏ 급탕부하$(q_2) = G \cdot C \cdot \Delta T$

여기서, G : 물의 유량 (kg/s)

C : 물의 비열$(4.1868\,\text{kJ/kg} \cdot \text{K})$

ΔT : 출구온도 $-$ 입구온도 (K, ℃)

㈐ 배관부하$(q_3) = (q_1 + q_2) \cdot x$

여기서, x : 상수(약 0.15~0.25, 보통 0.2)

㈑ 예열부하$(q_4) = (q_1 + q_2 + q_3) \cdot y$

여기서, y : 상수(약 0.25)

② **상용출력 :** 위의 정격출력에서 예열부하(q_4) 제외

$$\text{상용출력} = \text{난방부하}\,(q_1) + \text{급탕부하}\,(q_2) + \text{배관부하}\,(q_3)$$

③ **방열기용량 :** 난방부하 + 배관부하

(4) 보일러 용량제어 방법

① 대수제어(소용량 보일러의 다관 설치)

(가) 부하변동이 심한 사업장일수록 대수제어가 더 효과적이라고 할 수 있다.

(나) 실제 증기사용량이 1.0~4.0 t/h의 범위에서 변하는 공장에서 1.0 t/h의 보일러를 4대 설치하거나, 1.0 t/h 2대와 2.0 t/h 1대의 조합, 아니면 2.0 t/h 2대 등으로 설치하여 대수제어를 실시할 수 있다.

(다) 1.0 t/h 보일러 4대를 설치 시 다음과 같이 운전된다.

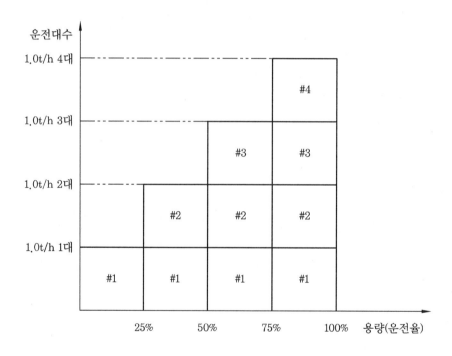

② 분산제어

(가) 여러 대의 보일러를 분산시켜 설치하는 경우에는 중앙제어실에서 멀리 떨어져 설치되어 있는 모든 보일러의 기동을 제어하고 부하에 적합한 운전을 실시하며 운전상태를 모니터링하는 원격제어장치 시스템이 도입되기도 한다.

(나) 이 경우 모든 보일러는 통신용 케이블로 중앙제어실의 컴퓨터에 연결되어, 원격제어용 프로그램이 설치된 컴퓨터가 모든 운전을 제어하고 모니터링하는 기능을 담당한다.

(다) 이로써 보일러를 효율적으로 운전하고 관리할 수 있으며, 무인 자동운전도 가능하다.

③ 기타 용량제어 : On-Off 제어, 연소량 제어, 송풍기의 RPM 제어 등이 있다.

(5) 보일러용 집진장치

대표적으로 사용할 수 있는 보일러의 집진창치(Dust Collector)로는 다음과 같은 장치들이 있다.

① **자석식** : 연소기 투입 전 자장을 형성하고, 자석의 동극반발력을 이용하여 완전연소를 유도한다.

② **물 주입식** : 연소기 투입 전 물을 소량 주입하여 완전연소를 유도한다.

③ **세정식** : 출구 측 세정으로 집진 후 배출한다.

④ **사이클론식** : 원심력에 의해 분진을 아래로 가라앉게 하는 방식이다.

⑤ **멀티 사이클론식** : '사이클론'을 복수로 여러 대 부착하여 사용한다.

⑥ **전기집진식** : 고전압으로 대전시켜 이온화된 분진을 포집한다.

(6) 증기보일러의 발생열량 계산법

$$발생열량\ q = G_s \cdot h_s - G_w \cdot h_w$$

여기서, G_s : 스팀의 유량 (kg/s)

h_s : 스팀의 엔탈피(kJ/kg)

G_w : 물의 유량 (kg/s)

h_w : 물의 엔탈피(kJ/kg)

(7) 보일러의 효율

$$\eta = \frac{q}{G_f \cdot h_f}$$

여기서, q : 발생열량 ($q = G_s \cdot h_s - G_w \cdot h_w$)

G_f : 연료의 유량 (kg/s)

h_f : 연료의 저위 발열량 (kJ/kg). 고위발열량에서 증발열(수분)을 **뺀** 실제의 발열량을 말함

(8) 프라이밍(Priming ; 비수작용)

① 보일러가 과부하로 사용될 때, 압력저하 시, 수위가 너무 높을 때, 물에 불순물이 많이 포함되어 있거나, 드럼 내부에 설치된 부품에 기계적인 결함이 있으면 보일러 수가 매우 심하게 비등하여 수면으로부터 증기가 수분 (물방울)을 동반하면서 끊임없이 비산하고 기실에 충만하여 수위가 불안정해지는 현상을 말한다.

② 수처리제가 관벽에 고형물 형태로 부착되어 스케일을 형성하고 전열불량 등을 초래한다.

③ 기수분리기(차폐판식, 사이클론식) 등을 설치하여 방지해주는 것이 좋다.

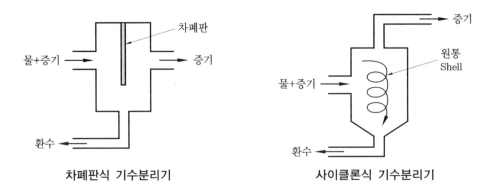

차폐판식 기수분리기   사이클론식 기수분리기

(9) 포밍(Foaming ; 거품작용)

① 보일러수에 불순물, 유지분 등이 많이 섞이거나 또는 알칼리 성분이 과한 경우에 비등과 더불어 수면 부근에 거품층이 형성되어 수위가 불안정해지는 현상이다.

② 포밍의 발생 정도는 보일러 관수의 성질과 상태에 의존하며 원인물질은 주로 나트륨(Na), 칼륨(K), 마그네슘(Mg) 등이다.

(10) 캐리오버 현상(Carry Over ; 기수 공발 현상)

① 증기가 수분을 동반하면서 증발하는 현상이다. 캐리오버 현상은 프라이밍이나 포밍이 발생할 때 필연적으로 동반되어 발생한다.

② 이때 증기뿐만 아니라 보일러의 관수 중에 용해 또는 현탁되어 있는 고형물까지 동반하여 같이 증기 사용처로 넘어갈 수 있다.

③ 증기 사용 시스템에 고형물이 부착되면 전열효율이 떨어지고 증기관에 물이 고여 과열기에서 증기과열이 불충분해진다.

(11) 보일러의 Cold Start와 Hot Start

① Cold Start : 2~3일 이상 정지한 후 가동한 시에는, 운전 초기 약 1~2시간 동안 저연소 상태로 가열한 다음 서서히 온도를 올리는 방법이다 (파괴 방지).

② Hot Start : 시동 시부터 정상운전을 바로 시작하는 일반 기동방법이다.

(12) 급수히터(Feed Water Heater)

① 보일러의 급수를 가열(예열)하는 보급수 히터를 말한다.

② 급수를 가열할 때 주로 증기 또는 배열을 사용하며 배열을 사용할 시에는 특히 이코노마이저(Economizer ; 절탄기)라고도 한다.

③ **목적**

㈎ 열효율 및 증발능력을 향상시킨다.

㈏ 열응력을 감소시킨다.

㈐ 부분적으로 불순물을 제거한다 (Scale 예방).

㈑ 효과적인 에너지 절감 방법이다.

(13) 블로 다운

① 보일러에 유입된 고형물로 인한 보일러수의 농축과 슬러지의 퇴적을 방지하기 위해 보일러수 일부를 교체해주는 방식을 말한다.

② 만약 보일러수의 농도가 상승하면 캐리오버에 의한 과열기 및 터빈 등의 장해사고가 일어나기 쉽고 슬러지와 함께 내부 부식, 스케일 생성의 원인이 될 수 있다.

(14) 리버스리턴 방식(Reverse Return ; 역환수 방식)

① 리버스리턴 방식은 수배관상 각 분지관의 유량 차이를 줄이기 위하여 분지관마다 순환배관 길이의 합이 같도록 환수관을 역회전시켜 배관하는 방식이다.

② 주로 유량의 균등분배 혹은 열교환량의 균일화 등을 목적으로 설치된다.

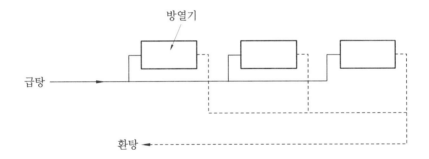

(15) 배관의 신축이음

① 배관의 온도에 따른 자유팽창량을 흡수하여 안전사고를 방지하기 위해 배관 도중에 설치하는 배관의 이음방법이다.

② 배관상 많이 사용하는 신축이음의 종류로는 스위블 조인트, 슬리브형, 루프형, 벨로즈형, 볼 조인트형, 콜드 스프링 등이 있다.

(16) 사일런서(Silencer)

① 증기급탕 등에서 증기와 물의 혼합 시 발생하는 소음을 방지하는 장치이다.

② S형 사일런서는 증기를 직접 수중에 분출할 때 말단부 확산으로 소음을 줄이는 방

식이며, F형 사일런서는 증기의 수중 분출 시에 탕 속 물의 일부를 함께 회전시켜 혼합함으로써 소음을 줄이는 방식이다.

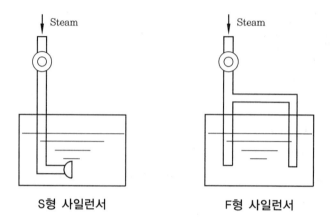

S형 사일런서　　　　　F형 사일런서

(17) 냉각레그 (Cooling Leg, 냉각테)

① 증기배관상 트랩전으로부터 약 1.5m 이상 비보온화하는 방식이다.

② 증기보일러 말단에 증기트랩의 동작온도차를 확보하기 위하여 '트랩전'으로부터 약 1.5 m를 보온하지 않는다.

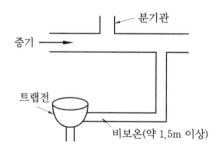

(18) 리프트 피팅 이음 (Lift Fitting, Lift Joint)

① 진공환수식 증기보일러에서 방열기가 환수주관보다 아래에 있는 경우는 응축수를 원활히 회수하기 위해 '리프트 피팅(Lift Fitting)'을 설치한다.

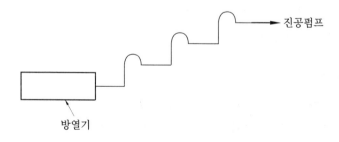

② 수직관은 주관보다 한 치수 작은 관을 사용하여 유속을 증가시킨다.

(19) 이중 서비스밸브

① 방열기 밸브와 열동트랩(벨로즈트랩)을 조합한 밸브이다.
② 하향공급식 배관에서 수직관 내 응축수의 동결을 방지하기 위해 설치하는 방열기 밸브이다.

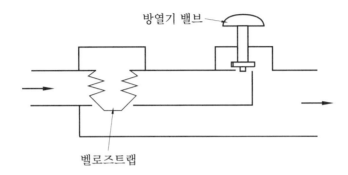

(20) 하트포드 접속법(Hartford Connection)

① 미국의 하트포드 보험사에서 처음 주장한 방식이다.
② 환수파이프나 급수파이프를 균형파이프에 의해 증기파이프에 연결하되, 균형파이프에 대한 접속점은 보일러의 안전저수면보다 높게 한다.
③ 증기보일러에서 빈불때기(역류 등) 방지 기능으로서, 증기보일러 운전 시의 역류나 환수관 누수 시에 물이 고갈된 상태로 가열되어 과열 및 화재로 이어질 수 있는 상황을 미연에 방지해준다.

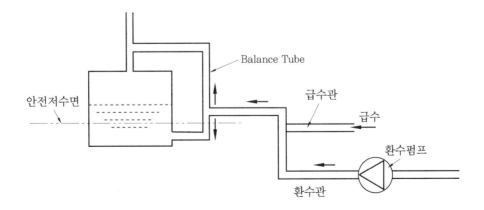

제 5 편

친환경 전기에너지와 제어기법

제1장 | 전기에너지

1-1 전력과 역률의 개선

(1) 피상전력

교류의 부하 또는 전원의 용량을 표시하는 전력으로, 전원에서 공급되는 전력이다.

① 단위 : [VA]

② 표현식

$$P_a = VI$$

(2) 유효전력

전원에서 공급되어 부하에서 유효하게 이용되는 전력으로, 전원에서 부하로 실제 소비되는 전력이다.

① 단위 : [W]

② 표현식

$$P = VI\cos\theta$$

(3) 무효전력

실제로는 아무런 일을 하지 않아 부하에서는 이용될 수 없는 전력

① 단위 : [Var]

② 표현식

$$P_r = VI\sin\theta$$

(4) 유효 · 무효 · 피상전력 사이의 관계

$$P_a = \sqrt{P^2 + P_r^2}$$

(5) 역률

피상전력 중에서 유효전력으로 사용되는 비율이다 (R : 저항, X : 리액턴스).

$$역률 = \frac{유효전력}{피상전력} = \frac{P}{VI} = \cos\theta = \frac{R}{\sqrt{R^2 + X^2}}$$

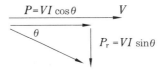

(6) 무효율

$$무효율 = \frac{무효전력}{피상전력} = \frac{P_r}{VI} = \sin\theta = \frac{X}{\sqrt{R^2 + X^2}}$$

(7) 대칭 3상 교류전력($V_p I_p$ = 상전압×상전류, $V_1 I_1$ = 선간전압×선전류)

① 유효전력(P)

$$유효전력(P) = 3 V_p I_p \cdot \cos\theta = \sqrt{3}\, V_1 I_1 \cdot \cos\theta = 3 I_p^2 R \,[\text{W}]$$

② 무효전력(Pr)

$$무효전력(Pr) = 3 V_p I_p \cdot \sin\theta = \sqrt{3}\, V_1 I_1 \cdot \sin\theta = 3 I_p^2 X \,[\text{Var}]$$

③ 피상전력(Pa)

$$피상전력(Pa) = \sqrt{P^2 + Pr^2} = 3 V_p I_p = \sqrt{3}\, V_1 I_1 = 3 I_p^2 Z \,[\text{VA}]$$

(8) 역률의 개선

① 역률이 낮으면 부하에 동일한 전력을 전달하기 위해 더 많은 전류를 흘려야 한다.

② 이 문제를 해결하기 위해 인덕턴스가 주성분인 부하에 커패시터를 병렬 연결하여 역률을 개선한다.

③ 이러한 커패시터를 역률 개선용 진상 콘덴서라고 한다.

④ 역률 개선은 부하 자체의 역률을 개선한다는 의미가 아니고, 전원의 입장에서 전력에 기여하지 못하는 리액턴스의 전류를 상쇄하여 전원 전류의 크기를 줄이는 것이다.

⑤ 진상콘덴서를 설치해서 역률을 $\cos\theta$로부터 $\cos\phi$로 개선하는 데에 요구되는 콘덴서 용량 $Q\,[\text{kVA}]$

$$Q = 부하전력[\text{kW}] \times (\tan\theta - \tan\phi)$$
$$= 부하전력[\text{kW}] \times \left\{ \sqrt{\frac{1}{\cos^2\theta} - 1} - \sqrt{\frac{1}{\cos^2\phi} - 1} \right\} [\text{kVA}]$$

(9) 파형률, 파고율, 왜형률

① 파형률 $= \dfrac{실효값}{평균값}$

  ㈎ 실효값 : 직류와 교류를 같은 저항에 흘려 열에너지를 구할 경우 일정 주기 동안 의 에너지가 서로 같아지는 교류값이다.

  ㈏ 평균값 : 교류파형의 면적을 주기로 나눈 값으로 정의할 수 있으며, 정현파형은 한 주기 동안의 평균값이 0이 되므로 반주기로 평균값을 산출하게 된다.

② 파고율 $= \dfrac{최대값}{실효값}$

③ 왜형률 $= \dfrac{고조파의\ 실효값}{기본파의\ 실효값} \rightarrow$ 찌그러짐의 정도를 말한다.

1-2 전압강하율 결정

(1) 계산식

옥내배선 등 비교적 전선의 길이가 짧고 전선이 가는 경우에 전압강하는 다음과 같 이 계산한다.

배전방식	전압강하	대상 전압강하
직류 2선식 교류 2선식	$e = \dfrac{35.6 \times L \times I}{1000 \times A}$	선간
3상 3선식	$e = \dfrac{30.8 \times L \times I}{1000 \times A}$	선간
단상 3선식	$e = \dfrac{17.8 \times L \times I}{1000 \times A}$	대지간
3상 4선식	$e = \dfrac{17.8 \times L \times I}{1000 \times A}$	대지간

여기서, e : 전압강하 (V), I : 부하전류 (A), L : 전선의 길이(m), A : 사용 전선의 단면적(mm^2)
㊟ 위 공식으로 전선의 굵기 및 배관을 선정할 시 '간선 계산서'를 먼저 작성하여 참조하 면서 계산한다.

(2) 허용 전압강하 결정 시 고려사항

① 부하 기능을 손상시키지 않을 것

② 부하 단자전압의 변동 폭을 작게 할 것

③ 각 부하의 단자전압은 동일하게 할 것

④ 배선 중의 전력손실을 줄일 것

⑤ 경제적일 것

(3) 전압강하율

송전단 전압 (V_s)과 수전단 전압 (V_r)의 차이값 (전압강하)을 수전단 전압에 대한 백분율로 표시한 것이다. 즉,

$$전압강하율 \ e = \frac{V_s - V_r}{V_r} \times 100 \ \%$$

1-3　변압기 효율과 분류

(1) 변압기

변압기는 1차 측에서 유입된 교류전력을 받아 전자유도작용에 의해서 전압 및 전류를 변성하여 2차 측에 공급하는 기기이다.

(2) 변압기의 손실

하나의 권선에 정격 주파수의 정격전압을 가하고 다른 권선을 모두 개로했을 때의 손실을 무부하손이라고 하며, 대부분은 철심 중의 히스테리시스손과 와전류손이다. 또한 변압기에 부하전류를 흐르게 함으로써 발생하는 손실을 부하손이라고 하며, 권선 중의 저항손 및 와전류손, 구조물/외함 등에 발생하는 표류부하손 등으로 구성된다.

① **무부하손 (철손 ; p_i)** : 주로 히스테리시스손 + 와전류손에 의함

② **부하손 (동손 ; p_c)** : 주로 저항손, 와전류손, 표류부하손에 의함

③ **변압기 손실 계산**

변압기 손실 = 무부하손 (철손) + 부하손 (동손)

(3) 변압기의 효율 계산

① **규약효율** : 직접 측정하기 어려운 경우 입력을 단순히 출력과 손실의 합으로 나타내는 효율

$$변압기\ 효율 = \frac{출력}{출력 + pi + pc} \times 100\,\%$$

② **부하율이 m일 경우의 효율** : 부하율(m)과 변압기의 전손실($pi + \text{m}^2 \cdot pc$)을 고려한 효율 (P : 피상전력, $\cos\theta$: 역률)

$$변압기\ 효율 = \frac{m \cdot P \cdot \cos\theta}{m \cdot P \cdot \cos\theta + pi + \text{m}^2 \cdot pc} \times 100\,\%$$

③ **변압기의 최대효율** : '$pi = pc$'인 경우의 효율

$$변압기의\ 최대효율 = \frac{m \cdot P \cdot \cos\theta}{m \cdot P \cdot \cos\theta + 2pi} \times 100\,\%$$

(4) 변압기 이용률 : 변압기 용량에 대한 평균부하의 비를 말한다.

$$변압기\ 이용률 = \frac{평균부하(\text{kW})}{변압기용량(\text{kVA}) \times \cos\theta} \times 100\,\%$$

(5) 변압기의 분류

분류 기준	해당 변압기
상수	단상 변압기, 삼상 변압기, 단/삼상 변압기 등
내부 구조	내철형 변압기, 외철형 변압기
권선 수	2권선 변압기, 3권선 변압기, 단권 변압기 등
절연의 종류	A종 절연 변압기, B종 절연 변압기, H종 절연 변압기 등
냉각 매체	유입 변압기, 수랭식 변압기, 가스 절연 변압기 등
냉각 방식	유입 자랭식 변압기, 송유 풍랭식 변압기, 송유 수랭식 변압기 등
탭 절환 방식	부하 시 탭 절환 변압기, 무전압 탭 절환 변압기
절연유 열화 방지 방식	콘서베이터 취부 변압기, 질소 봉입 변압기 등

1-4　고효율 변압기

(1) 아몰퍼스 고효율 몰드변압기

① 변압기의 기본 구성 요소인 철심의 재료로 일반적인 방향성 규소 강판 대신 아몰퍼
　스 메탈(Amorphous Metal)을 사용한다.

② 무부하손을 기존 변압기의 75 % 이상 절감한다.

③ 아몰퍼스 메탈은 철(Fe), 붕소(B), 규소(Si) 등이 혼합된 용융금속을 급속 냉각시
　켜 제조하는 비정질성 자성재료이다.

④ 특징 : 아몰퍼스 메탈 결정 구조가 무결정성(비정질)이고 두께가 얇다.

⑤ 장점

　㈎ 비정질성에 의한 히스테리시스손을 절감한다.

　㈏ 얇은 두께로 와류손을 절감한다.

　㈐ 무부하손이 약 75 % 절감되어 대기전력 절감 효과가 탁월하다.

　㈑ 평균 부하율이 낮고, 낮과 밤의 부하 사용 편차가 큰 경부하 수용가에 유리하다.

⑥ 단점

　㈎ 가격이 비싸다(특히 전력요금이 싸고 부하율이 높은 일반 산업체에서는 투자비
　　회수가 어려울 수도 있음).

　㈏ 철심 제조 공정상의 어려움으로 소음이 큰 편이다.

⑦ 주 적용분야 : 학교, 도서관, 관공서 등에 적용된다.

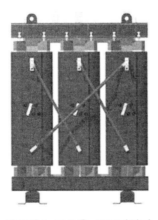　　

　　아몰퍼스 고효율 몰드변압기　　　　　　유입변압기

(2) 레이저 코어 저소음 고효율 몰드 변압기(Laser Core Mold Transformer)

① 자구미세화 규소강판 (레이저 규소강판) 고효율 변압기라고도 한다.

② 방향성 규소강판을 레이저 빔으로 가공하여 분자 구조인 자구 (Domain)를 미세하게 분할함으로써 손실을 개선한 전기 강판이다.

③ 소재의 특성상 제작이 용이하여 모든 용량의 변압기를 제작할 수 있다.

④ 레이저 코어 저소음 고효율 변압기의 장점과 적용

   ㈎ 무부하손 60~70 %와 부하손 30 %를 동시에 절감하여 총손실을 최소화한다.

   ㈏ 아몰퍼스 대비 실질 투자회수 기간을 단축할 수 있다.

   ㈐ 자속 밀도와 전류 밀도가 낮게 설계되어 있기 때문에 저소음이라는 특성이 있다 (아몰퍼스 및 KSC 규격 일반 변압기 대비 30 % 이상 저소음이다).

   ㈑ 대용량 변압기를 제작할 수 있다 (최대 20,000 kVA 이상).

   ㈒ 평균 부하율이 높고 (30 % 이상) 낮과 밤, 계절별 부하 사용의 편차가 크지 않은 수용가에 유리하다.

⑤ 단점

   ㈎ 가격은 일반 변압기와 아몰퍼스 변압기의 중간 정도이다.

   ㈏ 전력 요금이 낮고 부하율 변화가 심한 장소에 적용할 때에는 경제성 측면의 정확한 검토가 필요하다.

⑥ **적용분야 :** 아파트, 빌딩, 제조공장, 병원, 방송국, 사무용 빌딩 등에 적용할 수 있다.

(3) (고온)초전도 고효율 변압기

① 변압기 권선에 구리 대신 초전도선을 사용하여 동손을 낮춘다.

② 아직 실용화는 되지 않았다.

③ 단순히 크기가 줄어들거나 효율이 증가하는 것이 아니라 일반 변압기가 갖고 있는 용량과 수명의 한계를 극복할 수 있다.

④ 만일 냉각 기술이 더 발전하여 냉각 손실이 줄어든다면 고온 초전도 변압기의 효율은 더 증가하고 가격은 더 싸질 것이다.

⑤ 전연유 대신 액체질소 등의 환경친화적 냉매를 사용한다 (화재의 위험성이 없다).

⑥ 앞으로 선재의 전류 밀도를 향상시켜야 한다.

1-5 전력부하 지표

(1) 변압기가 최대효율을 나타내는 부하율(%)

$$m = \sqrt{\frac{p_i}{p_c}} \times 100 \%$$

여기서, p_i : 철손, p_c : 동손

(2) 전력 사용 지표

① 부하율 $= \dfrac{평균 \ 수용 \ 전력}{최대 \ 수용 \ 전력} \times 100 \%$

② 수용률 $= \dfrac{최대 \ 수용 \ 전력}{설비 \ 용량} \times 100 \%$

③ 부등률 $= \dfrac{부하 \ 각각의 \ 최대수용 \ 전력의 \ 합}{합성 \ 최대 \ 수용 \ 전력}$

④ 설비 이용률 $= \dfrac{평균 \ 발전 \ 또는 \ 수전 \ 전력}{발전소 \ 또는 \ 변전소의 \ 설비 \ 용량} \, \%$

⑤ 전일 효율 $= \dfrac{1일 \ 중의 \ 공급 \ 전력량}{1일 \ 중의 \ 공급 \ 전력량 + 1일 \ 중의 손실 \ 전력량} \times 100 \%$

이때 '부등률'은 항상 1 이상이다.

1-6 전기 접지공사

(1) 접지방식

① 저압계통의 접지방식은 국제적으로 IEC 분류에 따라 TN계통(Terra Neutral System ; 다중 접지방식), TT계통(Terra Terra System ; 독립 접지방식), IT계통(Insulation Terra System), TN-C, TN-S, TN-C-S 등이 사용되고 있다.

② 국내에서는 'KS C 60364'에 의해 구체적인 접지방식이 규정되어 있다.

(2) IEC 분류에서 접지 Code의 정의

① 제1문자는 전력계통과 대지의 관계

㉮ T (Terra) : 한 점을 대지에 직접 접속

㈏ I (Insert) : 모든 충전부를 대지(접지)로부터 절연시키거나 임피던스를 삽입하여 한 점을 접속

② **제2문자는 설비의 노출 도전성 부분과 대지와의 관계**

㈎ T (Terra) : 전력계통의 접지와는 관계가 없으며 노출 도전성 부분을 대지로 직접 접속

㈏ N (Neutral) : 노출 도전성 부분을 전력계통의 접지점(교류계통에서는 통상적으로 중성점 또는 중성점이 없을 경우는 한 상)에 직접 접속

③ **그 다음 문자(문자가 있을 경우)는 중성선 및 보호도체의 조치**

㈎ S (Separator) : 보호도체의 기능을 중성선 또는 접지 측 도체와 분리된 도체에서 실시

㈏ C (Combine) : 중성선 및 보호도체의 기능을 한 개의 도체로 겸용(Pen 도체)

(3) IEC 분류에 따른 접지계통 분류

접지방식		비 고
T N (Terra-Neutral)		• TN 전력계통은 한 점을 직접 접지하고 설비의 노출 도전성 부분을 보호도체를 이용하여 그 점으로 접속시킨다. • TN 계통은 중성선 및 보호도체의 조치에 따라 분류한다.
	T N - S	• 계통 전체에 대해 보호도체를 분리시킨다.
	T N - C	• 계통 전체에 대해 중성선과 보호도체의 기능을 동일 도체로 겸용한다.
	T N - C - S	• 계통의 일부분에서 중성선과 보호도체의 기능을 동일 도체로 겸용한다.
T T (Terra-Terra)		• TT 전력계통은 한 점을 직접 접지하고 설비의 노출 도전성 부분을 전력계통의 접지극과 전기적으로 독립한 접지극으로 접속시킨다.
I T (Insert-Terra)		• IT 전력계통은 충전부 전체를 대지로부터 절연시키거나 한 점을 임피던스를 삽입하여 대지에 접속시키고 전기설비의 노출 도전성 부분을 단독 혹은 일괄로 접지시키거나 계통의 접지로 접속시킨다.

(4) 접지공사의 종류

접지공사의 종류	접지저항
제1종 접지공사	10 Ω
제2종 접지공사	변압기 고압 측 또는 특별고압 측 전로의 1선 지락전류 암페어 수에서 150을 나눈 값의 옴 수
제3종 접지공사	100 Ω
특별 제3종 접지공사	10 Ω

(5) 기계기구 구분에 따른 접지공사의 적용

기계기구의 구분	접지공사
400 V 미만의 저압용	제3종 접지공사
400 V 이상의 저압용	특별 제3종 접지공사
고압용 또는 특별고압용	제1종 접지공사

㊟ 고압 또는 특고압과 저압을 결합한 변압기의 저압 측의 중성점에는 고저압의 혼촉에 의한 위험을 예방하기 위하여 제2종 접지공사를 한다. 이때 300 V 이하인 것은 저압 측의 1단자를 접지할 수 있다.

(6) 제3종 및 특별 제3종 접지공사의 시설방법

① 접지하는 전기기계의 금속성 외함, 배관 등과 접지선의 접속은 전기적, 기계적으로 확실히 한다.

② 접지선이 외상을 입을 염려가 있는 경우에는 접지할 기계기구에서 6 cm 이내의 부분 및 지중부분을 제외하고 합성수지관(두께 2 mm 미만의 합성수지제 전선관, CD관은 제외), 금속관 등에 넣어 보호해야 한다.

③ 접지 저항값은 저압전로에 누전차단기 등의 지락차단장치(0.5초 이내에 동작하는 것)를 설치하면 500 Ω까지 완화할 수 있다.

④ 알루미늄과 구리를 접속할 경우 접속 부분에 수분 등이 있으면 알루미늄이 부식한다. 이를 방지하기 위해 접속 부분에 콤파운드를 도포한다.

⑤ **제3종 또는 특별 제3종 접지공사의 특례** : 제3종 및 특별 제3종을 실시할 금속체와 대지 간의 전기저항값이 특별 제3종 접지공사인 경우에는 10 Ω 이하, 제3종 접지공사인 경우에는 100 Ω 이하이면 각각의 접지공사를 실시한 것으로 간주한다.

(7) 제3종 접지의 생략이 가능한 경우

① 사용전압이 직류 300 V 또는 교류 대지전압이 150 V 이하인 기계기구를 건조한 곳에 설치한 경우

② 저압용 기계기구에 지락이 생겼을 때 그 전로를 자동 차단하는 장치를 접속하고 건조한 곳에 시설한 경우

③ 저압용 기계기구를 건조한 목재 마루나 기타 이와 유사한 절연성 물건 위에서 취급하도록 시설한 경우

④ 저압용이나 고압용의 기계기구, 판단기준 제29조에서 규정하는 특고압 전선로에 접속하는 배전용 변압기나 이와 접속된 전선에 시설하는 기계기구 또는 판단기준 제135조 제1항 및 제4항에서 규정하는 특고압 가공전선로(Overhead Line ; 전주, 철탑 등을 지지물로 하여 공중에 가설한 전선로)의 전로에 시설하는 기계기구를 사람이 쉽게 접촉할 우려가 없도록 목주 및 기타 이와 유사한 것의 위에 시설하는 경우

⑤ 철대 또는 외함의 주위에 적당한 절연대를 설치한 경우

⑥ 외함이 없는 계기용 변성기가 고무·합성수지 및 기타 절연물로 피복된 경우

⑦ '전기용품안전관리법'의 적용을 받는 2중 절연구조로 이루어진 기계기구를 시설하는 경우

⑧ 저압용 기계기구에 전기를 공급하는 전로의 전원 측에 절연변압기(2차 전압이 300 V 이하이며, 정격용량이 3 kVA 이하)를 시설하고 또한 그 절연변압기의 부하 측 전로를 접지하지 않은 경우

⑨ 물기가 있는 장소 이외의 장소에 시설하는 저압용의 개별 기계기구에 전기를 공급하는 전로에 '전기용품안전관리법'의 적용을 받는 인체감전보호용 누전차단기(정격감도 30 mA 이하, 동작시간 0.03초 이하)를 시설하는 경우

⑩ 외함을 충전하여 사용하는 기계기구에 사람이 접촉할 우려가 없도록 시설하거나 절연대를 시설하는 경우

1-7 에너지 저장시스템(ESS : Energy Storage System)

(1) 의의

① 에너지 저장시스템이란 발전소에서 과잉 생산된 전력을 저장해 두었다가 일시적으로 전력이 부족할 때 송전해주는 에너지(전력) 저장장치를 말한다.

② 안정적으로 전력을 확보하거나 혹은 잉여 전력을 효율적으로 사용하여 전기에너지

를 절약하는 것이 그 목적이다.

③ 태양광발전, 풍력발전 등과 같은 신재생에너지 혹은 분산형 전원 등과 잘 어울린다. 즉 태양광발전에서는 일사량이 연중 일정하지 않고 풍력발전에서는 풍속, 풍질 등의 풍황이 연중 일정하지 않으므로 잉여전력과 부족전력이 많이 발생하는데, 이러한 잉여전력과 부족전력을 적절히 연중 평준화해줄 필요가 있다. 이때 에너지 저장시스템 (ESS)이 아주 유효적절하게 사용될 수 있다.

(2) 구성요소

배터리, 회로 연결부품, BMS(Battery Management System ; 배터리 제어장치), 케이스, 관련 주변장치 등으로 구성되어 있다.

(3) 배터리 방식

리튬이온 방식, 황산나트륨 방식 등이 있다.

태양광 발전

풍력 발전

소수력 발전

ESS
(저장)

BMS
(자동제어)

주택단지

상업시설

공장지역

(4) 제주도의 스마트그리드 단지

① 6,000가구 이상이 참여하여 세계 최대 규모의 스마트 그리드 (Smart Grid ; 에너지 네트워크)를 구성한다.

② 가정용 ESS, 전기자동차 충전용 ESS, 신재생 발전용 ESS 등 에너지 저장시스템 (ESS)이 폭넓게 적용 및 구축되었다.

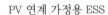

PV 연계 가정용 ESS   전기자동차 충전용 ESS   신재생 발전용 ESS

1-8   분산형 전원 배전계통 연계

(1) 배전선로의 연계

① 500 kW 미만인 경우에는 저압 배전선로와 연계할 수 있다.

② 500 kW 이상인 경우에는 특고압 배전선로와 연계해야 한다.

(2) 분산형 전원 배전계통 연계의 기술 기준

① **전기방식** : 연계하려는 계통의 전기방식과 동일해야 한다.

② **공급전압 안전성 유지** : 연계 지점의 계통전압을 조정하면 안 된다.

③ **계통접지** : 계통에 연결되어 있는 설비의 정격을 초과하면 안 된다.

④ **동기화** : 연계지점의 계통전압이 4 % 이상 변동하지 않도록 계통에 연계한다.

⑤ **상시 전압변동률과 순시 전압변동률**

    ㈎ 저압 일반선로에서 분산형 전원의 상시 전압변동률은 3 %를 초과하지 않아야 한다.

    ㈏ 저압계통의 경우에는 계통병입 시 돌입전류가 필요한 발전원에 대해 계통병입에 의한 순시 전압변동률이 6 %를 초과하지 않아야 한다.

    ㈐ 특고압 계통의 경우에는 분산형 전원의 연계로 인한 순시 전압변동률이 발전원의 계통 투입, 탈락 및 출력변동 빈도에 따라 다음 표에서 정하는 허용기준을 초

과하지 않아야 한다.

변동빈도	순시 전압변동률
1시간에 2회 초과 10회 이하	3 %
1일 4회 초과, 1시간에 2회 이하	4 %
1일에 4회 이하	5 %

㈜ 1. 분산형 전원의 전기품질 관리항목 : 직류 유입 제한, 역률(90 % 이상), 플리커, 고조파
　 2. 분산형 전원을 한전계통에 연계 시 생산된 전력의 전부 또는 일부가 한전계통으로 송
　　 전되는 병렬 형태를 '역송병렬'이라고 부른다.

발전용량 혹은 분산형 전원 정격용량 합계(kW)	주파수차 (Δf, Hz)	전압차 (ΔV, %)	위상각 차 ($\Delta \phi$, °)
1 ~ 500 이하	0.3	10	20
500 초과 ~ 1,500 미만	0.2	5	15
1,500 초과 ~ 20,000 미만	0.1	3	10

⑥ 가압되어 있지 않은 계통에서의 연계는 금지한다.

⑦ 측정 감시 : 분산형 전원 발전설비의 용량이 250 kVA 이상이면, 연계지점의 연결 상
태, 유효전력, 무효전력과 전압을 측정하고 감시할 수 있어야 한다.

⑧ 분리장치 : 분산형 전원 발전설비와 계통연계지점 사이에 설치한다.

⑨ 계통연계 시스템의 건전성

　㈎ 전자장 장해로부터의 보호

　㈏ 서지 보호기능

⑩ 계통 이상 시 분산형 전원 발전설비 분리

　㈎ 계통 고장, 또는 작업 시의 역충전 방지

　㈏ 전력계통 재폐로 협조

　㈐ 전압 : 계통에서 비정상 전압상태가 발생할 경우 분산형 전원 발전설비를 전력
계통에서 분리

전압범위(기준전압에 대한 비율)	분리시간 (고장 제거시간)
$V < 50\,\%$	0.16초
$50 \leq V < 88\,\%$	2.00초
$110 < V < 120\,\%$	1.00초
$V \geq 120\,\%$	0.16초

(라) 계통 재병입 : 계통 이상 발생 복구 후 전력계통의 전압과 주파수가 정상상태로 5분간 유지되어야 분산형 전원 발전설비를 계통에 연결한다.

⑪ **전력품질**

(가) 직류전류 계통유입의 한계 : 최대 전류 0.5 % 이상의 직류전류를 유입해서는 안 된다.

(나) 역률

㉮ 분산형 전원의 역률은 90 % 이상을 유지하는 것을 원칙으로 한다. 다만 역송 병렬로 연계하는 경우로 연계계통의 전압상승 및 강하를 방지하기 위해 기술적으로 필요하다고 평가되는 경우에는 연계계통의 전압을 적절하게 유지할 수 있도록 분산형 전원 역률의 하한값과 상한값을 사용자 측과 협의하여야 정할 수 있다.

㉯ 분산형 전원의 역률은 계통 측에서 볼 때 진상역률(분산형 전원 측에서 볼 때 지상역률)이 되지 않도록 함을 원칙으로 한다.

(다) 플리커(Flicker) : 분산형 전원은 빈번한 기동·탈락 또는 출력변동 등에 의하여 한전계통에 연결된 다른 전기사용자에게 시각적인 자극을 줄 만한 플리커나 설비의 오동작을 초래하는 전압요동을 발생시켜서는 안 된다.

(라) 고조파 전류는 10분 평균한 40차까지의 종합 전류 왜형률이 5%를 초과하지 않도록 각 차수별로 3% 이하로 제어해야 한다.

(마) 고조파 전류의 비율

고조파 차수	$h < 11$	$11 \leq h < 17$	$17 \leq h < 23$	$23 \leq h < 35$	$35 \leq h$	TDD
비율	4.0	2.0	1.5	0.6	0.3	5.0

(바) 짝수 고조파는 각 구간별로 홀수 고조파의 25 % 이하로 한다.

⑫ **단독운전 방지(Anti-Islanding)** : 연계계통의 고장으로 단독운전상 분산형 전원 발전설비는 이러한 단독운전 상태를 빨리 검출하여 전력계통으로부터 분산형 전원 발전설비를 분리시켜야 한다 (최대한 0.5초 이내).

⑬ **보호협조의 원칙** : 분산형 전원의 이상 또는 고장 시에는 이로 인한 영향이 연계된 한전계통으로 파급되지 않도록 분산형 전원을 해당 계통과 신속히 분리하기 위한 보호협조를 실시해야 한다.

⑭ **태양광 발전 계통** : 태양전지 어레이, 접속반, 인버터, 원격모니터링, 변압기, 배전반 등으로 구성된다.

> **칼럼** 분산형 전원 연계 요건 및 연계의 구분 (한국전력 기준)

1. 분산형 전원을 계통에 연계하려는 경우에는 공공 인축과 설비의 안전, 전력공급 신뢰도 및 전기품질을 확보하기 위한 기술적인 제반 요건이 충족되어야 한다.

2. 한전 기술요건을 충족하고 한전계통 저압 배전용 변압기의 분산형 전원 연계 가능 용량에 여유가 있는 경우에는, 저압 한전계통에 연계할 수 있는 분산형 전원의 용량이 다음과 같이 구분된다.

   ① 분산형 전원의 연계용량이 500 kW 미만이고 배전용 변압기 누적연계용량이 해당 배전용 변압기 용량의 50 % 이하인 경우 다음 각 사항에 따라 해당 저압계통에 연계할 수 있다. 다만, 분산형 전원의 출력전류의 합은 해당 저압 전선의 허용전류를 초과할 수 없다.

   ㈎ 분산형 전원의 연계용량이 연계하고자 하는 해당 배전용 변압기(지상 또는 주상) 용량의 50 % 이하인 경우에는 다음 각 사항에 따라 간소검토 또는 연계용량 평가를 통해 저압 일반선로로 연계할 수 있다.

   ㉮ 간소검토 : 저압 일반선로 누적연계용량이 해당 변압기 용량의 25 % 이하인 경우

   ㉯ 연계용량 평가 : 저압 일반선로 누적연계용량이 해당 변압기 용량의 25 %를 초과할 때, 한전에서 정한 기술요건을 충족하는 경우

   ㈏ 분산형 전원의 연계용량이 연계하고자 하는 해당 배전용 변압기(주상 또는 지상) 용량의 25 %를 초과하거나, 한전에서 정한 기술요건에 적합하지 않은 경우에는 접속설비를 저압 전용선로로 할 수 있다.

   ② 배전용 변압기 누적연계용량이 해당 변압기 용량의 50 %를 초과하는 경우 연계할 수 없다. 다만, 한전이 해당 저압계통에 과전압 혹은 저전압이 발생할 우려가 없다고 판단되는 경우에 한하여 해당 배전용 변압기에 연계가 가능하다. 또한 배전용 변압기 누적연계용량은 해당 배전용 변압기의 정격용량을 초과할 수 없다.

   ③ 분산형 전원의 연계용량이 100 kW 미만인 경우라도 분산형 전원 설치자가 희망하고 한전이 이를 타당하다고 인정한 경우에는 특고압 한전계통에 연계할 수 있다.

   ④ 동일 번지 내에서 개별 분산형 전원의 연계용량은 100 kW 미만이나 그 연계용량의 총합은 100 kW 이상이고, 그 소유나 회계주체가 각기 다른 복수의 단위 분산형 전원이 존재할 경우에는 각각의 단위 분산형 전원을 저압 한전계통에 연계할 수 있다. 다만, 각 분산형 전원 설치자가 희망하고 계통의 효율적 이용, 유지보수 편의성 등 경제적, 기술적으로 타당한 경우에는 대표 분산형 전원 설치자의 발전용 변압기 설비를 공용하여 특고압 한전계통에 연계할 수 있다.

3. 한전 기술요건을 충족하고 한전계통 변전소 주변압기의 분산형 전원 연계가능 용량에 여유가 있는 경우에는 특고압 한전계통에 연계할 수 있는 분산형 전원의 용량이 다음과 같이 구분된다.

   ① 분산형 전원의 연계용량이 10,000 kW 이하로 특고압 한전계통에 연계되거나 500 kW 미만

으로 전용 변압기를 통해 저압 한전계통에 연계되고 해당 특고압 일반선로 누적연계용량이 상시운전용량 이하인 경우 다음의 각 사항에 따라 해당 한전계통에 연계할 수 있다. 다만, 분산형 전원의 출력전류의 합은 해당 특고압 전선의 허용전류를 초과할 수 없다.

㉮ 간소검토 : 주변압기 누적연계용량이 해당 주변압기 용량의 15 % 이하이고, 특고압 일반선로 누적연계용량이 해당 특고압 일반선로 상시운전용량의 15 % 이하인 경우에는 간소검토 용량으로 하여 특고압 일반선로에 연계할 수 있다.

㉯ 연계용량 평가 : 주변압기 누적연계용량이 해당 주변압기 용량의 15 %를 초과하거나, 특고압 일반선로 누적연계용량이 해당 특고압 일반선로 상시운전용량의 15 %를 초과하는 경우에 대해서는, 한전에서 정한 기술요건을 충족하는 경우에 한하여 해당 특고압 일반선로에 연계할 수 있다.

㉰ 분산형 전원의 연계로 인해 한전 기술요건을 충족하지 못하는 경우에는 원칙적으로 전용선로로 연계하여야 한다. 단, 기술적 문제를 해결할 수 있는 보완 대책이 있고 설비보강 등의 합의가 있는 경우에 한하여 특고압 일반선로에 연계할 수 있다.

② 분산형 전원의 연계용량이 10,000 kW를 초과하거나 특고압 일반선로 누적연계용량이 해당 선로의 상시운전용량을 초과하는 경우에는 다음의 각 사항에 따른다.

㉮ 개별 분산형 전원의 연계용량이 10,000 kW 이하라도 특고압 일반선로 누적연계용량이 해당 특고압 일반선로 상시운전용량을 초과하는 경우에는 접속설비를 특고압 전용선로로 함을 원칙으로 한다.

㉯ 개별 분산형 전원의 연계용량이 10,000 kW를 초과하고 20,000 kW 미만인 경우에는 접속설비를 대용량 배전방식에 의해 연계함을 원칙으로 한다.

㉰ 접속설비를 전용선로로 할 때, 향후 불특정 다수의 다른 일반 전기사용자에게 전기를 공급하기 위한 선로경과지 확보에 현저한 지장이 발생하거나 발생할 우려가 있다고 한전이 인정하는 경우에는 접속설비를 지중 배전선로로 구성함을 원칙으로 한다.

㉱ 접속설비를 전용선로로 연계하는 분산형 전원은 한전에서 정한 단락용량 기술요건을 충족해야 한다.

4. 단순병렬로 연계되는 분산형 전원의 경우에는 한전 기술요건을 충족하면 주변압기 및 특고압 일반선로 누적연계용량 합산 대상에서 제외할 수 있다.

5. 한전 기술요건의 충족 여부를 검토할 때, 분산형 전원 용량은 해당 단위 분산형 전원에 속한 발전설비 정격 출력의 합계를 기준으로 하고 검토점은 특별히 달리 규정된 내용이 없는 한 공통 연결점으로 함을 원칙으로 하며 측정이나 시험 수행을 할 시 편의상 접속점 또는 분산형 전원 연결점 등을 검토점으로 할 수 있다.

6. 한전 기술요건의 충족 여부를 검토할 때, 분산형 전원 용량은 저압연계의 경우 해당 배전용 변압기 및 저압 일반선로 누적연계용량을 기준으로 하며, 특고압 연계의 경우 해당 주변압기 및 특고압 일반선로 누적연계용량을 기준으로 한다.

1-9 직·교류 송전방식 비교

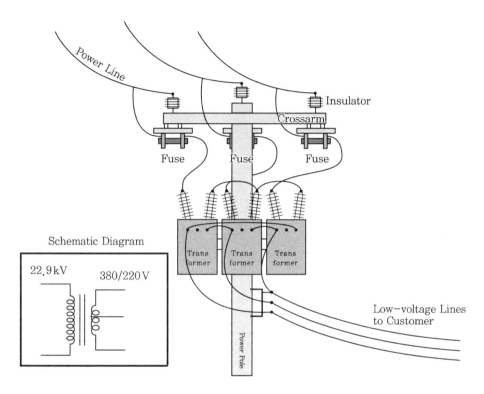

송전설비 전주 계통도

(1) 직류송전

① 장점

    ㈎ 절연 계급을 낮출 수 있다.

    ㈏ 리액턴스가 없으므로 리액턴스에 의한 전압강하가 없다.

    ㈐ 송전효율이 좋다.

    ㈑ 안정도가 좋다.

    ㈒ 도체 이용률이 좋다.

② 단점

    ㈎ 교·직 변환장치가 필요하며 설비가 비싸다.

    ㈏ 고전압 대전류를 차단하기 어렵다.

    ㈐ 회전자계를 얻을 수 없다.

(2) 교류송전

① 장점

(개) 전압의 승압 및 강압에 대한 변경이 쉽다.

(내) 회전자계를 쉽게 얻을 수 있다.

(대) 일괄된 운용을 할 수 있다.

② 단점

(개) 보호방식이 복잡해진다.

(내) 많은 계통이 연계되어 있어 고장 시에 복구가 어렵다.

(대) 무효전력으로 인한 송전손실이 크다.

1-10   송전선로

(1) 가공 전선의 구비조건

① 경제적일 것

② 기계적 강도가 클 것

③ 도전율 (허용전류)이 높을 것

④ 비중 (밀도)이 낮을 것

⑤ 가요성이 있을 것

⑥ 부식이 적을 것

⑦ 내구성이 클 것

(2) 전선의 종류

① 구조에 의한 분류

(개) 단선

㉮ 원형, 각형 등

㉯ 지름 (mm)으로 호칭(1.6 mm, 2.2 mm, 3.2 mm 등)

(내) 연선

㉮ 단선 여러 가닥을 꼬아 만듦

㉯ 단면적(mm^2)으로 호칭(125 mm^2, 250 mm^2 등)

(대) 중공전선

⑦ 전선 직경을 크게 하여 전선 표면의 전위 경도를 낮춤으로써 코로나 발생을 억제한다.

④ 표피효과(Skin Effect) 감소, 중량감소 등 초고압 송전선에 효과적이다.

② **재질에 의한 분류**

㉮ 경동선 : 도전율 96~98 %, 인장강도 35~48 kg/mm^2

㉯ 경(硬)Al선 : 도전율 61 %, 인장강도 16~18 kg/mm^2

㉰ 강선 : 도전율 10 %, 인장강도 55~140 kg/mm^2

㉱ 합금선 : 구리 또는 알루미늄에 다른 금속 첨가, 강도 증가

㉲ 쌍금속선 : 2종류 이상 융착시켜 만듦, 코퍼웰드선, 도전율 30~40 %

㉳ 합성연선 : 가공전선에 주로 사용된다.

㉮ 강심 알루미늄연선 (ACSR : Aluminum Cable Steal Reinforced)

ㄱ 도전율 : 61 %

ㄴ 인장강도 : 125 kg/mm^2

ㄷ 동선에 비해 강도 보강, 장거리 경간에 적합, 강선에 비해 도전율 증가, 가공선에 가장 일반적으로 쓰인다.

㉯ 내열 강심 알루미늄 합금연선 (TACSR : Thermo resistance ACSR)

ㄱ 아연도금강선을 중심에 두고 내열 알루미늄을 외부로 하여 연선한 내열 강심 알루미늄 합금연선이다.

ㄴ 도전율이 경알루미늄보다 약간 낮은 60 %이지만, 150℃의 높은 온도까지 사용이 가능하므로 동일 Size의 ACSR보다 약 60 % 큰 전류를 흘릴 수 있다. 즉 동일 전류를 흘렸을 시 약 1/2 Size로 가능하다.

ㄷ 용도 : 일반 ACSR보다 1.5~1.6배의 큰 허용전류가 필요한 가공전선로, 이도 제약이 비교적 적은 지역의 가공전선로, 동일 부하에서 송전선로를 경량화하여 운용해야 하는 전선로 등이 있다.

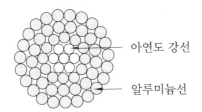

강심 알루미늄연선 (ACSR)

③ 조합상 분류

㉮ 단도체, 다도체(복도체, 3도체, 4도체 포함)

㉯ 복도체(한 상당 두 가닥 이상의 전선을 사용함)

㉮ 장점

㉠ 인덕턴스 감소 (약 20~30 %) 및 정전용량 증가 (약 20~30 %)로 송전용량이 증가한다 (가장 주된 이유이다).

㉡ 표피효과가 적어 송전용량이 증가한다.

㉢ 표면전위경도 완화로 코로나 발생이 억제된다.

㉣ 전선의 허용전류를 증대할 수 있다.

㉤ 안정도가 향상된다.

㉯ 단점 및 대책

㉠ 정전용량이 커지기 때문에 페란티(Ferranti) 현상이 발생한다. → 분로리액터 설치가 필요하다.

㉡ 풍압하중, 빙설하중 등으로 진동이 발생할 우려가 있다. → 댐퍼를 설치한다.

㉢ 각 소도체 간에 흡입력이 작용하여 단락사고가 발생할 우려가 있다. → 스페이서를 설치한다.

㉣ 건설비가 비싸다.

㉰ 적용 방식

㉠ 154 kV : ACSR 410 mm^2 2도체 방식

㉡ 345 kV : ACSR 480 mm^2 2도체 또는 4도체 방식

㉢ 765 kV : ACSR 480 mm^2 6도체 방식

(3) 켈빈의 법칙(Kelvin's Law)

① 경제적인 전선의 굵기 선정방법이다.

② 건설 후 전선의 단위길이를 기준으로 하여, 1년간 손실전력량의 금액과 전선 건설비에 대한 이자와 상각비를 합한 연경비(年經費)가 같아지게 전선의 굵기를 결정하는 방법이다.

(4) 송전선로 안정도 증진방법

① 직렬 리액턴스를 작게 한다.

② 전압 변동을 작게 한다.

③ 계통을 연계한다.

④ 고장전류를 줄이고 고장 구간을 고속도 차단한다.

⑤ 중간 조상 방식을 채택한다.

⑥ 고장 시 발전기 입출력의 불평형을 작게 한다.

(5) 코로나 현상

① **정의** : 초고압 송전계통에서 전선 표면의 전위경도가 높은 경우 전선 주위의 공기 절연이 파괴되어 발생하는 일종의 부분방전현상이다.

  ㈎ 방전현상

   ㉮ 전면 (불꽃)방전 : 단선

   ㉯ 부분방전 : 연선

  ㈏ 공기의 절연파괴전압 (극한 파괴전압) : 표준상태의 기온 및 기압하에서 공기의 절연이 파괴되는 전위경도는 정현파 교류 및 직류의 실효값으로 다음과 같다.

   ㉮ 교류 극한 파괴전압 : 21 kV/cm

   ㉯ 직류 극한 파괴전압 : 30 kV/cm

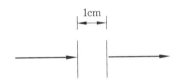

전위차가 교류 21.1 kW/cm 혹은 직류 30 kV/cm 이상이면 공기 절연이 파괴되어 통전될 수 있다.

② **코로나 임계전압 (E_0)**

$$E_0 = 24.3 \cdot m_0 m_1 \delta d \log_{10} \frac{2D}{d} \ [\text{kV}]$$

여기서, m_0 : 전선표면계수 (매끈한 단선 : 1, 거친단선 : 0.98~0.93, 7본연선 : 0.87~0.83, 19~61개연선 : 0.85~0.80)

m_1 : 기후에 관한 계수 : 맑은 날씨 1.0, 안개 및 비오는 날 0.8

δ : 상대공기밀도 기압을 b (mmHg), 기온을 t℃라 하면

$$\delta = \frac{b}{760} \cdot \frac{273+20}{273+t} = \frac{0.386 \cdot b}{273+t}$$

b 값은 토지의 높이에 따라 달라지며 개략값은 표와 같다.

표고 m	0	500	1000	1500	2000	2500	3000	3500
기압 b (mmHg)	760	711	668	627	590	555	521	489

여기서, d : 전선의 지름 (cm), D : 선간거리(cm)

③ 코로나 임계전압(코로나가 발생하기 시작하는 최저한도전압)이 높아지는 경우의 원인
  ㈎ 날씨가 맑을 때
  ㈏ 온도 및 습도가 낮을 때
  ㈐ 기압이 높을 때(고기압)
  ㈑ 상대 공기밀도가 클 때
  ㈒ 전선의 지름이 클 때

④ 코로나 발생의 영향
  ㈎ 코로나 전력손실 발생(Peek의 식)

$$P_c = \frac{241}{\delta}(f+25)\sqrt{\frac{r}{D}}(E-E_0)^2 \times 10^{-5} \text{ [kW/cm 1선당]}$$

  여기서, δ : 상대공기밀도 $\left(\delta \propto \dfrac{기압}{온도}\right)$
    E : 대지전압
    E_0 : 코로나 임계전압
    f : 주파수
    D : 선간거리
    r : 전선의 반지름

  ㈏ 코로나 잡음 발생
  ㈐ 고조파 장해 발생 : 정현파 → 왜형파(= 직류분 + 기본파 + 고조파)
  ㈑ 오존의 발생으로 질산에 의한 전선 및 바인드선의 부식 : $(O_3, NO) + H_2O = NHO_3$ 생성
  ㈒ 전력선 이용 반송전화 장해 발생
  ㈓ 소호리액터 접지방식의 장해 발생
  ㈔ 서지(이상전압)의 파고치 감소(장점)
  ㈕ 기타 통신선에 유도장해 등이 발생할 수 있다.

⑤ 코로나 방지대책
  ㈎ 전선을 굵게 한다.
  ㈏ 복도체(다도체)를 사용한다.
  ㈐ 가선 금구류를 개량한다.

(6) 송전선 굵기 선정
① 연속 허용전류와 단시간 허용전류
② 경제전류

③ 순시허용전류

④ 전압강하와 전압변동

⑤ 코로나

⑥ 기계적 강도

(7) 표피효과(Skin Effect)

① 전선의 중심은 전류밀도(전하밀도)가 작고, 표피 쪽은 전류밀도가 크다.

② 전선이 굵고 주파수가 높을수록 커진다.

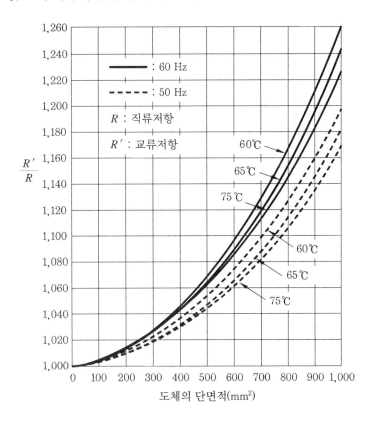

(8) 케이블의 전력손실

① **저항손** : 전선로 자체의 저항에 의한 손실

② **유전체손** : 교류를 흘렸을 때 유전체 내에서 소비되는 손실

③ **연피손** : 케이블에 전류를 흘리면 도체 외부로부터의 전자유도 작용으로 연피에 전압이 유기되고, 또 와전류가 흘러 발생하는 손실

(9) 선로정수 (Line Constant)

① 전선 (電線)이 내포하고 있는 R (저항), L (인덕턴스), G (누설 컨덕턴스), C (정전 용량)의 4가지 특성을 말한다.

② 선로정수는 전선의 종류와 굵기, 재질에 따라서 정해진다.

③ 선로정수는 전압과 전류, 기온 등에는 영향을 받지 않는다.

④ 동일한 규격의 전선이라도 송전선로가 설치된 지리적 여건, 송전선로에서의 전류 밀도차 등에 따라 송전선로별 특성이 상이하게 나타나므로 선로정수를 이용하여 전압 · 전류의 관계, 전압강하, 송수전단의 전력량 등 송전선로별 특성을 계산하게 된다.

⑤ 선로의 누설 콘덕턴스는 주로 애자의 누설 저항에 기인한다. 애자의 누설저항은 건조 시에는 대단히 커서 그 역수인 누설 콘덕턴스가 매우 적은 값을 나타내므로 송전선로 의 특성을 검토할 때에는 특별한 경우를 제외하고 무시해도 상관없다.

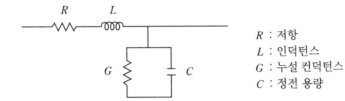

R : 저항
L : 인덕턴스
G : 누설 컨덕턴스
C : 정전 용량

(10) 송전선 이상전압 방지대책

① 가공지선 (벼락이 직접 떨어지지 않도록 송전선 위에 도선과 나란히 가설하여 접지 한 전선)을 설치하여 직격뇌 및 유도뇌 차폐, 통신선의 유도장해를 경감시킨다.

   ㈎ 차폐각 (θ) : 30~45°

      ㉮ 30° 이하 : 100 %

      ㉯ 45° 이하 : 97 %

   ㈏ 차폐각이 작을수록 보호효과가 크고 시설비는 상승한다.

   ㈐ 2조지선 사용 : 차폐효율이 높아진다.

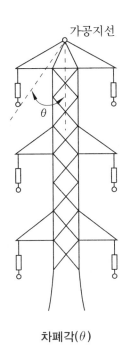

가공지선

차폐각(θ)

② **매설지선(접지를 위해 땅속에 묻어 놓은 전선)** : 철탑 저항값(탑각 저항값)을 감소시켜 역섬락을 방지한다.

* '역섬락'이란 뇌전류가 철탑에서 대지로 방전 시 철탑의 접지 저항값이 큰 경우 대지가 아닌 송전선에 섬락을 일으키는 현상을 말한다.

③ **소호장치** : 아킹혼, 아킹링 → 뇌로부터 애자련 보호

④ **피뢰기** : 이상전압으로부터의 보호, 뇌 전류의 방전 및 속류를 차단하여 기계기구 절연보호

⑤ **피뢰침 등**

㉮ 피뢰기의 속류 : 방전현상이 실질적으로 끝난 후 전력계통에서 계속 피뢰기로 흐르는 상용주파전류를 말한다.

(11) 피뢰기(LA : Lightening Arrester)

① **설치목적**

㉮ 피뢰기는 낙뢰 및 회로의 개폐 시에 발생하는 과(서지)전압을 일시적으로 대지로 방류시켜 계통에 설치된 기기 및 선로를 보호하기 위하여 설치한다(피뢰기의 주 보호 대상물은 전력용 변압기이다).

㉯ 절연레벨이 낮다(절연레벨 순서 : 단로기 > 변압기 > 피뢰기).

② 요구되는 기능

㈎ 정상전압, 정상주파수에서는 절연내력이 높아 방전하지 않아야 한다.

㈏ 이상전압, 이상주파수에서는 절연내력이 낮아져 신속하게 방류특성이 되어야 한다.

㈐ 전압회복 후에는 잔류전압 및 전류를 자동적으로 신속히 차단해야 한다.

㈑ 방전 후에는 이상전류 통전 시의 피뢰기의 단자전압 (제한전압)을 일정레벨 이하로 억제해야 한다.

㈒ 반복동작에 대하여 특성이 변하지 않아야 한다.

③ 구조 및 종류

㈎ 일반적으로 피뢰기는 직렬갭과 특성요소로 구성되며, 계통의 전압별로 특성요소의 수량을 적합한 수량으로 포개어 조정한다.

㈏ 직렬갭 : 정상일 때에는 방전하지 않고 절연상태를 유지하며, 이상 과전압이 발생했을 시에 통전되어 신속히 이상전압을 대지로 방전하고 속류를 차단한다.

㈐ 특성요소 : 탄화규소 입자를 각종 결합체와 혼합한 것으로 밸브 저항체라고도 하며, 비저항 특성이 있어 큰 방전전류에 대해서는 저항값이 낮아져 제한전압을 낮게 억제함과 동시에 비교적 낮은 전압계통에서는 높은 저항값으로 속류를 차단하여 직렬갭에 의한 속류의 차단을 용이하게 도와주는 작용을 한다 (철탑 등의 쇼트 방지).

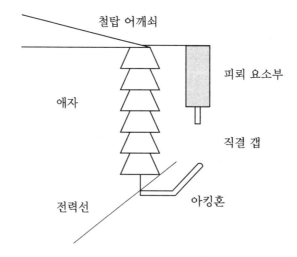

④ 종류

㈎ 갭 저항형

㉮ 상용주파수의 계통전압에서 서지가 겹쳐 그 파고값이 임펄스 방전 개시전압에 이르면 피뢰기가 방전을 개시하여 전압이 내려가고 동시에 방전전류가 흘러

제한전압이 발생한다.

   ㉯ 서지전압이 소멸된 후 계통전압을 따라 속류가 흐르지만 처음의 전류 '0'점에서 속류를 차단하고 원상태로 회복된다.

   ㉰ 이러한 동작은 반 사이클이 짧은 시간에 이루어진다.

   ㈏ 갭 리스형

   ㉮ 기존의 SiC(탄화규소) 특성요소를 비직선 저항특성의 산화아연(ZnO) 소자를 적용한 것으로서, 전압-전류 특성은 SiC 소자에 비하여 광범위하게 전압이 거의 일정하며 정전압장치에 가까워진다.

   ㉯ SiC 소자는 상규 대지전압이라도 상시전류가 흐르므로 소자의 온도가 상승하여 소손되기 때문에 직렬 갭으로 전류를 차단해 둘 필요가 있다.

   ㉰ 갭 리스 피뢰기의 경우에는 누설전류가 1 mA로, 문제가 발생하지 않아 직렬 갭이 선로와 절연을 할 필요가 없으므로 소형 경량이 된다.

   ㈐ 밸브 저항형(Valve Resistance Type) : 직렬 갭＋특성요소(SiC)

   ㈑ 기타 밸브형 등이 있다.

⑤ **선정방법** : 피뢰기가 소기의 기능을 발휘하기 위해서는 계통의 과전압, 시설물 차폐 여부, 설비의 중요도, 선로 및 피보호기기의 절연내력, 기상조건 등을 종합적으로 검토하여 적용한다. 선정할 때의 유의사항은 다음과 같다.

   ㈎ 피뢰기의 설치장소에서의 최대상용주파 대지전압

   ㈏ 가장 심한 피뢰기의 방전전류 크기 및 파형

   ㈐ 피보호기기의 충격절연내력 결정

   ㈑ 피뢰기의 정격전압(속류가 차단되는 교류의 최고전압) 및 공칭 방전전류

   ㈒ 피뢰기의 보호레벨 결정

   ㈓ 이격거리 및 기타 관계요소를 고려하여 피뢰기로 제한된 피보호기기에서의 전압 결정

(12) 송전선로에서 중성점 접지의 목적

① 1선 지락 시 전위 상승을 억제하여 기계기구를 보호한다(이상전압 방지).

② 단절연이 가능하므로 기기값이 저렴하다.

③ 과도 안정도가 증진된다.

④ 보호계전기의 동작이 신속하다.

1-11 배전선로 배전방식

(1) 형태 및 구성

① **급전선**(Feeder) : 궤전선(饋電線), 배전구역까지의 전송선으로 부하가 접속되지 않는다.

② **간선**(Main Line) : 급전선에 접속되어 부하지점까지 전력을 전송한다.

③ **분기선**(Branch Line) : 간선에서 갈라져 나온 배전선로의 가지부분(지선)을 말한다.

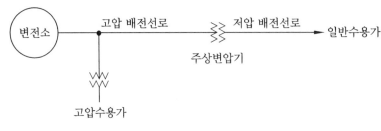

(a) 구성도

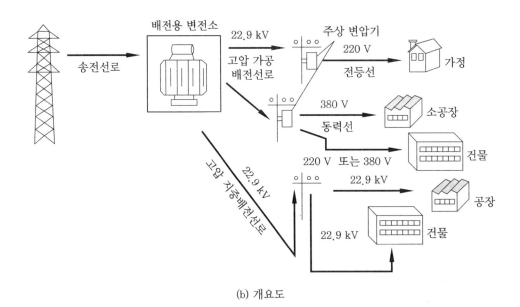

(b) 개요도

배전선로의 형태

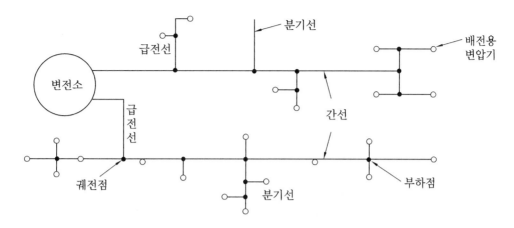

고압 배전선로의 구성

칼럼 **전압의 종별**

1. 저압 : 직류 750 V 이하, 교류 600 V 이하
2. 고압
   - 직류 750 V 초과~7,000 V 이하
   - 교류 600 V 초과~7,000 V 이하
3. 특고압 : 7,000 V 초과

---

④ 주상변압기 결선방식

㉮ 삼상변압기는 모듈 1개로 이루어지거나 델타(Δ) 또는 와이(Y)로 연결된 세 개의 단상변압기로 구성된다. 또 경우에 따라서는 두 개의 변압기가 사용되기도 한다.

㉯ 1차와 2차는 각각 여러 가지 결선의 조합이 가능하며 그 예는 다음과 같다.

　㉠ 1차 권선 : Y – 2차 권선 : $\Delta\,(Y-\Delta)$

　　㉠ 특징 : 분산형 전원의 연계에 적합하다.

　　㉡ 장점 : 고장 검출이 용이하고, 분산형 전원 발생 제3고조파 한전계통 불유출, 단독운전 방지가 용이하다.

　　㉢ 단점 : 제3고조파로 인한 변압기 과열, 한전계통 지락 시 고장전류 유입, 통신선 유도장해 및 중성점 전위 변화 예측의 어려움

　㉡ 1차 권선 : Y – 2차 권선 : $Y\,(Y-Y)$

　　㉠ 특징 : 3상 부하에 전기를 공급하는 일반적인 방식이다.

　　㉡ 장점 : 철공진 (철심이 든 리액터는 전류의 크기에 따라 인덕턴스가 변화하므로 콘덴서와 직렬 또는 병렬로 접속한 경우에 발생하는 특이한 공진 현상) 문제가 적고 $\Delta - Y$ 대비 변압기 절연에 유리하며 위상변화가 없다.

ⓒ 단점 : 한전 계통의 불평형이 분산형 전원 측에 영향, 제3고조파 등의 직접적 통로 제공, 보호협조 실패 시 고장이 한전계통으로 파급 등

ⓒ 1차 권선 : Δ - 2차 권선 : $Y(\Delta - Y)$

　ㄱ 특징 : 3상 부하에 전기를 공급하는 가장 일반적인 방식이다.

　ㄴ 장점 : 분산형 전원 발생 제3고조파 한전계통 불유출, 한전계통 1선 지락 시 고장전류 유입 방지, 분산형 전원 측 1선 지락 시 한전계통으로 고장전류 유입 방지

　ㄷ 단점 : 한전계통 1선 지락상태에서 단독운전 시 과전압 위험 및 고장검출의 어려움, 한전계통 고장 시 개방상태에서 철공진이 발생, 구내계통의 중성선에 제3고조파에 의한 과전압이 발생할 가능성이 있음.

ⓒ 1차권선 : Δ - 2차권선 : $\Delta(\Delta - \Delta)$

　ㄱ 특징 : 66 kV 이하의 배전용 변압기 등에서 사용된다.

　ㄴ 장점 : 1, 2차간 전압은 동상으로 각변위가 없다. 권선 중의 상전류는 선로전류의 $1/\sqrt{3}$ 이 되므로 대전류의 결선에 유리하고, 1상의 권선이 고장나도 고장상을 분리시켜 V결선으로 운전할 수 있다.

　ㄷ 중성점 접지를 할 수 없기 때문에 지락사고 검출이 어렵고, 아크 지락 시 이상고전압이 쉽게 발생한다. 중성점 접지가 필요할 때 별도의 접지변압기를 설치해야 한다. 상부하 불평형일 때 순환전류가 흐른다.

ⓒ 결선도

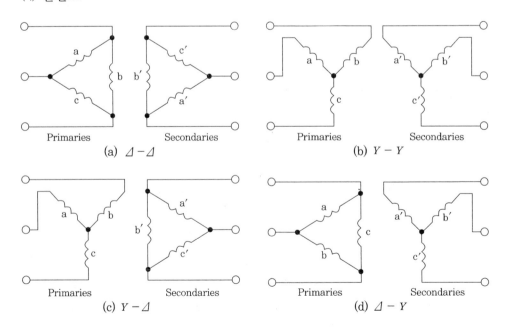

(a) $\Delta - \Delta$ 　(b) $Y - Y$

(c) $Y - \Delta$ 　(d) $\Delta - Y$

(2) 배전방식

① 특고압 배전방식

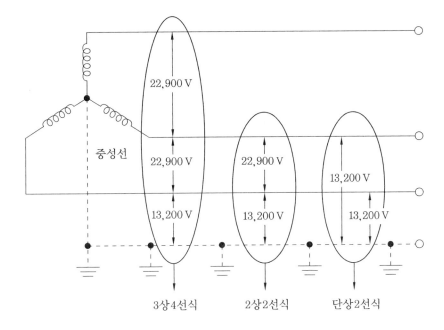

(가) 우리나라의 배전방식 : Y결선(중성점 다중접지) 방식을 채택하고 있다.

(나) 단상부하만 있는 경우 '단상2선식'으로 하는 것이 간편하나, 단상 선로의 구성률이 높아지면 부하 불평형이 발생할 수 있다.

(다) 중성선 접지 : 인가 밀집 지역에는 매 전주마다 접지하고, 인가가 없는 야외지역에는 300 m 이하마다 접지한다.

② 저압 배전방식

(가) 단상2선식(110 V, 220 V) : 일반 가정용으로, 2차 결선방식에 따라 110 V, 220 V의 전압이 유도된다.

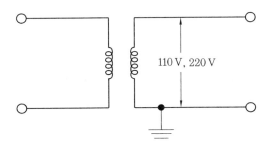

㈏ 단상3선식(110 V, 220 V)

　㉮ 일반 가정의 전등부하 또는 소규모 공장에서 사용된다.

　㉯ 한 장소에 두 종류의 전압이 필요한 경우에 채택한다.

　㉰ 중성선이 단선되면 부하가 적게 걸린 단자(저항이 큰 쪽 단자)의 전압이 많이 걸리게 되어 과전압에 의한 사고가 발생할 위험이 있다.

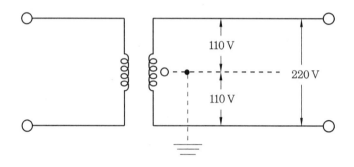

㈐ 3상3선식(220 V)

　㉮ 고압 수용가의 구내 배전설비에 많이 사용된다(1대가 고장 났을 시 V결선이 가능함).

　㉯ 선전류가 상전류의 √3배가 되는 결선법으로, 전류가 선로에 많이 흘러 요즘은 거의 사용되지 않는다.

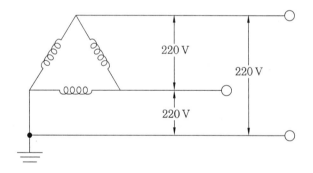

㈑ 3상4선식 (220 V, 380 V)

　㉮ 동력과 전등부하를 동시에 사용하는 수용가에 사용된다.

　㉯ 변압기 용량은 3대 모두 동일 용량을 사용하는 방식, 1대의 용량은 크게 하고 나머지 두 대의 용량은 작게 구성하는 방식이 있다. 이 경우 주로 1대는 동력 전용, 두 대는 전등 및 동력 고용으로 나누어진다.

　㉰ 중성선이 단선되면 단상부하에 과전압이 인가될 수 있다.

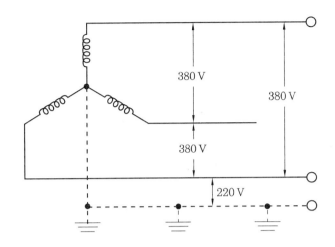

1-12 유도전동기의 기동방식

(1) 개요

① 전동기란 전기에너지를 기계에너지로 바꾸는 기계이며 모터(Motor)라고도 한다.

② 대부분이 회전운동의 동력을 만들지만 직선운동의 형식으로 하는 것도 있다.

③ 전동기는 전원의 종별에 따라 직류전동기와 교류전동기로 구분된다.

④ 교류전동기는 다시 3상교류용과 단상교류용으로 구분된다. 3상교류용은 대용량에 사용되며 단상교류용은 소형모터에 주로 채택된다.

(2) 원리

① 유도전동기(誘導電動機, Induction Motor)는 고정자(Stator)와 회전자(Rotor)로 구성되어 있으며, 고정자 권선(捲線, Winding)이 삼상인 것과 단상인 것이 있다.

② 삼상은 고정자 권선에 교류가 흐를 때 발생하는 회전자기장(Rotating Magnetic Field)으로 회전자에 토크가 발생하여 전동기가 회전하게 된다.

③ 그러나 단상 고정자 권선에서는 교류가 흐르면 교번자기장(Alternating Magnetic Field)이 발생하는데 회전자에 기동 토크가 발생하지 않아서 별도의 기동장치가 필요하게 된다.

④ 유도전동기는 일반적으로 가장 많이 사용되는 전동기이며, 구조가 간단하고 튼튼하며 가격이 저렴하고 취급이 용이하다.

⑤ 원래 정속도(Constant Speed) 전동기이지만 가변속으로도 사용되고 있다.

(3) 기동방식 비교

① 전전압(全電壓) 직입기동

㈎ 전동기에 처음부터 전전압을 인가하여 기동한다.

㈏ 전동기 본래의 큰 가속 토크를 얻어 기동시간이 짧고, 가격이 저렴하다.

㈐ 기동 전류가 크고 이상전압강하의 원인이 될 수 있다.

㈑ 기동 시 부하에 가해지는 쇼크가 크다.

㈒ 전원 용량이 허용되는 범위 내에서는 가장 일반적인 기동 방법으로, 가능한 한 이 방식이 가장 유리하다.

② $Y-\Delta$ 기동 (와이-델타 기동)

㈎ Δ 결선으로 운전하는 전동기를 기동 시에만 Y로 결선하여 기동전류를 직입 기동 시의 $\frac{1}{3}$로 줄인다.

㈏ 최대 기동 전류에 의한 전압강하를 경감시킬 수 있다.

㈐ 감압기동 중에서는 가장 싸고 손쉽게 채용할 수 있다.

㈑ 최소 기동 가속 토크가 작으므로 부하를 연결한 채로 기동할 수 없다. 기동한 후 운전으로 전환될 때 전전압이 인가되어 전기적, 기계적 쇼크가 있다.

㈒ 5.5 kW 이상의 전동기로 무부하 또는 경부하로 기동이 가능한 것으로, 감압 기동에서는 가장 일반적이며 공작기, 크래셔 등에 사용한다.

③ 콘돌파기동

㈎ 단권변압기를 사용해 전동기에 인가전압을 낮추어서 기동한다.

㈏ 탭의 선택에 따라 최대 기동 전류, 최소 기동 토크를 조정 가능하며 전동기의 회전수가 커짐에 따라 가속 토크의 증가가 심하다.

㈐ 가격이 가장 비싸고, 가속 토크가 $Y-\Delta$ 기동과 같이 작다.

㈑ 최대 기동 전류 및 최소 기동 토크의 조정이 안 된다.

㈒ 최대 기동 전류를 특별히 억제할 수 있는 것으로, 대용량 전동기 펌프, 팬, 송풍기, 원심분리기 등에 사용한다.

④ 리액터기동

㈎ 전동기의 1차 측에 리액터를 넣어 기동 시 전동기의 전압을 리액터의 전압 강하 분만큼 낮추어서 기동한다.

㈏ 탭 절환에 따라 최대 기동 전류 및 최소 기동 토크를 조정할 수 있으며, 전동기의 회전수가 높아짐에 따라 가속 토크의 증가가 심하다.

㈐ 콘돌파기동보다 조금 싸고 느린 기동이 가능하다.

㈑ 토크의 증가가 매우 커서 원활한 가속이 가능하다.

㈒ 팬, 송풍기, 펌프, 방직관계 등의 부하에 적합하다.

⑤ **1차 저항기동**

㈎ 리액터기동의 리액터 대신 저항기를 넣은 것이다.

㈏ 리액터기동과 거의 같으며, 리액터기동보다 가속 토크의 증대가 크다.

㈐ 최소 기동 토크의 감소가 크다 (적용 전동기의 용량은 7.5 kW 이하).

㈑ 토크의 증가가 매우 커서 원활한 가속이 가능하다.

㈒ 소용량 전동기(7.5 kW 이하)에 한해서 리액터기동용 부하와 동일하게 적용한다.

⑥ **인버터기동**

㈎ 컨버터를 이용하여 상용 교류전원을 직류전원으로 바꾼 후, 인버터부에서 다시 기동에 적합한 전압과 주파수의 교류로 변환하여 유도전동기를 기동시킨다.

㈏ 기동전류는 입력전압 (V)에 비례하므로 입력전압을 감소시켜 기동전류를 제한할 수 있다.

㈐ 운전 중에도 회전수제어를 지속적으로 행할 수 있는 방식이다.

㈑ 축동력의 비는 회전수비의 세제곱과 같다.

$$\frac{W_2}{W_1} = \left(\frac{N_2}{N_1}\right)^3$$

㈒ 운전 중에도 회전수제어로 동력을 현격히 절감할 수 있는 방식이다.

1-13 조도 계산방법

(1) 개요

① 조도는 평균조도를 구하는 광속법과 축점조도법에 의해 계산한다.

② 광속법은 광원에서 나온 전광속이 작업면에 비춰지는 비율 (조명률)에 의해 평균조도를 구하는 것으로, 실내전반의 조명설계에 사용한다.

③ 축점법은 조도를 구하는 점에서 각 광원에 대해 구하는 것으로, 광속법에 비해 계산이 복잡하므로 국부조명 조도계산이나 경기장, 체육관 조명과 비상조명설비에 사용한다.

(2) 평균조도 계산방법(광속법)

① **평균조도 계산원리** : N개의 램프에서 방사되는 빛을 평면상의 면적 $A[\text{m}^2]$에 모두 집중 조사할 수 있고 램프 1개당 광속을 $F[\text{lm}]$라고 하면,

$$그\ 면의\ 평균조도\ E = \frac{F \cdot N}{A}\ [\text{lx}]$$

② 평균조도 계산은 설계 여건에 따라 ZCM(Zonal Cavity Method)법을 채택할 수 있다.

$$E = \frac{F \cdot N \cdot U \cdot M}{A}$$

여기서, E : 평균조도 (lx)

　　　　F : 램프 1개당 광속 (lm)

　　　　N : 램프수량 (개)

　　　　U : 조명률

　　　　M : 보수율

　　　　A : 방의 면적(m^2) (방의 폭×길이)

또한 요구되는 조도 (E)에 대한 최소 필요등수 (N)를 구하면,

$$N = \frac{E \cdot A}{F \cdot U \cdot M}$$

③ **조명률**

(가) 조명률은 다음과 같이 계산한다.

$$U = \frac{F_s}{F}$$

여기서, U : 조명률

　　　　F_s : 조명 목적면에 도달하는 광속 (l m)

　　　　F : 램프의 발산광속 (l m)

(나) 조명률의 영향요소는 조명기구의 광학적 특성(기구효율, 배광), 실의 형태 및 천장높이, 조명기구 설치높이, 건축재료(천장, 벽, 바닥)의 반사율이며, 다음 표를 참조한다.

배 광	기구의 예	감광보상률(D)			반사율	천장	0.75 %			0.50 %			0.30 %	
		보수상태				벽	0.5	0.3	0.1	0.5	0.3	0.1	0.3	0.1
설치간격		상	중	하	방지수		조명률 U [%]							
간접 ↑0.80 ↓0 $S \leq 1.2H$	백열등 1.5 1.8 2.0 / 형광등 1.6 2.0 2.4				J		16	13	11	12	10	08	06	05
					I		20	16	15	15	13	11	08	07
					H		23	20	17	17	14	13	10	08
					G		28	23	20	20	17	15	11	10
					F		29	26	22	22	19	17	12	11
					E		32	29	26	24	21	19	13	12
					D		36	32	30	26	24	22	15	14
					C		38	35	32	28	25	21	16	15
					B		42	39	36	30	29	27	18	17
					A		44	41	39	33	30	29	19	18
반간접 ↑0.70 ↓0.10 $S \leq 1.2H$	백열등 1.4 1.5 1.8 / 형광등 1.6 1.8 2.0				J		18	14	12	14	11	09	08	07
					I		22	19	17	17	15	13	10	09
					H		26	22	19	17	17	15	12	10
					G		29	25	22	22	19	17	14	12
					F		32	28	25	24	21	19	15	14
					E		35	32	29	27	24	21	17	15
					D		39	35	32	29	26	21	19	18
					C		42	38	35	31	28	27	20	19
					B		46	42	39	34	31	29	22	21
					A		48	44	42	36	33	31	23	22
전반확산 ↑0.40 ↓0.40 $S \leq 1.2H$	백열등 1.4 1.5 1.7 / 형광등 1.4 1.5 1.7				J		24	19	16	22	18	15	16	14
					I		29	25	22	27	23	20	21	19
					H		33	28	26	30	26	24	24	21
					G		37	32	29	33	29	26	26	24
					F		40	36	31	36	32	29	29	26
					E		45	40	36	40	36	33	32	29
					D		48	43	39	43	39	36	34	33
					C		51	46	42	45	41	38	37	34
					B		55	50	47	49	45	42	40	38
					A		57	53	49	54	47	44	41	40

배광	기구의 예	감광보상률(D)			반사율	천장	0.75 %			0.50 %			0.30 %	
		보수상태				벽	0.5	0.3	0.1	0.5	0.3	0.1	0.3	0.1
설치간격		상	중	하	방지수		조명률 U [%]							
반직접 ↑0.25 ↓0.55 S ≦ H	백열등	1.3	1.5	1.7	J		26	22	19	24	21	18	19	17
					I		33	28	26	30	26	24	25	23
					H		36	32	30	33	30	28	28	26
					G		40	36	33	36	33	30	30	29
					F		43	39	35	39	35	33	33	31
	형광등	1.3	1.5	1.8	E		47	44	40	43	39	36	36	34
					D		51	47	43	46	42	40	39	37
					C		54	49	45	48	44	42	42	38
					B		57	53	50	51	47	45	43	41
					A		59	55	52	53	49	47	47	43
직접 ↑0.0 ↓0.60 S ≦ 1.3H	백열등	1.3	1.5	1.7	J		34	29	26	34	29	26	29	26
					I		43	38	35	42	37	35	37	34
					H		47	43	40	46	43	40	42	40
					G		50	47	44	49	46	43	45	43
					F		52	50	47	54	49	46	48	46
	형광등	1.5	1.8	2.0	E		58	55	52	57	54	51	53	51
					D		62	58	56	60	59	56	57	56
					C		64	61	58	62	60	58	59	58
					B		67	64	62	65	63	64	62	60
					A		68	66	64	66	64	63	63	63
직접 ↑0.0 ↓0.75 S ≧ 0.9H	백열등	1.4	1.5	1.7	J		32	29	27	32	29	27	29	27
					I		39	37	35	39	36	35	36	34
					H		42	40	39	47	40	38	40	38
					G		45	44	42	44	43	41	42	41
					F		48	46	44	46	44	43	44	43
	형광등	1.4	1.6	1.8	E		50	49	47	49	48	49	47	46
					D		54	51	50	52	51	49	50	49
					C		55	53	51	54	52	54	51	50
					B		56	54	54	55	53	52	52	52
					A		58	55	54	56	54	53	54	52

㈐ 조명률은 데이터 또는 해당조명기구 제조회사의 제시자료에 의하며, ㈏항의 표를 찾기 위해서는 방지수 (실지수)를 계산해야 한다.

㈑ 방지수란 방의 특징을 나타내는 계수로서 조명기구의 형상, 배광이 조명대상에 효율적인 구조인지를 나타낸다. 즉 방지수를 식으로 표현하면 다음과 같다.

$$방지수 = \frac{바닥면적 + 천장면적}{벽면적} = \frac{2 \times (바닥면적)}{벽면적}$$

또 간단 계산식으로는 주로는 아래 공식을 사용한다.

$$K = \frac{W \cdot L}{H(W+L)}$$

여기서, K : 방지수 (실지수) W : 방의 폭 (m)
L : 방의 길이(m) H : 작업면에서 조명기구 중심까지의 높이(m)

방 크기는 앞으로 분할될 요소가 계획되어 있거나 높은 가구 등으로 구획되는 경우, 그 분할 및 구획을 하나의 방으로 가정하여 계산한다.

㈒ 반사율은 조명률에 영향을 주며 천장과 벽 등이 특히 영향이 크다. 천장에 있어서 반사율은 높은 부분일수록 영향이 크다. 이 반사율 값은 계산상의 오차를 고려하면 낮춰진 값으로 해야 한다. 각종 재료별 반사율은 다음 표를 참고한다.

(단위 : %)

구분	재료	반사율	구분	재료	반사율
건축 재료	플래스터(백색)	60~80	유리	투명	8
	타일(백색)	60~80		무광 (거친 면으로 입사)	10
	담색크림벽	50~60		무광 (부드러운 면으로 입사)	12
	짙은 색의 벽	10~30		간유리(거친 면으로 입사)	8~10
	텍스 (백색)	50~70		간유리(부드러운 면으로 입사)	9~11
	텍스 (회색)	30~50		연한 유백색	10~20
	콘크리트	25~40		짙은 유백색	40~50
	붉은 벽돌	10~30		거울면	80~90
	리놀륨	15~30	금속	알루미늄 (전해연마)	80~85
플라 스틱	반투명	25~60		알루미늄 (연마)	65~75
				알루미늄 (무광)	55~65
도료	알루미늄페인트	60~75		스테인리스	55~65
	페인트 (백색)	60~70		동 (연마)	50~60
	페인트 (검정)	5~10		강철(연마)	55~65

(바) 각종 재료의 투과율은 다음 표를 참고한다.

구 분	재 료	형 태	투과율
유리문	투명유리(수직입사)	투명	90
	투명유리	투명	83
	무늬유리(수직입사)	반투명	75~85
	무늬유리	반투명	60~70
	형관유리(수직입사)	반투명	85~90
	형관유리	반투명	60~70
	연마망입유리	투명	75~80
	열반망입유리	반투명	60~70
	유백 불투명유리	확산	40~60
	전유백유리	확산	8~20
	유리블록 (줄눈)	확산	30~40
	사진용 색필터(옅은 색)	투명	40~70
	사진용 색필터(짙은 색)	투명	5~30
종이류	트레이싱 페이퍼	반확산	65~75
	얇은 미농지	반확산	50~60
	백색흡수지	확산	20~30
	신문지	확산	10~20
	모조지	확산	2~5
헝겊류 · 기타	투명 나일론천	반투명	66~75
	얇은 천, 흰 무명	반투명	2~5
	엷고 얇은 커튼	확산	10~30
	짙고 얇은 커튼	확산	1~5
	두꺼운 커튼	확산	0.1~1
	차광용 검정 빌로드	확산	0
	투명 아크릴라이트(무색)	투명	70~90
	투명 아크릴라이트(짙은 색)	투명	50~75
	반투명 플라스틱(백색)	반투명	30~50
	반투명 플라스틱(짙은색)	반투명	1~30
	얇은 대리석판	확산	5~20

④ **보수율**

㉮ 보수율은 다음과 같이 계산한다.

$$M = M_t \times M_f \times M_d$$

여기서, M : 보수율

M_t : 램프 사용시간에 따른 효율 감소

M_f : 조명기구 사용시간에 따른 효율 감소

M_d : 램프 및 조명기구 오염에 따른 효율 감소

㉯ 보수율은 조명설계에서 신설 시의 조도(초기조도 E_i)와 램프 교체나 조명기구 청소 직전의 조도(대상물의 최저조도 E_c) 사이의 비율을 말한다. 즉 설계상 조도는 이 보수율을 감안하여 초기조도를 높게 설정한다.

㉰ 램프 사용시간에 따른 효율 감소(M_t)는 램프의 동정특성과 교체방법에 따른 보수율로 구성되고, 조명기구 사용시간에 따른 효율 감소(M_f)는 기구의 경년변화 보수율이며, 램프 및 기구 오염에 따른 효율 감소(M_d)는 조명기구 종류에 따른 오염손실 특성과 광원(램프)의 오염손실 특성에 따른 보수율로 구성된다.

㉱ 이것을 감안한 보수율은 다음 표를 참고한다.

조명기구의 종류			좋음	보통	나쁨	비 고
I_1 노출형	HID등 백열등		0.95 (A)	0.95 (B)	0.90 (C)	• 좋음 : 먼지발생이 적고 항상 실내공기가 청정하게 유지되는 장소
	형광등		0.90 (C)	0.85 (D)	0.75 (F)	• 보통 : 일반적 장소
I_2 하면개방형			0.90 (C)	0.85 (D)	0.75 (F)	• 나쁨 : 수증기, 먼지, 연기가 발생하는 장소
I_3 간이밀폐형 (하면커버설치)			0.85 (D)	0.80 (E)	0.75 (F)	
I_4 완전밀폐형 (패킹 부착)			0.95 (B)	0.90 (C)	0.85 (D)	

㉰ 1. 기구의 청소주기는 연 1회 기준이다.

2. 램프 교환시기는 HID 램프가 10,000 [시간], 형광램프가 8,000 [시간]이다.

3. 기구 모양은 참고임

1-14 색온도와 연색성

(1) 색온도

① 색온도는 완전 방사체(흑체)의 분광 복사율 곡선으로 흑체의 온도, 즉 절대온도인 273℃와 그 흑체의 섭씨온도를 합한 색광의 절대온도이다.

② 표시 단위로는 K(Kelvin)를 사용한다.

③ 완전 방사체인 흑체는 열을 가하면 금속과 같이 달궈지면서 붉은색을 띠다가 점차 밝은 흰색 및 청색을 띠게 된다 (흑색 → 적색 → 분홍색 → 백색 → 청백색 → 청색).

④ 흑체는 속이 빈 뜨거운 공과 같으며 분광 에너지 분포가 물질의 구성이 아닌 온도에 의존하는 특징이 있다.

⑤ 색온도 대비

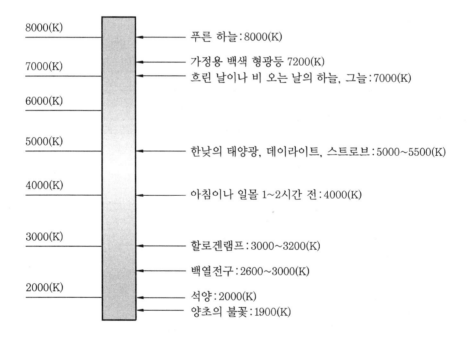

(2) 연색성

① 같은 색도의 물체라도 어떤 광원으로 조명하여 보느냐에 따라 그 색감이 달라진다.

② 예를 들어 백열전구의 빛에는 주황색이 많이 포함되어 있어 그 빛으로 난색계(暖色系) 물체를 조명하면 선명하게 돋보이는 데 반해, 형광등 빛은 청색부가 많아 흰색 · 한색계(寒色系) 물체가 선명해 보인다. 의복 · 화장품 등을 구매할 때 상점의 조명

에 주의해야 하는 이유는 바로 이 때문이다.

③ 물론 조명으로서 가장 바람직한 것은 되도록 천연 주광(晝光)과 가까운 성질을 띠는 빛이며, 이러한 연색성 문제를 해결하기 위해 천연색 형광 방전관을 사용하거나 (천연색형) 형광 방전관과 백열전구 또는 기타 종류의 형광 방전관을 배합한(디럭스형) 램프가 고안되고 있다.

④ 원래 색의 평가기준인 자연광(태양광)을 기준으로 물체의 색을 평가한다. 즉 연색지수(연색성)가 100에 근접할수록 태양광 광원을 비출 때의 색에 가까워지고, 색이 자연스러워진다.

⑤ 연색성(연색지수)에 따른 색 재현 능력 차이

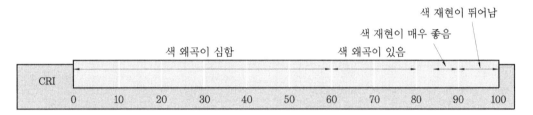

⑥ 연색성의 대략치

연색지수 (연색성)	조 명	연색지수 (연색성)	조 명
100	태양광 (기준)	60	LED
90	백열전구	40	나트륨등
80	형광등 (고연색형)	20	수은등
65	형광등 (일반형)		

1-15 대기전력저감 대상제품 (에너지이용합리화법 시행규칙)

(1) 대기전력저감 대상제품의 지정

산업통상자원부장관은, 외부 전원과 연결되어 있지만 주기능을 수행하지 않거나 외부로부터 켜짐 신호를 기다리는 상태에서 소비되는 전력(대기전력)의 저감이 필요하다고 인정되는 에너지사용기자재로서 산업통상자원부령으로 정하는 제품 (대기전력저감 대상제품)에 대해 다음 각 호의 사항을 정하여 고시하여야 한다.

① 대기전력저감 대상제품의 각 제품별 적용범위
② 대기전력저감 기준
③ 대기전력의 측정방법
④ 대기전력 저감성이 우수한 대기전력저감 대상제품(대기전력저감 우수제품)의 표시
⑤ 그 밖에 대기전력저감 대상제품의 관리에 필요한 사항으로서 산업통상자원부령으로 정하는 사항

(2) 대기전력저감 대상제품

① 컴퓨터	② 모니터
③ 프린터	④ 복합기
⑤ 전자레인지	⑥ 팩시밀리
⑦ 복사기	⑧ 스캐너
⑨ 오디오	⑩ DVD 플레이어
⑪ 라디오카세트	⑫ 도어폰
⑬ 유무선전화기	⑭ 비데
⑮ 모뎀	⑯ 홈 게이트웨이
⑰ 자동절전제어장치	⑱ 손건조기
⑲ 서버	⑳ 디지털컨버터

㉑ 그 밖에 산업통상자원부장관이 대기전력의 저감이 필요하다고 인정하여 고시하는 제품

1-16 고효율에너지인증대상기자재 및 적용범위

(1) 고효율에너지인증대상기자재

산업통상자원부장관은, 에너지이용의 효율성이 높아 보급을 촉진해야 할 에너지사용기자재 또는 에너지관련기자재로서 산업통상자원부령으로 정하는 기자재(고효율에너지인증대상기자재)에 대해 다음 각 호의 사항을 정하여 고시하여야 한다.
① 고효율에너지인증대상기자재의 각 기자재별 적용범위
② 고효율에너지인증대상기자재의 인증 기준·방법 및 절차
③ 고효율에너지인증대상기자재의 성능 측정방법
④ 에너지이용의 효율성이 우수한 고효율에너지인증대상기자재(이하 "고효율에너지기자재"라 한다)의 인증 표시

⑤ 그 밖에 고효율에너지인증대상기자재의 관리에 필요한 사항으로서 산업통상자원
부령으로 정하는 사항

(2) 고효율에너지인증대상기자재 목록

① 조도자동조절 조명기구
② 열회수형 환기장치
③ 산업 · 건물용 가스보일러
④ 펌프
⑤ 원심식 · 스크루 냉동기
⑥ 무정전전원장치
⑦ 메탈할라이드 램프용 안정기
⑧ 나트륨 램프용 안정기
⑨ 인버터
⑩ 난방용 자동 온도조절기
⑪ LED 교통신호등
⑫ 복합기능형 수배전시스템
⑬ 직화흡수식 냉온수기
⑭ 단상 유도전동기
⑮ 환풍기
⑯ 원심식 송풍기
⑰ 수중폭기기
⑱ 메탈할라이드 램프
⑲ 고휘도 방전 (HID) 램프용 고조도 반사갓
⑳ 기름연소 온수보일러
㉑ 산업 · 건물용 기름보일러
㉒ 축열식 버너
㉓ 터보블로어
㉔ LED 유도등
㉕ 항온항습기
㉖ 컨버터 외장형 LED 램프
㉗ 컨버터 내장형 LED 램프
㉘ 매입형 및 고정형 LED 등기구
㉙ LED 보안등기구

③⓪ LED 센서 등기구

③① LED 모듈 전원 공급용 컨버터

③② PLS 등기구

③③ 고기밀성 단열문

③④ 초정압 방전램프용 등기구

③⑤ LED 가로등기구

③⑥ LED 투광등기구

③⑦ LED 터널등기구

③⑧ 직관형 LED 램프 (컨버터 외장형)

③⑨ 가스히트펌프

④⓪ 전력저장장치(ESS)

④① 최대수요전력 제어장치

④② 문자간판용 LED모듈

④③ 냉방용 창유리필름

④④ 가스진공 온수보일러

④⑤ 형광램프 대체형 LED 램프 (컨버터 내장형)

④⑥ 중온수 흡수식 냉동기

④⑦ 무전극 형광램프용 등기구

(3) 고효율에너지기자재의 인증표시 및 표시방법

주 표시방법

1. 고효율에너지기자재에 표시할 때는 인증표시, 인증번호, 모델명을 고효율에너지기자재 제품에 부착해야 하고, 그 이외의 표기사항은 제품, 포장박스 등의 잘 보이는 위치에 명확한 방법으로 표시해야 한다.

2. 표시 시기는 고효율에너지기자재의 인증유효기간 이내여야 한다.

1-17 전기설비 관련 용어해설

(1) 스틸의 법칙(Still's Law) : 경제적인 송전전압

$$E = 5.5\sqrt{0.6l + 0.01P}\ \text{(kV)}$$

여기서, l : 송전길이(km) P : 송전전력(kW)

(2) 송전용량 계수법

$$\text{송전용량}\ P = K\frac{V^2}{l}\ \text{(kW)}$$

여기서, K : 송전 용량계수 V : 수전단 선간 전압(kV)
l : 송전길이(km) P : 송전용량(kW)

(3) 연가

① 3상 송전선의 전선배치는 대부분 비대칭이므로 각 전선의 선로 정수는 불평형되어 중성점의 전위가 영전위가 되지 않고 어떤 전류전압이 생긴다.
② 이를 방지하고 유도장해 및 직렬공진을 방지하기 위해 전선로를 아래의 그림과 같이 연결하는 것을 '연가'라고 한다.

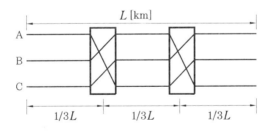

(4) 영상전류

① 3본의 송전선에 동상의 전류가 흘렀을 때의 전류값을 말한다.
② 각 상 전류의 위상차가 없는 전류를 말한다.
③ 삼상의 중성선을 통하여 대지로 흐르는 전류이다.
④ 영상전류 발생 시 대지의 임피던스에 의해서 나타나는 전압을 영상전압이라고 한다.

(5) 절연협조

① 계통 내 보호기와 피보호기의 상호 절연 협력관계를 말한다.

② 계통 전체의 신뢰도를 높이고 경제적 및 합리적 설계를 해야 한다.

(6) 전력용 퓨즈

① **목적** : 단락전류 차단

② **장점** : 가격이 저렴하고, 소형 및 경량이며, 고속 차단이 가능하고, 보수가 간단하며, 차단 능력이 크다.

③ **단점**

㈎ 재투입이 불가능하다.

㈏ 과도전류(단락 필요 경계선 전류)에 용단되기 쉽다.

㈐ 계전기를 자유롭게 조정할 수 없다.

㈑ 한류형은 과전압이 발생한다.

(7) 보호계전기

① 보호계전기는 전기회로의 동작 조건을 계산하고, 고장이 검출되었을 때 차단기를 트립시키게 되어 있다. 대개 동작 임계전압과 동작 시간이 고정되어 있고 부정확하게 설정된 스위칭 타입 계전기와 달리, 보호계전기는 시간/전류 곡선(또는 다른 동작 특성)이 정밀하게 설정되어 있고, 선택이 가능하다.

② **분류(동작시간에 의한 분류)**

㈎ 순한시 계전기 : 규정된 전류 이상이 흐르면 즉시 동작하는(0.3초 이내) 계전기

㈏ 고속도 계전기 : 규정된 전류 이상이 흐르면 즉시 동작하는(0.5~2 Hz 이내) 계전기

㈐ 반한시 계전기 : 전류가 크면 동작시간이 짧고, 전류가 작으면 동작시간이 길어지는 계전기

㈑ 정한시 계전기 : 규정된 전류 이상이 흐를 때 전류의 크기와 관계없이 일정 시간 후에 동작하는 계전기

㈒ 반한시-정한시 계전기 : 전류가 작은 구간은 반한시 특성을 갖고, 전류가 일정 범위를 넘으면 정한시 특성을 갖는 계전기

③ **보호계전기의 구비조건**

㈎ 고장의 정도 및 위치를 정확히 파악해야 한다.

㈏ 고장 부위를 정확히 선택해야 한다.

㈐ 동작이 예민하고 오동작이 없어야 한다.

㈑ 소비전력이 적고 경제적이어야 한다.

㈒ 후비 보호능력이 있어야 한다.

(8) 공간거리와 연면거리

① **공간거리** : 공기 중에서 두 도전성 부분 사이의 가장 짧은 거리를 말한다.

② **연면거리** : 불꽃방전을 일으키는 두 전극 간 거리를 고체 유전체의 표면을 따라서 그 최단거리로 나타낸 값이다.

(9) 수변전설비

① **진공차단기**(VCB : Vacuum Circuit Breaker) : 진공을 소호 (차단 시 아크 제거, 공기의 절연 파괴를 방지하여 전류의 순간적인 흐름을 완전 차단) 매질로 하는 VI (Vacuum Interrupter)를 적용한 차단기이다.

② **기중차단기**(ACB : Air Circuit Breake) : 주로 교류 저압용으로서 대기 중에서 개폐동작이 행해지는 차단기이다.

③ **계기용 변압변류기**(MOF : Metering Out Fitting) : 계기용 변류기(CT)와 계기용 변압기(PT)를 한 상자 (철제, 유입)에 넣은 것이다.

VCB (진공차단기)   ACB (기중차단기)   MOF (계기용 변압변류기)

④ **공기차단기**(ABB : Air Blast circuit Breaker) : 고압/특고압용으로, 압축공기로 소호하는 방식의 차단기이다.

⑤ **부하개폐기**(LBS : Load Breaker Switch) : 수변전설비의 인입구 개폐기로 사용되며, 부하전류를 개폐할 수 있으나 (정상 상태에서 소정의 전류를 투입, 차단, 통전하고 그 전로의 단락상태에서 이상전류까지 투입이 가능함) 고장전류를 차단할 수 없으므로 한류퓨즈와 직렬로 사용하는 것이 좋다.

⑥ **가스차단기**(GCB : Gas Circuit Breaker) : 주로 소호 및 절연특성이 뛰어난 SF_6 (육불화황)을 매질로 사용하는 차단기이다 (저소음형으로 154 kV급 이상의 변전소에 많이

사용한다).

⑦ **과전류 계전기**(OCR : Over Current Relay) : 단락사고 및 지락사고 보호용

⑧ **과주파수 계전기**(OFR : Over Frequency Relay) : 과주파수에 대한 감시 및 동작

⑨ **부족주파수 계전기**(UFR : Under Frequency Relay) : 저주파수에 대한 감시 및 동작

⑩ **과전압 계전기**(OVR : Over Voltage Relay) : 과전압에 대한 감시 및 동작

⑪ **부족전압 계전기**(UVR : Under Voltage Relay) : 저전압에 대한 감시 및 동작

⑫ **단로기**(DS : Disconnecting Switch) : 무부하 전류 개폐(부하전류에 대한 차단능력은 없다)

⑬ **지락 (과전류)계전기**(GR : Ground Relay) : 고압 비접지선로에서 지락사고 시 영상변류기 (ZCT)로부터 검출된 지락전류를 계전기의 입력단자에 인가하여 유입된 전류수치가 정정수치 이상이면 접점이 폐로(Close) 또는 개로(Open)되어 동작신호를 출력하는 계전기이다.

⑭ **재폐로 차단기**(Recloser) : 송전선로의 고장구간을 고속으로 영구분리 또는 재가압하는 기능을 가진 자동 재폐로 차단기이며, 후비보호능력이 있다 (재폐로 동작을 최대 4회까지 반복하여 순간고장을 제거하거나, 고장구간을 분리하여 건전구간을 송전한다).

⑮ **자동 선로구분 개폐기**(섹셔널라이저 ; Sectionalizer) : 송배전선로에서 부하분기점에 설치되어 고장이 발생했을 때 선로의 타보호기기와 협조하여 고장구간을 신속 정확히 개방하는 자동구간 개폐기로서, 후비보호능력은 없다 (보통 재폐로 차단기 등의 후비 보호장치와 직렬로 연결·설치하여 사용한다).

⑯ **자동고장구간개폐기**(ASS : Automatic Section Switch) : 수용가구 내에 사고를 자동 분리하여 사고의 파급 확대를 방지하고, 수용가 구내설비의 피해를 최소한으로 억제하기 위해 개발된 개폐기로, 사고가 발생했을 때 공급변전소 CB 및 재폐로 차단기와 협조하여 고장구간을 자동 분리한다.

⑰ **인터럽트 스위치**(Interrupt Switch) : 수동조작만 가능하여 과부하 시에 자동으로 개폐할 수 없고, 돌입전류 억제기능이 없다. 용량이 300 kVA 이하인 ASS 대신에 주로 사용되고 있어 보호협조 기기라고 할 수는 없다.

⑱ **계기용 변성기** : 고압이나 대전류가 직접 배전반에 있는 각종 계측기나 계전기에 유입되면 위험하므로 이를 저전압이나 소전류로 변성시켜 계측기나 계전기의 입력전원으로 사용하기 위한 장치의 총칭이다[계기용 변성기에는 계기용 변압기(Potential Transformer), 계기용 변류기(Current Transformer), 계기용 변압변류기(MOF ; Metering Out Fit), 영상변류기(ZCT) 등이 있다].

⑲ **충·방전 컨트롤러** : 야간에는 태양전지 모듈이 부하의 형태로 변하므로 역류방지 다이오드와 함께 축전지가 일정 전압 이하로 떨어질 경우 부하와의 연결을 차단하는 기능, 야간타이머 기능, 온도보정기능(축전지의 온도를 감지해 충전 정압을 보정)

등을 보유한 제어장치이다.

⑳ **한류 리액터**(Current Limiting Reactor, 限流-) : 단락 고장에 대하여 고장 전류를 제한하기 위해 회로에 직렬로 접속되는 리액터이다. 단락 전류에 의한 기계의 기계적 및 열적 장해를 방지하고, 차단해야 할 전류를 제한하여 차단기의 소요 차단 용량을 경감하는 용도에 사용된다. 일반적으로 불변 인덕턴스를 갖는 공심형(空心形) 건식(乾式)이나 또는 유입식이 사용된다.

㉑ **전력용 반도체 응용 다기능 변압기**(Solid State Universal Transformer) : 직류·교류·고주파 출력이 가능하고, 순간 전압 강하가 보상되는 고품질의 전력 공급용 차세대 변압기이다 (친환경적 ; Oil Free).

㉒ **전력퓨즈** (PF) : 사고전류 차단 및 후비보호

㉓ **몰드변압기** : 권선 부분을 에폭시 수지로 절연한 변압기로, 저압 (220/380 V)을 특고압(22.9 kV)으로 승압한다.

㉔ **계기용 변압기**(PT : Potential Transformer) : 계기에서 수용 가능한 전압으로 변압한다.

㉕ **계기용 변류기**(CT : Current Transformer) : 계기에서 수용 가능한 전류로 변류한다.

㉖ **영상변류기**(ZCT : Zero Current Transformer) : 지락 시 발생하는 영상전류를 검출한다.

㉗ **배선용 차단기**(MCCB, NFB) : 과전류 및 사고전류를 차단한다.

㉘ **후비보호** (Back-up Protection) : 후비보호는 주보호장치의 실패, 운휴 또는 동작 정지에 의해 주보호장치의 역할을 못할 경우에 대비하여 2차적인 보호기능을 수행하는 것이다.

㉙ **역송전용 특수계기** : 계통연계 시 역송전 전력의 계측을 위한 전력량계, 무료전력량계 등

자동 선로구분 개폐기

인터럽트 스위치

제 2 장 | 자동제어 및 시스템 관리기법

2-1   자동제어

(1) 개요

① 자동제어는 제어하고자 하는 곳의 제어인자 (광량, 온도, 습도, 풍속 등)를 자동으로 센싱 및 조절하는 동작을 말하며 검출부, 조절부, 조작부 등으로 구성되어 있다.

② ICT 기술 및 전자기술, 소프트웨어의 발달로 자동제어에 컴퓨터와 인터넷의 합이 증가하고 있다.

(2) 제어 방식(조절 방식)

① 시퀀스 (Sequence) 제어

　(개) 제어의 각 단계를 정해진 순서에 따라 진행해가는 방식이다.

　(내) 초기에는 릴레이 등을 이용한 유접점 시퀀스제어가 주로 사용되었으나, 현재는 반도체기술의 발전에 힘입어 논리소자를 사용하는 무접점 시퀀스제어도 많이 사용되고 있다.

　(대) 사용례(조작스위치와 접점)

　　㉮ a접점 : On 조작을 하면 닫히고 Off 조작을 하면 열리는 접점으로, 메이크 (Make) 접점 또는 NO (Normal Open) 접점이라고도 한다.

　　㉯ b접점 : On 조작을 하면 열리고 Off 조작을 하면 닫히는 접점으로, 브레이크 (Break) 접점 또는 NC (Normal Close) 접점이라고도 한다.

　　㉰ c접점 : a접점과 b접점을 공유하고 있으며 On 조작을 하면 a접점이 닫히고 (b접점은 열리고) Off 조작을 하면 a접점이 열리는 (b접점은 닫히는) 접점으로, 절환 (Change-over) 접점 또는 트랜스퍼 (Transfer) 접점이라고도 한다.

② 피드백 (Feedback) 제어

　(개) 피드백 제어는 어떤 시스템의 출력신호 일부가 입력으로 다시 들어가서 시스템의 동적인 행동을 변화시키는 과정이다.

　(내) 피드백 제어에는 출력을 감소시키는 Negative Feedback과 증가시키는 Positive Feedback이 있다.

㉮ 양되먹임(Positive Feedback)

　　㉠ 입력신호에 출력신호가 추가될 때 이를 양되먹임이라 하며, 출력신호를 증가시키는 역할을 한다.

　　㉡ 운동장에 설치된 확성기는 마이크에 입력되는 음성 신호를 증폭기에서 크게 증폭시켜 스피커로 내보낸다. 가끔 "삐이익" 하고 듣기 싫은 소리를 내는 경우가 있는데, 이것이 바로 양의 피드백의 예이다. 이것은 스피커에서 나온 소리가 다시 마이크로 들어가서 증폭기를 통해 더 크게 증폭되어 스피커로 출력되는 양의 피드백 회로가 형성될 때 생기는 소리이다.

　　㉢ 양의 피드백은 양의 비선형성으로 나타난다. 즉 반응이 급격히 빨라지는 것이다. 생체에는 격한 운동을 하거나 잠을 잘 때 항상성(Homeostasis)을 유지하기 위해 다양한 피드백이 짜여 있다. 자율신경계가 그 대표적인 예이다. 한편 그 중에는 쇼크 증상과 같이 좋지 않은 효과를 유발하는 양의 피드백도 존재한다.

　　㉣ 전기회로의 발진기도 그 한 예이다.

㉯ 음되먹임(Negative Feedback)

　　㉠ 입력신호를 약화시키는 것을 음되먹임이라 하며, 그 양에 따라 안정된 장치를 만들 때 쓰인다.

　　㉡ 음의 피드백(음되먹임)은 일정 출력을 유지하는 제어장치에 이용된다.

　　㉢ 음의 피드백은 출력이 전체 시스템을 억제하는 방향으로 작용한다.

㉰ 여기서 중요한 점은 되먹임에 의해 수정할 수 있는 능력을 계(系) 자체가 가지고 있어야 한다는 것이다. 수정신호가 나와도 수정할 수 있는 능력이 없으면 계는 동작하지 않게 된다.

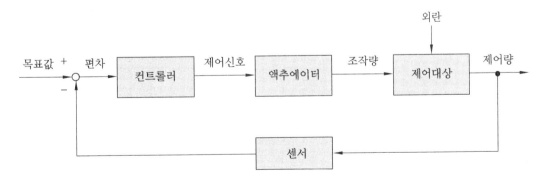

피드백 제어

③ 피드포워드 (Feedforward) 제어

(가) 피드포워드 제어란 공정(Process)의 외란(Disturbance)을 측정하고 이것이 앞으로의 공정에 미칠 영향을 예측하여 제어의 출력을 계산하는 제어기법을 말한다.

(나) 피드포워드 제어를 통해 응답성이 향상됨에 따라 고속 공정이 가능해졌다. 즉, 외란요소를 미리 고려하여 출력하기 때문에 안정화되는 시간이 길어지는 것을 피드백만으로 단축할 수 있다.

(다) 반드시 피드백 회로(Feedback Loop)와 결합되어 있어 시스템 모델이 정확히 계산할 수 있어야 한다.

(라) 제어변수와 조작변수 간에 공진현상이 나타나지 않도록 피드포워드가 이루어져야 한다. 피드백이 연결되어 있어서 조작기 출력속도보다 교란이 빠르게 변화되면 조작기가 따라갈 수 없기 때문에 시스템은 안정화되지 않는다.

(마) 피드포워드의 동작속도가 지나치게 빠르면, 출력값이 불안정해지거나 시스템에 따라서는 공진현상이 올 수도 있으므로 주의가 필요하다.

(바) 피드포워드 제어에는 제어기 스스로 시스템의 특성을 자동학습하게 하여 조절하도록 하는 Self-Tuned Parameter Adjustment 기능이 없으므로 시스템을 정확히 해석하기 어려운 경우에는 사용하지 않는 것이 좋다.

(사) 예를 들어 흘러들어오는 물을 스팀으로 데워 내보내는 탱크에서 단순히 데워진 물의 온도를 맞추기 위해 스팀밸브를 제어하는 Feedback Control Loop에서 갑자기 유입되는 물의 유량이 늘거나 온도가 낮아질 때, 설정온도에 도달할 때까지 안정화시간이 늦어지게 되는데 물의 유량이나 온도 혹은 이들 곱을 또 다른 입력 변수로 하여 피드포워드 제어계를 구성하면 제어상태가 좋아지게 된다.

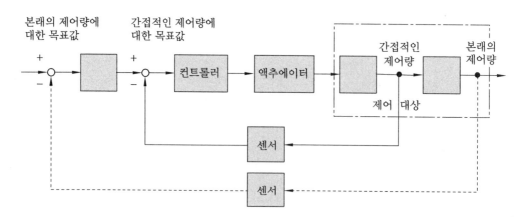

피드포워드 제어

④ **피드백 피드포워드 제어** : 앞에서 설명한 '피드백 제어+피드포워드 제어'를 지칭한다.

(3) 신호전달

① **자력식** : 검출부에서 얻은 힘을 바로 정정 동작에 사용한다 (TEV 팽창변, 바이메탈식 트랩 등).

② **타력식**

  (가) 전기식 : 전기 신호를 이용한다 (기계식 온도조절기, 기체봉입식 온도조절기 등).

  (나) 유압식 : 유압을 이용하고, Oil에 의해 Control부가 오염될 수 있다 (유압기계류 등).

  (다) 전자식 : 전자 증폭기구를 사용한다 (Pulse DDC 제어, 마이컴 제어 등).

  (라) 공기식 : 공기압을 이용한다 (공압기계류 등).

  (마) 전자 공기식 : 검출부는 전자식이고 조절부는 공기식이다 (생산 공정설비 등).

(4) 제어 동작

① **불연속동작** : On-Off 제어, Solenoid 밸브 방식 등이 있다.

② **연속동작**

  (가) PID 제어 : 비례제어(Proportional)+적분제어(Integral)+미분제어(Differential)

  (나) PI 제어 : 비례제어(Proportional)+적분제어(Integral) → 정밀하게 목표값에 접근 한다 (오차값을 모아 미분).

  (다) PD 제어 : 비례제어(Proportional)+미분제어(Differential) → 응답속도를 빠르게 한다 ('전회편차−당회편차' 관리).

---

 1. P 제어 : 목표값 부근에서 정지하므로 미세하게 목표값에 다가갈 수 없다. →Offset (잔류편차)이 발생할 가능성이 크다.

  2. 단순 On/Off 제어 : 0 % 혹은 100 %로 작동하므로 목표값에서 Sine 커브로 왕래할 수 있다.

  (라) PID 제어의 함수식 표시

$$\text{조작량} = \underbrace{K_p \times \text{편차}}_{\text{(비례항)}} + \underbrace{K_i \times \text{편차의 누적값}}_{\text{(적분항)}} + \underbrace{K_d \times \text{현재 편차와 전회 편차와의 차}}_{\text{(미분항)}}$$

여기서, 편차 : 목표값−현재값

(5) 디지털화 구분

① Analog 제어

　㈎ 제어기능 : Hardware적 제어

　㈏ 감시 : 상시 감시

　㈐ 제어 : 연속적 제어

② DDC (Digital Direct Control)

　㈎ 자동제어방식은 Analog→DDC, DGP (Data Gathering Panel) 등으로 발전되고 있다 (고도화, 고기능화).

　㈏ 제어기능 : Software

　㈐ 감시 : 선택 감시

　㈑ 제어 : 불연속 (속도로 불연속성을 극복)

　㈒ 검출기 : 계측과 제어용이 공용이다.

　㈓ 보수 : 주로 제작사에서 실시한다.

　㈔ 고장 시 : 동일 조절기 연결 제어로 작동이 불가능함

③ 핵심적 차이점 : Analog 방식은 개별식이고, DDC 방식은 분산형(Distributed)이다.

(6) '정치제어'와 '추치제어'

① 목표값이 시간에 관계없이 일정한 것을 정치제어, 시간에 따라 변하는 것을 추치제어라고 한다.

② 추치제어에서 목표치의 시간 변화를 알고 있는 것을 공정제어(Process Control), 모르는 것을 추정제어(Cascade Control)라 한다.

③ 공기조화제어에는 대부분 공정제어가 많이 활용된다.

(7) VAV 방식 자동제어 계통도

　외기→T (온도검출기)→환기 RA 혼합→냉각코일(T : 출구공기온도검출기, V1 : 전동2방밸브)→가열코일(T : 송풍공기온도검출기, V2 : 전동2방밸브)→가습기(V3 : 전동2방밸브, HC : 습도조절기)→송풍기(출구 온습도검출기) → VAV 유닛→실내(T : 실내온도검출기, TC : 온도조절기, H : 실내습도검출기, HC : 실내습도조절기)

(8) 에너지절약을 위한 자동제어법

① 절전 Cycle 제어(Duty Cycle Control) : 자동 On/Off 개념의 제어이다.

② 전력 수요제어(Demand Control) : 현재의 전력량과 장래의 예측 전력량을 비교한 후 계약 전력량 초과가 예상될 때, 운전 중인 장비 중 가장 중요성이 적은 장비부터 Off 한다.

③ **최적 기동/정지 제어** : 쾌적범위 대역에 도달하기까지의 소요시간을 미리 계산하여 그 계산된 시간에 기동/정지하게 하는 방법이다.

④ **Time Schedule 제어** : 미리 Time Scheduling하여 제어하는 방식이다.

⑤ **분산 전력 수요제어** : DDC 간 자유로운 통신을 통한 전체 시스템 통합제어이다 (앞의 4개 항목 등을 연동한 다소 복잡한 제어이다).

⑥ **HR** : 중간기 혹은 연간 폐열회수를 이용하여 에너지를 절약하는 방식이다.

⑦ **VAV** : 가변 풍량 방식으로 부하를 조절하는 방식이다.

⑧ **대수제어** : 펌프, 송풍기, 냉각탑 등에서 사용대수를 조절하여 부하를 조절하는 방식이다.

⑨ **인버터제어** : 전동기 운전방식에 인버터 제어방식을 도입하여 회전수제어를 통한 최대의 소비전력 절감을 추구하는 방식이다.

2-2 ICT (정보통신기술) 발달에 따른 응용기술

(1) 쾌적공조

① DDC 등을 활용하여 실(室)의 PMV값을 자동으로 연산함으로써 공조기, FCU 등을 제어하는 방법이다.

② 실내 부하변동에 따른 VAV 유닛의 풍량을 제어할 때 압축기, 송풍기 등의 용량제어와 연동시켜 에너지를 절감하는 방법이다.

(2) 자동화 제어

① '스케줄 관리 프로그램'을 통하여 자동으로 공조, 위생, 소방, 전력 등을 시간대별로 제어하는 방법이다.

② 현재의 설비 상태 등을 자동인식을 통해 감지하고 제어하는 방법이다.

(3) 원격제어

① 집중관리(BAS) → IBS에 통합화 → Bacnet, Lonworks 등을 통해 인터넷 제어가 가능하다.

② 휴대폰으로 가전제품을 원거리에서 제어할 수 있는 방법이다.

(4) 에너지 절감제어

① Duty Control : 설정온도에 도달하면 자동으로 On/Off되는 제어이다.

② Demand Control (전력량 수요제어) : 계약전력량의 범위 내에서 우선순위별로 제어하는 방법이다.

(5) 공간의 유효활용 제어

① 분산 설치(개별운전)된 소형 공조기를 제어하는 측면에서는 중앙컴퓨터에서 집중 관리 시스템으로 제어한다.

② 열원기기, 말단 방열기, 펌프 등이 서로 멀리 떨어져 있어도 원격통신 등을 통해 신속히 정보를 교환함으로써 유기적 제어가 가능하다.

(6) 자동화 공조프로그램

① 공조설계 시 부하계산을 자동연산 프로그램을 통하여 쉽게 산출해내고 열원기기, 콘덴싱 유닛, 공조기 등의 장비를 컴퓨터가 자동으로 선정해준다.

② 컴퓨터 프로그램을 이용한 환경 분석, LCA 분석 등을 통해 '환경부하'를 최소화할 수 있다.

(7) BAS (Building Automation System, 건물자동화시스템)

주로 DDC (Digital Direct Control) 제어를 활용하여 빌딩 내 설비 등에 대한 자동화, 분산화 및 에너지절감 프로그램을 적용한다.

(8) BMS (Building Management System, 건물관리시스템)

기존의 컴퓨터를 이용한 건물 제어방식에 MMS (Maintenance Management System, 보수유지관리 프로그램) 기능을 추가한 것이다.

(9) FMS (Facility Management System, 통합건물 시설관리시스템)

빌딩관리에 필요한 데이터를 온라인으로 접속하고 MMS를 흡수하여 Total Building Management System을 구축함으로써 독자적으로 운영하는 시스템을 의미한다.

(10) 기타

① 빌딩군 관리 시스템(Building Group Control & Management System) : 다수의 빌딩군을 서로 묶어 통합 제어하는 방식이다 (통신프로토콜 간의 호환성 유지가 필요함).

② 수명주기 관리 시스템(LCM ; Life Cycle Management) : 컴퓨터를 통한 설비의 수명 관리 시스템이다.

③ **스마트그리드**(Smart Grid) **제어** : 전기나 연료와 같은 에너지의 생산, 운반, 소비 과정에 정보통신기술을 접목하여 공급자와 소비자가 상호작용을 할 수 있게 함으로써 효율성을 높인 '지능형 전력망시스템'이다.

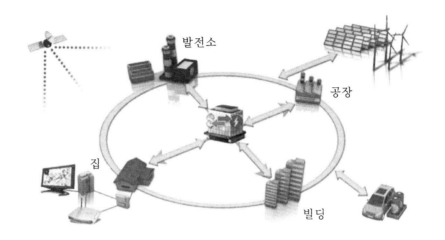

스마트그리드 제어의 개념도

기존 전력망 (Grid)		정보통신 (Smart)		스마트 그리드
• 공급자 중심 • 일방향성 • 폐쇄성 • 획일성	+	• 실시간 정보 공유 • 실시간 정보 교환 • 실시간 정보 개량	=	• 수요자 중심 • 양방향성 • 개방성 • 다양한 서비스

2-3　빌딩 에너지관리시스템 (BEMS)

(1) 개요

① BEMS는 IB (Intelligent Building ; 인텔리전트 빌딩)의 4대 요소 (OA, TC, BAS, 건축) 중 BAS의 일환으로 일종의 빌딩 에너지 관리 및 운용의 최적화 개념이다.

② 전체 건물의 전기, 에너지, 공조설비 등의 운전상황과 효과를 BEMS (Building Energy Management System)가 감시하여 제어를 최적화하고 피드백한다.

(2) 구현방법

① BEMS 시스템은 빌딩자동화 시스템에 축적된 데이터를 활용하여 전기, 가스, 수도, 냉방, 난방, 조명, 전열, 동력 등의 분야로 나누어 시간대별, 날짜별, 장소별 사용내역을 면밀히 모니터링 및 분석하고 기상청으로부터 약 3시간마다 날씨자료를 실시간으로 제공받아 최적의 냉난방, 조명 여건 등을 예측한다.

② 미리 시뮬레이션을 통해 가장 적은 에너지로 최대의 효과를 얻을 수 있는 조건을 정하면 관련 데이터가 자동으로 제어시스템에 전달되어 실행됨으로써 에너지 비용을 크게 줄일 수 있는 시스템이다.

③ 세부 제어의 종류로는 열원기기 용량제어, 엔탈피제어, CO_2 제어, 조명제어, 부스터펌프 토출압제어, 전동기 인버터제어 등이 있다.

④ **제어 프로그램 기법 :** 스케줄 제어, 목표 설정치 제어, 외기온도 보상제어, Duty Control, 최적 기동/정지제어 등이 있다.

⑤ 건물의 에너지 사용현황을 모니터를 통해 직접 확인하고 에너지분석을 해보는 것이 에너지절약의 시작이다.

⑥ BEMS는 건물 에너지 사용현황에 대한 지속적인 관리와 에너지절감에 대한 과학적 도구로 활용되어야 한다.

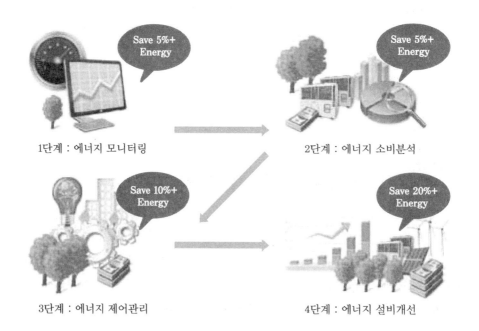

BEMS 개념도

2-4 BACnet

(1) 개요

① 유비쿼터스를 지향하는 지능형 빌딩 및 건축물에 대한 관심이 높아지면서, 빌딩 자동화를 위한 네트워크통신망이 주목을 받고 있다. 기존 건설사들이 사설 네트워크망을 통해 구축한 지능형 빌딩시스템에서 이루어진 네트워크 통신망으로 국제 표준인 BACnet이 많이 적용되고 있다.

② 건축물을 초기에 건축할 때 빌딩 자동제어시스템이 어떤 한 종류로 결정되면, 호환성 문제 때문에 그 빌딩의 자동제어시스템 전체를 바꾸기 전에는 처음에 선정한 시스템을 그대로 적용할 수밖에 없었다.

③ 이러한 호환성 문제를 해결하기 위한 목적으로 1995년 미국의 표준협회인 ANSI 와 냉동공조 자문기관인 ASHRAE에서 BACnet을 만들게 되었다.

(2) 정의

① BACnet은 Building Automation and Control Network의 약어로, 빌딩 관리자와 시스템 사용자 그리고 제조업체들로 구성된 단체에서 인정하는 비독점 표준 프로토콜이다.

② HVAC를 포함하여 조명제어, 화재 감지, 출입 통제 등의 다양한 빌딩자동화 응용 분야에 사용되고 있다.

③ BACnet은 ANSI/ASHRAE 표준 135-1995를 말하는 것으로, 국제 표준 통신 프로토콜이다.

(3) 특징

① 빌딩자동화 시스템 공급업체들 간의 상호 호환성 문제를 해결할 수 있다.

② **객체 지향** : 객체(Object)를 이용해 상호 자료를 교환함으로써 서로 다른 공급업체에서 만든 제품 상호간에 원활한 통신이 가능해진다.

③ 그리고 이렇게 정의된 객체에 접근하여 동작하는 응용 서비스 중 일반적으로 사용되는 것들을 표준화하고 있다.

④ BACnet의 주요 특징으로는, 여러 종류의 LAN Technology 사용, 표준화된 여러 객체의 정의, 객체를 통한 자료의 표현과 공유, 그리고 표준화된 응용 서비스 등이 있다.

⑤ 작은 규모의 빌딩에서부터 수천 개 이상의 장비들이 설치되는 대형 복합빌딩 및 이러한 빌딩의 집합으로 이루어지는 빌딩군에 이르기까지 다양한 규모의 빌딩에 적용

할 수 있는 통신망 기술이다.

⑥ 기타 다양한 LAN들의 연동 기능, IP를 통한 인터넷과의 연동 기능 등의 특징도
있다.

(4) 장점

① 빌딩의 자동제어를 위하여 특별히 고안된 통신망 프로토콜이다.

② 현재 기술에만 의존하지 않고 미래의 새로운 기술을 수용하기 좋은 방식으로 개발
되었다.

③ 소형에서부터 중대형까지 다양한 빌딩 규모에 적용할 수 있다.

④ 객체 모델을 확장함으로써 새로운 기능을 쉽게 도입할 수 있다.

⑤ 누구든지 로열티 없이 BACnet 기술을 사용할 수 있다 (기술 사용은 무료이다).

(5) 기술평가

① BACnet이 미국, 유럽(ISO) 및 한국 표준(KS X 6909)으로 이미 선정되었으며,
이제는 공급업체들의 시스템이 BACnet 프로토콜을 제대로 사용하였는지를 테스트
할 수 있는 기관이 필요하다.

② 이러한 테스트를 위한 기관에는 미국의 BMA(BACnet Manufacturers Association),
BTL(BACnet Testing Laboratory) 등이 있다.

③ BACnet은 국내 지능형 빌딩 네트워크 시장에서 Lonworks, KNX와 더불어 3대
국제 개방형 표준 네트워크라고 할 수 있다.

④ 특히 중동지역을 중심으로 대규모 지능형 빌딩을 건설하고 있는 국내의 대형 건설
사들은 앞다투어 BACnet 통신망 등을 채택하고 있다.

⑤ BACnet은 유비쿼터스 개념이 적극 도입되면서 단순하게 기존의 공조, 전력, 출입
통제, 소방, 주차설비 등에서의 개별적인 자동화차원을 넘어 전체 시스템 차원에서
의 유기적이고 효율적인 정보의 통합 및 제어의 효율성을 추구하는 방향으로 발전
하고 있다.

2-5 공실 제어 방법

(1) 예열(Warming Up)

① 겨울철 업무를 시작하기 전에 미리 실내온도를 높인다.

② 축열부하를 줄임으로써 열원설비의 용량을 축소시킬 수 있다.

③ VAV 방식은 수동으로 조정한 후에 시행한다.

(2) 예냉(Cool Down, Pre-Cooling)

① 여름철 업무를 시작하기 전에 미리 냉방하여 실내온도를 내린다 (최대부하를 줄임).

② 축열부하를 줄임으로써 열원설비의 용량을 축소시킬 수 있다.

③ VAV 방식은 수동으로 조정한 후에 시행한다.

④ 외기냉방과 야간기동 등의 방법을 병행할 수 있다.

(3) Night Purge (Night Cooling)

① 여름철 야간에 외기냉방으로 냉방을 실시한다 (축열 제거).

② 주로 100 % 외기도입 방식이다 (리턴에어 불필요).

③ 이 경우 기계적 냉방장치를 일부 운전하기도 하지만 (Night Cooling) 건물의 에너지절약과 친환경적 공조 측면에서는 기계적 냉방장치의 운전을 최소화 또는 생략하는 것이 바람직하다.

(4) 야간기동 (Night Set Back Control)

① 난방 시(겨울철) 아침에 축열부하를 줄이려면 일정 한계치 온도 (경제적 온도 설정 = 약 15℃)를 설정하고 연속운전하여 주간부하를 경감한다.

② **외기냉방 아님 (외기도입 불필요) : 대개 100 % 실내공기 순환 방법**

③ **기타 목적**

㈎ 결로를 방지하여 콘크리트의 부식과 변질을 방지한다.

㈏ 건축물의 균열 등을 방지하여 수명을 연장한다.

㈐ 설비용량(초기 투자비)을 줄인다.

㈑ 관엽식물이 얼어 죽는 것을 방지한다.

(5) 최적 기동제어

불필요한 예열과 예냉을 줄이기 위해(예열/예냉 생략하고) 최적 Start를 실시한다.

2-6 유비쿼터스 (Ubiquitous)

(1) 정의

① 사용자가 네트워크나 컴퓨터를 의식하지 않고 장소와 시간에 상관없이 자유롭게 네트워크에 접속할 수 있는 정보통신 환경을 의미한다.

② 물이나 공기처럼 시·공간을 초월해 '언제 어디에나 존재한다(Any Where Any Time)'는 뜻의 라틴어이다.

③ 인간이 원하는 모든 정보인식, 정보처리, 정보전달 등을 "띡" 하는 간단한 신호음 하나(생략 가능)로 자동으로 감지 및 처리하는 첨단 정보통신분야로 정의할 수 있다.

(2) 유래 및 개념

① 1988년 미국의 사무용 복사기 제조회사인 제록스의 와이저(Mark Weiser)가 '유비쿼터스 컴퓨팅'이라는 용어를 사용하면서 처음으로 등장하였다.

② 당시 와이저는 유비쿼터스 컴퓨팅이 메인프레임과 퍼스널컴퓨터(PC)에 이어 제3의 정보혁명을 이끌 것이라고 주장하였는데, 단독이 아닌 유비쿼터스 통신, 유비쿼터스 네트워크 등과 같은 형태로 쓰인다.

③ 컴퓨터에 어떠한 기능을 추가하는 것이 아니라 자동차, 냉장고, 안경, 시계, 스테레오장비 등과 같이 어떤 기기나 사물에 컴퓨터 칩을 집어넣어 커뮤니케이션이 가능하도록 해 주는 정보기술(IT) 환경 또는 정보기술 패러다임을 뜻한다.

> **칼럼** **RFID칩**
>
> 1. Radio Frequency Identification의 약어로, IC칩과 무선을 통해 식품, 물체, 동물 등의 정보를 실시간 관리할 수 있는 인식기술이다.
> 2. 현대 RFID 기술은 출입통제시스템, 전자요금지불 시스템, 유비쿼터스 등에 광범위하게 활용되고 있다.

2-7 사물 인터넷 (IOT : Internet Of Things)

① 기존에 M2M(Machine to Machine)이 이동통신 장비를 거쳐 사람과 사람 혹은 사람과 사물 사이의 커뮤니케이션을 가능하게 했다면, IOT는 이를 인터넷의 범위

로 확장하여 사람과 사물 사이의 커뮤니케이션은 물론 현실과 가상세계에 존재하는
모든 정보와 상호작용하는 개념이다.

② IOT란 인간, 사물, 서비스의 세 가지 환경요소에 대해 인간의 별도 개입 과정 없이
인터넷망을 통한 상호적인 협력을 통해 센싱, 네트워킹, 정보처리 등 지능적 관계를
형성하는 연결망을 의미한다.

③ 인터넷이 사물과 결합하여 때와 장소를 가리지 않는 상호간 즉각적 커뮤니케이션
을 이루어 내는 순간, 과거에 우리가 공상과학영화 속에서나 상상했을 법한 꿈만 같
은 일들이 현실로 구현될 수 있다.

④ IOT 기술은 갖가지 기술의 총체적 집합으로서, 기존의 이동통신망을 이용한 서비
스에서 한 단계가 더 진화된 서비스라고 할 수 있다.

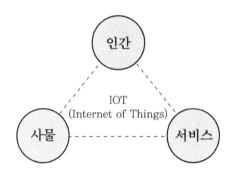

2-8 BIM (Building Information Modeling)

(1) 정의

① BIM은 건축 토목 플랜트를 포함한 건설 전분야에서 전체 공정에 관한 정보이고
통합된 데이터베이스에 저장된 완전한 설계도 세트이다.

② BIM은 기획에서부터 유지관리에 이르기까지 전체 건설 프로젝트의 생애 주기 동
안에 발생하는 정보(3D 객체정보＋관련된 모든 데이터), 프로세스 및 호환성을 통
합하는 개념으로서 그 의미가 확장되어 사용되고 있으며 이것이 BIM 통합설계과정
의 목표라고 할 수 있다.

③ 건물 설계, 건설, 유지 보수의 전 과정에 사용되는 모든 정보가 시스템 내에 매개
변수로 지정되어 관계함으로써 모델 내에 일어나는 어떠한 변화도 모든 관점에서
즉시 반영될 수 있다.

④ 각 도면이 설계도간 내재적 상호관련성 없이 따로 그려진 CAD와 달리, BIM은 BIM모델이 평면도, 단면도, 상세도와 기타 도면을 생성하는 능력을 갖추고 있다.

(2) BIM의 설계 과정

① 1단계 : 개념모델링

　(개) 1단계에서는 설계초기단계의 개념 모델을 디자인하여 3D 형상을 결정하는 단계이다.

　(내) 3D 형상정보에서 건축요소를 추출하여 변환하는 단계이다.

② 2단계 : 건축모델링

　(개) 2단계에서는 앞서 생성된 형상정보에 '속성정보'를 지정하는 단계이다.

　(내) 각각의 뷰에서 건축요소의 속성정보를 설정하여 형상을 생성시키고 각각의 건축요소는 구속조건을 통해 건축요소 상호간에 영향을 준다.

③ 3단계 : 구조 모델링

　(개) 3단계의 구조 모델링은 건축모델에서 구조형상정보를 참조하여 구조해석과 도면작업을 수행하는 단계이다.

　(내) 기존 2D설계 기반의 구조해석은 2D 구조도면을 보고 3D모델링을 거쳐야 가능했으나 BIM에서는 건축에서 구축된 BIM Model의 형상정보를 가져와서 해석할 수 있다.

④ 4단계 : 환경 분석과 MEP 모델링

　(개) 건축의 'Room & Area' 정보를 기반으로 Zoning을 생성하여 에너지 분석도구를 통해 실별, 냉난방 부하를 시뮬레이션하여 시설의 용도와 지역위치에 따른 냉난방 부하결과를 실별로 구분하여 보여줄 수 있다.

　(내) 이 단계에서는 국내 기후 등의 입력 데이터가 얼마나 정확한지가 관건이다.

　(대) 기본적인 시스템 패밀리들은 MEP의 객체인 파이프, 덕트, 전선과 같은 연결요소들이며 장치요소(Equipment, Fixture) 등과 연결하여 회로를 구성한다.

　(래) 외부패밀리로 제공되는 장치요소는 형상정보에 연결정보(전력, 파이프, 덕트 연결)와 설비장치의 성능정보를 포함하여 구성된다.

⑤ 5단계 : 간섭체크 및 4D 시뮬레이션

　(개) 5단계에서는 분야별로 각각 작성된 BIM Model을 통합하여 BIM 데이터를 완성하는 단계이며 요소간섭을 검토하여 Model의 오류를 수정해야 한다.

　(내) 2D 기반의 도면 데이터는 분산 작성되어 설계오류를 파악하기가 어려운 반면 3D Model은 2D 도면보다 설계오류를 쉽게 파악할 수 있다.

㈐ 3D Model의 복잡성으로 Model의 오류를 수동으로 확인하는데는 한계가 있기 때문에 Crash Detective 기능 등을 이용하여 간섭체크의 결과를 쉽게 보고받을 수 있다.

⑥ 6단계 : 시각화

㈎ BIM Model에서 시각화에 필요한 데이터를 처리하여 시각화하는 단계이다.

㈏ 이 단계에서는 시각화에 필요한 데이터 전체를 변환하거나 혹은 필요한 데이터 만을 처리하는 이 두 가지 방식이 존재한다.

(3) BIM 도입의 장애요인

① 세계 건설시장을 주도하는 미국과 유럽에 비해 BIM을 늦게 도입한 한국의 건설산 업이 국제경쟁력을 가지고 생산성을 높이기 위해서는 우선 첫번째로 모든 이해관계 자들의 참여와 이를 뒷받침하는 정부의 강력한 의지를 보여줄 수 있는 정책이 필요 하다.

② BIM의 도입과 활용이 건설산업의 어느 한 분야나 집단에 국한된다면 BIM의 핵심인 3차원 업무환경을 통한 건설정보의 효율적인 공유와 발전은 이루어질 수 없다.

③ 자칫 불필요한 정보와 적절하지 못한 BIM의 사용은 비효율적이고 쓸모없는 건설 정보를 생산해 오히려 역효과를 불러올 수 있다.

④ BIM 도입 초기부터 복잡하고 큰 자본이 투입되는 건설프로젝트를 이에 대한 충분 한 경험없이 사용한다면 BIM의 경험곡선(learning curve)에 의해 생산성 향상과 프로젝트의 효율증진이 아닌 기존 프로젝트 수행방식과의 충돌과 생산성 저하라는 문제점을 만들어낼 수 있다.

⑤ 사전 이해관계자들에게 BIM 도입의 장점을 인식시키고 그들로 하여금 활용에 대한 적극적 의지를 심어주기 위해서는 도입 초기에 BIM 도입 및 활용의 필요성과 장점 그리고 활용시 제공되는 보상들에 대해 충분한 의사소통이 필요하다.

⑥ 국내에서는 아직 BIM에 대한 인식이 부족하여 각종 BIM 프로젝트에서 발주처와 발주지침의 목적과 범위 등이 불명확한 실정이다.

⑦ 국내 설계사의 경우는 BIM을 통해 건축물의 전체 생애주기에 대한 초안을 잡는다는 개념보다 자신들의 디자인을 표현하는 도구로 여기는 초보적 인식이 지배적이다.

⑧ 국내 BIM 시장의 활성화와 효과적인 활용을 위해서는 여태까지의 공공발주에 서 반복한 시행착오를 바탕으로 현실적인 'BIM 지침'을 마련하는 것이 가장 절실 하다.

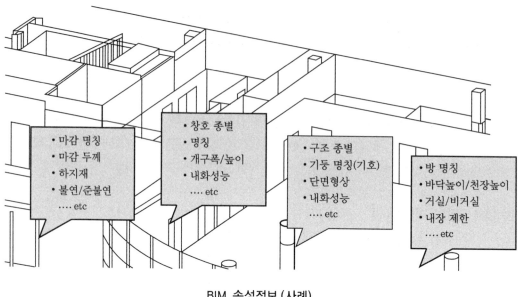

BIM 속성정보 (사례)

2-9   VVVF (Variable Voltage Variable Frequency)

(1) 개요

① VVVF란 전압과 주파수를 동시에 제어하여 전동기의 속도를 조절함으로써 부분부하 시에 전기에너지를 절감할 수 있는 인버터 장치이다 (전압을 함께 조절하는 이유는 토크가 떨어지지 않게 하기 위해서다).

② VVVF는 흔히 다른 말로 VSD (Variable Speed Drive)라고도 부른다.

(2) 인버터의 정의

① 인버터란 원래 직류전류를 교류로 바꾸어주는 역변환장치를 말하며, 반도체를 이용한 정지형 장치를 말한다.

② 관련 용어인 '컨버터'는 정류기를 이용하여 교류를 직류로 바꾸는 장치이다.

③ 현재 용량가변형 전동기 혹은 압축기 분야에 사용되는 인버터란 용어는 '교류→직류로 변환→교류 (원래의 교류와 다른 주파수의 교류)로 재변환하는 장치'라는 의미이다.

④ 따라서, 전동기(압축기) 용량가변 분야에서 인버터의 의미는 '컨버터형 인버터'라고 할 수 있다. 즉 교류의 주파수를 변환하여 회전수를 가변하는 반도체를 이용한 장치이다.

(3) 에너지 효율 측면

① 송풍기, 펌프, 압축기에서 풍량의 비는 회전수의 비와 같다.

$$\frac{V_2}{V_1} = \frac{N_2}{N_1}$$

② 축동력의 비는 회전수비의 세제곱과 같다.

$$\frac{W_2}{W_1} = \left(\frac{N_2}{N_1}\right)^3$$

③ 따라서 부하가 절반으로 줄어 풍량을 $\frac{1}{2}$ 로 하면, 동력은 $\frac{1}{8}$ 로 절감할 수 있다 (단, 축동력의 5~10 % 정도되는 직·교류 변환의 에너지손실이 발생한다).

(4) 특징

① 전동기 운전을 위해 고가의 '인버터 운전 드라이버'가 필요하다.
② 초기 투자비가 많이 들지만 에너지절약 면에서 강조된다.
③ 미세한 부하 조절이 가능하다.

(5) 기술 응용

① 태양전지에서 쉽게 얻을 수 있는 직류를 인버터를 이용하여 상용전력과 동등한 주파수의 교류전류로 변환할 수 있다.
② 상품화되어 시판되는 인버터의 사례

Input DC24 V ~DC48 V

Output AC220 V

DC24 V~DC48 V → AC220 V로 변환 가능한 인버터의 사례

2-10 자기공명방식의 무선전력 전송

(1) 개요

① 기존의 무선전력 전송방식 중 자기유도방식(1차 코일과 2차 코일의 자기장에 의한 전류의 유도현상을 이용하는 방식)의 짧은 전송거리에만 적용할 수 있는 기술이라는 단점과 전자기파방식(전자기파를 송·수신하여 전력으로 변환하는 방식)의 낮은 효율성 및 인체 유해성이라는 단점을 극복한 방식이다.

② 짧은 시간 안에 간편하고 고효율로 전력을 전송할 수 있어 새로운 산업의 혁명을 불러일으킬 수 있는 전력 전송 기술로 평가되는 기술이다.

(2) 자기공명방식의 특징

① 수미터 내외로 근접한 두 매체가 서로 공진주파수를 지닐 경우 전자파가 근거리 자기장을 통해 하나의 매체에서 다른 매체로 이동하는 '자기공명 현상'을 이용하는 방식이다.

② 자기유도방식에 비해 원거리 전력 전송이 용이할 뿐 아니라, 송수신 코일 방향성의 자유도가 높아서 충전기기의 위치와 관계없이 전력수신이 가능하다.

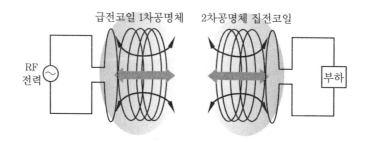

자기공명방식의 무선전력 전송기술

(3) 자기공명방식의 무선전력 전송기술의 응용

① 전원케이블이 제거된 전기전자제품을 상용화한다.

② 휴대폰 기기의 무선충전기 분야에 활용한다 (여러 대의 모바일 기기를 올려놓고 동시에 충전한다).

③ 전기충전소에 이 기술을 적용하면 기름을 채우는 2~3분 이내에 무선충전이 가능할 정도로 충전시간이 단축된다.

④ 7~8년마다 수술로 배터리를 교체해야 하는 심장박동기 환자의 고통과 경제적 부담을 줄일 수 있다. 또 심장박동기 내부의 전선을 제거하고 대폭 소형화할 수 있다.

⑤ 제품 내부에 배선이 사라지고, 자유롭게 분해와 조립이 가능하여 사용 및 유지보수가 용이하다.

⑥ 자기공명방식의 무선전력 전송기술의 본격적인 개발과 도입은 신기술의 전기전자 제품, 새로운 산업 기술제품을 출현시키는 등 일대혁명을 가져올 수도 있다.

2-11 LCC (Life Cycle Cost ; 생애주기 비용)

(1) 개요

LCC는 계획, 설계, 시공, 유지 관리, 폐각 처분 등의 총비용을 말하며 경제성 검토의 지표로 사용해 총비용을 최소화할 수 있는 수단이다.

(2) LCC 구성

① **초기투자비**(Initial Cost) : 제품가, 운반, 설치, 시운전

② **유지비**(Running Cost) : 운전 보수관리비

$$유지비 = 운전비 + 보수관리비 + 보험료$$

③ **폐각비** : 철거 및 잔존가격

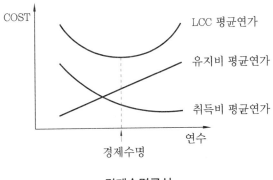

경제수명곡선

(3) 회수기간 : 초기 투자비 회수를 위한 경과년

$$회수기간 = \frac{초기투자비}{연간절약액}$$

(4) LCC 인자

사용연수, 이자율, 물가상승률 및 에너지비 상승률 등이 있다.

(5) Life Cycle Cost

$$LCC = C + F_r \cdot R + F_m \cdot M$$

여기서, C : 초기 투자비 R : 운전비(보험료 포함)

       M : 폐각비 F_r, F_m : 종합 현재가격 환산계수

2-12 LCA (Life Cycle Assessment)

(1) 의의

① LCA는 제품, 기계, 건물, 기타 서비스 등에 대한 생애주기 동안의 친환경적 재료, 에너지절약, 자원절약, 재활용, 공해저감 등에 관한 총체적인 환경부하(온실가스 배출량, 환경오염 등) 평가방법이다.

② LCA는 ISO14000 시리즈 인증평가의 기준이 되기도 한다.

③ LCA는 목적 설정, 목록 분석, 영향 평가, 결과 해석의 네 단계로 나뉜다.

(2) 구성

① **목적 및 범위의 설정** : LCA 실시 이유, 결과의 응용, 경계(LCA 분석범위), 환경영향 평가항목의 설정과 그 평가방법이다.

② **목록 분석(Inventory Analysis)** : LCA의 핵심적인 단계로 대상물의 전 과정(Life Cycle)에 걸쳐 투입(Input)되는 자원과 에너지 및 생산 또는 배출(Output)되는 제품부산물의 데이터를 수집하고, 환경부하 항목에 대한 입출력 목록을 구축하는 단계이다.

③ **영향 평가**(Impact Assessment) : 목록 분석에서 얻어진 데이터를 근거로 각 환경부하 항목에 대한 목록결과를 각 환경영향 범주로 분류하여 환경영향을 분석·평가하는 단계로, 평가범위로는 지구환경문제를 중심으로 다음과 같은 내용을 포함한다.

   (㈎) 자원·에너지 소비량, 산성비, 해양오염, 야생생물의 감소

   (㈏) 지구온난화, 대기·수질오염, 삼림 파괴, 인간의 건강 위해

   (㈐) 오존층의 고갈, 위해 폐기물, 사막화, 토지 이용

④ **결과 해석**(Interpretation)

   (㈎) 목록 분석과 영향 평가의 결과를 단독 또는 종합적으로 평가하고 해석하는 단계

   (㈏) 해석 결과는 LCA를 실시한 목적과 범위에 대한 결론

   (㈐) 환경 개선을 도모할 경우의 조치는 이 결과를 기초로 함

⑤ **보고**(Reporting) : 앞의 순서에 따라 얻은 LCA 조사결과는 보고서 형식으로 정리되어 보고대상자에게 제시된다.

⑥ **검토**(Critical Review) : ISO 규정에 따르고 있는지, 과학적 근거는 있는지, 또한 적용한 방법과 데이터가 목적에 대해 적절하고 합리적인지를 보증하는 것으로, 그 범위 내에서 LCA 결과의 정당성을 간접적으로 보증하는 것이라 할 수 있다.

(3) 평가방법

① **개별 적산방법** : 각 공정별로 세부적으로 분석하는 방법(조합, 합산). 비경제적, 복잡, 어려움

② **산업연관 분석법** : '산업연관표'를 사용하여 동종 산업 부문 간 금액기준으로 거시적으로 평가하는 방법. 객관성, 재현성, 시간 단축

③ **조합방법** : 일단 '개별 적산방법'으로 구분한 대상에 '산업연관표'를 적용한다.

  (칼럼) **탄소라벨링과 탄소포인트제도**

  1. 탄소라벨링

    ① 탄소라벨링(Carbon Labeling), 탄소발자국(Carbon Footprint), 탄소성적표지 등 여러가지 용어로 불리고 있다.

    ② 원재료의 생산에서부터 제품 제조, 운송, 사용 및 폐기에 이르기까지 제품의 생애주기(전 과정)에 걸친 지구온난화 가스의 발생량을 이산화탄소의 발생량으로 환산 표현하여 제품에 표기 및 관리하는 방법이다.

    ③ 탄소라벨링은 기후 변화에 대한 영향이 적은 제품을 선택할 수 있도록 소비자에게 정보를 제공하고 소비자의 선택에 따른 제품 제조자의 자발적 노력을 유발하여 온실가스 절감률을 달성하는 것이 목표이다.

    ④ 우리나라에서는 탄소라벨링을 탄소성적표지(CooL 마크)라고도 부른다.

2. 탄소포인트제도

① 탄소포인트제도는 국민 개개인이 전기절약, 수도절약 등을 통하여 온실가스 감축
   활동에 직접 참여하도록 유도하는 제도이다.
② 가정, 상업시설 등이 자발적으로 감축한 온실가스 감축분에 대한 인센티브를 지자체로
   부터 제공받는 범국민적 기후변화 대응 활동(Climate Change Action Program)이다.
③ 운영주체
   ㈎ 제도총괄 및 정책지원 : 환경부
   ㈏ 운영(운영센터 관리, 기술 및 정보 제공) : 한국환경공단
   ㈐ 참여자 모집, 교육, 홍보, 예산확보, 인센티브 지급 : 각 지자체
   ㈑ 제도 참여, 감축활동 및 감축실적 등록 : 가정 및 상업시설의 실사용자
④ 탄소포인트 활용방법
   ㈎ 참여자에게 제공하는 인센티브는 지자체별로 인센티브의 종류, 규모, 지급횟수, 지
      급시기 등 구체적인 방법을 정한다.
   ㈏ 탄소포인트는 현금, 탄소캐시백, 교통카드, 상품권, 종량제 쓰레기봉투, 공공시설
      이용 바우처, 기념품 등 지자체가 정한 범위 내에서 선택할 수 있다.

저탄소제품 인증마크

탄소배출량 인증마크

2-13   빌딩 커미셔닝(Building Commissioning)

(1) 정의

① 건축물을 신축이나 개보수함에 있어서 효율적인 에너지 및 성능 관리를 위하여 건
   물주나 설계자의 의도대로 설계, 시공, 유지·관리가 이루어지도록 하는 새로운 개
   념의 건축 공정을 '빌딩 커미셔닝'이라 한다.
② 건물이 계획 및 설계 단계에서부터 준공에 이르기까지 발주자가 요구하는 설계 시
   방서와 같은 성능을 유지하고, 또한 운영 요원의 확보를 포함하여 입주 후 건물주의
   유지 관리상 요구가 충족될 수 있도록 모든 건물의 시스템 작동을 검증하고 문서화
   하는 체계적인 공정을 의미한다.

(2) 목적

① 빌딩 커미셔닝은 특히 효율적인 건물 에너지 관리를 위한 가장 중요한 요소로서 건축물의 계획, 설계, 시공, 시공 후 설비의 시운전 및 유지 관리를 포함한 전 공정을 효율적으로 검증하고 문서화하여 에너지 낭비 및 운영상의 문제점을 최소화한다.
② 건물 시스템이 건전하고 합리적으로 운영되도록 하여 거주자의 쾌적성과 안정성을 확보하고 나아가 목적한 에너지절약을 달성한다.

(3) 업무영역

설계의도에 맞게 시공 여부, 건물의 성능 및 에너지효율의 최적화, 전체 시스템 및 기능 간 상호 연동성 강화, 하자의 발견 및 개선책 수립과 보수, 시운전을 실시하여 문제점 도출 및 해결, 시설 관리자 교육, 검증 및 문서화 등을 실행한다.

(4) 관련 기법

① Total Building Commissioning : 빌딩 커미셔닝은 원래 공조(HVAC) 분야에서 처음 도입되기 시작했으나, 이후 건물의 거의 모든 시스템에 단계적으로 적용되면서 'Total Building Commissioning'이라고 부르기도 한다.
② 리커미셔닝 : 기존 건물의 각종 시스템이 신축 시 의도에 맞게 운용되고 있는지를 확인하여 문제점을 파악한 후, 건물주의 요구조건을 만족시키기 위해 필요한 대안이나 조치사항을 보고한다.

2-14 설비의 내구연한(내용연수)

(1) 개요

① 각종 설비(장비)에 대해 내구연한을 논할 때는 주로 물리적 내구연한을 위주로 말하는 것이며, 이는 설비의 유지보수와 밀접한 관계를 가지고 있다.
② 내구연한은 일반적으로 물리적 내구연한, 사회적 내구연한, 경제적 내구연한, 법적 내구연한 등 크게 네 가지로 나뉜다.

(2) 분류 및 특징

① 물리적 내구연한

⑺ 마모, 부식, 파손에 의한 사용불능의 고장빈도가 자주 발생하여 기능장애가 허

용한도를 넘는 상태의 시기를 물리적 내구연한이라 한다.

㈏ 물리적 내구연한은 설비의 사용수명이라고도 할 수 있으며 일반적으로 15~20년
이다 (다만 15~20년이라는 사용수명은 유지관리에 따라 실제로 크게 달라질 수
있는 값이다).

② 사회적 내구연한

㈎ 사회적 동향을 반영한 내구연수를 말하는 것으로, 이는 진부화, 구형화, 신기종
등의 새로운 방식과의 비교로 상대적 가치 저하에 의한 내구연수이다.

㈏ 법규 및 규정 변경에 의한 갱신 의무, 형식 취소 등에 의한 갱신도 포함된다.

③ 경제적 내구연한 : 수리·수선을 하면서 사용하는게 신형 제품을 사용하는 것에 비하
여 경제적으로 더 많은 비용이 소요되는 시점을 말한다.

④ 법적 내구연한 : 고정자산의 감가상각비를 산출하기 위하여 정해진 세법상의 내구연
한을 말한다.

칼럼 건축물 등에서 사용되는 내용연수 (내구연한)

1. 기능적 내용연수 : 기술 혁신에 의한 새로운 설비, 기기의 도입이나 생활양식의 변화
   등으로 그 건물이 변화에 대응할 수 없게 된 경우 (가족 수, 구성의 변화, 자녀의 성장
   과 가족의 노령화에 의한 주요구의 변화, 가전제품 도입에 의한 전기 용량의 부족, 부
   엌, 욕실 설비 개선)
2. 구조적 내용연수 : 노후화가 진행되어 주택의 주요부재가 물리적으로 수명을 다하고 기
   술적으로 더 이상 수리가 불가능하여 지진이나 태풍 등의 자연 재해에 견디는 힘이 한
   계에 이른 경우 (설비 측면에서의 물리적 내구연한에 해당)
3. 자연적 내용연수 : 자연 재해로 인해 건물의 수명이 다한 경우

2-15 VE (Value Engineering)

(1) 배경

① 전통적으로 VE는 제품의 생산과정이 정형화되지 않은 건설조달 분야에서 먼저 활
발히 시행되어 왔다.

② 이는 현장상황에 따라 생산비의 가변성이 큰 건설산업의 특징상, 건설과정에 창의
력을 발휘하여 새로운 대안을 마련할 때 비용 절감의 가능성이 크기 때문이다.

③ 현재 VE 기법은 건설현장, 건물관리, 제품 제조업 분야 등 다양하게 적용할 수 있

는 원가·운전유지비 절감의 혁신기법으로 사용된다.

(2) 개념

① 최소의 생애주기비용(Life Cycle Cost)으로 필요한 기능을 달성하기 위해 시스템의 기능분석 및 기능설계에 쏟는 조직적인 노력을 의미한다.

② 좁은 의미에서의 VE는 소정의 품질을 확보하면서, 최소 비용으로 필요한 기능을 확보하는 것을 목적으로 하는 체계적인 노력을 지칭하는 의미로 사용된다.

(3) 계산식

$$VE = \frac{F}{C}$$

여기서, F : 발주자 요구기능(Function) C : 소요 비용(Cost)

(4) VE 추진원칙

① 고정관념의 제거
② 사용자 중심의 사고
③ 기능 중심의 사고
④ 조직적인 노력

(5) VE의 종류

① 전문가토론회(charette)

㈎ 발주자가 프로젝트의 개요를 소개하면서 VE팀, 설계팀과 발주청관계자들이 함께 모여 하는 토론회이다.

㈏ 이 토론회는 가치공학자(value engineer)의 주관하에 설계팀이 주로 발주자의 가치를 이해하여 설계에 잘 반영할 수 있도록 하는 것을 주목적으로 한다.

㈐ 이 토론회의 주안점은 발주자의 의도가 프로젝트를 구성하는 주요 요소의 기능과 공간적인 배치에 잘 반영되어 있는가를 검토하는 것이다.

② 40시간 VE

㈎ 기본설계(sketch design)가 완료된 시점에 전문가로 구성된 제2의 설계팀(VE팀)이 설계내용을 검토하기 위한 회의로 가장 널리 사용되는 VE 유형으로서 한국 설계VE의 원형으로 볼 수 있는 형태이다.

㈏ 40시간 VE는 보통 가치공학자의 주관하에 이루어진다.

㈐ VE 수행자를 선정하기 위한 입찰단계에서 발주청은 원설계팀에게 VE 입찰사

실을 미리 통보하여 원설계팀이 VE 수행에 필요한 지원작업을 준비할 수 있도록 한다.

③ VE 감사 (VE audit)

(가) VE 감사란 프로젝트에 자금을 투자할 의향이 있는 모회사 (母會社)가 프로젝트 및 자회사 (子會社)에 대한 투자 여부를 결정하거나 중앙정부가 지방정부의 재원 지원요구의 타당성을 평가하기 위해 VE 전문가에게 의뢰하여 수행하는 평가 이다.

(나) VE팀은 모회사나 중앙정부를 대신하여 투자의 수익성 및 지방정부에 대한 재 정지원의 타당성을 평가한다.

(다) VE 전문가는 자회사나 지방정부를 방문하여 프로젝트가 의도한 주요 기능이 제대로 충족될 수 있는지를 평가한다.

④ 시공VE (The Contractor's VE Change Proposal ; VECP)

(가) 시공VE는 시공자가 시공과정에서 건설비를 절감할 수 있는 대안을 마련하여 설계안의 변경을 제안하는 형태의 VE이다.

(나) 시공VE는 현장지식을 활용하여 공사단계에서 비용절감을 유도할 수 있다는 장점이 있다.

⑤ 기타VE 유형

(가) 오리엔테이션모임(orientation meeting) : 사업개요서(brief) 또는 개략설계안 (brief schematic)이 완성되었을 때 전문가토론회(charette)와 유사하게 행해 지는 모임으로서 VE의 한 종류로 분류할 수 있다. 오리엔테이션모임은 발주청 대표와 설계팀 그리고 제3의 평가자가 만나 프로젝트의 쟁점사항을 서로 이해하고 관련 정보를 주고받는다.

(나) 약식검토 (shortened study) : 프로젝트의 규모가 작아서 40시간VE 비용을 들 이는 것이 비효율적인 경우 인원과 기간을 단축하여 시행하는 VE이다.

(다) 동시검토 (concurrent study) : 동시검토는 VE 전문가가 VE팀 조정자로서 팀을 이끌되, 원설계팀 구성원들이 VE팀원으로 참여하여 VE를 수행하는 작업이다. 이 유형은 원설계팀과 VE팀 사이의 갈등을 최소화하는 등 40시간VE의 문제점에 대한 비판을 완화할 수 있는 장점이 있다.

(6) 응용

① 제품이나 서비스의 향상 및 가격 인하를 실현하려는 경영관리 수단으로 사용되어 VA (Value Analysis ; 가치분석) 혹은 PE (Purchasing Engineering ; 구매공학) 라고 하기도 한다.

② VE의 사상을 기업의 간접 부분에 적용하여 간접업무의 효율화를 도모하기도 한다. 이 경우 VE를 OVA (Overhead Value Analysis)라고 부른다.

③ VE에서 LCC는 원안과 대안을 경제적 측면에서 비교할 수 있는 중요한 수단이다.

2-16 ## 자동제어 관련 용어해설

(1) Zero Energy Band (with Load Reset)

① 정의 : 건물의 최소 에너지 운전을 위해 냉방과 난방을 혼합하여 동시에 행하지 않고, 설정온도에 도달했을 때 Reset (냉·난방 열원 혹은 말단유닛 정지)하는 방식의 건물 공조방법이다.

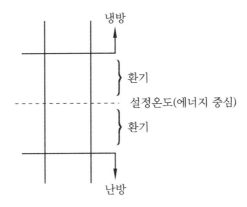

② 특징

㉮ 주로 외기냉방과 연계하여 운전한다.

㉯ 건물의 에너지절약 방법 가운데 하나이다 (재열 등으로 인한 에너지 낭비를 최소화한다).

(2) 대수분할 운전

① 각종 설비, 기기 등을 여러 대 설치하고 부하상태에 따라 운전대수를 조절하여(부하가 큰 경우에는 운전대수를 늘리고, 부하가 작으면 운전대수를 줄임) 전체 시스템의 용량을 조절하는 방법이다.

② 보일러, 냉동기, 냉각탑 등의 장비를 현장에 설치할 때 큰 장비 한 대보다 작은 장비 몇 대를 설치하여 부하에 따라 운전대수를 증감함으로써 에너지절약 측면에서 최적 운전을 할 수 있는 시스템이다.

(3) 전부하 운전특성과 부분부하 운전특성

① 전부하 운전특성

(카) 전부하는 부분부하의 상대 개념으로, 어떤 시스템이 가지고 있는 최대 운전상태 (Full Loading)로 운전할 때의 특성을 말한다.

(나) 장비가 Full Loading 때 나타나는 여러 가지 특성(성능, 소비전력, 운전전류 등)을 말한다.

② 부분부하 운전특성

(카) 부분부하는 전부하의 반대되는 개념으로서 시스템이 발휘할 수 있는 최대의 운 전상태에 못 미치는 상태(Partial Loading)로 운전할 때의 특성이다.

(나) 기기가 최대용량에 미달되는 상태에서 운전을 실시할 때(최소용량 포함) 나타나 는 여러 가지 특성(성능, 소비전력, 운전전류 등)을 말한다.

(4) 군집제어

① 일정한 빌딩(Building) 집단을 하나로 묶어 BMS 시스템으로 통합제어하는 방식이다.

② BACnet, Lonworks 등의 통합제어 프로토콜 (Protocol)을 이용하여 건물 내·외 전체 시스템(공조, 방범, 방재, 자동화 설비 등)을 동시에 관리할 수 있는 시스 템이다.

(5) Cross Talking

① 공조분야에서의 'Cross Talking'이란 인접 실(室) 간 공조용 덕트를 통해 서로 말 소리가 전달되어 사생활을 침해당하거나, 시끄러운 소음이 전파되는 현상을 말한다.

② 호텔의 객실 등 정숙을 요하는 공간에서는 입상덕트를 설치하거나 덕트 계통분리 등을 통하여 옆방과 덕트가 바로 연결되지 않게 하는 것이 좋다.

③ 이는 덕트를 통한 객실 간의 소음 전파를 줄이고, 사생활보호를 확보하기 위함이다.

(6) 빌딩병(SBS : Sick Building Syndrome)

① 낮은 환기량, 높은 오염물질의 발생으로 인해 효율적인 에너지소비 대책이 추진되는 건물 내 거주자들이 현기증, 구역질, 두통, 평행감각 상실, 통증, 건조, 호흡계통 제 증상 등을 나타내는 것으로, 기밀성이 높은 건물 혹은 환기량이 부족한 건물에서 통상 거주자의 20~30 % 이상이 증상을 보일 시에 빌딩병을 시사한다.

② 일본 등에서 빌딩병 발생이 적은 이유는 '빌딩 관리법'에 의해 환기량을 잘 보장하고 있기 때문으로 평가된다.

(7) Connection Energy System

① 열병합 발전에서 생산된 열을 고온 수요처부터 저온 수요처 순으로 차례로 열을 사용하는 시스템을 말한다. 즉 고온 열은 전기 생산에 사용하고 중온 열은 흡수식 냉동기, 냉동수기 등을 운전하며, 저온 열은 열교환기를 거쳐 난방 및 급탕 등에 사용한다.

② 'Connection Energy System'은 열을 효율적으로 사용하여 에너지를 절감하는 시스템이다.

(8) 개별 분산 펌프 시스템

① 냉온수 반송시스템에서 중앙 기계실의 대형 펌프에 의해 온수 및 냉수를 공급하는 대신, 소형 펌프를 분산하여 각 필요 지점에 설치한 후 통합제어하는 방식을 '개별 분산 펌프 시스템'이라고 하며, 이는 배관 저항에 의한 반송 에너지의 손실을 줄이는데 많은 도움이 된다.

② 통상 각 사용처별로 분산하여 배치된 인버터로 펌프의 출력을 제어하고 부하 변동에 신속히 대응하여 반송에너지를 절감한다.

③ 펌프의 운전방식으로는 '펌프의 대수제어' 혹은 '인버터의 용량제어'를 많이 사용한다.

(9) '유인유닛'에서 Nonchange-over와 Change-over

① Nonchange-over : 유인유닛 공조방식에서 기밀구조의 건물, 전산실, 음식점, 상가, 초고층빌딩 등 겨울철에도 냉방부하량이 있고 연중 냉방부하가 큰 건물에서는 2차 수(水)를 항상 냉수로 보내고, 1차 공기를 냉풍 혹은 온풍으로 바꿔가며 4계절 공조를 하는 경우가 많다. 즉 부분부하 조절은 주로 1차 공기로 행한다.

② Change-over : 우리나라의 주거공간과 일반사무실처럼 여름에는 냉방부하가, 겨울철에는 난방부하가 집중적으로 걸리는 경우에는 1차 공기는 항상 냉풍으로 취출하고, 2차 수(水)를 냉수 혹은 온수로 바꿔가며 공조를 하는 경우가 많다.

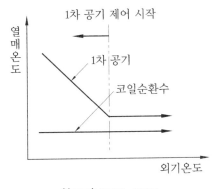

Nonchange-over

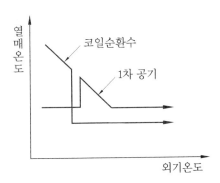

Change-over

(10) 유인유닛의 'A/T비'

① 유인유닛의 1차 공기량과 유인유닛에 의해 공조되는 공간의 외벽을 통해 전열되는 1℃당 전열부하의 비율을 말한다.

② 'A/T비'가 비슷한 그룹을 모아 하나의 존으로 형성한다.

③ 1차 공기는 실내온도가 설정온도에 도달했을 때 재열 스케줄(Reheating Schedule)에 따라 가열이 시작된다.

(11) 공기운송계수(ATF : Air Transport Factor)

① 실내에서 발생하는 열량(냉·난방 부하) 중 현열부하를 송풍기의 소비전력으로 나눈 수치를 의미한다.

② 계산식

$$공기운송계수(ATF) = \frac{현열부하}{송풍기의\ 소비전력}$$

③ ATF가 클수록 실내부하를 일정하게 유지하면 송풍기 전력을 적게 할 수 있다.

④ 미국에서는 4~6 이상을 권장하고 있다.

⑤ 열에너지 운송 시 반송동력 절감을 위한 기준값으로 유효하게 사용 가능한 계수이다.

❻ ATF(공기운송계수)를 크게 하는 방법 : 건물 내 과잉 환기량 혹은 불필요한 환기량 억제, 고효율 반송기기의 채용, 자동제어(설정 환기량, 온·습도, 이산화탄소 등에 따른 On/Off 제어 혹은 비례제어)의 개선 및 최적화, 인버터 제어, 국소배기, 자연환기 혹은 하이브리드 환기방법 채택 등을 고려할 수 있다.

◆ 참고문헌

1. 국내서적

　강성화 외, 『알기 쉬운 전기공학개론』, 동화기술교역

　김교두, 『공기조화(표준)』, 금탑

　김동진 외, 『공업열역학』, 문운당

　김두현 외, 『전기안전공학』, 동화기술

　대한건축학회, 『건축환경계획』, 기문당

　박한영 외, 『펌프핸드북』, 동명사

　신정수, 『공조냉동기계기술사·건축기계설비기술사 용어풀이대백과』, 일진사

　신정수, 『공조냉동기계기술사·건축기계설비기술사 핵심 600제』, 일진사

　심본홍 저, 이흥규 역, 『덕트의 설계』, 한미

　위용호 역, 『공기조화 핸드북』, 세진사

　이재근 외, 『신재생에너지 시스템설계』, 홍릉과학출판사

　이한백, 『열역학』, 형설출판사

　일본화학공학회 저, 김봉석 외 역, 『신재생에너지공학』, 북스힐

　정광섭 외, 『건축공기조화설비』, 성안당

　정창원 외, 『건축환경계획』, 서우

2. 외국서적

　A. D. Althouse 외, 『냉동공학』, 원화

　Aldo V. da Rosa, *Fundamentals of Renewable Energy Processes*, Elsevier

　Ali Sayigh, *Comprehensive Renewable Energy*, Elsevier

　Ashley H. Carter, *Classical and Statistical Thermodynamics*, Addison-Wesley Professional

　Colin D. Simpson, *Principles of DC/AC Circuits*, Pearson

　Cooling Tower Fundamentals, Marley

　Cooling Tower Practice, British

　CTI Bulletin RFM-116 Recirculation

　CTI Technical Paper TP 85-18

　Robert Ehrilich, *Renewable Energy*, Taylor & Francis

　Gary Goodstal, *Electrical Theory for Renewable Energy*, Cengage Learning

　Gordon J. Van Wylen, *Fundamentals of Classical Thermodynamics*

　John Haberman, *Fluid Thermodynamics*

찾아보기

ㅅ

ㅇ

ㅊ

영문 · 숫자

신정수

· (주) 제이앤지 건축물에너지연구소 소장
· 전주 비전대학교 겸임교수
· 건축기계설비기술사
· 공조냉동기계기술사
· 신재생에너지발전설비기사
· 한국에너지기술평가원 평가위원
· 한국산업기술평가관리원 평가위원
· 한국에너지공단 EG-TIPS 부좌장
· 한국기술사회 정회원
· 저서 : 『공조냉동기계/건축기계설비기술사 핵심 700제』
　　　　『공조냉동기계/건축기계설비기술사 용어해설』
　　　　『신재생에너지발전설비기사/산업기사』
　　　　『건축물에너지평가사 필기 총정리』
　　　　『신재생에너지 시스템공학』 외

친환경 저탄소 에너지 시스템

2017년 1월 10일 인쇄
2017년 1월 15일 발행

저　자 : 신정수
펴낸이 : 이정일

펴낸곳 : 도서출판 일진사
　　　　www.iljinsa.com
(우) 04317 서울시 용산구 효창원로 64길 6
전화 : 704-1616 / 팩스 : 715-3536
등록 : 제1979-000009호 (1979.4.2)

값 25,000 원

ISBN : 978-89-429-1502-6